高等学校土木工程本科指导性专业规范配套系列教材
总主编 何若全

理论力学(第2版)

LILUN LIXUE

组 编 西安建筑科技大学
力学教研室
主 编 刘鞾
主 审 乔宏洲

重庆大学出版社

内容提要

本书是《高等学校土木工程本科指导性专业规范配套系列教材》之一，内容包括：静力学公理和物体的受力分析、汇交力系、力偶系、平面任意力系、空间任意力系、点的运动、刚体的基本运动、点的合成运动、刚体的平面运动、质点运动微分方程、动量定理、动量矩定理、动能定理、达朗伯原理等。本书配有电子教案和课后习题答案，可在重庆大学出版社的教学资源网上下载。

本书的编写结合新“高等学校土木工程本科指导性专业规范”知识体系的要求，以及新一轮土木相关规范、标准编写，反映最新研究成果和工程实际需求，可作为高等学校土木工程专业全日制本科生或土建类成人教育的教材，也可供土木工程技术人员阅读参考。

图书在版编目（CIP）数据

理论力学/刘韡主编. --2 版. --重庆：重庆大学出版社，2018.1（2022.1 重印）

高等学校土木工程本科指导性专业规范配套系列教材

ISBN 978-7-5689-0632-6

Ⅰ. ①理… Ⅱ. ①刘… Ⅲ. ①理论力学—高等学校—教材 Ⅳ. ①031

中国版本图书馆 CIP 数据核字（2017）第 159157 号

高等学校土木工程本科指导性专业规范配套系列教材

理论力学

（第 2 版）

组 编 西安建筑科技大学力学教研室

主 编 刘 韡

主 审 乔宏洲

责任编辑：王 婷 何 明 版式设计：莫 西

责任校对：张红梅 责任印制：赵 晟

*

重庆大学出版社出版发行

出版人：饶帮华

社址：重庆市沙坪坝区大学城西路 21 号

邮编：401331

电话：（023）88617190 88617185（中小学）

传真：（023）88617186 88617166

网址：http：//www.cqup.com.cn

邮箱：fxk@ cqup.com.cn（营销中心）

全国新华书店经销

重庆俊蒲印务有限公司印刷

*

开本：787mm×1092mm 1/16 印张：16 字数：399 千

2018 年 1 月第 2 版 2022 年 1 月第 7 次印刷

印数：17 001—20 000

ISBN 978-7-5689-0632-6 定价：39.00 元

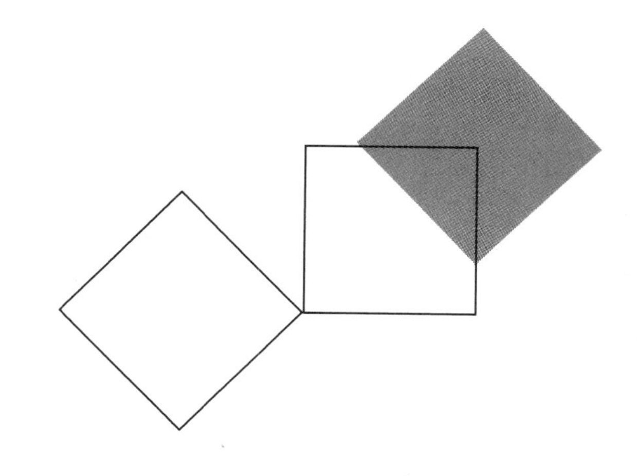

编委会名单

总　序

进入21世纪的第二个十年，土木工程专业教育的背景发生了很大的变化。《国家中长期教育改革和发展规划纲要（2010－2020年）》正式启动，中国工程院和国家教育部倡导的“卓越工程师教育培养计划”开始实施，这些都为高等工程教育的改革指明了方向。截至2010年底，我国已有300多所大学开设土木工程专业，在校生为30多万人，这无疑是世界上该专业在校大学生最多的国家。如何培养面向产业、面向世界、面向未来的合格工程师，是土木工程界一直在思考的问题。

由住房和城乡建设部土建学科教学指导委员会下达的重点课题“高等学校土木工程本科指导性专业规范”的研制，是落实国家工程教育改革战略的一次尝试。“专业规范”为土木工程本科教育提供了一个重要的指导性文件。

由《高等学校土木工程本科指导性专业规范》研制项目负责人何若全教授担任总主编，重庆大学出版社出版的《高等学校土木工程本科指导性专业规范配套系列教材》力求体现“专业规范”的原则和主要精神，按照土木工程专业本科期间有关知识、能力、素质的要求设计了各教材的内容，同时对大学生增强工程意识、提高实践能力和培养创新精神做了许多有意义的尝试。这套教材的主要特色体现在以下方面：

（1）系列教材的内容覆盖了“专业规范”要求的所有核心知识点，并且教材之间尽量避免了知识的重复；

（2）系列教材更加贴近工程实际，满足培养应用型人才对知识和动手能力的要求，符合工程教育改革的方向；

（3）教材主编们大多具有较为丰富的工程实践能力，他们力图通过教材这个重要手段实现“基于问题、基于项目、基于案例”的研究型学习方式。

据悉，本系列教材编委会的部分成员参加了“专业规范”的研究工作，而大部分成员曾为“专业规范”的研制提供了丰富的背景资料。我相信，这套教材的出版将为“专业规范”的推广实施，为土木工程教育事业的健康发展起到积极的作用！

中国工程院院士　哈尔滨工业大学教授

沈世钊

前言

（第2版）

本书的第1版出版后，受到了广大兄弟院校教师和学生的欢迎，并于2015年获得陕西省优秀教材一等奖。

2016年我国成为《华盛顿协议》的正式成员，通过工程教育本科专业认证是国内各工科专业发展的必然趋势。为了适应学生创新意识的培养、行业规范的更新和《华盛顿协议》对土木工程专业的毕业要求，本书对第1版进行了修订，作为第2版出版。在修订中仍保留了第1版的体系和特色，贯彻了“概念准确清楚，理论推导简明扼要，突出重点，讲透难点”的方针和“少而精”原则，在内容上作了如下修改：

①对全书的文字叙述作了必要的增删和修改，力求确切、规范、严谨。

②对于例题增加了对复杂工程问题的分析，以培养学生分析、解决问题和综合、创新的能力。

全书由静力学、运动学和动力学三部分组成，共分为14章。静力学的内容有受力分析、汇交力系、力偶系、平面任意力系、空间任意力系；运动学的内容有点的运动、刚体的基本运动、点的合成运动、刚体的平面运动；动力学的内容有质点运动微分方程、动量定理、动量矩定理、动能定理、达朗伯原理。本书每章后面配有思考题和习题，还免费提供了配套的电子课件、课后习题参考答案，以及两套试卷及答案，在重庆大学出版社教学资源网上供教师下载（网址：http://www.cqup.net/edusrc）。本书可作为高等学校土木工程专业全日制本科生或土建类成人教育的理论力学课程教材，也可供土木工程技术人员阅读参考。

本书由重庆大学出版社组织出版，西安建筑科技大学理学院力学教研室组织编写，刘韡担任主编。参加编写工作的有刘俊卿（绪论、第1—5章），张为民（第6—9章），刘韡（第10—14章）。

本书虽经修订，但由于编者水平有限，缺点和错误仍在所难免，衷心希望广大读者给予批评指正，以利于今后再次修订，使之更臻完善。

编　者

2017年5月于西安

前言

（第1版）

本教材是根据全国高校土木工程专业教学指导委员会新《高等学校土木工程本科指导性专业规范》编写的土木工程专业系列教材之一，由全国高校土木工程专业教学指导委员会副主任、评估委员会副主任何若全教授任总主编。

根据新《高等学校土木工程本科指导性专业规范》对“理论力学”部分的知识点的要求，结合目前各高校土木工程专业中理论力学课程开设学时情况，对内容做了适当调整。

本书在编写过程中吸收了国内外同类教材的优点，反映了编者多年的教学研究结果和教学体会，考虑了高等学校专业整合后土木工程类专业对理论力学课程的要求。编写中力求使概念准确清楚，理论推导简明扼要，突出重点，讲透难点，精选例题，体现“少而精”的原则，着重讲清解题思路与解题方法，以提高读者综合应用理论和分析问题的基本能力。同时力求理论性与工程应用相结合，兼顾房建、道桥和岩土特点，突出工程背景，体现大土木工程专业的教材特点。

本书为重庆大学出版社组织出版，由西安建筑科技大学理学院力学教研室组织编写，刘俊卿担任主编。参加编写工作的有刘新东（第1—3章），张为民（第4—7章），刘俊卿（绪论、第8—10章），刘韡（第11—14章），全书由刘俊卿教授统稿，乔宏洲教授主审。

由于编者水平所限，书中难免存在缺点和错误，恳请使用本书的师生提出宝贵意见。

编　者

2011年7月于西安

目　录

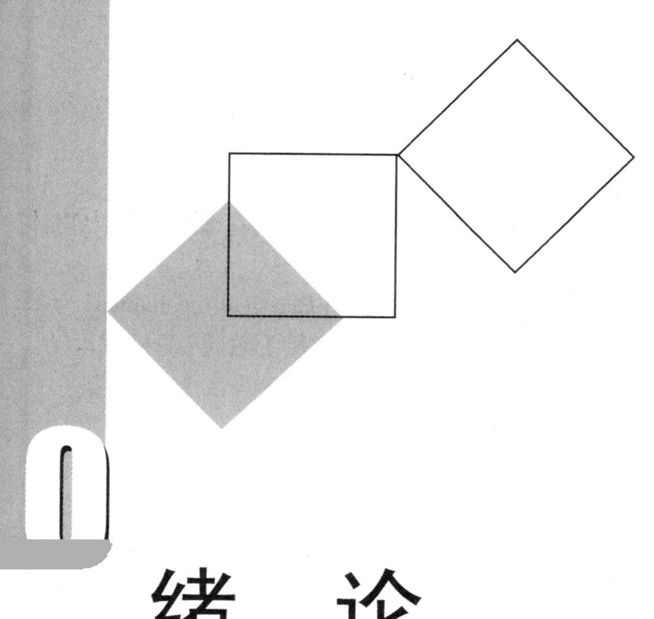

0 绪　论

1）**理论力学研究的对象、内容**

理论力学是研究物体机械运动一般规律的科学。

物体在空间的位置随时间的改变，称为机械运动（Mechanical motion）。机械运动是人们生活和生产实践中最常见的一种运动。**平衡**（Equilibrium）是机械运动的特殊情况。

质点（Particle）：有质量但不存在体积或形状的点，是物理学的一个理想模型。当物体的大小、形状在物体的整个机械运动的分析研究中，对其自身的机械运动规律的影响可以略去不计时，则物体可以直接抽象成为一个质点，且在其机械运动的分析研究中将其视为一个几何点。质点的机械运动特点是：质点只有空间位置的改变，对被抽象为质点的物体没有形状和大小的属性。应当注意的是，对质点不存在内部相对位置的改变，质点可以看作一类特殊的刚体，但不同质点间可以存在相对位置的变化。

质点系（System of particle）：由有限个或无限个质点构成的集合。在质点的机械运动过程中，质点系中的各质点间将发生相对位置的改变。

刚体（Rigid body）：由两个或两个以上离散质点、无限多个质点连续分布而构成的集合。在其机械运动过程中，各离散质点或连续分布的质点之间无相对位置的改变。也可以说，刚体就是形状和大小不变，而且内部各点的相对位置不变的物体。绝对刚体实际上是不存在的，只是一种理想模型，因为任何物体在受力作用后，都或多或少地变形，如果变形的程度相对于物体本身几何尺寸来说极为微小，在研究物体运动时变形就可以忽略不计。

刚体系（System of rigid body, rigid body system）：由若干个单一刚体构成的集合。在刚体的机械运动过程中，刚体集合中的各刚体的相对位置发生改变。

理论力学研究的对象：质点、质点系、刚体、刚体系。

理论力学研究的内容：研究物体（质点、质点系、刚体、刚体系）在三维空间中位置随时间改变的一般规律。

理论力学的内容包含三部分：

静力学（Statics）：主要研究物体的受力分析方法，以及力系的简化方法。同时研究受力物体平衡时作用力应满足的条件，即平衡条件。

运动学(Kinematics):不考虑引起运动的物理原因,研究机械运动的几何特征。

动力学(Dynamics):研究受力刚体的运动几何特征与作用力之间的关系,即研究受力物体的运动与作用力之间的关系。

理论力学研究范围:以伽利略和牛顿总结的基本定律的经典力学(Classical mechanics)为基础,分析研究速度远小于光速(不考虑相对论效应)的宏观物体(不考虑量子效应)的机械运动。

伽利略的力学相对性原理(两种提法):

①力学定律在所有惯性参考系中都是等价的,具有相同的形式。

②在任何一个惯性参考系中,都不能通过任何力学试验来确定这个参考系是处于静止或匀速直线运动状态。

惯性参考系(Inertia reference system):牛顿运动定律成立的参考系。参考系(体):被作为目标物体的机械运动,是通过选定的物体或无相对运动的物体群作为参考而被显示的。这些物体或无相对运动的物体群称为参考系(体)。

牛顿运动定律:

第一定律——当无外力作用时,物体保持静止或保持恒定速度不变。

第二定律——作用在物体上的力与物体在作用力作用下产生的运动改变量(加速度)成正比。其比例系数是物体固有的属性——惯性质量。

第三定律——只要两个物体相互作用,物体 A 作用在物体 B 上的作用力与物体 B 作用在物体 A 上的作用力,总是大小相等,方向相反。

(注:在以前所学过的力学中,牛顿运动定律中的物体实际上大多数是作为质点的,而理论力学则主要是以刚体为分析研究对象。)

2)理论力学的研究方法

理论力学以观察、实践和实验为基础,经过抽象化建立基本概念、公理、定律,通过逻辑推理、数学演绎得出定理和结论,解决问题,发展、验证理论。

抽象化方法:透过表象,抽取本质的过程和方法。由此能够建立基本反映问题最本质性质的模型。

公理化方法:对抽象化方法得到的模型基本性质(无需质疑的)进行理论描述形成基本概念或公理,并以此为基础,通过逻辑推理和数学演绎得到定理和与之相关的数学表达(公式),从而形成完整的理论系统。

3)学习理论力学的目的

理论力学作为工科院校各相关专业,特别是土木工程专业的一门理论性较强的技术基础课(理论力学是研究力学中最普遍的基本规律),它是学习一系列后续课程(材料力学、结构力学、机械原理、弹塑性理论等)的基础和前提。理论力学的学习不仅为解决工程实际问题提供了必要的基础,而且能够提高全面分析问题、综合应用理论和灵活求解问题的能力。

学习理论力学要真正地体会抽象化方法,要求做到:理解概念、记住结论、掌握方法、灵活应用。

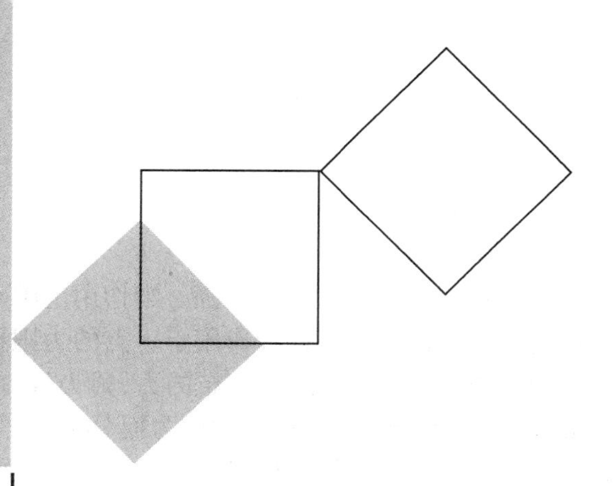

1 静力学公理和物体的受力分析

本章导读：

- **基本要求** 理解力的概念、平衡的概念；掌握静力学公理；理解约束的概念，熟练掌握常见约束反力的确定方法；初步掌握建立力学模型的方法；熟练掌握受力分析的基本方法。
- **重点** 静力学公理，物体的受力分析。
- **难点** 力学模型的建立，物体的受力分析。

1.1 基本概念

1）力的概念

力(Force)是物体间的相互机械作用，这种作用使物体的运动状态发生改变，或使物体产生变形。力使物体改变运动状态的效应称为力的运动效应（外效应），使物体产生变形的效应称为力的变形效应（内效应）。理论力学只研究力的外效应。

实践证明，力对物体作用的效应取决于力的三要素(Three elements of force)，即力的大小、方向、作用点。

力既具有大小和方向，又服从矢量的平行四边形法则，所以力是矢量。对力矢量，除了大小、方向外，还必须明确力的作用点。因此，力矢量是固定作用点的矢量，也称为固定矢量(Fixed vector)或约束矢量。力矢量可以用一条有向线段来表示：线段的长度按一定比例代表力的大小，线段的方位和箭头表示力的方向，线段的起点或终点表示力的作用点。通过力的作用点沿力的方向引出的直线，称为力的作用线。本书中力矢量的符号表示用黑体（如 $\boldsymbol{F}$，$\boldsymbol{G}$ 等），而非黑体（如 F，G 等）则表示其对应的力矢量的大小，二者的关系为：

$$F = \sqrt{\boldsymbol{F} \cdot \boldsymbol{F}} \tag{1.1}$$

在国际单位制(SI)中,力的单位是牛(N)或千牛(kN)。

一般来说,力的作用位置并不是一个点,而是有一定大小的一个范围。当作用范围小到可以不计其大小时,就抽象成为一个点,这个点就是力的作用点。这种作用于一点的力则称为集中力。而在某一直线(或曲线)段上的每一点作用的大小、方向连续分布的力,称为线分布力;在某一有限平面(或曲面)上的每一点作用的大小、方向连续分布的力,称为面分布力,如水对池壁的压力;在某一体积上的每一点作用的大小、方向连续分布的力,称为体分布力,如重力。

作用在物体上的一组(群)力的集合,称为力系(System of force)。

2)平衡

平衡是物体机械运动的一种特殊形式,或称为机械运动的特殊状态,即物体上各点相对于惯性参考系处于静止或作匀速直线运动的状态。工程实际中,一般取固连于地球表面的参考系作为惯性参考系。

在一定条件下,物体受到力系作用时可以保持平衡状态。使物体处于平衡状态的力系,称为平衡力系。物体处于平衡状态时,作用在物体上的力系所满足的条件,称为平衡条件。静力学中研究物体的平衡规律,就是研究作用于物体上力系的平衡条件。如果两个力系对同一刚体的作用效应完全相同,则此两个力系称为等效力系。

力系的简化是静力学研究的基本问题之一。所谓力系的简化,就是指将作用于物体的复杂力系用一个简单力系等效代替。通过简化不仅便于探求力系的平衡条件,而且能为动力学的研究打下良好基础。

总之,力系的简化和力系的平衡是静力学研究的两个基本问题。

1.2 静力学公理

公理是人们在长期的生活和生产实践中积累的经验总结,并经过实践的反复检验,被确认在确定的条件下符合客观实际的最普遍、最一般的规律。

公理1 二力平衡公理

作用在同一刚体上的两个力,使刚体保持平衡的必要与充分条件是:两力的大小相等、方向相反、作用在同一直线上。如图1.1(a)所示,用矢量表示为:

$$\boldsymbol{F}_1 = -\boldsymbol{F}_2 \tag{1.2}$$

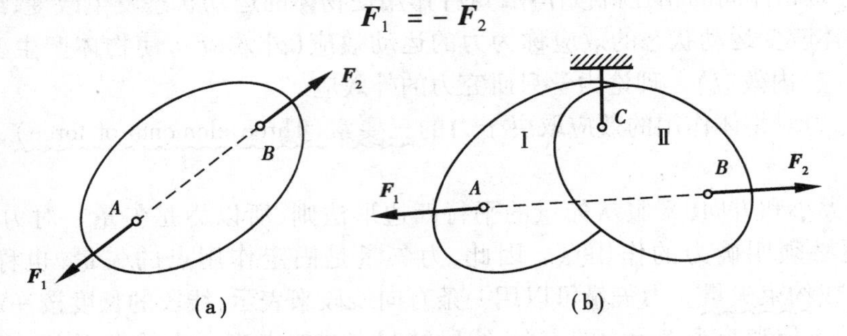

图1.1

二力平衡公理阐明了作用于刚体上最简单力系的平衡条件,它是推证平衡条件的基础。需要指出的是:

①二力平衡公理对刚体来说是必要且充分的条件，对变形体则是必要条件，而不是充分条件。例如，软绳的两端受到等值、反向、共线的两力拉伸时处于平衡；但如改为受压，则即使两力仍等值、反向、共线，软绳也将弯曲而不能平衡。

②保持刚体平衡的两个力 $\boldsymbol{F}_1$，$\boldsymbol{F}_2$必须作用在同一刚体上。若两个力不是作用在同一刚体上，则尽管两个力满足大小相等、方向相反、作用在同一直线上，刚体的平衡将可能被破坏，如图1.1(b)所示。

工程上将只受到两个力作用而处于平衡状态的构件称为二力构件（或称为二力杆）。找出二力构件，对于刚体，特别是刚体系统的静力学分析，通常是非常方便的。

在判断一刚体是否是二力构件时应注意：

①刚体必须处于平衡状态。当刚体在两点上受力作用，此时刚体并不一定处于平衡状态。因此不能认为刚体上作用两个力时，该刚体就是二力构件。

②刚体上只有二点处受到力。二力构件上并不是只能作用两个力，而是可以作用三个或更多的力，只要所有这些作用力都作用在刚体上的两个点上。

二力构件的受力特点：作用在二力构件上的两个力必沿两个力作用点的连线等值、共线、反向。

公理 2　加减平衡力系公理

在作用于刚体的已知力系中加上或减去任意一个平衡力系，并不改变原力系对刚体的效应。

加减平衡力系公理是研究力系等效变换的重要依据。必须注意，此公理也只适用于刚体而不适用于变形体。对于实际物体，在它所受的已知力系中加减任一平衡力系后，力系对物体的外效应不变，但内效应一般将有所不同。

应用二力平衡公理和加减平衡力系公理可导出一个重要推论：

推论 1　力的可传性(Transmissibility of force)

作用在刚体上的力可沿其作用线移至刚体的任一点，而不改变该力对刚体的作用效果。

证明：如图1.2(a)所示，设力 $\boldsymbol{F}$ 作用于刚体上的 A 点，点 B 是力 $\boldsymbol{F}$ 作用线上的任意一点。在点 B 加上等值、反向、共线的一对力 $\boldsymbol{F}_1$ 和 $\boldsymbol{F}_2$，并使 $\boldsymbol{F}_1 = -\boldsymbol{F}_2 = \boldsymbol{F}$，如图1.2(b)所示。显然，$\boldsymbol{F}_1$ 和 $\boldsymbol{F}_2$ 是平衡力系。根据加减平衡力系公理，添加这一对力并不影响力 $\boldsymbol{F}$ 的效应，即力 $\boldsymbol{F}$ 与 $(\boldsymbol{F},\boldsymbol{F}_1,\boldsymbol{F}_2)$ 构成新的力系等效。另一方面，$\boldsymbol{F}$ 和 $\boldsymbol{F}_2$ 等值、反向、共线，由二力平衡公理可知，$\boldsymbol{F}$，$\boldsymbol{F}_2$ 构成平衡力系。由加减平衡力系公理，在刚体上减去 $\boldsymbol{F}$，$\boldsymbol{F}_2$ 构成平衡力系而不改变其效应，如图1.2(c)所示，即力系 $(\boldsymbol{F},\boldsymbol{F}_1,\boldsymbol{F}_2)$ 与力 $\boldsymbol{F}_1$ 等效。于是，力 $\boldsymbol{F}$ 与力 $\boldsymbol{F}_1$ 等效，即$\boldsymbol{F} = \boldsymbol{F}_1$。图1.2(a)和(c)说明，力 $\boldsymbol{F}$ 可沿其作用线移至刚体的任一点 B。

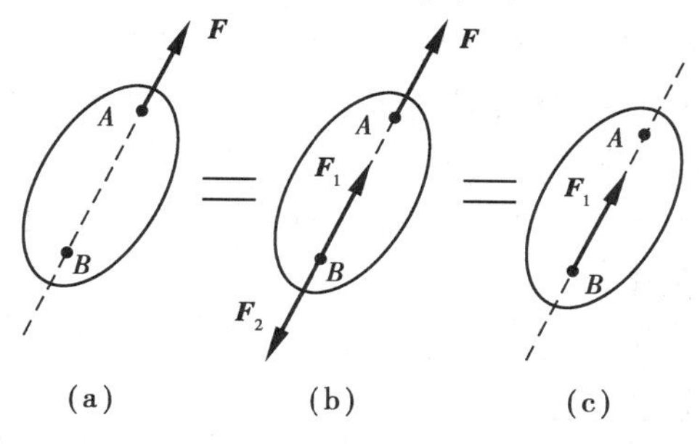

图1.2

由力的可传性可知,力对刚体的效应与力的作用点在作用线上的位置无关。因此,力的三要素中的作用点这一要素,可放宽为沿力的作用线所在直线上的任意一点。或者说力的三要素对刚体而言为:大小、方向、力的作用线。这种被约束了作用线的既有大小、又有方向的矢量称为滑动矢量(Sliding vector)。因此,作用在刚体上的力矢是滑动矢量。

公理3　力的平行四边形法则

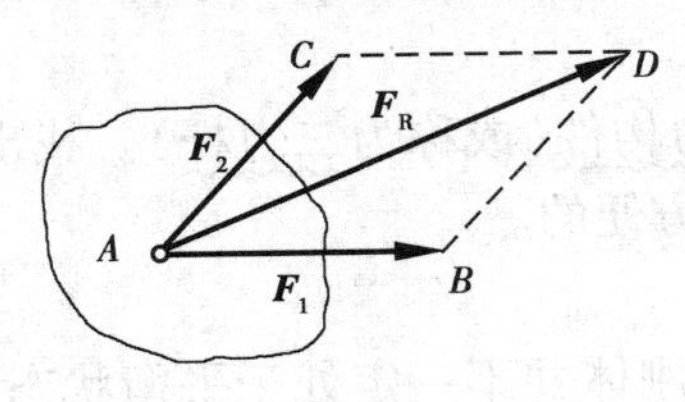

图1.3

作用在同一物体上同一点的两个力,其对于物体的作用可等效为作用在该点的一个力,该力称为合力(Resultant)。合力的大小和方向,由这两个力为边构成的平行四边形的对角线确定,如图1.3所示。

平行四边形法则的矢量表示式为:

$$\boldsymbol{F}_R = \boldsymbol{F}_1 + \boldsymbol{F}_2 \tag{1.3}$$

该公理给出了最简单力系的简化规律,是复杂力系简化的基础。公理中的结论适用于物体,当然也适用于刚体。

利用力的平行四边形法则、二力平衡公理和加减平衡力系公理可导出另一重要推论:

推论2　三力平衡汇交定理

作用于刚体上的三个力使刚体处于平衡状态时,若其中两个力的作用线汇交于一点,则这三个力必在同一平面内,且第三个力的作用线必通过前二力的作用线的汇交点。

证明:如图1.4(a)所示,设在刚体的A,B,C三点上分别作用力$\boldsymbol{F}_1,\boldsymbol{F}_2$和$\boldsymbol{F}_3$,且刚体在这三个力作用下处于平衡。若$\boldsymbol{F}_1$和$\boldsymbol{F}_2$的作用线汇交于$O$点,根据刚体上力的可传性,将此二力沿其作用线移至汇交点O处,然后根据力的平行四边形法则,将其合成为$\boldsymbol{F}_{R12}$,如图1.4(b)所示,则$\boldsymbol{F}_{R12}$和$\boldsymbol{F}_3$构成平衡力系。由二力平衡公理可知,$\boldsymbol{F}_{R12}$和$\boldsymbol{F}_3$必在同一直线上,即力$\boldsymbol{F}_3$的作用线也通过汇交点O,且与力$\boldsymbol{F}_1,\boldsymbol{F}_2$共面。

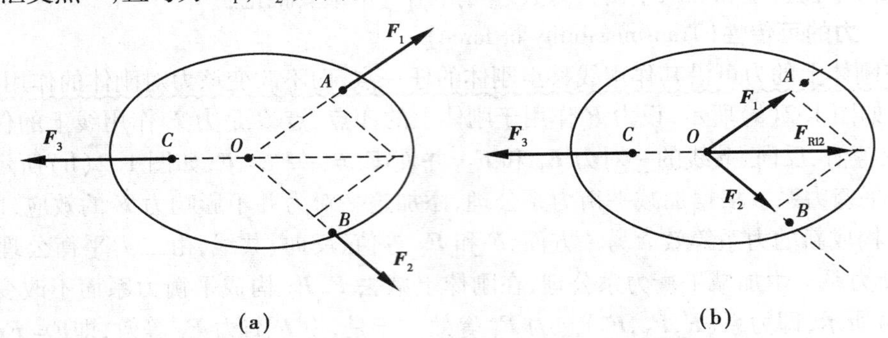

图1.4

应当指出,三力平衡汇交定理的条件是必要条件,不是充分条件。即如果一刚体受三个力作用,三个力交于一点且在同一平面内,但刚体不一定处于平衡状态。利用三力平衡汇交定理可以确定某个力的方位,即如果刚体在三个力作用下处于平衡,且已知其中两个力的作用线汇交于一点,则第三力的作用点与该汇交点连线必为第三个力的作用线。

公理4　作用与反作用定律

两物体相互作用时,作用力和反作用力总是同时存在,两力大小相等、方向相反,沿同一直线,分别作用在两个相互作用的物体上。

作用与反作用定律概括了物体之间相互作用的关系,表明作用力和反作用力总是成对出现的。在分析若干个物体所组成的系统的受力情况时，借助作用与反作用定律，可以从一个物体的受力分析过渡到相邻物体的受力分析。如图1.5所示，C 铰处 $\boldsymbol{F}_C$ 与 $\boldsymbol{F}'_C$ 为一对作用力与反作用力。

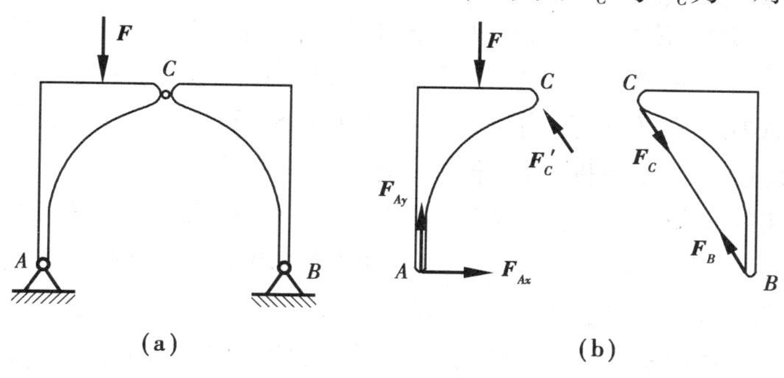

图1.5

应当指出，作用力与反作用力虽然是等值、反向、共线，但它不作用于同一刚体上，因此作用力与反作用力不是一对平衡力。作用与反作用定律不但适用于刚体，还适用于变形体，不但适用于静力学，还适用于动力学。

公理5　刚化原理

若变形体在某一力系作用下处于平衡状态，则可将此变形体刚化为刚体，其平衡状态保持不变。

物体在受到外力作用时，其大小或形状将发生变化，因此，真实的物体均为变形体。所谓变形体的刚化就是将在力系作用下已发生变形的处于平衡状态的变形体视为刚体。

如图1.6所示为一可变形的弹簧。图1.6(a)为未受力时的初始状态(该状态下不能进行刚化)；图1.6(b)为沿弹簧长度方向施加的力尚未达到最终值的中间状态，该状态构成弹簧的各质点中存在有运动(加速度不为零)的质点，即弹簧并未处于平衡状态，因此不能进行刚化；图1.6(c)中弹簧上施加的力已达到最终值，此时弹簧处于平衡状态。刚化原理中的刚化是对图1.6(c)中的弹簧而言的。

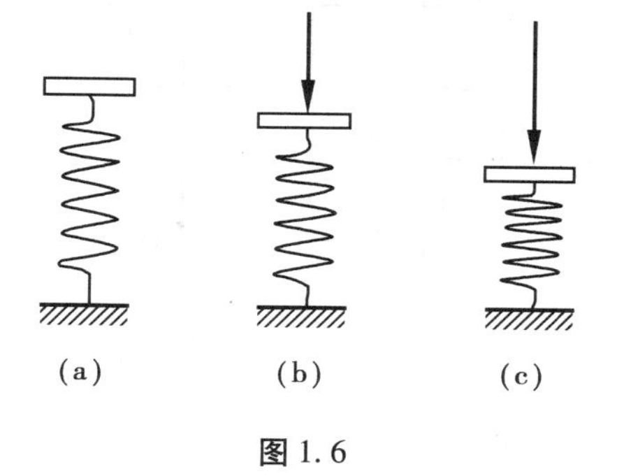

图1.6

刚化原理表明：对于变形体，将其刚化后，其平衡状态不会被破坏；但对于刚体，若刚体处于平衡状态，将刚体视为变形体后，其平衡状态将无法继续保持。如刚性杆在等值、反向、共线的一对压力作用下将处于平衡。若将刚性杆视为变形绳索，显然其平衡状态不能继续保持。即刚体的平衡条件是变形体平衡的必要条件，但不是充分条件。

1.3　约束和约束反力

可以在空间任意运动的物体，称为自由体(Free body)，如在空中自由飞行的飞机、火箭等。物体受到一定限制而使其沿某些方向的运动成为不可能，这样的物体称为非自由体或受约束体。如用绳子悬挂而不能下落的重物，支承于墙上而静止不动的屋架等都是非自由体。对非自由体的某些运动(或位移)起限制作用的周围物体(或条件)称为约束(Constraint)。例如，绳索对于所悬挂的重物、墙对于所支承的屋架，都构成了约束。

约束阻碍着物体的位移(运动),起到改变物体运动状态的作用,与约束限制等效的力称为约束反力(Constraint reaction)。正是约束反力阻碍了非自由体沿某些方向的运动,因此它的作用点在约束与被约束物体的接触点,它的方向总是与该约束所能阻碍的非自由体的位移方向相反。但是它的大小无法预先确定,因此约束反力是未知力。它的大小与被约束物体的运动状态和作用于其上的其他力有关,应通过力学规律(包括平衡条件)的分析计算才能确定。静力学的主要内容之一就是通过平衡条件求解静力学问题的约束反力。

与约束反力不同的其他力,如重力、机车牵引力、风力、电磁力等,它们的大小和方向是预先已知或可以测定的力,称为主动力。主动力能主动引起物体运动或使物体有运动趋势。约束反力是由主动力引起的、被动产生的力,称为被动力。

工程中大部分研究对象都是非自由体,它们所受的约束是多种多样的,其约束反力的形式也多种多样,因此在理论力学中,将物体所受的约束理想化,得到几种在工程中常见的约束类型。下面介绍这些约束类型,并分析其约束反力的特性。

1)柔索(绳)约束

柔索(绳)约束包括绳索、胶带、链条等,它是只能承受拉力,而不能抵抗其他形式的受力的一类约束。当物体受到柔索的约束时,柔索只能限制物体沿柔索伸长方向的位移。因此,柔索的约束反力必定沿柔索中心线的切线方向而背离被约束的物体,恒为拉力。图 1.7(a)所示为柔绳悬吊一重物。根据柔索约束的约束反力特性,可知柔绳作用于重物的力是沿柔绳的拉力 $\boldsymbol{F}_T$。同理,可以确定机械传动中胶带作用于带轮的约束反力都是沿胶带的拉力,如图 1.7(b)所示。

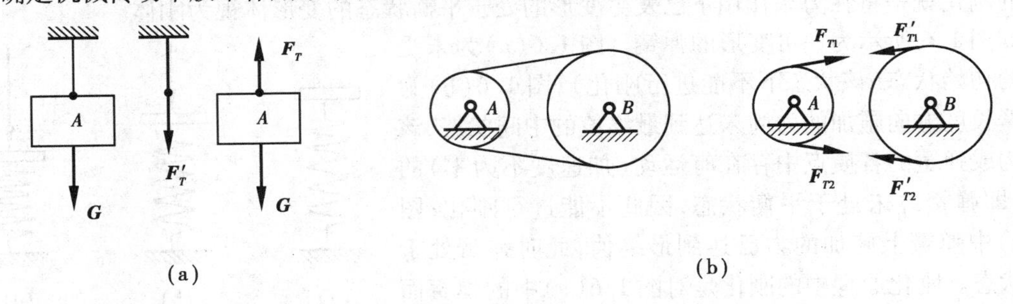

图 1.7

2)光滑接触面约束

若两物体接触面之间的摩擦可以忽略时,认为接触面是光滑的约束称为光滑接触面约束。此约束不能限制物体沿接触点公切面的位移,也不能限制物体脱离约束的位移,只能阻碍物体沿接触点的公法线指向约束的位移。因此,光滑表面接触约束的约束反力必通过接触点,方向沿接触面在该点的公法线,指向被约束的物体,为压力。如图 1.8(a)中,A 圆盘对 B 圆盘作用的约束反力为 $\boldsymbol{F}_{NAB}$,B 圆盘对 A 圆盘作用的约束反力为 $\boldsymbol{F}'_{NAB}$,$\boldsymbol{F}_{NAB}$和 $\boldsymbol{F}'_{NAB}$为一对作用力和反作用力,且 $|\boldsymbol{F}_{NAB}| = |\boldsymbol{F}'_{NAB}|$;如图 1.8(b)中的约束反力为 $\boldsymbol{F}_{NC}$;如图 1.8(c)中的约束反力为 $\boldsymbol{F}_{NA}$,$\boldsymbol{F}_{NB}$和 $\boldsymbol{F}_{ND}$。

3)光滑圆柱形铰链约束和固定铰支座约束

(1)光滑圆柱形铰链约束

如图 1.9(a)所示,将两个具有直径相同圆孔的物体 A,B,用直径略小的圆柱体销子相连接，形成的装置称为圆柱形铰链。若圆孔间的摩擦忽略不计即为光滑圆柱形铰链，亦称为中间铰链。图 1.9(b)为中间铰链的简图。光滑圆柱形铰链约束限制了物体沿圆孔径向的运动，但它不能阻止物体绕圆孔的转动。略去摩擦，物体 A，B 与圆柱体销子实际为光滑接触面约束，其约束反力 $\boldsymbol{F}_N$必沿接触点公法线指向被约束的物体，如图 1.9(c)所示。但接触点的位置无法预先确定，因而约束反力 $\boldsymbol{F}_N$的方向也不能预先确定。因此，在受力分析时，光滑圆柱形铰链约束的约束反力通常用通过轴心的两个大小未知的正交分力 $\boldsymbol{F}_x$ 和 $\boldsymbol{F}_y$表示，如图 1.9(d)所示。两分力的指向可以任意假定，其实际指向可根据计算结果来判定。

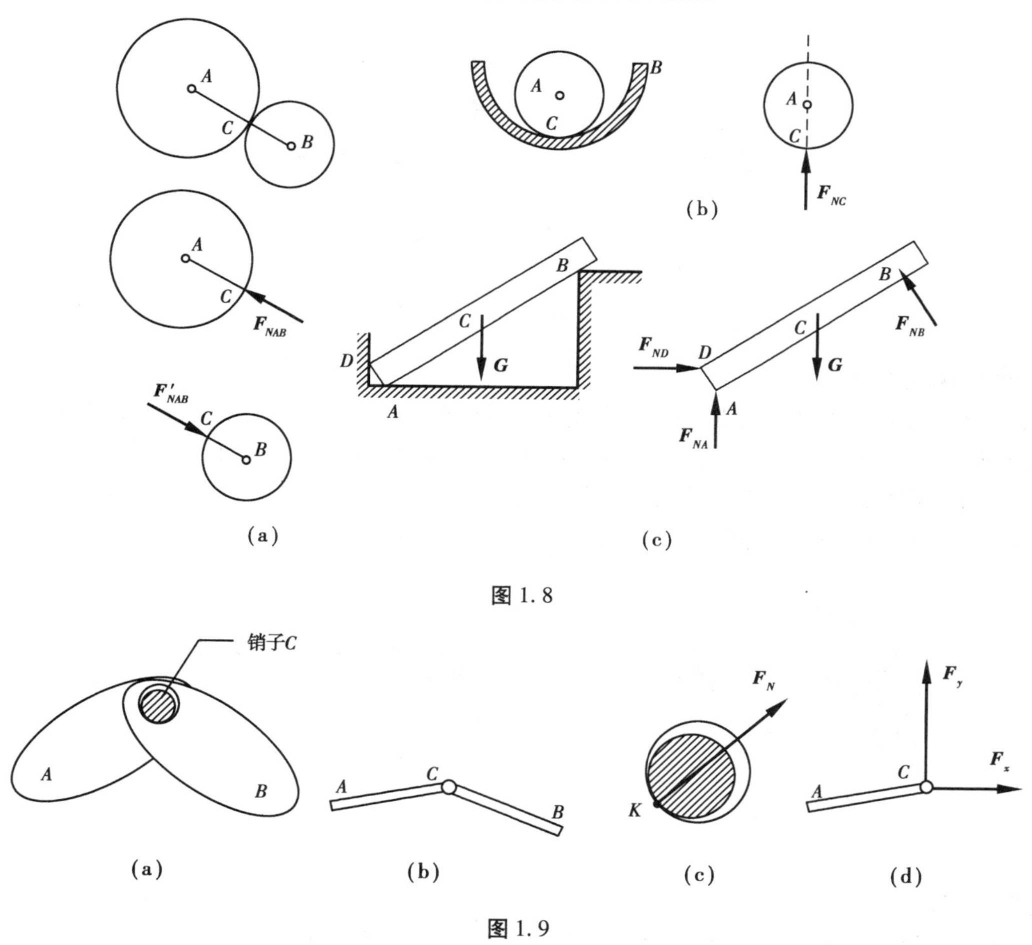

图 1.8

图 1.9

(2)固定铰支座约束

将光滑圆柱形铰链约束中的一个物体固定在不动的支承平面上形成的装置称为固定铰支座，如图 1.10(a)所示，其简图如图 1.10(b)所示。其约束反力的特性与光滑圆柱形铰链一样，用两个大小未知的正交分力 $\boldsymbol{F}_x$ 和 $\boldsymbol{F}_y$表示，如图 1.10(c)所示。

机械中常见的向心轴承(径向轴承)可理解为光滑圆柱形铰链约束中的两个物体都被固定在支承不动的平面上，而销子作为轴，是对被约束物体的一种约束，因此，其约束反力的特性与光滑圆柱形铰链约束的约束反力类似，如图 1.11 所示。

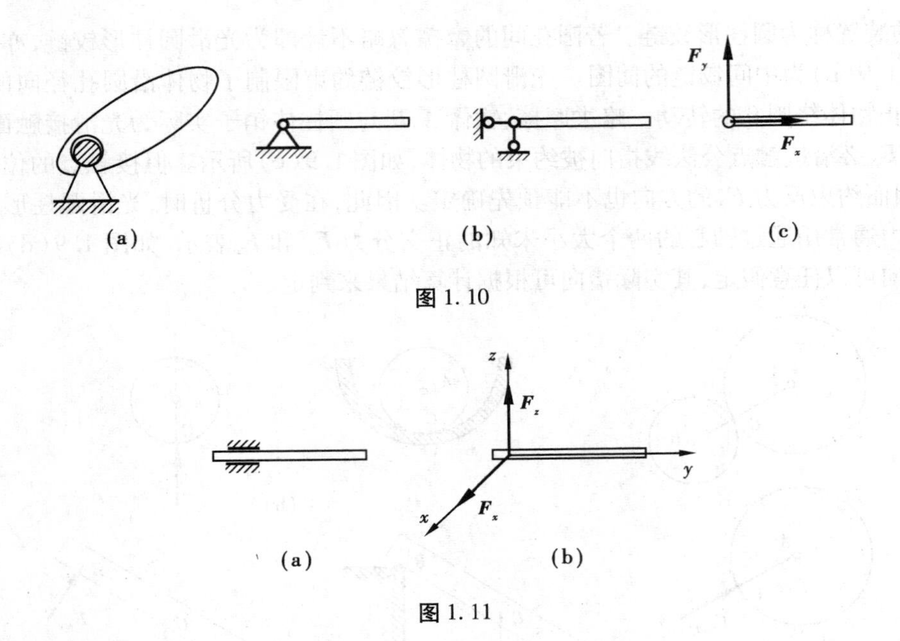

图 1.10

图 1.11

4)可动铰支座约束

在铰链支座与支承平面之间装上辊轴构成的辊轴支座称为可动铰支座,如图 1.12(a)所示,其简图如图 1.12(b)所示。这类约束的特点是不能限制物体沿支承面的运动,而只限制垂直于支承面方向的运动。所以可动铰支座的约束反力必垂直于支承面,且通过铰链中心,如图 1.12(c)所示,可假定其方向向上。

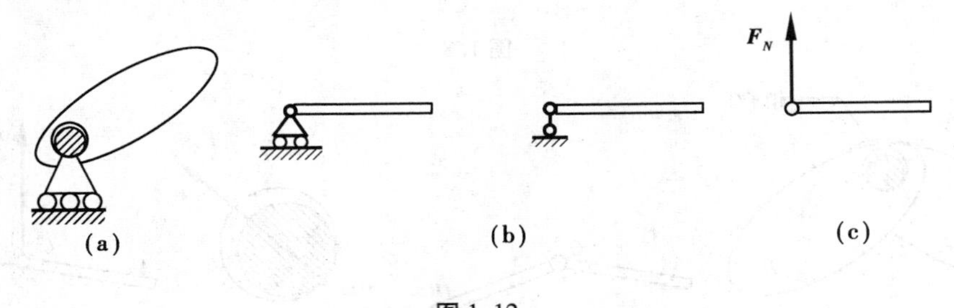

图 1.12

5)链杆约束

通过二力构件两端的铰链将两物体连接的约束称为链杆约束,其简图如图 1.12(b)的后者。由二力构件的受力可知,由链杆约束所施加的约束反力作用线在连接二力构件两端铰链中心的连线上,如图 1.12(c)所示。

6)球形铰链支座约束和止推轴承

将固结于物体一端的球体置于球窝形支座中构成的约束称为球铰链约束,如图 1.13(a)所示,其简图如图 1.13(b)所示。这种约束限制了物体在任何方向的移动,但不能限制物体绕球心的转动。因此,其约束反力是通过球心,方向待定的空间力,通常用三个正交的分力 $\boldsymbol{F}_x$,$\boldsymbol{F}_y$ 和 $\boldsymbol{F}_z$表示,如图 1.13(c)所示。

限制轴的径向位移及沿轴向的位移的约束称为止推轴承。止推轴承与径向轴承不同,其约束反力与球形铰链类似,通常用三个正交的分力 $\boldsymbol{F}_x$,$\boldsymbol{F}_y$ 和 $\boldsymbol{F}_z$表示,如图 1.13(d)所示。

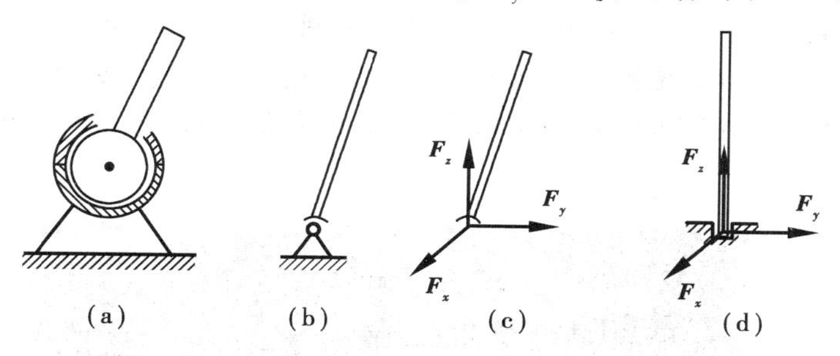

图 1.13

1.4 受力分析和受力图

在求解力学问题时,首先要根据问题的已知条件和待求量,从系统中选择某一物体作为研究对象,并分析该物体受到哪些力的作用,每个力的作用位置如何,力的方向如何,这个过程称为对物体进行受力分析。

在进行受力分析和计算时,首先需要根据问题的性质和特点,将实际问题抽象化为力学模型,表示力学模型的简图称为力学计算简图。将实际问题转化为力学模型是进行力学计算所必需的、关键的一个环节,对于初学者来说又往往是困难而复杂的。在建立力学模型时,一定要注意抓主要矛盾,忽略次要问题。例如,实际问题中物体和受力都是三维的,但当某一方向不重要或者可忽略时,可将其转化为二维问题。实际物体的几何形状可能很复杂,在理论力学中常将它们简化为柱、板、杆件等简单的几何形状。物体受到的重力(体分布力)在理论力学中可简化为作用于其重心的集中力,等等。

在受力分析时,为了便于分析,需要将研究对象从周围物体中分离出来,并画出其简图,称取分离体。画有分离体及其所受全部力的简图,称为受力图(Free body diagram)。取分离体和画受力图是解决力学问题的前提和关键。

下面举例说明受力分析的过程及受力图的画法。

【例 1.1】 桥式吊车如图 1.14(a)所示,试画出横梁的受力图。

【解】 首先将横梁简化为等直杆并用其轴线代替。为了使横梁能自由地热胀冷缩,在忽略摩擦的情况下,可把横梁两端的约束简化为一端为固定铰支座,一端为可动铰支座。横梁的自重可视为均匀分布的荷载,集度为q (N/m),重物和吊车的重力通过小车的滚轮作用在横梁上,可简化为两个集中力 $\boldsymbol{F}$。这样我们就得到了横梁的力学模型,计算简图如图 1.14(b)所示。

(1)取横梁 AB 为研究对象,将它从周围物体中分离出来,并画分离体图。

(2)横梁 AB 所受的主动力为均匀分布的荷载 q、两个集中力 $\boldsymbol{F}$;约束反力为固定铰支座 A 的正交分力 $\boldsymbol{F}_{Ax}$和 $\boldsymbol{F}_{Ay}$、可动铰支座 B 的法向约束反力 $\boldsymbol{F}_{NB}$。

(3)画梁 AB 的受力图,如图 1.14(c)所示。其中 $\boldsymbol{F}_{Ax}$,$\boldsymbol{F}_{Ay}$和 $\boldsymbol{F}_{NB}$的指向是假定的。

【例 1.2】 起重支架由水平梁和斜杆组成,如图 1.15(a)所示,其上悬拉一重力为 G 的重物。不计各杆的自重和各处的摩擦,试画出水平梁(含重物)、斜杆以及整体的受力图。

【解】 当只分析横梁和斜杆时,起重支架的力学计算简图如图 1.15(b)所示。

(1)取斜杆 CD 为研究对象,D 为固定铰支座,C 处为铰链连接。由于杆 CD 只在 C 端和 D

端受有约束反力 $\boldsymbol{F}_C$ 和 $\boldsymbol{F}_D$ 而处于平衡,其中间不受任何力的作用。因此,杆 CD 为二力杆,$\boldsymbol{F}_C$ 和 $\boldsymbol{F}_D$ 的作用线必在 C 点和 D 点的连线上。由经验可判断出杆 CD 受压力,受力如图 1.15(c) 所示。一般情况下,$\boldsymbol{F}_C$ 和 $\boldsymbol{F}_D$ 的指向不能预先确定,可先假设杆受拉或受压。若根据平衡方程求得的力为正值,说明原假设力的指向是正确的;若为负值,则说明实际杆受力与原假设指向相反。

图 1.14

(2)取重物和水平梁 AB 为研究对象,A 为固定铰支座,所受的主动力为重物的重力 $\boldsymbol{G}$,A 的约束反力由于方向未知,用两个正交分力 $\boldsymbol{F}_{Ax}$ 和 $\boldsymbol{F}_{Ay}$ 表示,铰链 C 处的约束反力由作用力与反作用力可知,为 $\boldsymbol{F}'_C = -\boldsymbol{F}_C$,受力如图 1.15(d) 所示。

(3)取整体为研究对象,铰链 C 处所受的力互为作用力与反作用力,即 $\boldsymbol{F}'_C = -\boldsymbol{F}_C$,成对地作用在整个系统上,称为内力。由加减平衡力系公理知内力对系统的作用效应相互抵消,并不影响整个系统的平衡,故内力在受力图上不必画出。在受力图上只画出系统以外的物体对系统的作用力,即外力,这里重力 $\boldsymbol{G}$、固定铰支座 A 的约束反力 $\boldsymbol{F}_{Ax}$ 和 $\boldsymbol{F}_{Ay}$、D 处的约束反力 $\boldsymbol{F}_D$ 都是作用于整个系统的外力。整体的受力如图 1.15(e) 所示。

【例 1.3】 梁 AC 和 CD 用铰链 C 连接,梁的 A 端为固定铰支座,B,D 端为可动铰支座,如图 1.16(a) 所示,受力 $\boldsymbol{F}_1$,$\boldsymbol{F}_2$ 的作用,试画出梁 AC 和 CD 以及整体的受力图。

【解】 (1)取梁 CD 为研究对象,主动力为 $\boldsymbol{F}_2$。由于 D 处为可动铰支座,D 处受有垂直支承面的约束反力 $\boldsymbol{F}_{ND}$;C 处为中间铰链,C 处的约束反力由于方向未知,用两个正交分力 $\boldsymbol{F}_{Cx}$ 和 $\boldsymbol{F}_{Cy}$ 表示。因此,梁 CD 的受力如图 1.16(b) 所示。

(2)取梁 AC 为研究对象,主动力为 $\boldsymbol{F}_1$。由于梁的 A 处为固定铰支座,其约束反力为正交分力 $\boldsymbol{F}_{Ax}$ 和 $\boldsymbol{F}_{Ay}$;B 处受有垂直于水平支承面的约束反力 $\boldsymbol{F}_{NB}$;由作用力与反作用力知,C 点的受力为 $\boldsymbol{F}'_{Cx} = -\boldsymbol{F}_{Cx}$,$\boldsymbol{F}'_{Cy} = -\boldsymbol{F}_{Cy}$。梁 AC 受力如图 1.16(c) 所示。

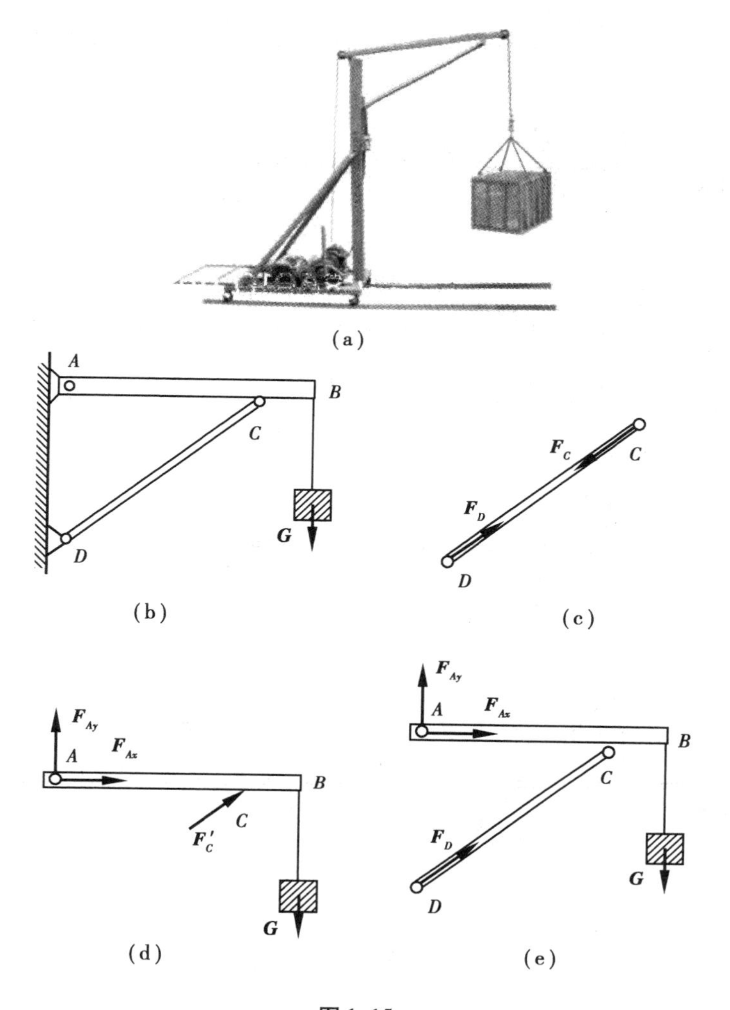

图 1.15

(3)取整体为研究对象,所受的主动力为 F_1 和 F_2,约束反力为 A 处的正交分力 F_{Ax} 和 F_{Ay},B 处的垂直于水平支承面的约束反力 F_{NB} 及 D 处垂直斜支承面的反力 F_{ND}。故整体受力如图 1.16(d)所示。

另外,F_2 与 F_{ND} 汇交于一点 O,由三力平衡汇交定理可知,C 与 O 点连线便是约束反力 F_C 的作用线。因此,梁 CD 的受力也可表示为图 1.16(e),此时梁 AC 受力如图 1.16(f)所示。

正确地对物体进行受力分析和画受力图是求解力学问题的前提和关键,其步骤如下:

①确定研究对象,画分离体图。研究对象可以是一个,也可以是几个物体组成的系统。

②画主动力。在分离体图上画出其所受的所有主动力,主动力是已知的,必须画出,不能遗漏。

③画约束反力。在去掉约束处,根据约束类型画出约束反力,不能凭空捏造,也不能漏掉一个力。画约束反力时必须注意二力平衡公理、作用力与反作用力定律等的应用。当分析物体间相互作用时,作用力的方向一旦被假定,反作用力的方向必与之相反。还要注意分清系统的外力和内力,画受力图时只画外力不画内力。

需要说明的是,画力时既可以用有向线段的起点来表示力的作用点,也可以用有向线段的终点来表示力的作用点。通常尽量将力画在物体轮廓线的外面,以保持受力图的整洁。

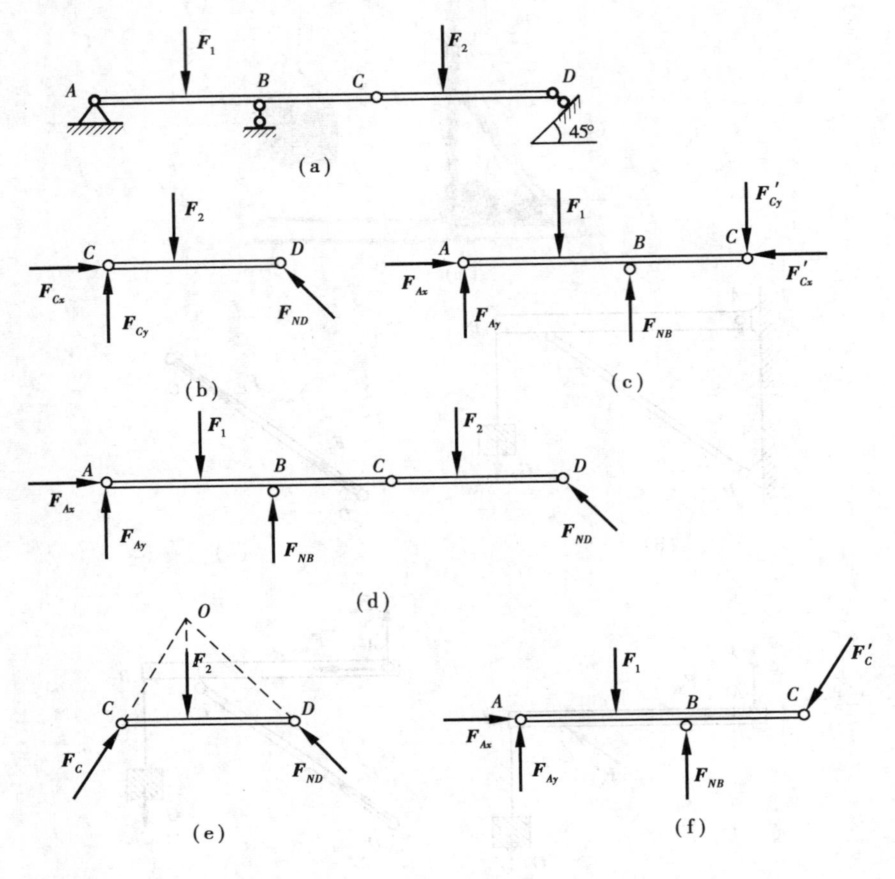

图 1.16

本章小结

(1)静力学是研究物体在力系作用下的平衡规律的科学。具体研究三个方面的问题:物体的受力分析,力系的简化和力系的平衡条件及其应用。

(2)力是物体间的相互机械作用,这种作用一方面使物体的机械运动状态发生变化(外效应),另一方面改变了物体的形状和大小(内效应)。理论力学只研究力的外效应。

力的效应由其大小、方向和作用点决定,力是矢量。作用在刚体上的力可以沿其作用线移动,是滑动矢量。

(3)静力学公理是力学的最基本规律。力的平行四边形定律和二力平衡公理阐明了作用于物体上的两个力的合成规则和平衡条件。加减平衡力系公理是研究力系等效变换的依据。作用与反作用定律表明两物体相互作用的关系。刚化公理指明刚体平衡的必要与充分条件只是变形体平衡的必要条件。

(4)约束和约束反力。限制非自由体某些位移的周围物体,称为约束。约束反力的方向与约束所能限制的位移方向相反。常见的约束类型有:柔索(绳)约束、光滑接触面约束、固定铰链支座约束、可动铰链支座约束、球形铰链约束等。

(5)受力分析和受力图。受力分析和受力图是研究物体平衡和运动的前提。画受力图时，首先要取分离体，再画分离体上受到的力，并要分清主动力和约束反力，外力和内力，注意作用力与反作用力。

思考题

1.1 光滑圆柱形铰链约束的约束反力，一般可用两个相互垂直的分力表示，该两分力一定要沿水平和铅垂方向吗?

1.2 为什么说二力平衡条件、加减平衡力系公理中，合力的可传性等都只能适用于刚体?

1.3 观察日常生活和工程实际中的各种约束，并分析其约束反力的特征。

1.4 两端用铰链连接的杆都是二力杆吗? 不计自重的刚性杆都是二力杆吗?

1.5 置于光滑平面上的重物(重力为 $\boldsymbol{G}$)，若重物对支承面的压力为 $\boldsymbol{F}_R$，支承面对重物的支承反力为 $\boldsymbol{F}_N$，试问 $\boldsymbol{G},\boldsymbol{F}_R$；$\boldsymbol{F}_R,\boldsymbol{F}_N$；$\boldsymbol{G},\boldsymbol{F}_N$三对力中，构成作用力与反作用力的是哪一对力?

1.6 对于光滑约束面的约束反力，其指向在受力图中是否可任意假设?

习　题

如下列各图所示，作指定物体的受力图。所有接触处都认为是光滑的，物体的重力除已标出者外均略去不计。

1.1 杆 AB。

1.2 杆 AB 和绳 BC。

1.3 压路机碾子 O。

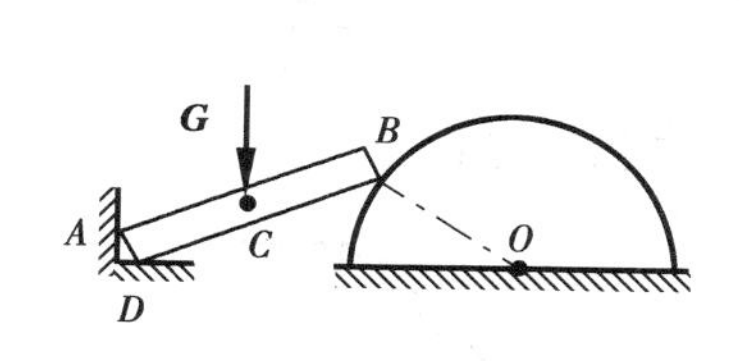

习题 1.1 图

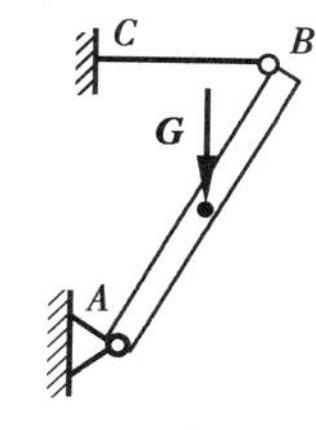

习题 1.2 图

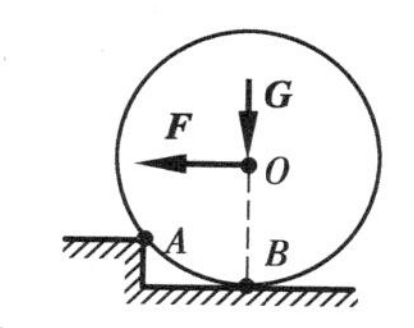

习题 1.3 图

1.4 圆柱体和杆 AB。

1.5 杆 AB，ABC。

1.6 梁 AC，CD。

1.7 杆 AB，CD。

1.8 构架整体，AB，BC，DE，销钉 B(力 $\boldsymbol{F}$ 作用在销钉 B 上)。

1.9 刚架整体，AD，DBE，EC。

1.10 整体，AB，CD，EG。

1.11 整体，AB，CD，AC。

1.12 整体，CE，BD，AB。

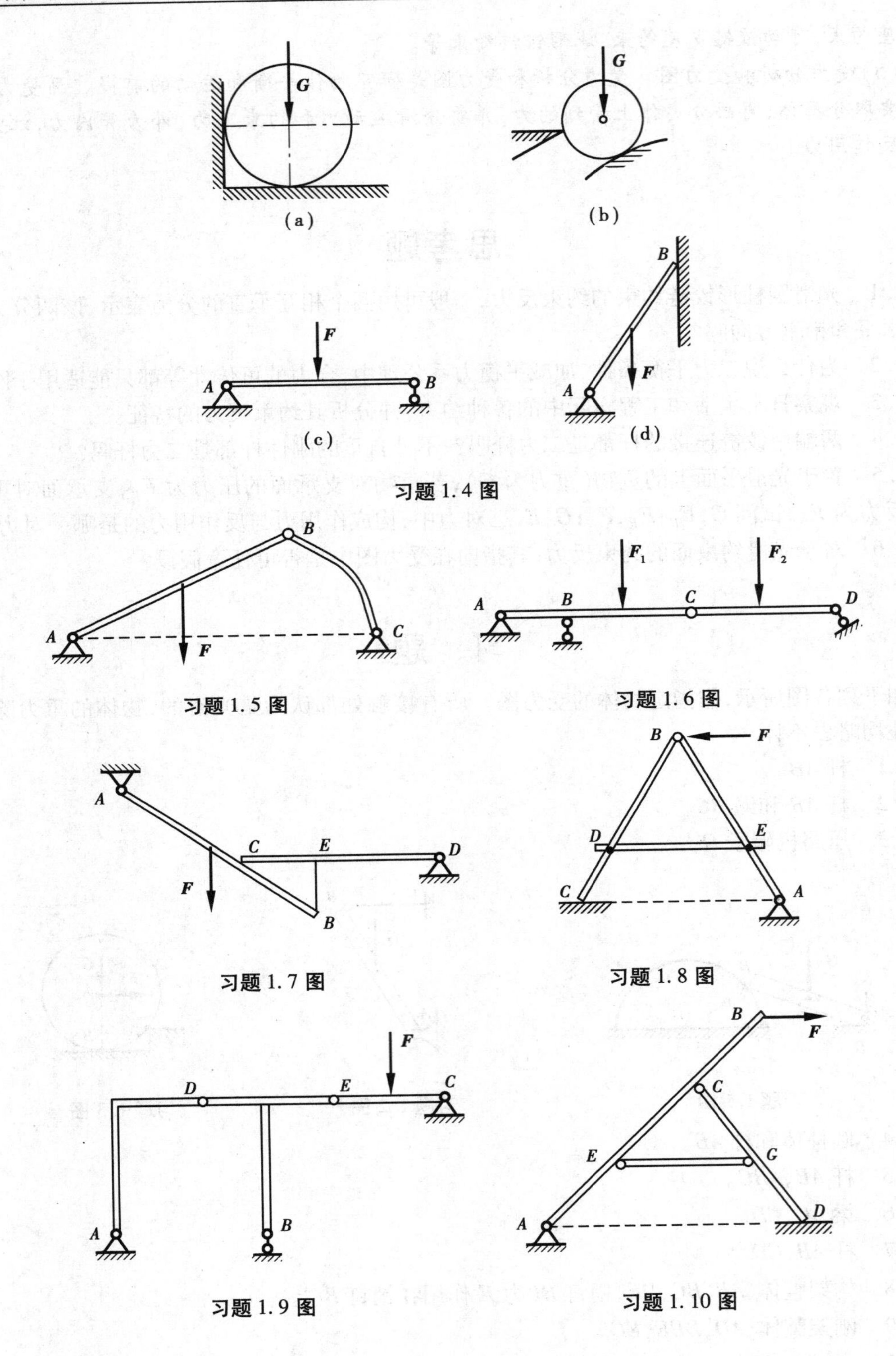
G
(a)
G
(b)
F
A
B
(c)
B
F
A
(d)
习题 1.4 图
B
A
F
C
习题 1.5 图
F1
F2
A
B
C
D
习题 1.6 图
A
C
E
D
F
B
习题 1.7 图
B
F
D
E
C
A
习题 1.8 图
F
D
E
C
A
B
习题 1.9 图
B
F
C
E
G
A
D
习题 1.10 图

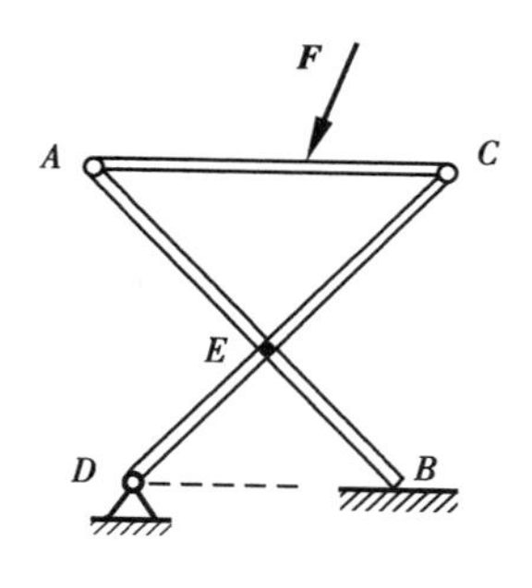

习题 1. 11 图

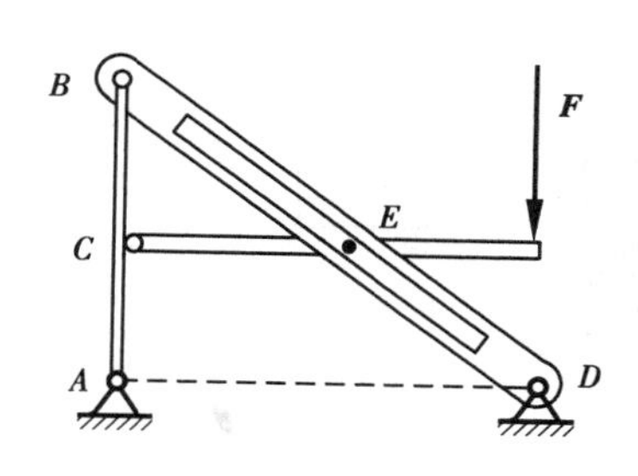

习题 1. 12 图

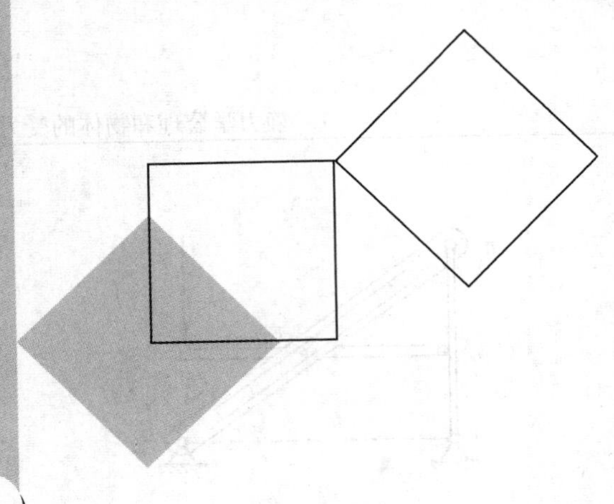

2 汇交力系

本章导读:

- **基本要求** 掌握汇交力系合成与平衡的几何法;熟练地计算力在空间直角坐标轴上的投影,掌握汇交力系合成的解析法;熟练地运用平衡方程求解汇交力系的平衡问题。
- **重点** 力在坐标轴上的投影,汇交力系平衡的解析法。
- **难点** 力在坐标轴上的投影。

汇交力系(Concurrent force system)是指作用在物体上的所有力的作用线汇交于同一点的力系。汇交力系分为平面汇交力系和空间汇交力系。所谓平面汇交力系,就是各力作用线在同一平面内且汇交于同一点的力系。空间汇交力系是指各力作用线不在同一平面内且汇交于同一点的力系。本章主要分析汇交力系的合成和平衡问题。

2.1 汇交力系合成的几何法

所谓汇交力系合成的几何法是指,利用几何的方法确定作用有汇交力系的刚体的合力矢的方法。下面通过平面汇交力系的具体实例说明汇交力系合成几何法的基本过程和方法。

图 2.1(a)所示为作用有 $\boldsymbol{F}_1,\boldsymbol{F}_2,\boldsymbol{F}_3,\boldsymbol{F}_4$ 汇交力系的刚体。首先作 $\boldsymbol{F}_1,\boldsymbol{F}_2,\boldsymbol{F}_3,\boldsymbol{F}_4$ 作用线的延长线,确定汇交力系的汇交点 A。由力的可传递性,将各力分别沿其作用线移至汇交点 A,得共点力系,如图2.1(b)所示。连续应用力的平行四边形法则将各力依次合成,最后得到一个作用于 A 点的合力 $\boldsymbol{F}_R$。为了求得合力 $\boldsymbol{F}_R$ 的大小和方向,可在平面上任意选取一方便几何作图的点 O,将作用在刚体上的 $\boldsymbol{F}_1,\boldsymbol{F}_2,\boldsymbol{F}_3,\boldsymbol{F}_4$ 依次按自由矢量平行移动成首尾相接($\boldsymbol{F}_1$ 的起点在 O 点),得到平面折线 $Oabcd$,如图 2.1(c)所示。对 $\boldsymbol{F}_1,\boldsymbol{F}_2$ 应用平行四边形法则得矢量 $\boldsymbol{F}_{R1}$($\boldsymbol{F}_{R1}$代表了 $\boldsymbol{F}_1,\boldsymbol{F}_2$ 两个作用在刚体上的力的主矢量的大小和指向)。矢量 $\boldsymbol{F}_1,\boldsymbol{F}_2,\boldsymbol{F}_{R1}$满足:

$$\boldsymbol{F}_{R1} = \boldsymbol{F}_1 + \boldsymbol{F}_2$$

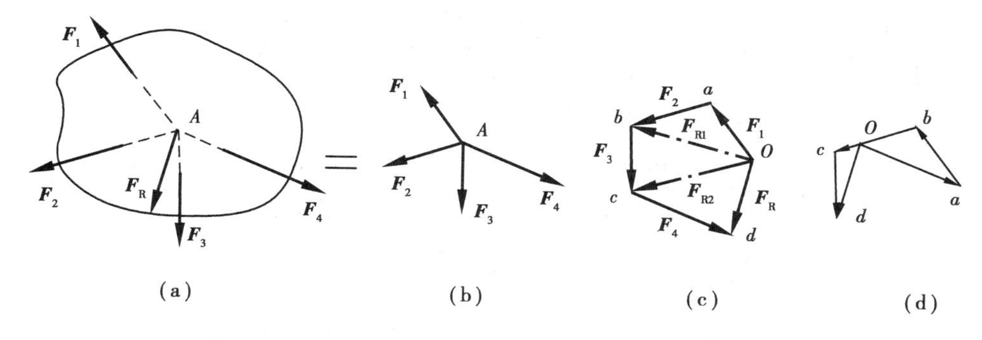

图 2.1

同理对矢量 $\boldsymbol{F}_{R1}$,$\boldsymbol{F}_3$ 应用平行四边形法则得 $\boldsymbol{F}_{R2}$。$\boldsymbol{F}_3$,$\boldsymbol{F}_{R2}$满足:

$$\boldsymbol{F}_{R2} = \boldsymbol{F}_{R1} + \boldsymbol{F}_3 = \boldsymbol{F}_1 + \boldsymbol{F}_2 + \boldsymbol{F}_3$$

对矢量 $\boldsymbol{F}_{R2}$,$\boldsymbol{F}_4$ 应用平行四边形法则得 $\boldsymbol{F}_R$。$\boldsymbol{F}_4$,$\boldsymbol{F}_R$ 满足:

$$\boldsymbol{F}_R = \boldsymbol{F}_{R2} + \boldsymbol{F}_4 = \boldsymbol{F}_1 + \boldsymbol{F}_2 + \boldsymbol{F}_3 + \boldsymbol{F}_4$$

最后将作用在 O 点的矢量 $\boldsymbol{F}_R$ 平行移至刚体的汇交点 A,得到作用在刚体上汇交力系的汇交点上的 $\boldsymbol{F}_1$,$\boldsymbol{F}_2$,$\boldsymbol{F}_3$,$\boldsymbol{F}_4$ 的合力矢,如图 2.1(a)所示。

显然,当刚体上作用有 n 个汇交力 $\boldsymbol{F}_1$,$\boldsymbol{F}_2$,…,$\boldsymbol{F}_n$ 时,有:

$$\boldsymbol{F}_R = \boldsymbol{F}_1 + \cdots + \boldsymbol{F}_n = \sum_{i=1}^{n} \boldsymbol{F}_i = \sum \boldsymbol{F} \tag{2.1}$$

即汇交力系一般可合成为一合力,合力的作用线通过力系的汇交点,合力矢 $\boldsymbol{F}_R$ 等于力系各力的矢量和。力系中各力的矢量和称为力系的主矢(Principal vector),所以合力矢 $\boldsymbol{F}_R$ 等于原汇交力系的主矢 $\sum \boldsymbol{F}$。但必须注意,力系的主矢和合力矢是两个不同的概念。主矢是一个几何量,它有大小和方向,但不涉及作用点,可画在任意点;合力矢是一个物理量,除大小和方向,还需说明其作用点。

将各力矢量及主矢在空间平行移动成首尾相接的几何(封闭)图形称为力多边形(Force polygon),如图 2.1(c)中多边形 $Oabcd$。合力矢是力多边形的封闭边。这种确定汇交力系的合力矢的几何法也称为**力的多边形法则**。通过对力多边形的几何分析(或直接测量),可以确定合力矢的大小和方位。根据矢量加法的交换律,任意改变各力相加的先后次序,只能改变力多边形的形状,而不会改变合力的大小和方向,如图 2.1(d)所示。

对空间汇交力系,仍可按上述力的多边形法则确定其合力矢,且主矢仍由式(2.1)确定。所不同的是,空间汇交力系几何法的力多边形是空间多边形。由于空间多边形的几何分析远比平面多边形困难,因此对空间汇交力系通常不使用几何法确定其合力矢。

2.2 汇交力系平衡的几何法

设刚体上作用 n 个作用线汇交于同一点的汇交力系 $\boldsymbol{F}_1$,$\boldsymbol{F}_2$,…,$\boldsymbol{F}_n$,则该刚体平衡的必要与充分条件为合力矢等于零矢量。即:

$$\boldsymbol{F}_R = \boldsymbol{F}_1 + \cdots + \boldsymbol{F}_n = \sum \boldsymbol{F} = \boldsymbol{0} \tag{2.2}$$

由此可以得到力多边形自行封闭,即力多边形中第一个力矢量的起点与最后一个力矢量的终点重合。所以，汇交力系 $\boldsymbol{F}_1,\boldsymbol{F}_2,\cdots,\boldsymbol{F}_n$ 平衡的必要与充分的几何条件是力多边形自行封闭。

【例 2.1】 如图 2.2 所示托架，A 为铰链，B，C 为固定铰支座，在托架的 C 处作用有力 $\boldsymbol{F}$，$F=10$ kN。不计各杆质量，试求 AB，AC 杆所受的力。

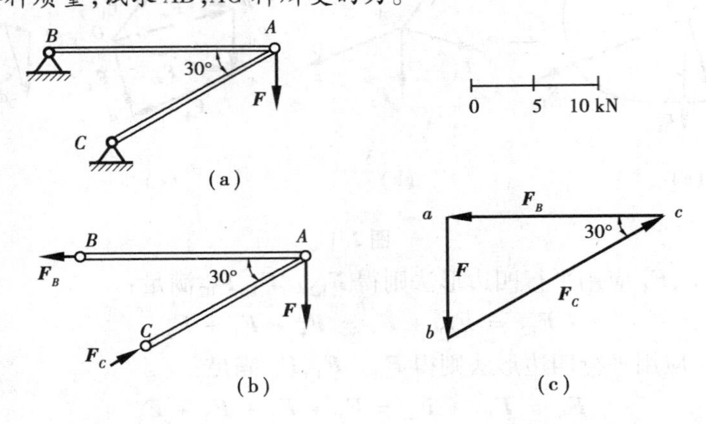

图 2.2

【解】 以整个托架作为研究对象。AB，AC 杆质量不计，且各杆只有两端受力，因此，AB，AC 杆均为二力构件。B 处的约束反力沿 A，B 的连线；C 处的约束反力沿 A，C 的连线。托架受到力 $\boldsymbol{F}$，$\boldsymbol{F}_C$ 和 $\boldsymbol{F}_B$ 的作用，受力图如图 2.2(b)所示。力 $\boldsymbol{F}$，$\boldsymbol{F}_C$ 和 $\boldsymbol{F}_B$ 三力构成平面汇交力系，其力三角形必自行封闭。

按图示比例尺，先作力 $\overrightarrow{ab}=\boldsymbol{F}$，如图 2.2(c)所示。再过 a 点和 b 点分别作直线平行于 AB 和 AC。这两条直线相交于 c 点。abc 就是所求的力三角形。$\overrightarrow{bc}$ 和 $\overrightarrow{ca}$ 分别代表力矢 $\boldsymbol{F}_C$ 和 $\boldsymbol{F}_B$。它们的指向可按各力矢首尾相连的规则确定，如图 2.2(c)所示。$\boldsymbol{F}_C$ 和 $\boldsymbol{F}_B$ 的大小可按比例尺从图中量取，得：

$$F_B = 17.4\ \text{kN} \qquad F_C = 20.1\ \text{kN}$$

另外，也可利用正弦定理得

$$\frac{F_C}{\sin 90^\circ} = \frac{F_B}{\sin 60^\circ} = \frac{F}{\sin 30^\circ}$$

则 AB，AC 杆所受的力为

$$F_C = 2F = 20\ \text{kN} \qquad F_B = \sqrt{3}F = 17.3\ \text{kN}$$

2.3 汇交力系合成与平衡的解析法

汇交力系的解析法是利用力矢在坐标轴上的投影来分析力系的合成与平衡的方法。

1) 力在坐标轴上的投影

按照矢量的运算规则，可将一个力矢分解成两个或两个以上的分力。最常用的是将一个力分解成为沿直角坐标轴 x，y，z 的三个分力。设有力 $\boldsymbol{F}$，根据矢量分解公式有：

$$\boldsymbol{F} = F_x\boldsymbol{i} + F_y\boldsymbol{j} + F_z\boldsymbol{k} \tag{2.3}$$

其中：$\boldsymbol{i},\boldsymbol{j},\boldsymbol{k}$ 是沿坐标轴正向的单位矢量，F_x，F_y，F_z 分别是力 $\boldsymbol{F}$ 在 x，y，z 轴上的投影，如图2.3所示。

如果已知 $\boldsymbol{F}$ 与坐标轴正向的夹角分别为 α,β,γ，则：

$$\begin{cases} F_x = F\cos\alpha \\ F_y = F\cos\beta \\ F_z = F\cos\gamma \end{cases} \tag{2.4}$$

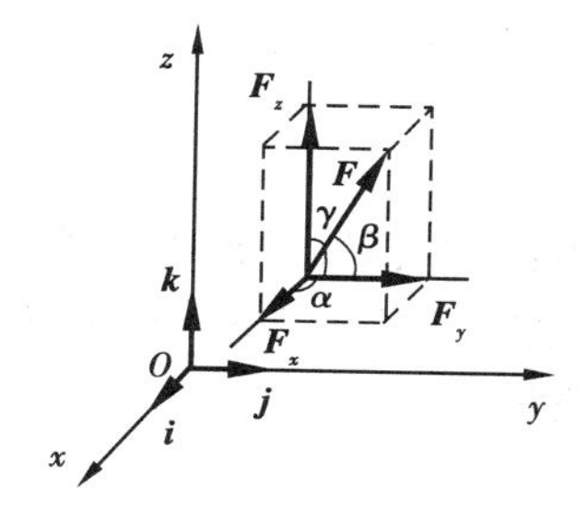

图 2.3

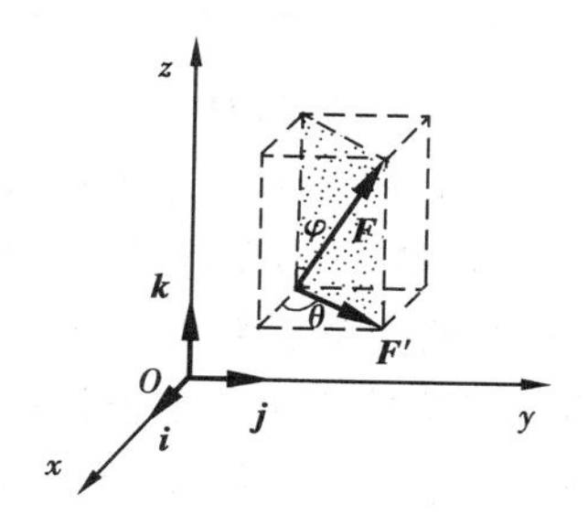

图 2.4

这种投影方法称为直接投影法。式(2.4)中的角 α,β,γ 可以是锐角,也可以是钝角,由夹角余弦的正、负即可知力的投影为正或负。若力与坐标轴正向的夹角为钝角时,也可改用其补角(锐角)计算力的投影的大小,而根据观察判断投影的正负号。式(2.4)也可写成:

$$\begin{cases} F_x = \boldsymbol{F}\cdot\boldsymbol{i} \\ F_y = \boldsymbol{F}\cdot\boldsymbol{j} \\ F_z = \boldsymbol{F}\cdot\boldsymbol{k} \end{cases} \tag{2.5}$$

就是说,一个力在某一轴上的投影,等于该力与沿该轴正向的单位矢量之标积。此结论不仅适用于力在直角坐标轴上的投影,也适用于在任何一轴上的投影。例如,设有一轴 ξ,沿该轴正向的单位矢量为 $\boldsymbol{n}$,则力 $\boldsymbol{F}$ 在 ξ 轴上的投影为:

$$F_\xi = \boldsymbol{F}\cdot\boldsymbol{n}$$

设 $\boldsymbol{n}$ 在坐标系 $Oxyz$ 中的方向余弦为 l_1,l_2,l_3,则:

$$F_\xi = F_x l_1 + F_y l_2 + F_z l_3 \tag{2.6}$$

若已知力 $\boldsymbol{F}$ 与坐标轴 z 的夹角为 φ,以及力 $\boldsymbol{F}$ 在平行于 xy 平面上的分力矢 $\boldsymbol{F}'$ 与 x 轴正向的夹角 θ,如图 2.4 所示,则力 $\boldsymbol{F}$ 在坐标轴上的投影为:

$$\begin{cases} F_x = F'\cos\theta = F\sin\varphi\cos\theta \\ F_y = F'\sin\theta = F\sin\varphi\sin\theta \\ F_z = F\cos\varphi \end{cases} \tag{2.7}$$

这种投影法称为**二次投影法**。

若已知力 $\boldsymbol{F}$ 在 x,y,z 轴上的投影 F_x,F_y,F_z,则可求得力 $\boldsymbol{F}$ 的大小及方向余弦为:

$$F = \sqrt{F_x^2 + F_y^2 + F_z^2} \tag{2.8}$$

$$\cos\alpha = \frac{F_x}{F},\quad \cos\beta = \frac{F_y}{F},\quad \cos\gamma = \frac{F_z}{F} \tag{2.9}$$

2)汇交力系合成的解析法

设刚体上作用有汇交力系 $\boldsymbol{F}_1,\boldsymbol{F}_2,\cdots,\boldsymbol{F}_n$,在刚体上 n 个力的汇交点处建立标准正交坐标系 $\{O;\boldsymbol{i},\boldsymbol{j},\boldsymbol{k}\}$,则力矢 $\boldsymbol{F}_1,\boldsymbol{F}_2,\cdots,\boldsymbol{F}_n$ 可表示为:

$$\boldsymbol{F}_1 = F_{1x}\boldsymbol{i} + F_{1y}\boldsymbol{j} + F_{1z}\boldsymbol{k}$$

$$\cdots \quad \cdots \quad \cdots$$

$$\boldsymbol{F}_n = F_{nx}\boldsymbol{i} + F_{ny}\boldsymbol{j} + F_{nz}\boldsymbol{k}$$

由式(2.1)可得汇交力系的合力矢为：

$$\begin{aligned}\boldsymbol{F}_{\mathrm{R}} &= (F_{1x} + \cdots + F_{nx})\boldsymbol{i} + (F_{1y} + \cdots + F_{ny})\boldsymbol{j} + (F_{1z} + \cdots + F_{nz})\boldsymbol{k} \\ &= (\sum F_x)\boldsymbol{i} + (\sum F_y)\boldsymbol{j} + (\sum F_z)\boldsymbol{k} \\ &= F_{\mathrm{R}x}\boldsymbol{i} + F_{\mathrm{R}y}\boldsymbol{j} + F_{\mathrm{R}z}\boldsymbol{k}\end{aligned} \tag{2.10}$$

式中：$F_{ix},F_{iy},F_{ik}(i=1,\cdots,n)$为$\boldsymbol{F}_i(i=1,\cdots,n)$在$\boldsymbol{i},\boldsymbol{j},\boldsymbol{k}$方向的投影，或者称为$\boldsymbol{F}_i(i=1,\cdots,n)$在$x,y,z$坐标轴上的投影。而$F_{ix}\boldsymbol{i},F_{iy}\boldsymbol{j},F_{iz}\boldsymbol{k}(i=1,\cdots,n)$称为$\boldsymbol{F}_i(i=1,\cdots,n)$在$\boldsymbol{i},\boldsymbol{j},\boldsymbol{k}$的分力矢。这种利用投影法确定主矢的方法称为力系合成的解析法。

由式(2.10)，得合力矢$\boldsymbol{F}_{\mathrm{R}}$的大小及方向余弦为：

$$\begin{aligned}F_{\mathrm{R}} &= \sqrt{\boldsymbol{F}_{\mathrm{R}} \cdot \boldsymbol{F}_{\mathrm{R}}} = \sqrt{(F_{\mathrm{R}x})^2 + (F_{\mathrm{R}y})^2 + (F_{\mathrm{R}z})^2} \\ &= \sqrt{(\sum F_x)^2 + (\sum F_y)^2 + (\sum F_z)^2}\end{aligned} \tag{2.11}$$

$$\left.\begin{aligned}\cos(\boldsymbol{F}_{\mathrm{R}},\boldsymbol{i}) &= \frac{F_{\mathrm{R}x}}{F_{\mathrm{R}}} = \frac{\sum F_x}{F_{\mathrm{R}}} \\ \cos(\boldsymbol{F}_{\mathrm{R}},\boldsymbol{j}) &= \frac{F_{\mathrm{R}y}}{F_{\mathrm{R}}} = \frac{\sum F_y}{F_{\mathrm{R}}} \\ \cos(\boldsymbol{F}_{\mathrm{R}},\boldsymbol{k}) &= \frac{F_{\mathrm{R}z}}{F_{\mathrm{R}}} = \frac{\sum F_z}{F_{\mathrm{R}}}\end{aligned}\right\} \tag{2.12}$$

【例2.2】 如图2.5所示平面汇交力系，已知：$F_1=20$ kN，$F_2=30$ kN，$F_3=10$ kN，$F_4=25$ kN。试求汇交力系的合力矢，确定合力矢的方向，并将结果画在图上。

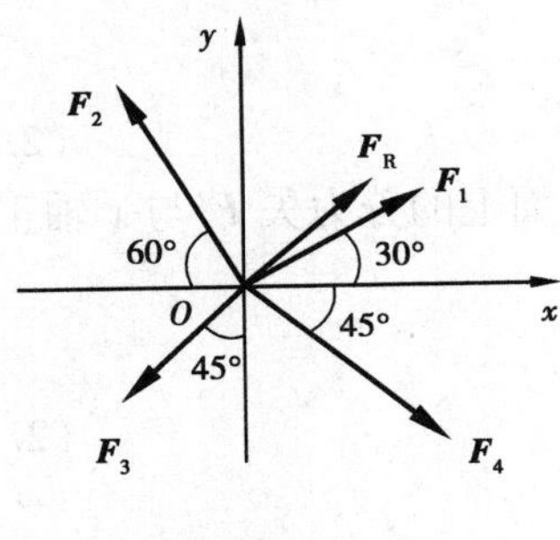

图2.5

【解】 (1)求合力矢$\boldsymbol{F}_{\mathrm{R}}$在坐标轴上的投影

$$\begin{aligned}F_{\mathrm{R}x} &= F_1\cos 30° - F_2\cos 60° - F_3\cos 45° + F_4\cos 45° \\ &= (10\sqrt{3} - 15 - 5\sqrt{2} + 12.5\sqrt{2})\,\mathrm{kN} = 12.93\ \mathrm{kN}\end{aligned}$$

$$\begin{aligned}F_{\mathrm{R}y} &= F_1\cos 60° + F_2\cos 30° - F_3\cos 45° - F_4\cos 45° \\ &= (10 + 15\sqrt{3} - 5\sqrt{2} - 12.5\sqrt{2})\,\mathrm{kN} = 11.23\ \mathrm{kN}\end{aligned}$$

(2)求合力矢$\boldsymbol{F}_{\mathrm{R}}$的大小及方向余弦

$$F_{\mathrm{R}} = \sqrt{(12.93^2 + 11.23^2)(\mathrm{kN}^2)} = 17.13\ \mathrm{kN}$$

$$\cos(\boldsymbol{F}_{\mathrm{R}},\boldsymbol{i}) = \frac{12.93\ \mathrm{kN}}{17.13\ \mathrm{kN}} = 0.75$$

$$\cos(\boldsymbol{F}_{\mathrm{R}},\boldsymbol{j}) = \frac{11.23\ \mathrm{kN}}{17.13\ \mathrm{kN}} = 0.66$$

合力矢$\boldsymbol{F}_{\mathrm{R}}$的方向角为：

$$(\boldsymbol{F}_{\mathrm{R}},\boldsymbol{i}) = 40.99°,(\boldsymbol{F}_{\mathrm{R}},\boldsymbol{j}) = 49.01°$$

合力矢$\boldsymbol{F}_{\mathrm{R}}$如图2.5所示。

3)汇交力系平衡的解析法

设在刚体上作用汇交力系$\boldsymbol{F}_1,\boldsymbol{F}_2,\cdots,\boldsymbol{F}_n$，则由式(2.2)可知该汇交力系平衡的必要与充分条件为：

$$\boldsymbol{F}_{\mathrm{R}} = \boldsymbol{0}$$

亦可由式(2.11)表示为：

$$\left.\begin{aligned}\sum F_x &= 0\\ \sum F_y &= 0\\ \sum F_z &= 0\end{aligned}\right\} \tag{2.13}$$

即汇交力系平衡的必要与充分的解析条件是：力系中各力在直角坐标系中各坐标轴上投影的代数和为零。式(2.13)称为空间汇交力系平衡方程(Equations of equilibrium of three dimensional concurrent force system)。此式包含三个独立方程，可求解三个未知量。这种利用投影法确定平衡条件的方法称为**力系平衡解析法**。

对于平面汇交力系，可取力系作用面为坐标平面 Oxy，则 $\sum F_z \equiv 0$，有意义的平衡方程只有两个，即：

$$\left.\begin{aligned}\sum F_x &= 0\\ \sum F_y &= 0\end{aligned}\right\} \tag{2.14}$$

平衡方程(2.13)虽然是在直角坐标系下推导的，但在实际应用中，三个投影轴并不限定必须相互垂直，只要三个投影轴既不共面，又不相互平行即可。根据这一原则，可恰当选取投影轴，以简化计算。

【例2.3】 如图2.6所示简易起重设备，重力 $G=20$ kN 的重物吊在钢丝绳一端，钢丝绳另一端绕过定滑轮 A 连接在绞车 D 上。A，B，C 处为铰链连接。不计滑轮和各杆质量。试求重物匀速提升时，杆 AB，AC 作用于滑轮上的力。

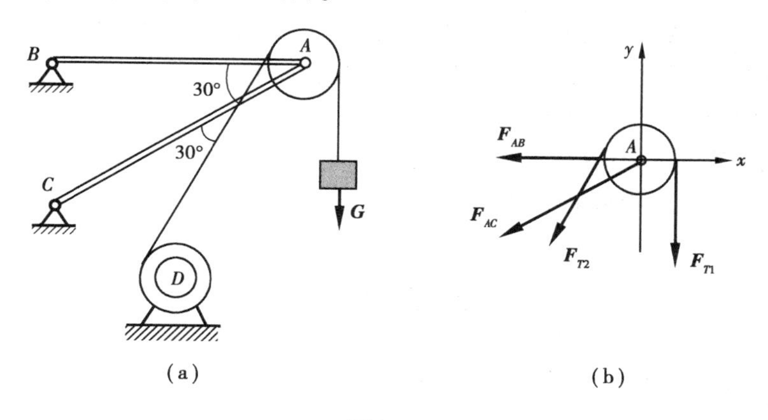

图2.6

【解】 取滑轮作为研究对象，作其受力图如图2.6(b)所示。滑轮受到钢丝绳的拉力 $\boldsymbol{F}_{T1}$，$\boldsymbol{F}_{T2}$ 和杆 AB，AC 所作用的力 $\boldsymbol{F}_{AB}$，$\boldsymbol{F}_{AC}$。在重物匀速提升的情况下，$F_{T1}=F_{T2}=G$。不计杆重时，杆 AB，杆 AC 为二力构件，因此，$\boldsymbol{F}_{AB}$，$\boldsymbol{F}_{AC}$ 分别沿连线 AB，AC 方向，且假设杆 AB，杆 AC 均受拉。滑轮在 $\boldsymbol{F}_{T1}$，$\boldsymbol{F}_{T2}$，$\boldsymbol{F}_{AB}$，$\boldsymbol{F}_{AC}$ 4个力作用下处于平衡。若略去滑轮的大小(若考虑滑轮大小，这4个力构成平面一般力系，平衡时它们的主矢也等于零矢量)，则这4个力构成平面汇交力系。

建立坐标系 Axy，列平衡方程有：

$$\sum F_y = 0 \qquad -F_{T1} - F_{T2}\cos 30° - F_{AC}\cos 60° = 0 \tag{1}$$

$$\sum F_x = 0 \qquad -F_{T2}\cos 60° - F_{AB} - F_{AC}\cos 30° = 0 \tag{2}$$

由式(1)解得：

$$F_{AC} = -74.64\ \text{kN}\ (与假设方向相反)$$

将$\boldsymbol{F}_{AC}$的代数值代入式(2)，解得：

$$F_{AB} = 54.64\ \text{kN}(与假设方向相同)$$

【例2.4】 杆系由球形铰链连接，位于正方体的对角线上，如图2.7所示。在节点B沿BG边铅直向下作用有力$\boldsymbol{F}$。如球形铰链H,K和L固定，杆重不计，求各杆所受的力。

【解】 取节点B作为研究对象。杆BH,BK,BL自重不计，两端铰链连接，因此，杆BH,BK,BL都为二力构件。它们对节点B的作用力$\boldsymbol{F}_2$,$\boldsymbol{F}_3$,$\boldsymbol{F}_1$分别沿连线BH,BK,BL方向，且假设各杆均受拉，节点B的受力如图2.7所示。主动力$\boldsymbol{F}$，约束反力$\boldsymbol{F}_1$,$\boldsymbol{F}_2$,$\boldsymbol{F}_3$构成空间汇交力系。

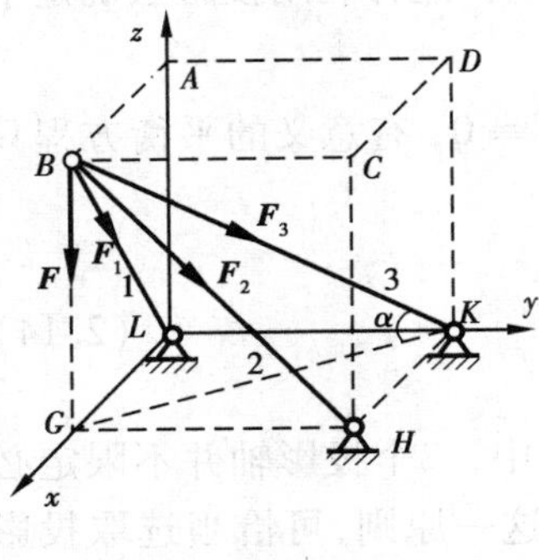

图2.7

列平衡方程有：

$$\sum F_x = 0 \quad -F_1\cos 45° - F_3\cos\alpha\cos 45° = 0$$

$$\sum F_y = 0 \quad F_2\cos 45° + F_3\cos\alpha\cos 45° = 0$$

$$\sum F_z = 0 \quad -F_1\cos 45° - F_2\cos 45° - F_3\sin\alpha - F = 0$$

其中，$\cos\alpha = \dfrac{\sqrt{2}}{\sqrt{3}}$，$\sin\alpha = \dfrac{1}{\sqrt{3}}$，联立求解上面三式，得：

$$F_1 = F_2 = -\sqrt{2}F(压力)$$

$$F_3 = \sqrt{3}F(拉力)$$

所以，杆BL,BH,BK的受力大小分别为$\sqrt{2}F$,$\sqrt{2}F$,$\sqrt{3}F$，其中杆BL,BH受压，杆BK受拉。

通过以上例题，可总结出求解平衡问题的基本步骤如下：

①根据题意恰当选取研究对象；

②分析研究对象的受力情况，正确画出其受力图；

③应用相应的平衡方程求解未知量。

本章小结

(1)力在直角坐标轴上的投影

直接投影法：

$$F_x = F\cos\alpha,\ F_y = F\cos\beta,\ F_z = F\cos\gamma$$

其中，α,β,γ分别为力$\boldsymbol{F}$与x,y,z轴正向的夹角。

二次投影法：

$$F_x = F\sin\gamma\cos\varphi,\ F_y = F\sin\gamma\sin\varphi,\ F_z = F\cos\gamma$$

其中，γ为力$\boldsymbol{F}$与z轴正向的夹角；φ为$\boldsymbol{F}$与z轴所确定的平面与x轴的夹角。

(2)汇交力系的合成

几何法：

根据力多边形法则，求得合力矢的大小和方向为：

$$\boldsymbol{F}_{\mathrm{R}}=\sum \boldsymbol{F}$$

合力矢作用线通过各力的汇交点。

解析法：

合力矢在轴上的投影等于各分力矢在该轴上投影的代数和，即：

$$F_{\mathrm{R}x}=\sum F_x,\ F_{\mathrm{R}y}=\sum F_y,\ F_{\mathrm{R}z}=\sum F_z$$

合力的大小和方向余弦为：

$$\begin{cases} F_{\mathrm{R}}=\sqrt{F_{\mathrm{R}x}^2+F_{\mathrm{R}y}^2+F_{\mathrm{R}z}^2}=\sqrt{(\sum F_x)^2+(\sum F_y)^2+(\sum F_z)^2} \\ \cos(\boldsymbol{F}_{\mathrm{R}},\boldsymbol{i})=\dfrac{F_{\mathrm{R}x}}{F_{\mathrm{R}}}=\dfrac{\sum F_x}{F_{\mathrm{R}}},\cos(\boldsymbol{F}_{\mathrm{R}},\boldsymbol{j})=\dfrac{F_{\mathrm{R}y}}{F_{\mathrm{R}}}=\dfrac{\sum F_x}{F_{\mathrm{R}}},\cos(\boldsymbol{F}_{\mathrm{R}},\boldsymbol{k})=\dfrac{F_{\mathrm{R}z}}{F_{\mathrm{R}}}=\dfrac{\sum F_z}{F_{\mathrm{R}}} \end{cases}$$

(3)汇交力系的平衡

平衡的必要与充分条件：汇交力系的合力矢为零矢量，即：

$$\boldsymbol{F}_{\mathrm{R}}=\sum \boldsymbol{F}=\boldsymbol{0}$$

平衡的必要与充分的几何条件：汇交力系的力多边形自行封闭。

平衡的必要与充分的解析条件：力系中各力在坐标轴上投影的代数和分别为零，即：

$$\sum F_x=0$$
$$\sum F_y=0$$
$$\sum F_z=0$$

思考题

2.1　某汇交力系满足条件 $\sum F_x=0$，试问此力系合成后可能是什么结果？

2.2　力沿坐标轴的分解和投影是否完全一样？如果坐标系不是直角坐标系，分解和投影的结果是否相同？

2.3　如图2.8所示，$\boldsymbol{F}_1$，$\boldsymbol{F}_2$，$\boldsymbol{F}_3$（$\boldsymbol{F}_1$，$\boldsymbol{F}_2$为图中虚线所示）为作用于刚体上的汇交点在 O 点的汇交力系。$\boldsymbol{F}_1$的作用线与 x 轴的夹角（锐角）为30°，$\boldsymbol{F}_2$的作用线与 y 轴共线，$\boldsymbol{F}_3$的大小为1 kN。若已知合力$\boldsymbol{F}_{\mathrm{R}}$的大小为2 kN，方向沿 x 轴的正向。试分析 $\boldsymbol{F}_1$，$\boldsymbol{F}_2$的指向。

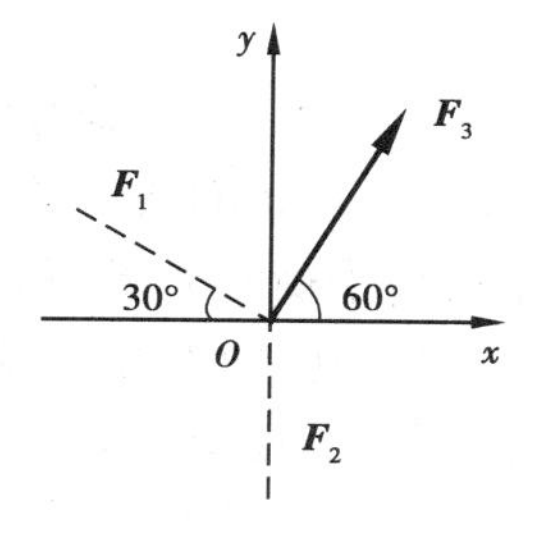

图2.8

2.4　在给定直角坐标系中，已知汇交力系的各力的大小和方向及主矢量的大小，则应该如何用解析法确定主矢量和3个坐标轴的夹角？

2.5　设 Oxy 为以某汇交力系汇交点为原点的直角坐标系。若将坐标系 Oxy 绕 O 点转动角 α，试问在转动后的坐标系中，该汇交力系的主矢量是否会改变？主矢量在两个坐标系对应坐标轴上的投影是否相同？

2.6　作用在刚体上构成平面汇交力系的 n 个力，其平衡的几何充分必要条件（力的封闭多边形）是否与 n 个力的移动次序有关？其平衡的解析充分必要条件是否与坐标系的原点选取有关？

习　题

2.1　4个力作用于物体上的点 O，其方向如习题2.1图所示。已知各力的大小分别为：$F_1=50\ \mathrm{kN}$，$F_2=80\ \mathrm{kN}$，$F_3=60\ \mathrm{kN}$，$F_4=100\ \mathrm{kN}$，试分别用几何法和解析法求这4个力的合力。

2.2　5个空间共点力作用于正方体顶点 O，如习题2.2图所示。已知各力的大小分别为：$F_1=40\ \mathrm{kN}$，$F_2=10\ \mathrm{kN}$，$F_3=30\ \mathrm{kN}$，$F_4=15\ \mathrm{kN}$，$F_5=20\ \mathrm{kN}$，试求这5个力的合力。

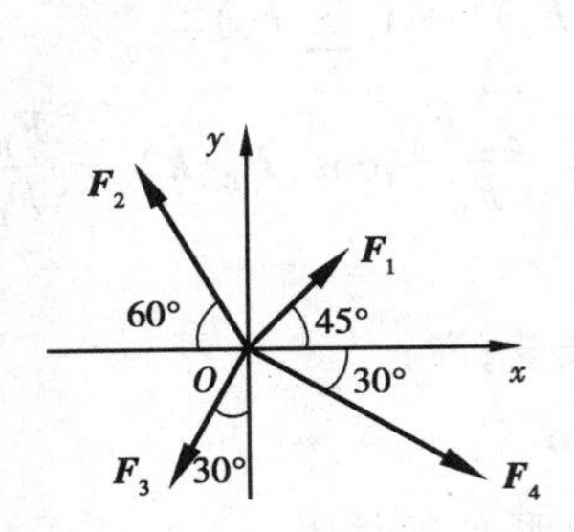

习题2.1图

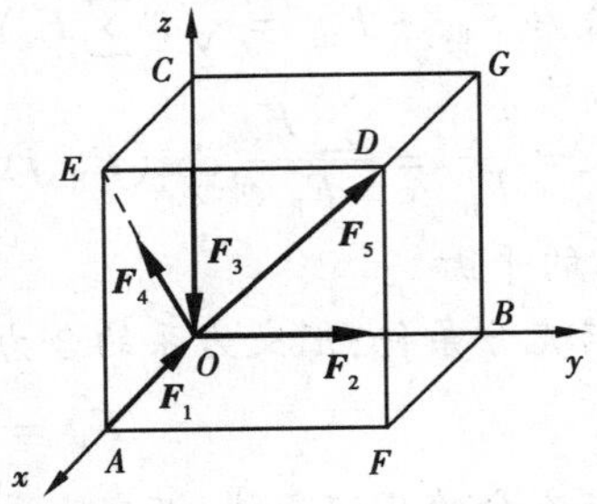

习题2.2图

2.3　AC 和 BC 两杆用铰链 C 连接，如习题2.3图所示。在 C 点悬挂重10 kN的物体，已知 $AB=BC=2\ \mathrm{m}$，$BC=1\ \mathrm{m}$，各杆的重力不计，试求两杆所受的力。

2.4　在习题2.4图所示的系统中，滚轮 A 及重物 B 和 C 的重力分别为 $G_A=5\ 000\ \mathrm{N}$，$G_B=3\ 000\ \mathrm{N}$，$G_C=2\ 600\ \mathrm{N}$，试求滚轮平衡时力 $\boldsymbol{F}$ 的大小和地面反力。

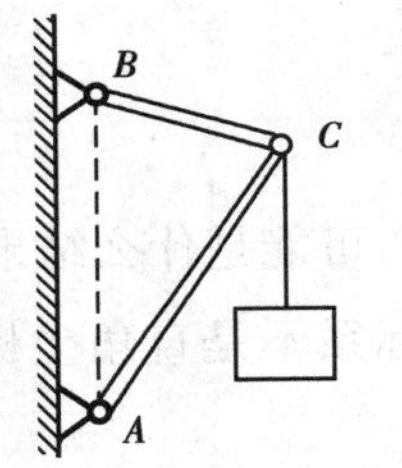

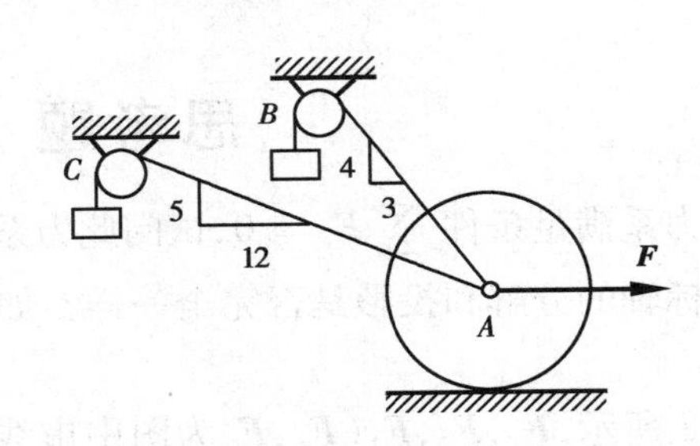

习题2.3图

习题2.4图

2.5　铰接的四连杆机构 $CABD$ 如习题2.5图所示，在铰链 A，B 处分别作用有力 $\boldsymbol{F}_1$ 和 $\boldsymbol{F}_2$，试求机构平衡时力 $\boldsymbol{F}_1$ 和 $\boldsymbol{F}_2$ 之间的关系。

2.6　在 AB 杆的两端以铰链与轮子 A 与 B 连接，并将它们置于相互垂直的斜面上，如习题2.6图所示。设两轮的重力均为 G，杆 AB 的质量不计，试求平衡时的 α 角。

2.7　如习题2.7图所示，已知：三杆用铰链连接于点 O，平面 BOC 为水平面，$OB=OC$，AD 垂直于 BC，$BD=DC$，角度如图所示。O 点挂一重物 $G=1\ \mathrm{kN}$，不计杆重。求三杆所受的力。

2.8　杆系由球形铰链连接，位于正方体的边和对角线上，如习题2.8图所示。在节点 D 沿对角线 LD 方向作用有力 $\boldsymbol{F}$，在节点 C 沿 CH 边铅直向下作用有力 $\boldsymbol{G}$。如球形铰链 B，L 和 H 固定，杆重不计，求各杆的内力。

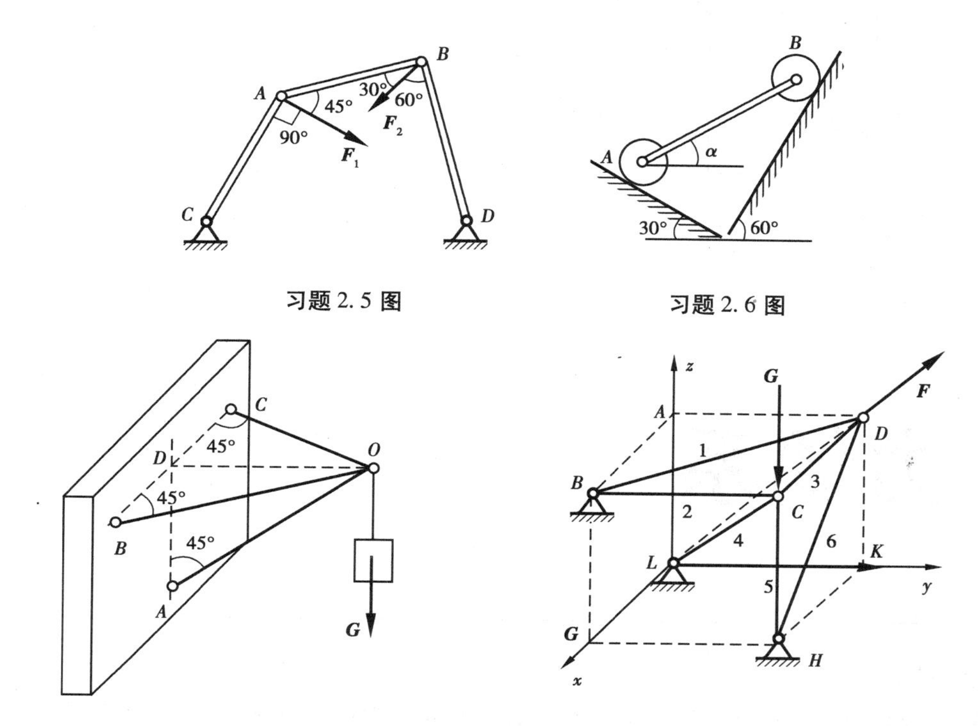

习题 2.5 图　　习题 2.6 图

习题 2.7 图　　习题 2.8 图

2.9　如习题 2.9 图所示，已知：空间构架由三根无重直杆组成，在 D 端用球铰链连接。A，B 和 C 端则用球铰链固定在水平地板上，D 端所挂物重力 $G=10\ \text{kN}$。求铰链 A，B 和 C 的反力。

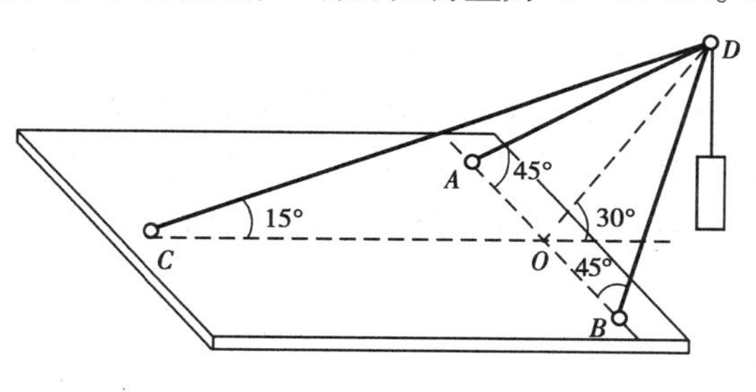

习题 2.9 图

3 力偶系

本章导读：

- **基本要求** 理解力偶的概念，掌握力偶的性质和力偶的等效条件；掌握力偶系的合成方法，能应用平衡条件求解力偶系的平衡问题。
- **重点** 力偶性质和力偶等效条件，力偶系的平衡问题。
- **难点** 力偶性质和力偶等效条件。

与力一样，力偶是力学中的一个基本量。作用于刚体上的力偶只能使刚体产生转动效应。力偶是一种特殊的力系，没有合力，不能与单个力平衡。但它具有可移转性、可改变性等重要性质，它对刚体的转动效应完全取决于力偶矩矢。本章主要研究力偶的性质和力偶系的合成与平衡问题。

3.1 力偶·力偶矩矢

1）力偶的概念

如图3.1所示，作用于刚体上大小相等、方向相反的一对平行力称为力偶（Couple），记作($\boldsymbol{F}$,$\boldsymbol{F}'$)。由二力平衡公理可知，力偶不是平衡力系，它是一种特殊的力系。在力偶的作用下，刚体会产生转动效应。例如，汽车司机用双手转动方向盘（见图3.2(a)），钳工用丝锥攻螺纹（见图3.2(b)），电动机转子受到电磁力作用旋转等，都是力偶作用下刚体的转动效应。

与力一样，力偶是力学中的一个基本量，但力偶没有合力。因此，力偶不能与单个力等效，也不能与单个力平衡。力偶只能与力偶等效，只能与力偶平衡。

作用于刚体上的一组力偶构成力偶系（System of couples）。力偶系可分为平面力偶系（Coplanar couple system）和空间力偶系（Three dimensional couple system）。所谓平面力偶系是指力偶作用平面都是同一平面的力偶系，空间力偶系是指力偶作用平面不在同一平面的力偶系。

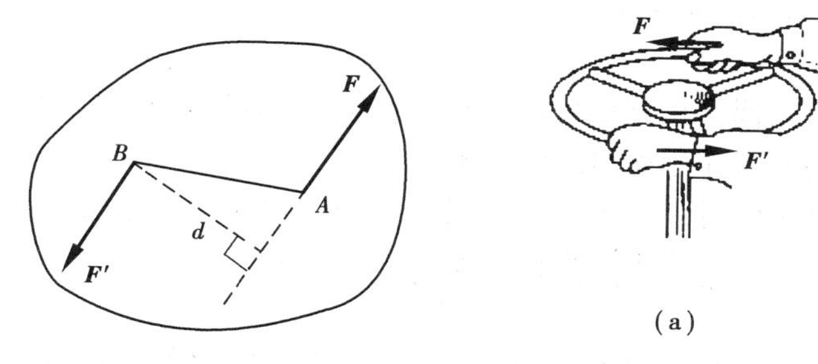

图 3.1

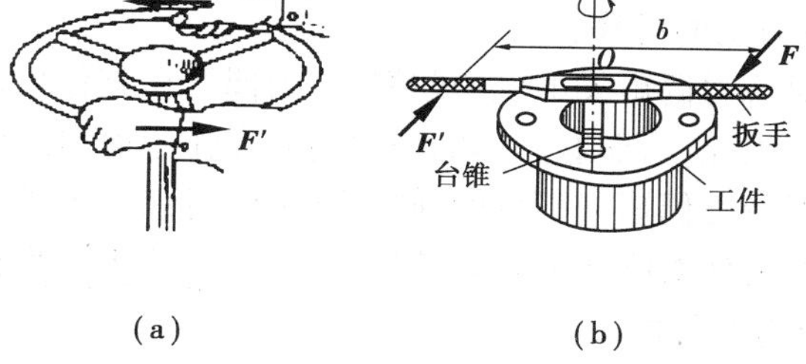

图 3.2

2) **力偶矩矢**

力偶($\boldsymbol{F},\boldsymbol{F}'$)中的两个力的作用线所确定的平面称为力偶作用平面。两个力作用线之间的距离 d 称为力偶臂,如图 3.1 所示。实践表明:当力偶中的力 $\boldsymbol{F}$ 越大(力偶臂 d 不变),或力偶臂 d 越大(力 $\boldsymbol{F}$ 保持不变),力偶使刚体转动的效应就越强;力偶的转向不同,力偶使刚体转动的效应也不同;力偶作用面的方位改变,力偶对刚体的效应也随之改变。例如,如图 3.3 所示,作用于正方体不同面上的力偶($\boldsymbol{F},\boldsymbol{F}'$),使正方体产生的转动是不同的。因此,力偶对刚体的作用效应取决于三个因素,即力与力偶臂的乘积 Fd、力偶的转向以及力偶作用面的方位。力与力偶臂乘积、力偶的转向、力偶作用面的方位所确定的矢量称为力偶矩矢,记为 $\boldsymbol{M}$。力偶矩矢的表示方法如下:力偶矩矢的长度按一定的比例表示力偶矩的大小 Fd;力偶矩矢的方位垂直于力偶作用面;力偶矩矢的指向按右手螺旋规则确定,即右手四指的指向符合力偶转向而握拳时,大拇指伸出的方向就是力偶矩矢的指向。图 3.4(a)中的矢量 $\boldsymbol{M}$ 代表力偶($\boldsymbol{F},\boldsymbol{F}'$)的力偶矩矢。力偶矩矢 $\boldsymbol{M}$ 与力矢 $\boldsymbol{F}$ 类似,可按平行四边形法则合成。

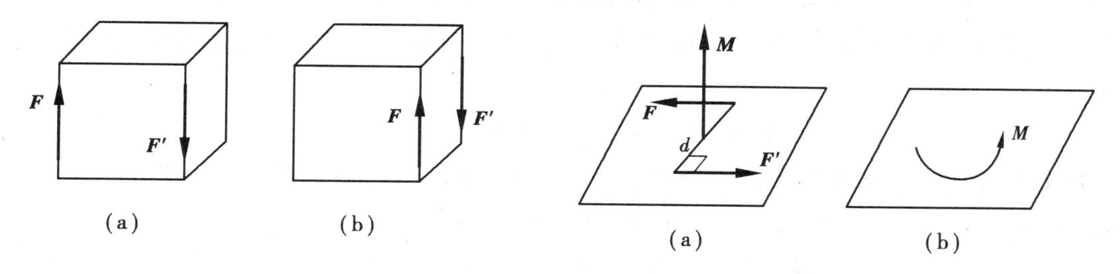

图 3.3　　图 3.4

对于平面力偶系,各力偶作用面相互重合,因此各力偶矩矢的方位相同。这时,力偶矩矢可用一代数量表示,即:

$$M = \pm Fd \tag{3.1}$$

一般规定,当力偶使刚体产生逆时针的转动时,力偶矩取正号,反之则取负号。

力偶矩的单位为牛·米(N·m)或千牛·米(kN·m)。

3) **力偶的等效**

若两个力偶对刚体的作用效应相同,则称这二力偶等效。力偶对刚体只产生转动效应,实践表明,力偶对刚体的转动效应取决于力偶矩矢。可以证明,两力偶的等效条件是:力偶矩矢相等,即:

$$\boldsymbol{M}_1 = \boldsymbol{M}_2 \tag{3.2}$$

由力偶的等效条件可以得出力偶的重要性质：

(1)力偶的可移、可转性

在保持力偶矩矢不变的前提下，力偶可在其作用面内任意移动，而不改变力偶对刚体的转动效应。因此，力偶对刚体的作用与其在作用面内的位置无关。

在保持力偶矩矢不变的前提下，力偶可以平行地移至另一个与力偶作用面平行的平面内，而不改变力偶对刚体的转动效应。因此，力偶矩矢为自由矢量。

(2)力偶的可改变性

在保持力偶矩矢不变的前提下，可以任意改变力偶中力的大小和力偶臂的长短，而不改变力偶对刚体的转动效应。可见，力偶中力的大小和力偶臂的长短都不是决定力偶效应的独立因素。

在保持力偶矩矢不变的前提下，以上讨论到的力偶的这些变化都不会改变力偶对刚体的作用效应。因此，今后我们只关心力偶的力偶矩矢，而不过问该力偶中力的大小、方向和作用线。故在表示力偶时，只要在力偶作用面内用一带箭头的弧线表示力偶的转向，旁边标注力偶矩 M 的值即可，如图 3.4(b)所示。

3.2　平面力偶系的合成与平衡

1)平面力偶系的合成

设作用于刚体上同一平面内的 n 个力偶 $(\boldsymbol{F}_1,\boldsymbol{F}_1')$，$(\boldsymbol{F}_2,\boldsymbol{F}_2')$，…，$(\boldsymbol{F}_n,\boldsymbol{F}_n')$ 对刚体的作用效应与力偶 $(\boldsymbol{F}_R,\boldsymbol{F}_R')$ 对刚体的作用效应相同，则称力偶 $(\boldsymbol{F}_R,\boldsymbol{F}_R')$ 是力偶 $(\boldsymbol{F}_1,\boldsymbol{F}_1')$，$(\boldsymbol{F}_2,\boldsymbol{F}_2')$，…，$(\boldsymbol{F}_n,\boldsymbol{F}_n')$ 的合力偶。一般情况下，**平面力偶系合成**指平面力偶系对刚体的转动效应可以与一个力偶对刚体的转动效应等效，该力偶称为合力偶，合力偶矩等于原力偶系中各力偶矩的代数和，即：

$$M = M_1 + M_2 + \cdots + M_n = \sum M \tag{3.3}$$

证明：设作用于刚体上的平面力偶系为 $(\boldsymbol{F}_1,\boldsymbol{F}_1')$，$(\boldsymbol{F}_2,\boldsymbol{F}_2')$，…，$(\boldsymbol{F}_n,\boldsymbol{F}_n')$，其力偶臂分别为 $d_1,d_2,\cdots,d_n$，如图 3.5(a)所示。则各力偶的力偶矩分别为：

$$M_1 = F_1 d_1, M_2 = F_2 d_2, \cdots, M_n = -F_n d_n$$

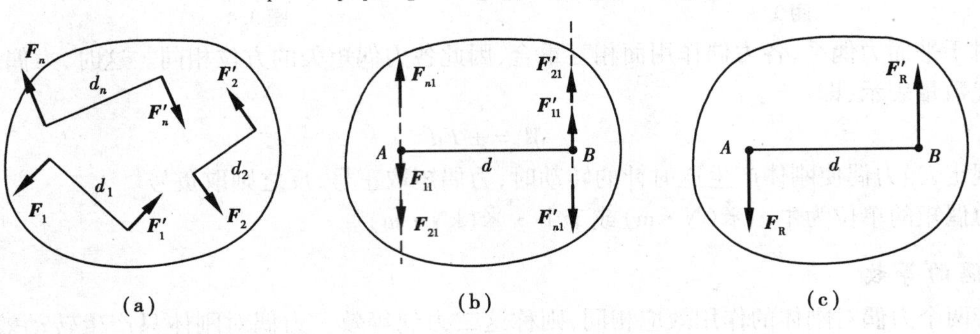

图 3.5

利用力偶在其作用面内的可移动、转动性和力偶的可改变性，将原力偶系变换为具有公共力偶臂 d 的新力偶系 $(\boldsymbol{F}_{11},\boldsymbol{F}_{11}')$，$(\boldsymbol{F}_{21},\boldsymbol{F}_{21}')$，…，$(\boldsymbol{F}_{n1},\boldsymbol{F}_{n1}')$，如图 3.5(b)所示。新平面力偶系与

原力偶系等效，则：

$$M_1 = F_1 d_1 = F_{11} d, M_2 = F_2 d_2 = F_{21} d, \cdots, M_n = -F_n d_n = -F_{n1} d$$

于是，原力偶系变换为作用于 A,B 两点的两个共线力系。分别将这两个共线力系进行合成，可得两个分别作用于 A,B 两点的力 $\boldsymbol{F}_R$ 和 $\boldsymbol{F}'_R$。不妨设 $F_{11}+F_{21}+\cdots+(-F_{n1})>0$，则 $\boldsymbol{F}_R$ 的方向与 $\boldsymbol{F}_{11}$ 方向相同，$\boldsymbol{F}'_R$ 的方向与 $\boldsymbol{F}'_{11}$ 方向相同（见图3.5(c)），而它们的大小分别为：

$$F_R = F_{11} + F_{21} + \cdots + (-F_{n1}), F'_R = F'_{11} + F'_{21} + \cdots + (-F'_{n1})$$

可见，力 $\boldsymbol{F}_R$ 和 $\boldsymbol{F}'_R$ 的大小相等、方向相反，且不在同一直线上。因此，力 $\boldsymbol{F}_R$ 和 $\boldsymbol{F}'_R$ 构成一力偶 $(\boldsymbol{F}_R, \boldsymbol{F}'_R)$，即原力偶系合成为一合力偶，合力偶矩为：

$$M = F_R d = [F_{11} + F_{21} + \cdots + (-F_{n1})]d = M_1 + M_2 + \cdots + M_n = \sum M$$

2）平面力偶系的平衡方程

平面力偶系平衡的必要与充分条件是：各力偶矩的代数和等于零，即：

$$\sum M = M_1 + M_2 + \cdots + M_n = 0 \tag{3.4}$$

式(3.4)称为平面力偶系的平衡方程。由于只有一个平衡方程，因此只能求解一个未知量。

【例3.1】 如图3.6(a)所示四连杆机构，各杆自重不计，该机构在两力偶作用下处于平衡状态。已知：$M_1 = 100\ \text{N}\cdot\text{m}$，$O_1A = 40\ \text{cm}$，$O_2B = 60\ \text{cm}$。试求力偶矩 M_2 的大小。

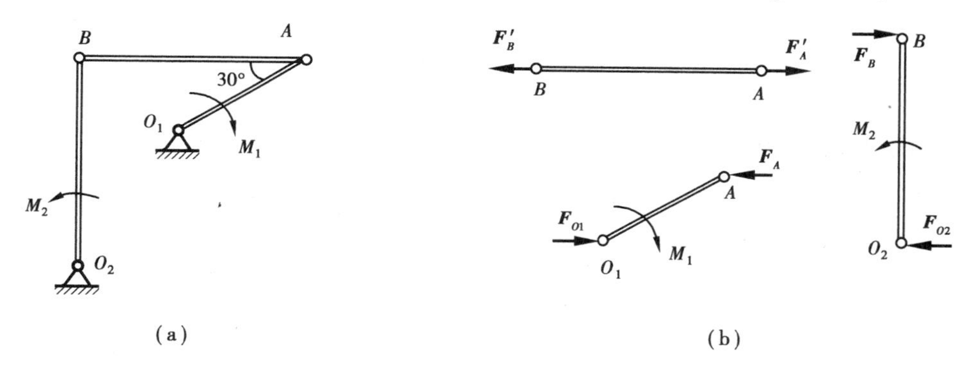

图3.6

【分析】 对于机构整体，受力偶 M_1,M_2 作用处于平衡状态。由于力偶只能与力偶平衡的特点，所以 O_1,O_2 处的约束反力必构成力偶。平面力偶系的平衡方程只有一个，只能求解一个未知量。而 O_1,O_2 处的约束反力大小、方向均未知，因此，仅从机构整体不能够求解，需要考虑机构中的其他构件。不难发现，机构中的 AB 杆为二力构件，A,B 处的约束反力 $\boldsymbol{F}'_A,\boldsymbol{F}'_B$ 必沿连线 AB 方向，且大小相等。对于 O_1A 杆，O_1 处的约束反力与 A 处的约束反力构成力偶，与力偶 M_1 平衡，可求出 F_A，从而得到 F_B；对于 O_2B 杆，O_2 处的约束反力与 B 处的约束反力构成力偶，与力偶 M_2 平衡，由此可解出 M_2 的大小。

【解】 取 O_1A 杆为研究对象，受力如图3.6(b)所示。列平衡方程有：

$$\sum M = 0 \qquad -M_1 + F_A \cdot O_1A \sin 30° = 0$$

$$F_A = \frac{100\ \text{N}\cdot\text{m}}{40\ \text{m} \times 10^{-2} \times \frac{1}{2}} = 500\ \text{N}$$

AB 杆为二力构件，则有：

$$F'_B = F'_A = F_A = 500\ \text{N}$$

取 O_2B 杆为研究对象,受力如图 3.6(b)所示。列平衡方程有:

$$\sum M = 0 \qquad -F_B \cdot O_2B + M_2 = 0$$

$$M_2 = F_B \cdot O_2B = F'_B \cdot O_2B = 500\ \text{N} \times 60\ \text{m} \times 10^{-2} = 300\ \text{N} \cdot \text{m}$$

3.3 空间力偶理论

1)空间力偶系的合成

一般情况下,空间力偶系可合成为一个合力偶,合力偶矩矢等于原力偶系中各力偶矩矢的矢量和,即:

$$\boldsymbol{M} = \boldsymbol{M}_1 + \boldsymbol{M}_2 + \cdots + \boldsymbol{M}_n = \sum \boldsymbol{M} \tag{3.5}$$

证明略。

在实际计算中,通常采用投影形式。设合力偶矩矢在三个直角坐标轴上的投影分别为 M_x, M_y 和 M_z,则:

$$\left.\begin{aligned} M_x &= M_{1x} + \cdots + M_{nx} = \sum M_x \\ M_y &= M_{1y} + \cdots + M_{ny} = \sum M_y \\ M_z &= M_{1z} + \cdots + M_{nz} = \sum M_z \end{aligned}\right\} \tag{3.6}$$

于是,合力偶矩矢的大小和方向余弦为:

$$\left.\begin{aligned} M &= \sqrt{(\sum M_x)^2 + (\sum M_y)^2 + (\sum M_z)^2} \\ \cos(\boldsymbol{M},\boldsymbol{i}) &= \frac{\sum M_x}{M} \\ \cos(\boldsymbol{M},\boldsymbol{j}) &= \frac{\sum M_y}{M} \\ \cos(\boldsymbol{M},\boldsymbol{k}) &= \frac{\sum M_z}{M} \end{aligned}\right\} \tag{3.7}$$

2)空间力偶系的平衡方程

空间力偶系平衡的充分必要条件为:合力偶对应的力偶矩矢为零矢量。即:

$$\boldsymbol{M} = \boldsymbol{0} \quad \text{或} \quad \sum \boldsymbol{M} = \boldsymbol{0} \tag{3.8}$$

欲使式(3.8)成立,由式(3.7)可知,必须且只需满足:

$$\left.\begin{aligned} \sum M_x &= 0 \\ \sum M_y &= 0 \\ \sum M_z &= 0 \end{aligned}\right\} \tag{3.9}$$

因此,空间力偶系平衡的必要与充分条件可表述为:力偶系中各力偶矩矢在三个直角坐标轴上的投影的代数和分别等于零。式(3.9)称为空间力偶系的平衡方程,共计 3 个独立方程,可求解 3 个未知量。

【例 3.2】　如图 3.7 所示,在长方体的两个对角面上分别作用二力偶($\boldsymbol{F}_1,\boldsymbol{F}_1'$)、($\boldsymbol{F}_2,\boldsymbol{F}_2'$)。已知:$F_1=200\ \text{kN}$,$F_2=100\ \text{kN}$。试求这两个力偶的合力偶矩矢。

【解】　设力偶($\boldsymbol{F}_1,\boldsymbol{F}_1'$)和($\boldsymbol{F}_2,\boldsymbol{F}_2'$)的力偶矩矢分别为 $\boldsymbol{M}_1$ 和 $\boldsymbol{M}_2$,则 $\boldsymbol{M}_1$ 垂直于 $\boldsymbol{F}_1,\boldsymbol{F}_1'$所确定的平面,$\boldsymbol{M}_2$ 垂直于 $\boldsymbol{F}_2,\boldsymbol{F}_2'$所确定的平面,它们的大小分别为:

$$M_1=F_1d_1=200\ \text{kN}\times\sqrt{4^2+2^2}\ \text{m}=400\sqrt{5}\ \text{kN}\cdot\text{m}$$

$$M_2=F_2d_2=100\ \text{kN}\times 2\ \text{m}=200\ \text{kN}\cdot\text{m}$$

取 $Oxyz$ 直角坐标系,将各力偶矩矢平移到 O 点,如图 3.7 所示。则合力偶矩矢 $\boldsymbol{M}$ 在三个直角坐标轴上的投影分别为:

$$M_x=\sum M_x=M_{1x}+M_{2x}=-400\sqrt{5}\ \text{kN}\cdot\text{m}\times\frac{1}{\sqrt{5}}+200\ \text{kN}\cdot\text{m}\times\frac{3}{5}=-280\ \text{kN}\cdot\text{m}$$

$$M_y=\sum M_y=M_{1y}+M_{2y}=0+200\ \text{kN}\cdot\text{m}\times\frac{4}{5}=160\ \text{kN}\cdot\text{m}$$

$$M_z=\sum M_z=M_{1z}+M_{2z}=-400\sqrt{5}\ \text{kN}\cdot\text{m}\times\frac{2}{\sqrt{5}}+0=-800\ \text{kN}\cdot\text{m}$$

则,合力偶矩矢的大小和方向余弦为:

$$M=\sqrt{\left(\sum M_x\right)^2+\left(\sum M_y\right)^2+\left(\sum M_z\right)^2}$$

$$=\sqrt{(-280)^2+160^2+(-800)^2}\ \text{kN}\cdot\text{m}=862.55\ \text{kN}\cdot\text{m}$$

$$\cos(\boldsymbol{M},\boldsymbol{i})=\frac{\sum M_x}{M}=\frac{-280\ \text{kN}\cdot\text{m}}{862.55\ \text{kN}\cdot\text{m}}=-0.324\ 6$$

$$\cos(\boldsymbol{M},\boldsymbol{j})=\frac{\sum M_y}{M}=\frac{160\ \text{kN}\cdot\text{m}}{862.55\ \text{kN}\cdot\text{m}}=0.185\ 5$$

$$\cos(\boldsymbol{M},\boldsymbol{k})=\frac{\sum M_z}{M}=\frac{-800\ \text{kN}\cdot\text{m}}{862.55\ \text{kN}\cdot\text{m}}=-0.927\ 5$$

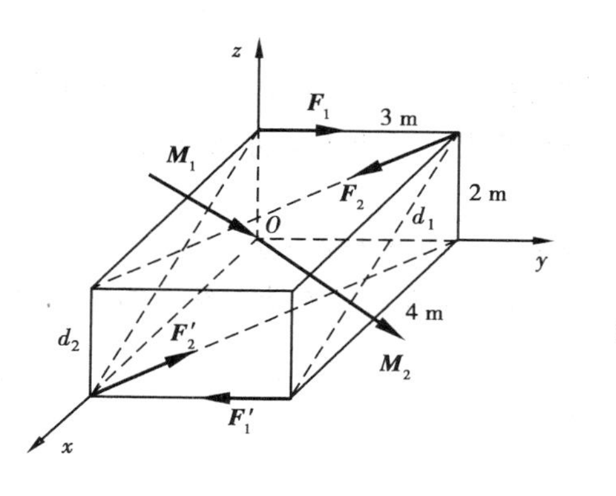

图 3.7

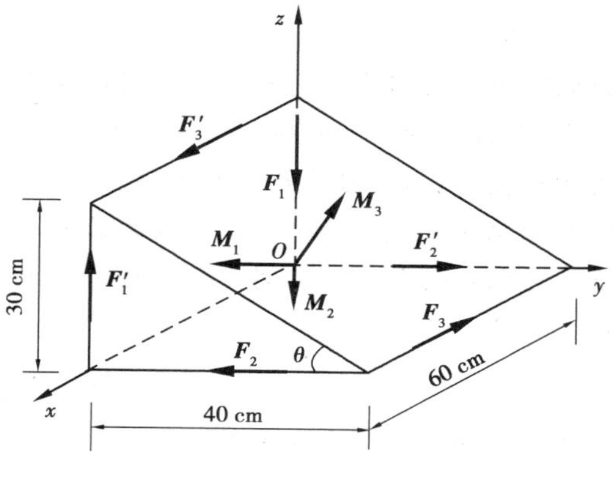

图 3.8

【例 3.3】　作用于图 3.8 所示楔块上的三个力偶($\boldsymbol{F}_1,\boldsymbol{F}_1'$),($\boldsymbol{F}_2,\boldsymbol{F}_2'$)和($\boldsymbol{F}_3,\boldsymbol{F}_3'$)处于平衡。已知:$F_3=F_3'=150\ \text{kN}$,试求力 $\boldsymbol{F}_1$ 和 $\boldsymbol{F}_2$ 的大小。

【解】　取楔块为研究对象,将各力偶矩矢平移到 O 点,如图 3.8 所示。列空间力偶系平衡方程有：

$$\sum M_y = 0 \qquad -60F_1 + 50F_3\sin\theta = 0$$

$$\sum M_z = 0 \qquad -60F_2 + 50F_3\cos\theta = 0$$

而

$$\sin\theta = 0.6, \cos\theta = 0.8$$

解得：

$$F_1 = 75\ \text{kN}, F_2 = 100\ \text{kN}$$

本章小结

(1)力偶

力偶：两个大小相等、方向相反的一对平行力组成的特殊力系。力偶没有合力，不能与一个力平衡，只能与力偶平衡。

(2)平面力偶系

①力偶矩。平面力偶中力的大小与力偶臂的乘积加上适当的正负号，即：

$$M = \pm Fd$$

力偶矩是代数量，正负号表示力偶的转向，一般规定，使物体逆时针转动的力偶矩为正，反之为负。

②平面力偶的等效。在同平面内两个力偶等效的必要与充分条件是两个力偶矩相等。

③平面力偶系的合成。一般情况下，平面力偶系可合成为一个合力偶。合力偶矩等于各力偶矩的代数和，即：

$$M = \sum M$$

④平面力偶系的平衡。平面力偶系的平衡条件：各力偶矩的代数和等于零。即：

$$\sum M = 0$$

(3)空间力偶系

①力偶矩矢。空间力偶对刚体的作用效果决定于力偶矩大小、力偶作用面方位和力偶的转向三个因素，用力偶矩矢来表示。力偶矩矢是自由矢量，其大小等于力与力偶臂的乘积，方向与力偶作用面垂直，指向由右手规则确定。

②空间力偶的等效。两个力偶等效的必要与充分条件是两个力偶矩矢相等。

③空间力偶系的合成。空间力偶系可合成为一合力偶，合力偶矩矢等于各力偶矩矢的矢量和。即：

$$\boldsymbol{M} = \sum \boldsymbol{M}$$

合力偶矩矢的大小和方向余弦为：

$$\begin{cases} M = \sqrt{M_x^2 + M_y^2 + M_z^2} = \sqrt{\left(\sum M_x\right)^2 + \left(\sum M_y\right)^2 + \left(\sum M_z\right)^2} \\ \cos(\boldsymbol{M},\boldsymbol{i}) = \dfrac{M_x}{M} = \dfrac{\sum M_x}{M}, \cos(\boldsymbol{M},\boldsymbol{j}) = \dfrac{M_y}{M} = \dfrac{\sum M_y}{M}, \cos(\boldsymbol{M},\boldsymbol{k}) = \dfrac{M_z}{M} = \dfrac{\sum M_z}{M} \end{cases}$$

④空间力偶系的平衡。空间力偶系平衡的必要与充分条件：各力偶矩矢的矢量和等于

零。即：

$$\sum \boldsymbol{M} = \boldsymbol{0}$$

空间力偶系的平衡方程：

$$\sum M_x = 0$$

$$\sum M_y = 0$$

$$\sum M_z = 0$$

思考题

3.1 能否说"力偶的合力为零"？

3.2 位于两相交平面内的两力偶能否等效？能否组成平衡力系？

3.3 如图3.9所示结构，若将作用在构件 AC 上的力偶 M 移动到 BC 构件上（如图中虚线所示），试问支座 A，B 处的约束反力是否会发生变化？

3.4 如图3.10所示，置于光滑水平面上的均质等边三角形薄板，沿均质三角形薄板的三个边 AB，BC，CA 上分别作用三个力 $\boldsymbol{F}_1$，$\boldsymbol{F}_2$，$\boldsymbol{F}_3$（方向如图所示）。若要等边三角形薄板只发生转动，则力 $\boldsymbol{F}_1$，$\boldsymbol{F}_2$，$\boldsymbol{F}_3$ 应满足什么关系？

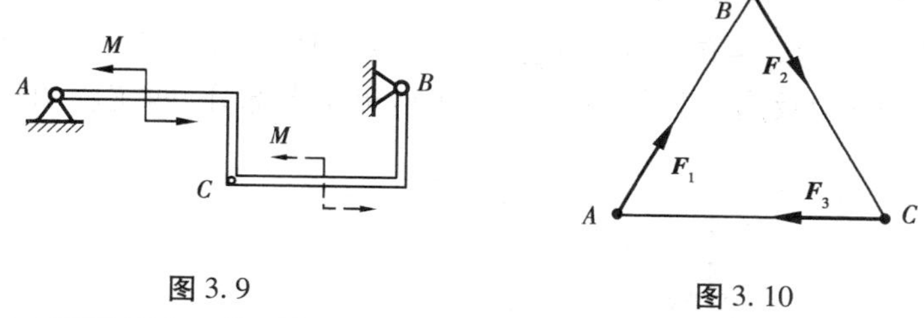

图3.9　　图3.10

3.5 如图3.11所示刚架，若刚架质量略去不计，则支座 A 处的约束反力 $\boldsymbol{F}_{RA}$ 的方向与水平轴的夹角（锐角）是多少？支座 A 处的约束反力 $\boldsymbol{F}_{RA}$ 的大小是多少？

3.6 如图3.12所示，A 端固定铰支，中点 C 处光滑接触面约束的 AB 杆，若杆质量略去不计，B 截面处作用的力偶矩大小 $M=100$ N·m，则支座 A 处的约束反力 $\boldsymbol{F}_{RA}$ 的方向与水平轴的夹角（锐角）是多少？支座 A 处的约束反力 $\boldsymbol{F}_{RA}$ 的大小是多少？

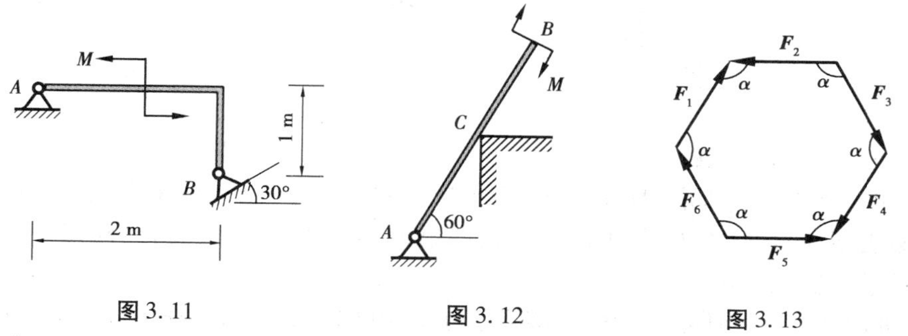

图3.11　　图3.12　　图3.13

3.7 已知 $\boldsymbol{F}_1$，$\boldsymbol{F}_2$，$\boldsymbol{F}_3$，$\boldsymbol{F}_4$，$\boldsymbol{F}_5$，$\boldsymbol{F}_6$ 为作用于刚体上的平面力系。对于如图3.13所示由几何法给出的力多边形，若要刚体处于平衡状态，$\boldsymbol{F}_1$，$\boldsymbol{F}_2$，$\boldsymbol{F}_3$，$\boldsymbol{F}_4$，$\boldsymbol{F}_5$，$\boldsymbol{F}_6$ 应当满足什么关系？

习 题

3.1　如习题 3.1 图所示，长方体上作用着三个力偶$(\boldsymbol{F}_1,\boldsymbol{F}_1')$，$(\boldsymbol{F}_2,\boldsymbol{F}_2')$，$(\boldsymbol{F}_3,\boldsymbol{F}_3')$。已知 $F_1=F_1'=10$ N，$F_2=F_2'=16$ N，$F_3=F_3'=20$ N，$a=0.1$ m，求三个力偶的合成结果。

3.2　水平梁的支承和荷载如习题 3.2 图所示，求支座 A，B 的约束反力。

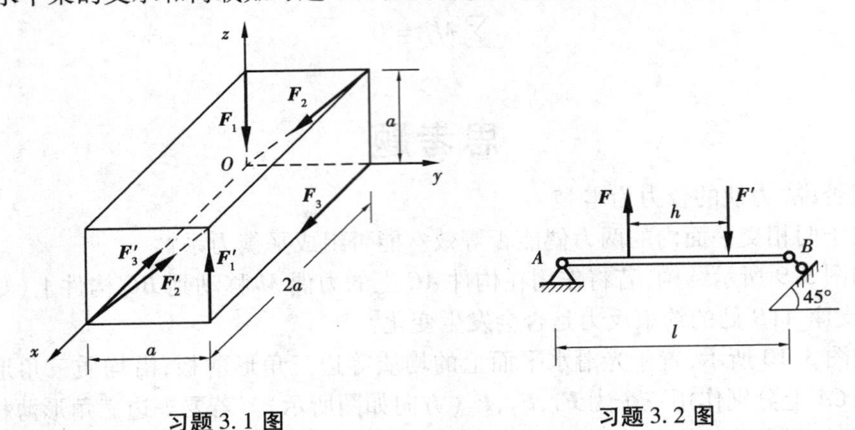

习题 3.1 图　　习题 3.2 图

3.3　曲柄活塞机构的活塞上作用有力 $F=400$ N，试问在曲柄上应加多大的力偶 M 才能使机构在如习题 3.3 图所示的位置平衡？

3.4　三铰刚架如习题 3.4 图所示，在它上面作用一力偶，其力偶矩 $M=50$ kN·m，不计刚架自重。求 A，B 处的约束反力。如将该力偶移到刚架左半部分，两支座的反力是否改变？为什么？

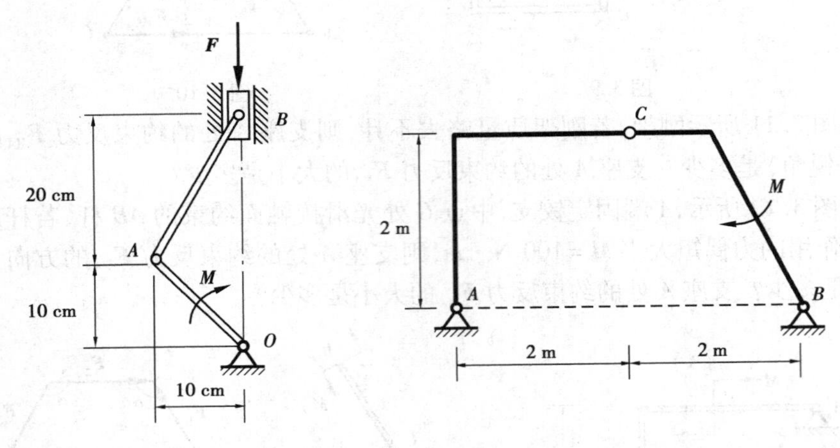

习题 3.3 图　　习题 3.4 图

3.5　如习题 3.5 图所示，AB 杆上开有导槽，通过 CD 杆上 E 处的销钉与 CD 杆连接。若各杆件质量略去不计，且略去 E 处的摩擦，当力偶矩 $M_1=1\ 000$ N·m 时，机构在图示位置处于平衡状态。试求力偶矩 M_2的大小。

3.6　如习题 3.6 图所示，水平梁 ABC 与构件 CDE 铰接于 C，且在构件 CDE 的 E 处有一力偶，其力偶矩为 $M=8$ kN·m。若不计各构件自重，试求支座 A 处的约束反力。

3.7　如习题 3.7 图所示结构中，AB 和 BC 两构件质量略去不计。试求支座 A 处的约束反

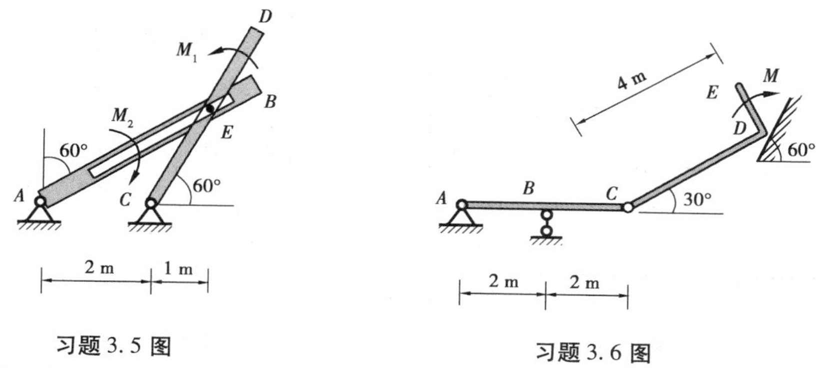

习题 3.5 图

习题 3.6 图

力与水平线所夹角度(锐角) α 。

3.8 习题 3.8 图所示结构受给定力偶的作用,各构件的自重略去不计。求支座 A 和铰 C 的约束反力。

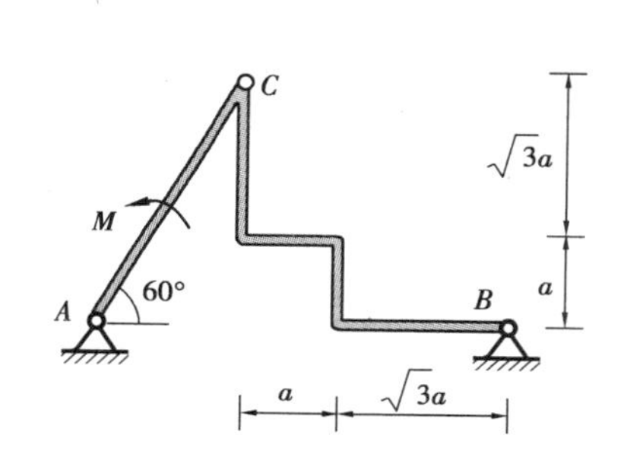

习题 3.7 图

习题 3.8 图

3.9 习题 3.9 图所示结构中,各构件的自重略去不计。在构件 AB 上作用一力偶矩为 M 的力偶,求支座 A 和 B 的约束反力。

3.10 习题 3.10 图所示机构的 AB 和 CD 杆上各作用有力偶,已知 M_1 =1 000 N · m,求平衡时作用在 CD 上的力偶矩 M_2(不计杆重和摩擦)。

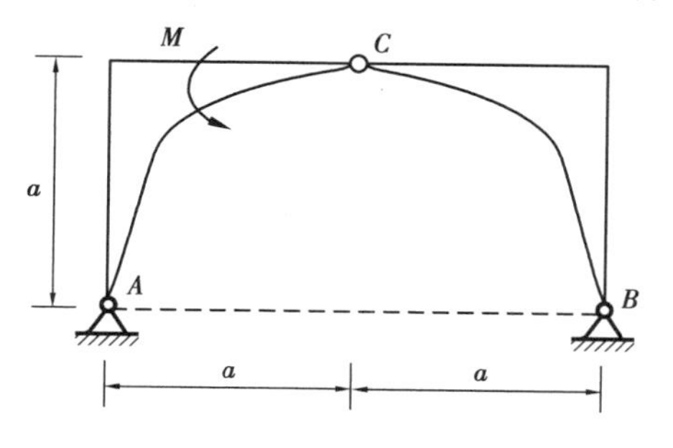

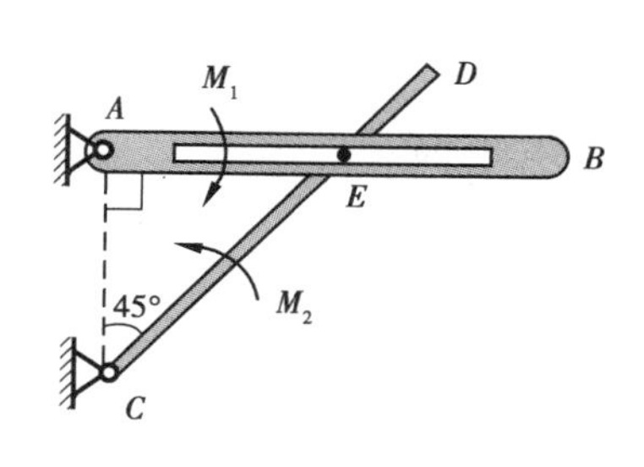

习题 3.9 图

习题 3.10 图

3.11 一个物体受三个力偶 M_1,M_2和 M_3作用处于平衡,如习题 3.11 图所示。已知 M_1 = 3 kN · m,M_2 =4 kN · m,求 M_3及 α 角。

3.12 一均质六面体 $ABCD$ 如习题 3.12 图所示,在两对角点 B 及 D 用链杆系住。若六面体受力偶($\boldsymbol{F}_1$,$\boldsymbol{F}_1'$)和($\boldsymbol{F}_2$,$\boldsymbol{F}_2'$)作用,其力偶矩分别为 F_1b 和 F_2a,试问 $\boldsymbol{F}_1$和 $\boldsymbol{F}_2$之比值为多少才能维持该六面体平衡?

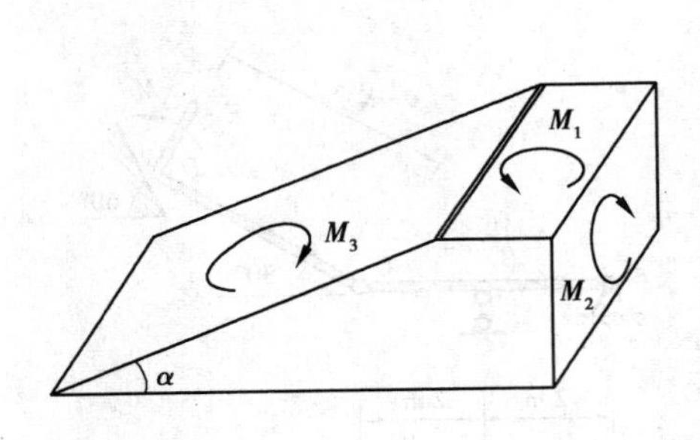

习题 3. 11 图

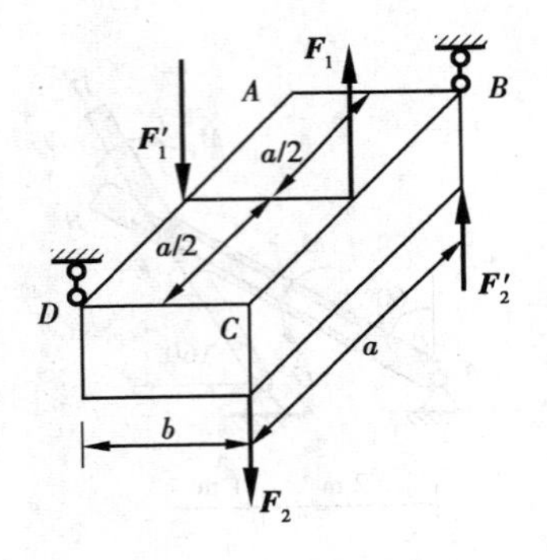

习题 3. 12 图

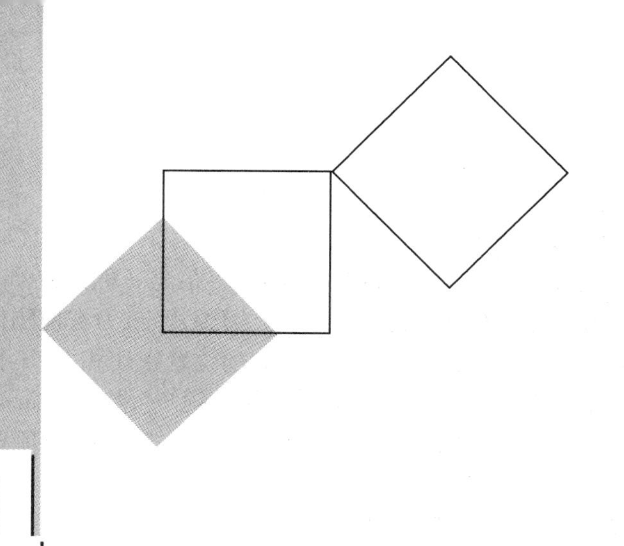

4 平面任意力系

本章导读：

- **基本要求** 理解力对点之力矩的概念，掌握力对点之力矩的计算；掌握力线平移定理；掌握平面任意力系向一点简化的方法，会应用解析法求主矢和主矩，熟知平面任意力系简化的结果；深入理解平面任意力系的平衡条件，熟练掌握平衡方程的3种形式。
- **重点** 力线平移定理，平面任意力系的平衡方程，力系的平衡。
- **难点** 平面任意力系的简化结果，平衡方程的3种形式，力系的平衡。

各力的作用线在同一平面内呈任意分布，即各力的作用线在同一平面内既不汇交于同一点，又不全部相互平行的力系称为平面任意力系（Coplanar general force system）。

工程中经常遇到平面任意力系的问题，或可以简化为平面任意力系的问题。因此，研究平面任意力系具有重要意义。

本章采用解析法研究平面任意力系向一点的简化和平衡问题，并以研究平衡问题为重点，尤其是刚体系统的平衡问题。另外，本章还将研究考虑摩擦时的平衡问题。

4.1 力对点之矩

力对刚体作用可使刚体产生两种运动效应，即移动效应和转动效应。力对刚体的移动效应可用力矢来度量，而转动效应则用力对点的矩来度量。

首先以扳手旋动螺母为例来说明力矩这一重要概念。由经验知，加在扳手上的力越大，或者螺母的中心离力的作用线越远，旋动螺母就越容易。实践表明，力 $\boldsymbol{F}$ 使刚体绕某点 O 转动的效应，不仅与力的大小 F 成正比，而且与点 O 到力作用线的垂直距离 d 成正比，如图4.1所示。因此，力 F 与距离 d 的乘积

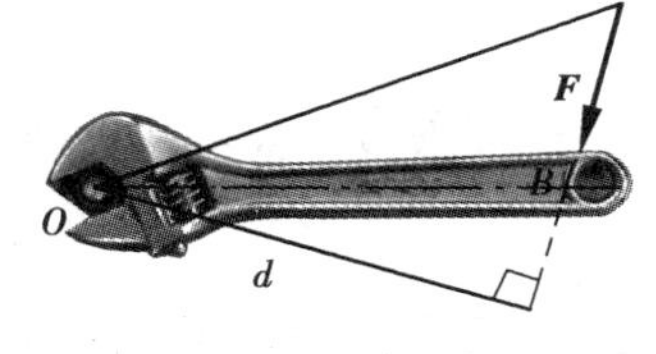

图4.1

Fd 冠以适当的正负号表示力 F 对 O 点之矩,简称力矩(Moment),记为 $M_O(\boldsymbol{F})$,即

$$M_O(\boldsymbol{F}) = \pm Fd \tag{4.1}$$

点 O 称为力矩中心(Center of moment),简称矩心。点 O 到力作用线的垂直距离 d 称为力臂。由式(4.1)知,力矩是一个代数量,其正负号用以表示力矩绕点 O 的转向。习惯规定:力有使刚体绕矩心作逆时针转动的趋势时,力矩取正号;反之,则取负号。力矩与矩心的位置密切相关,不指明矩心谈力矩是没有意义的。力矩的法定单位为牛[顿]·米(N·m)或千牛[顿]·米(kN·m)。

由图4.1可知,力 $\boldsymbol{F}$ 对 O 点之矩的大小也可以表示为:以 AB 为底边,矩心 O 为顶点的 $\triangle OAB$ 面积的2倍冠以适当的正负号,即

$$M_O(\boldsymbol{F}) = \pm 2\triangle OAB \text{ 面积} \tag{4.2}$$

由上述定义可知:

①当力 $\boldsymbol{F}$ 作用线通过矩心 O 时,力对该矩心的力矩为零;

②当力 $\boldsymbol{F}$ 沿作用线滑动时,不改变该力对任一点的矩。

设有力偶$(\boldsymbol{F},\boldsymbol{F}')$,其力偶臂为 d,力偶矩为 $M = Fd = F'd$,如图4.2所示。该力偶对平面内任一点 O 的矩即为组成力偶的两个力 $\boldsymbol{F},\boldsymbol{F}'$ 对 O 点矩的代数和:

$$M_O(\boldsymbol{F},\boldsymbol{F}') = M_O(\boldsymbol{F}) + M_O(\boldsymbol{F}') = F(d + x) - F'x = Fd$$

即

$$M_O(\boldsymbol{F},\boldsymbol{F}') = M \tag{4.3}$$

这就是说,力偶对其作用面内任一点的矩恒等于力偶矩,与矩心的位置无关。

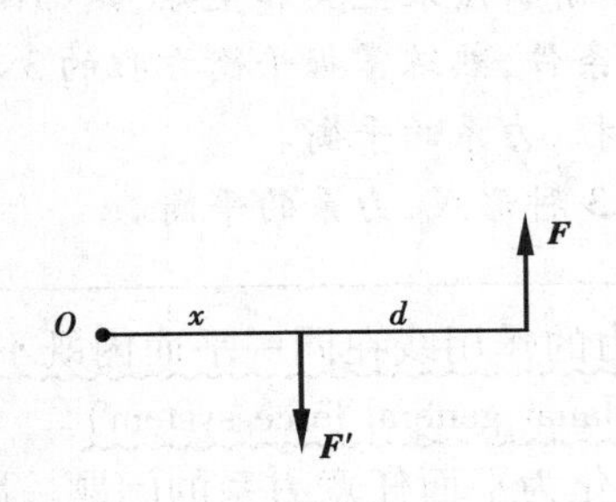

图4.2

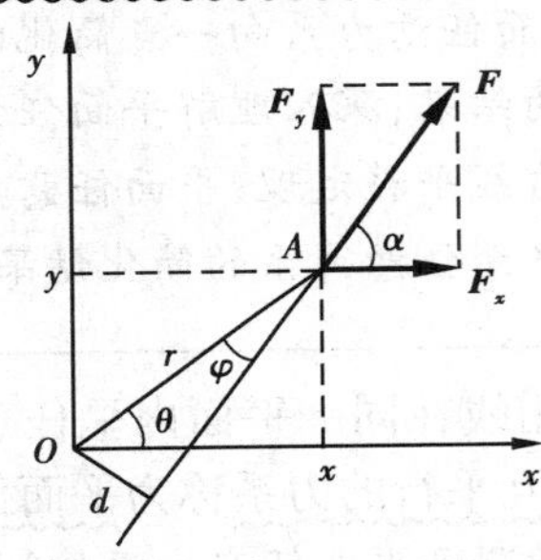

图4.3

力对点之矩也可写成解析的形式。如图4.3所示,力 $\boldsymbol{F}$ 在坐标轴上的投影分别为 F_x 和 F_y。力 $\boldsymbol{F}$ 与 x 轴正向的夹角为 α,点 O 到力 $\boldsymbol{F}$ 作用线的距离为 d,OA 与 x 轴正向的夹角为 θ,OA 与力 $\boldsymbol{F}$ 作用线的夹角为 φ,$\varphi = \alpha - \theta$,则:

$$M_O(\boldsymbol{F}) = Fd = Fr\sin(\alpha - \theta) = Fr\sin\alpha\cos\theta - Fr\cos\alpha\sin\theta$$

而

$$F\cos\alpha = F_x, F r\sin\alpha = F_y, r\cos\theta = x, r\sin\theta = y$$

所以

$$M_O(\boldsymbol{F}) = xF_y - yF_x \tag{4.4}$$

式(4.4)即为力对点之矩的解析表达式。

4.2 力线平移定理

平面任意力系既不是汇交力系,也不是平面力偶系,因此平面任意力系的合成与平衡分析

必须建立一个新的等效模型。平面任意力系所对应的等效模型基于一个基本定理——力线平移定理。

力线平移定理：作用在刚体上 A 点的力 $\boldsymbol{F}$ 可以平行移到刚体上任一点 B，但必须同时附加一个力偶，其力偶矩等于原力 $\boldsymbol{F}$ 对 B 点的矩。

证明：如图 4.4(a)所示，力 $\boldsymbol{F}$ 作用于刚体的 A 点，而 B 点是力作用线以外任意选取的一点。在 B 点处，根据加减平衡力系公理加上一对平衡力 $\boldsymbol{F}_1$、$\boldsymbol{F}'_1$，且力矢 $\boldsymbol{F}_1=-\boldsymbol{F}'_1=\boldsymbol{F}$，如图4.4(b)所示。显然，力 $\boldsymbol{F}$ 对刚体的效应并未改变。而力 $\boldsymbol{F}$ 与 $\boldsymbol{F}'_1$ 构成力偶$(\boldsymbol{F},\boldsymbol{F}'_1)$，其力偶矩为 $M=-Fd=M_O(\boldsymbol{F})$。这个力偶称为附加力偶。因为力 $\boldsymbol{F}$ 与力 $\boldsymbol{F}_1$ 矢量相等，上述等效变换过程可以看成是将作用于 A 点的力 $\boldsymbol{F}$ 平行地移到 B 点，同时附加一个力偶，如图 4.4(c)所示。

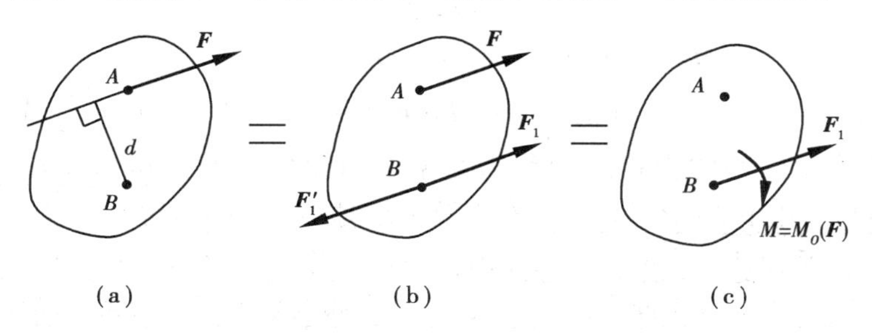

图 4.4

力线平移定理提供了力在刚体上作平行移动时等效的基本模型。该模型是一般力系分析(包括简化和平衡)的基础。

4.3 平面任意力系向一点的简化

设在刚体上作用有平面任意力系 $\boldsymbol{F}_1,\boldsymbol{F}_2,\cdots,\boldsymbol{F}_n$，各力的作用点分别为 $A_1,A_2,\cdots,A_n$，如图 4.5(a)所示。将平面任意力系各力用平面内任取一点 O 处的主矢和力矩等效的过程称为力系简化，点 O 称为简化中心(Center of reduction)。应用力线平移定理，将力系中各力都平移到点 O，于是得到作用于点 O 的平面共点力系 $\boldsymbol{F}'_1,\boldsymbol{F}'_2,\cdots,\boldsymbol{F}'_n$ 和相应的附加平面力偶系。各附加力偶的力偶矩分别为 $M_1,M_2,\cdots,M_n$。即平面任意力系可等效为一个平面共点力系和一个平面力偶系，如图 4.5(b)所示。其中：

$$\boldsymbol{F}'_1=\boldsymbol{F}_1,\boldsymbol{F}'_2=\boldsymbol{F}_2,\cdots,\boldsymbol{F}'_n=\boldsymbol{F}_n$$

$$M_1=\sum M_O(\boldsymbol{F}_1),M_2=\sum M_O(\boldsymbol{F}_2),\cdots,M_n=\sum M_O(\boldsymbol{F}_n)$$

平面共点力系 $\boldsymbol{F}'_1,\boldsymbol{F}'_2,\cdots,\boldsymbol{F}'_n$ 可合成为一个作用于点 O 的力矢 $\boldsymbol{F}'_\mathrm{R}$(见图 4.5(c))，$\boldsymbol{F}'_\mathrm{R}$ 称为原力系的主矢，且力矢 $\boldsymbol{F}'_\mathrm{R}$ 等于各力矢 $\boldsymbol{F}'_1,\boldsymbol{F}'_2,\cdots,\boldsymbol{F}'_n$ 的矢量和，也就是等于原力系中各力 $\boldsymbol{F}_1,\boldsymbol{F}_2,\cdots,\boldsymbol{F}_n$ 的矢量和，即

$$\boldsymbol{F}'_\mathrm{R}=\boldsymbol{F}'_1+\boldsymbol{F}'_2+\cdots+\boldsymbol{F}'_n=\boldsymbol{F}_1+\boldsymbol{F}_2+\cdots+\boldsymbol{F}_n=\sum \boldsymbol{F} \tag{4.5}$$

可见，主矢与简化中心位置无关。

附加平面力偶系可合成为一个力偶，如图 4.5(c)所示。其力偶矩 M_O 为附加力偶矩的代数和，即

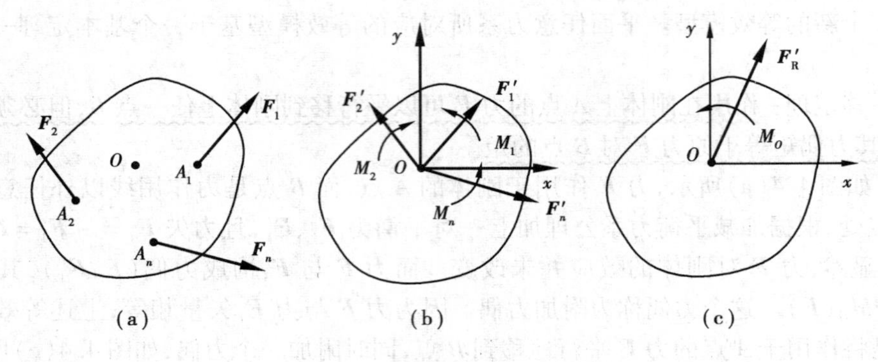

图 4.5

$$
\begin{aligned}
M_O &= M_1 + M_2 + \cdots + M_n \\
&= M_O(\boldsymbol{F}_1) + M_O(\boldsymbol{F}_2) + \cdots + M_O(\boldsymbol{F}_n) = \sum M_O(\boldsymbol{F}) \qquad (4.6)
\end{aligned}
$$

力系中各力对于简化中心的力矩之和称为力系对简化中心的主矩(Principal moment)。式(4.6)表明,主矩与简化中心的位置有关,在提及主矩时必须指明是对哪一点的主矩。

由此得到结论:平面任意力系向作用面内任一点简化,一般得到一个力和一个力偶。这个力作用于简化中心,其力矢等于原力系的主矢;这个力偶的矩等于原力系对简化中心的主矩。

对作用在刚体上的一般平面任意力系,若以图 4.5(b)、(c)中取定的 Oxy 为坐标系,则式(4.5)的主矢大小和方向余弦可表示为:

$$
\left.
\begin{aligned}
F'_{Rx} &= F_{1x} + \cdots + F_{nx} = \sum F_x \\
F'_{Ry} &= F_{1y} + \cdots + F_{ny} = \sum F_y \\
F'_R &= \sqrt{(\sum F_x)^2 + (\sum F_y)^2} \\
\cos(\boldsymbol{F}'_R, \boldsymbol{i}) &= \frac{F'_{Rx}}{F'_R} \qquad \cos(\boldsymbol{F}'_R, \boldsymbol{j}) = \frac{F'_{Ry}}{F'_R}
\end{aligned}
\right\} \qquad (4.7)
$$

式中的 $\boldsymbol{i}, \boldsymbol{j}$ 分别为沿 x, y 轴正向的单位矢量。

【例 4.1】 如图 4.6 所示,刚体上作用平面力系 $\boldsymbol{F}, \boldsymbol{F}_1, \boldsymbol{F}_2, \boldsymbol{F}_3$,且 $F = F_1 = F_2 = F_3$。试求该力系向 O 点、A 点、B 点简化的主矢和主矩。

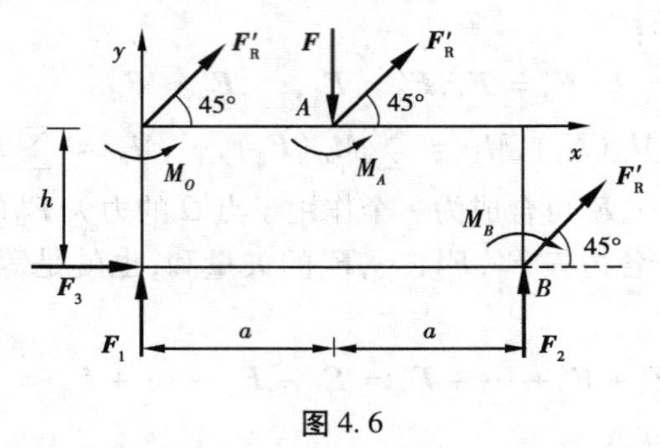

图 4.6

【解】 (1)向 O 点简化

先计算主矢:

$$F'_{Rx} = F_3 = F$$
$$F'_{Ry} = F_1 + F_2 - F = F$$

$$F'_R = \sqrt{2}F$$

$$\cos(\boldsymbol{F}'_R,\boldsymbol{i}) = \frac{F}{\sqrt{2}F} = \frac{\sqrt{2}}{2}(\boldsymbol{F}'_R,\boldsymbol{i}) = 45°$$

再计算主矩:

$$M_O = -Fa + F_1 \cdot 0 + 2F_2a + F_3h = F(a+h)$$

(2)向 A 点简化

由于主矢与简化中心的位置无关,所以:

$$F'_R = \sqrt{2}F, (\boldsymbol{F}'_R,\boldsymbol{i}) = 45°$$

主矩

$$M_A = -F_1a + F_2a + F_3h = Fh$$

(3)向 B 点简化

主矢

$$F'_R = \sqrt{2}F, (\boldsymbol{F}'_R,\boldsymbol{i}) = 45°$$

主矩

$$M_B = -Fa - 2F_1a = -Fa$$

下面应用平面任意力系的简化理论,分析固定端约束的约束反力。

物体的一部分固嵌于另一物体中所构成的约束称为固定端约束,如图4.7(a)所示。例如,阳台下梁、插入地基中的电线杆、与基础浇灌在一起的钢筋混凝土柱、固定于刀架上的车刀等,都可视为固定端约束。实际中构成固定端约束的形式各有不同,但从约束对物体的运动限制来看,则具有共同的特征:既不允许被约束物体沿任一方向移动,又不允许被约束物体绕固定端点转动。

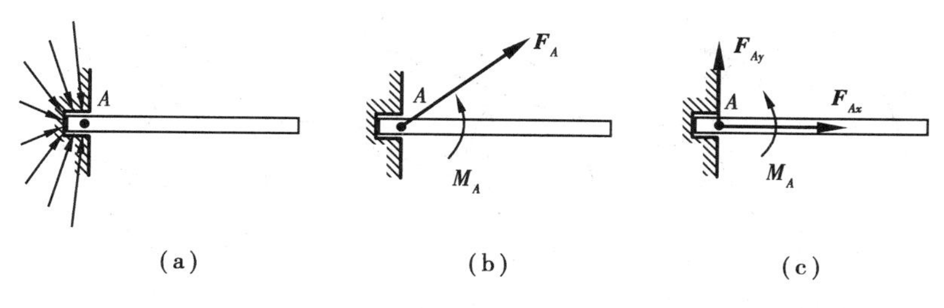

图4.7

固定端对物体的约束,是在接触面上作用的一群复杂的约束力作用的结果。在平面力系作用下,这群复杂的约束反力构成一平面任意力系。因此,按照平面任意力系简化理论,将固定端处的约束力向固定端点 A 处简化,可得到一个力 $\boldsymbol{F}_A$ 和一个力偶 M_A,如图4.7(b)所示。因为力 $\boldsymbol{F}_A$ 的大小和方向不能确定,所以用两个正交的分力 $\boldsymbol{F}_{Ax}$ 和 $\boldsymbol{F}_{Ay}$ 来表示。于是,固定端约束的约束反力表示为限制水平方向位移的反力 $\boldsymbol{F}_{Ax}$ 和限制竖向位移的反力 $\boldsymbol{F}_{Ay}$,以及限制物体转动的力偶矩为 M_A 的反力偶,如图4.7(c)所示。

4.4 平面任意力系的简化结果·合力矩定理

1)平面任意力系的简化结果分析

平面一般任意力系向一点简化得到主矢 $\boldsymbol{F}'_R$ 和主矩 M_O,这还不是简化的最终结果。以下对主矢 $\boldsymbol{F}'_R$ 和主矩 M_O 分4种情况进行讨论。

(1) $\boldsymbol{F}'_{\mathrm{R}}=\boldsymbol{0}, M_O=0$

这种情况表明原平面任意力系为平衡力系。这将在后面作详细讨论。

(2) $\boldsymbol{F}'_{\mathrm{R}}=\boldsymbol{0}, M_O\neq 0$

这种情况表明原平面任意力系简化的最终结果为一个合力偶。合力偶矩 M 等于原力系对简化中心的主矩，即 $M = M_O = \sum M_O(\boldsymbol{F})$。因为力偶对其作用面内任一点的矩都等于力偶矩，所以，在这种情况下，简化结果与简化中心的位置无关。

(3) $\boldsymbol{F}'_{\mathrm{R}}\neq\boldsymbol{0}, M_O=0$

这种情况表明原平面任意力系简化的最终结果为一个作用于简化中心的合力 $\boldsymbol{F}_{\mathrm{R}}$。合力矢 $\boldsymbol{F}_{\mathrm{R}}$ 等于原力系的主矢，即 $\boldsymbol{F}_{\mathrm{R}}=\boldsymbol{F}'_{\mathrm{R}}=\sum \boldsymbol{F}$。

(4) $\boldsymbol{F}'_{\mathrm{R}}\neq\boldsymbol{0}, M_O\neq 0$

这种情况可将原平面任意力系向 O 点简化所得的力偶(见图4.8(a))予以变换，使它的两个力 $\boldsymbol{F}_{\mathrm{R}}$ 和 $\boldsymbol{F}''_{\mathrm{R}}$ 都与主矢 $\boldsymbol{F}'_{\mathrm{R}}$ 大小相等、方位平行，即 $\boldsymbol{F}_{\mathrm{R}}=-\boldsymbol{F}''_{\mathrm{R}}=\boldsymbol{F}'_{\mathrm{R}}$，如图4.8(b)所示。力 $\boldsymbol{F}'_{\mathrm{R}}$ 和 $\boldsymbol{F}''_{\mathrm{R}}$ 构成一平衡力系。根据加减平衡力系公理，去掉此平衡力系不会改变原力系的作用效应。因此，原平面任意力系简化的最终结果为一个作用于 O' 点的合力 $\boldsymbol{F}_{\mathrm{R}}$，如图4.8(c)所示。合力矢 $\boldsymbol{F}_{\mathrm{R}}$ 等于原力系的主矢，即 $\boldsymbol{F}_{\mathrm{R}}=\boldsymbol{F}'_{\mathrm{R}}=\sum \boldsymbol{F}$。简化中心 O 到合力矢 $\boldsymbol{F}_{\mathrm{R}}$ 作用线的垂直距离 d 为：

$$d = \frac{|M_O|}{F'_{\mathrm{R}}} \tag{4.8}$$

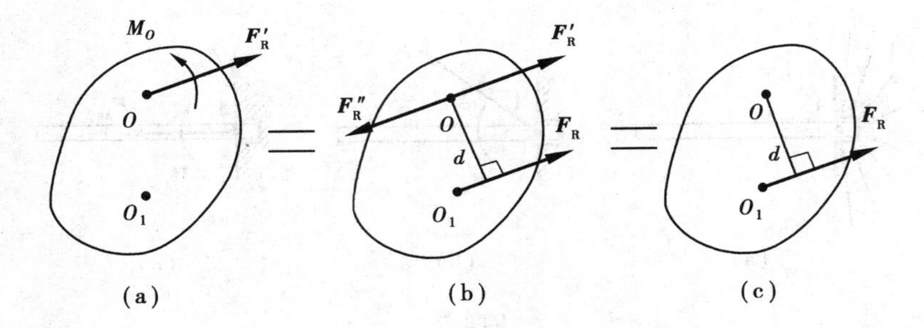

图4.8

2) 合力矩定理

由图4.8(c)易知，合力矢 $\boldsymbol{F}_{\mathrm{R}}$ 对 O 点的矩为：

$$M_O(\boldsymbol{F}_{\mathrm{R}}) = F_{\mathrm{R}}d$$

而由图4.8(b)可知，原平面任意力系对简化中心 O 的主矩为：

$$M_O = \sum M_O(\boldsymbol{F}) = F_{\mathrm{R}}d$$

所以

$$M_O(\boldsymbol{F}_{\mathrm{R}}) = \sum M_O(\boldsymbol{F}) \tag{4.9}$$

即：平面任意力系的合力对作用面内任一点之矩，等于原力系中各力对同一点之矩的代数和。这就是平面任意力系的合力矩定理。

3) 两种常见线分布荷载

在工程上，常把作用于结构上的主动力称为荷载。荷载除点接触的集中荷载外，还有以体分布及线、面接触形式出现的分布荷载。如重力(体分布荷载)、水压力(面分布荷载,工程上也常简化为线分布荷载)、土压力、风压力等。

单位体积、面积、长度上所承受的力称为荷载集度,记为 q。体荷载集度的单位为 N/m^3,面荷载集度的单位为 N/m^2,线荷载集度的单位为 N/m。常见的两种线分布荷载是均布线荷载和三角形分布荷载。在确定均布线荷载和三角形分布荷载的合力及其作用线位置时,利用合力矩定理显得极为方便。

(1)均布线荷载

所谓均布线荷载就是线荷载集度为常数的线分布荷载,也称矩形荷载。设沿直线段 AB 上分布有均布荷载,其荷载集度为 $q(x)=q$,如图 4.9 所示。

以 A 为原点作坐标轴 x,在 AB 上距离原点 A 为 x 处取微段 dx,则微段 dx 上作用的荷载大小为 $dF=qdx$。直线段 AB 上分布的均布线荷载的合力大小为:

$$F_R = \int_0^L dF = \int_0^L q dx = qL$$

设合力矢 $\boldsymbol{F}_R$ 的作用线距原点 A 的距离为 s,则由合力矩定理式(4.9)可得:

$$F_R s = \int_0^L x dF = \int_0^L qx dx = \frac{1}{2}qL^2$$

所以

$$s = \frac{1}{2}L$$

(2)三角形线荷载

设沿直线段 AB 上分布有三角形线荷载,其最大荷载集度为 q_0,如图 4.10 所示。

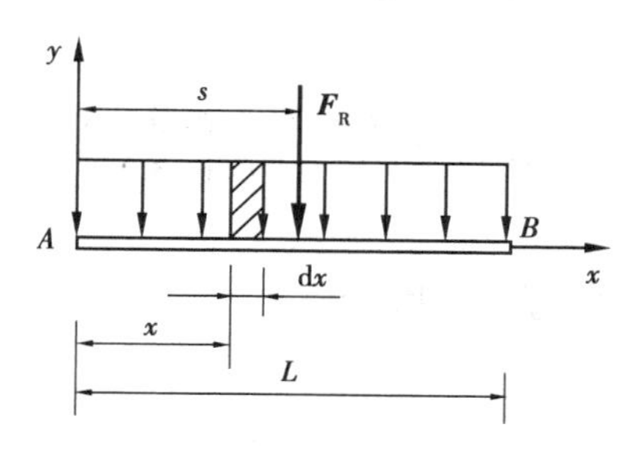

图 4.9

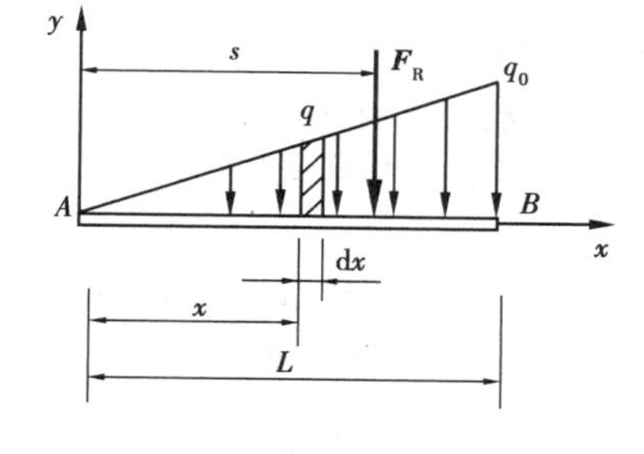

图 4.10

建立图示 Axy 坐标系。设在 AB 上距离原点 A 为 x 处取微段 dx,则微段 dx 上作用的荷载大小为 $dF=qdx=\frac{x}{L}q_0 dx$。直线段 AB 上分布的三角形线荷载的合力大小为:

$$F_R = \int_0^L dF = \int_0^L \frac{x}{L}q_0 dx = \frac{1}{2}q_0 L$$

设合力矢 $\boldsymbol{F}_R$ 的作用线距原点 A 的距离为 s,则由合力矩定理式(4.9)可得:

$$F_R s = \int_0^L x dF = \int_0^L x \frac{x}{L}q_0 dx = \frac{1}{3}q_0 L^2$$

所以

$$s = \frac{2}{3}L$$

【例4.2】 重力水坝受力情况及几何尺寸如图4.11(a)所示。已知：$G_1=300$ kN，$G_2=100$ kN，$q=100$ kN/m，$h=10$ m。试求该力系向 O 简化的最终结果以及合力矢作用线的方程。

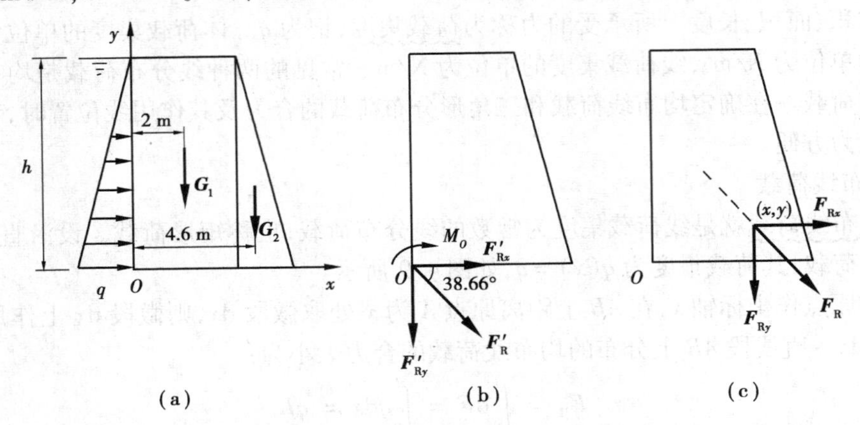

图4.11

【解】 (1)将力系向 O 简化，求主矢 $\boldsymbol{F}'_R$ 和主矩 M_O。

主矢 $\boldsymbol{F}'_R$ 在 x,y 轴上的投影为：

$$F'_{Rx}=\sum F_x=\frac{1}{2}qh=\frac{1}{2}\times 100\ \text{kN}\times 10\ \text{m}=500\ \text{kN}$$

$$F'_{Ry}=\sum F_y=-G_1-G_2=-300\ \text{kN}-100\ \text{kN}=-400\ \text{kN}$$

主矢 $\boldsymbol{F}'_R$ 的大小为：

$$F'_R=\sqrt{(500)^2+(-400)^2}\ \text{kN}=640.3\ \text{kN}$$

主矢 $\boldsymbol{F}'_R$ 的方向余弦：

$$\cos(\boldsymbol{F}'_R,\boldsymbol{i})=\frac{F'_{Rx}}{F'_R}=\frac{500\ \text{kN}}{640.3\ \text{kN}}=0.78\qquad \cos(\boldsymbol{F}'_R,\boldsymbol{j})=\frac{F'_{Ry}}{F'_R}=\frac{-400\ \text{kN}}{640.3\ \text{kN}}=-0.62$$

则方向角为：

$$(\boldsymbol{F}_R,\boldsymbol{i})=38.66^\circ\qquad (\boldsymbol{F}_R,\boldsymbol{j})=128.66^\circ$$

力系对简化中心 O 点的主矩 M_O 为：

$$\begin{aligned}M_O&=\sum M_O(\boldsymbol{F})=-\frac{1}{2}qh\cdot\frac{1}{3}h-2G_1-4.6G_2\\&=-\frac{1}{2}\times 100\ \text{kN/m}\times 10\ \text{m}\times\frac{1}{3}\times 10\ \text{m}-2\ \text{m}\times 300\ \text{kN}-4.6\ \text{m}\times 100\ \text{kN}\\&=-2\ 726.7\ \text{kN}\cdot\text{m}\end{aligned}$$

主矢量 $\boldsymbol{F}'_R$ 和主矩 M_O 方向如图4.11(b)所示。

(2)求合力矢 $\boldsymbol{F}_R$ 作用线的方程

由于合力 $\boldsymbol{F}_R$ 与主矢 $\boldsymbol{F}'_R$ 大小相等、方向相同，所以，合力 $\boldsymbol{F}_R$ 在 x,y 轴上的投影等于主矢 $\boldsymbol{F}'_R$ 在 x,y 轴上的投影，即 $F_{Rx}=F'_{Rx}$，$F_{Ry}=F'_{Ry}$。由式(4.9)、式(4.4)得：

$$\begin{aligned}M_O&=\sum M_O(\boldsymbol{F})=M_O(\boldsymbol{F}_R)=M_O(\boldsymbol{F}_{Rx})+M_O(\boldsymbol{F}_{Ry})\\&=xF_{Ry}-yF_{Rx}=xF'_{Ry}-yF'_{Rx}\end{aligned}$$

所以，合力矢 $\boldsymbol{F}_R$ 作用线的方程为：

$$400x+500y=2\ 726.7$$

合力 $\boldsymbol{F}_R$ 作用线的位置如图 4.11(c)所示。

4.5　平面任意力系的平衡方程

1) 平面任意力系的平衡方程

由上节讨论可知，当平面任意力系向作用面内任一点简化的主矢和主矩都等于零时，简化后作用于简化中心的平面共点力系和附加平面力偶系分别自成平衡。于是，原平面任意力系为平衡力系。因此主矢等于零矢量和主矩等于零是平面任意力系平衡的充分条件。反之，当平面任意力系是平衡力系时，其主矢和主矩必定都等于零。因为只要两者中有一个不为零，力系将合成为一合力或一合力偶，而不是一平衡力系。因此主矢和主矩都等于零是平面任意力系平衡的必要条件。

由此得出结论：平面任意力系平衡的必要与充分条件为：力系的主矢以及对作用面内任一点的主矩都等于零，即：

$$\left.\begin{aligned} \boldsymbol{F}'_R &= \boldsymbol{0} \\ M_O &= 0 \end{aligned}\right\} \tag{4.10}$$

由式(4.7)和式(4.6)可知，要满足式(4.10)，必须且只需：

$$\left.\begin{aligned} \sum F_x &= 0 \\ \sum F_y &= 0 \\ \sum M_O(\boldsymbol{F}) &= 0 \end{aligned}\right\} \tag{4.11}$$

于是，平面任意力系平衡的必要与充分条件也可表述为：力系中各力在作用面内两个坐标轴上投影的代数和分别等于零，并且各力对作用面内任一点的矩的代数和也等于零。

式(4.11)称为平面任意力系的平衡方程(Equations of equilibrium of coplanar general force system)。前两个为投影方程，最后一个是力矩方程，共三个独立方程，最多只能解平面任意力系中的三个未知量。

式(4.11)是平面任意力系平衡方程的基本形式，但不是唯一形式。平面任意力系平衡方程还有其他两种形式，即

(1) 二力矩式

$$\left.\begin{aligned} \sum F_x &= 0 \\ \sum M_A(\boldsymbol{F}) &= 0 \\ \sum M_B(\boldsymbol{F}) &= 0 \end{aligned}\right\}(\text{连线 } AB \text{ 不垂直于 } x \text{ 轴}) \tag{4.12}$$

证明：$\sum M_A(\boldsymbol{F}) = 0$，表明平面任意力系不可能合成为力偶，只能合成为通过点 A 的合力，或表明原力系平衡；$\sum M_B(\boldsymbol{F}) = 0$，同样表明该平面任意力系不可能合成为力偶，只能合成为通过点 B 的合力，或表明原力系平衡。因此，原平面任意力系合成的结果只可能是通过 A，B 两点的合力，或原力系处于平衡。$F_{Rx} = \sum F_x = 0$，进一步表明该平面任意力系即使有合力，这个合力在 x 轴上的投影也等于零，即这个合力垂直于 x 轴。但式(4.12)的附加条件是连线 AB 不垂直于 x 轴。显然，不存在一个既通过 A，B 两点又与 x 轴垂直的合力。所以，该平面任意力系只能是平

衡的。反之,对于平衡的平面任意力系,式(4.12)一定成立。

(2)三力矩式

$$\left.\begin{aligned}\sum M_A(\boldsymbol{F}) &= 0\\ \sum M_B(\boldsymbol{F}) &= 0\\ \sum M_C(\boldsymbol{F}) &= 0\end{aligned}\right\}(A,B,C\text{ 三点不共线}) \tag{4.13}$$

证明:式(4.13)表明平面任意力系不可能合成为力偶,只能合成为合力,或表明原力系平衡。若该平面任意力系合成为合力,则该合力的作用线必同时通过 A,B,C 三点。但式(4.13)的附加条件是 A,B,C 三点不共线,所以这个合力是不会存在的。原平面任意力系必定平衡。反之,对于平衡的平面任意力系,式(4.13)一定成立。

式(4.11)、(4.12)、(4.13)给出了平面任意力系三种形式的平衡方程。在求解时应根据具体问题选择其中的一种形式,列三个独立平衡方程,求解三个未知量。任何第四个方程都可以用这三个独立的平衡方程线性表示。为简化计算,在具体问题的求解时应恰当地选择矩心和投影轴,尽可能地使一个方程含有一个未知量,避免联立求解。一般情况下,可选择多个未知力的交点为矩心,与多个未知力垂直的坐标轴为投影轴。

2)平面任意力系平衡方程的应用

【例4.3】 简支梁 AB,A 端为固定铰支座,B 端可动铰支座,荷载及几何尺寸如图4.12(a)所示。试求 A,B 的约束反力。

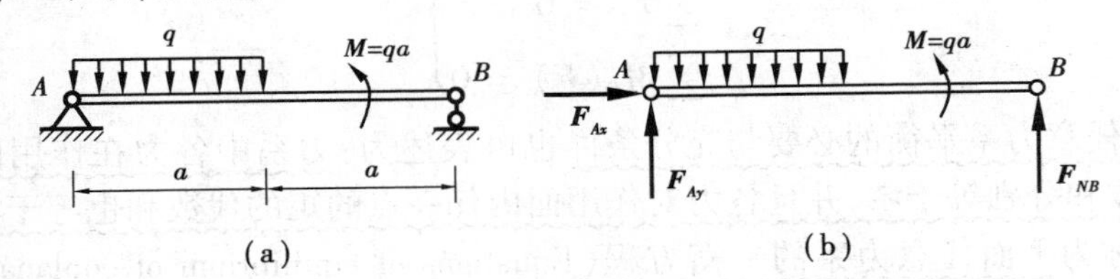

图4.12

【解】 (1)取简支梁 AB 为研究对象,作用在它上面的力有:均布荷载 q,力偶矩 M,固定铰支座 A 的约束反力 $\boldsymbol{F}_{Ax}$,$\boldsymbol{F}_{Ay}$,可动铰支座 B 的约束反力 $\boldsymbol{F}_{NB}$,如图4.12(b)所示。

(2)列平衡方程:

$$\sum M_A(\boldsymbol{F}) = 0 \qquad F_{NB}\cdot 2a + M - qa\cdot\frac{1}{2}a = 0 \tag{1}$$

$$\sum F_x = 0 \qquad F_{Ax} = 0 \tag{2}$$

$$\sum F_y = 0 \qquad F_{Ay} + F_{NB} - qa = 0 \tag{3}$$

由式(1)、式(2)、式(3)解得 A,B 端的约束反力分别为:

$$F_{NB} = -\frac{qa}{4}(\text{方向与假设相反}),F_{Ax} = 0,F_{Ay} = \frac{5qa}{4}$$

【例4.4】 如图4.13所示外伸梁 AB,A 为固定铰支座,E 为可动铰支座。已知:$q=10$ kN/m,$M=2$ kN·m,$F=15$ kN,$a=3$ m,$\alpha=45°$。试求 A,E 处的约束反力。

【解】 (1)取外伸梁 AB 为研究对象,作用在它上面的力有:集中力 $\boldsymbol{F}$,三角形荷载 q,力偶矩 M,固定铰支座 A 的约束反力 $\boldsymbol{F}_{Ax}$,$\boldsymbol{F}_{Ay}$,可动铰支座 E 的约束反力 $\boldsymbol{F}_{NE}$,如图4.13(b)所示。

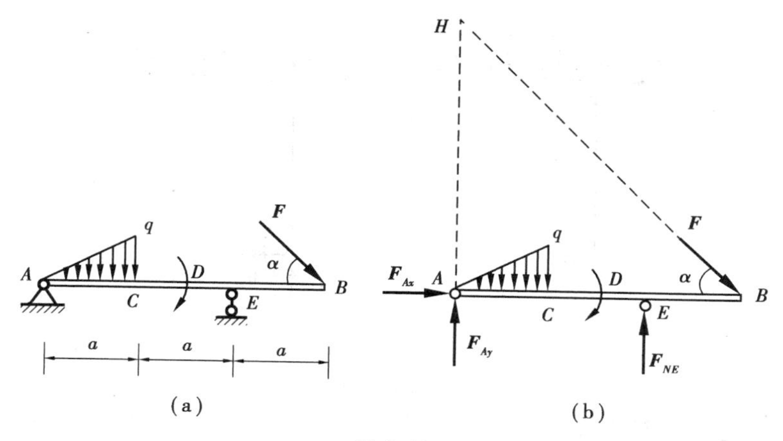

图4.13

(2)列平衡方程求解:

①按基本形式求解:

$$\sum M_A(\boldsymbol{F}) = 0 \qquad -\frac{1}{2}qa\cdot\left(\frac{2}{3}a\right)-M+F_{NE}\cdot 2a-F\sin\alpha\cdot 3a=0 \tag{1}$$

$$\sum F_x = 0 \qquad F_{Ax}+F\cos\alpha=0 \tag{2}$$

$$\sum F_y = 0 \qquad F_{Ay}-\frac{1}{2}qa+F_{NE}-F\sin\alpha=0 \tag{3}$$

由式(1)、式(2)、式(3)解得A,E端的约束反力为:

$F_{NE}=21.24\ \text{kN}$,　$F_{Ax}=-10.61\ \text{kN}$(方向与假设相反),　$F_{Ay}=4.36\ \text{kN}$

②按二力矩形式求解:

$$\sum M_A(\boldsymbol{F}) = 0 \qquad -\frac{1}{2}qa\cdot\left(\frac{2}{3}a\right)-M+F_{NE}\cdot 2a-F\sin\alpha\cdot 3a=0 \tag{1}$$

$$\sum F_x = 0 \qquad F_{Ax}+F\cos\alpha=0 \tag{2}$$

$$\sum M_E(\boldsymbol{F}) = 0 \qquad -F_{Ay}\cdot 2a+\frac{1}{2}qa\cdot\left(a+\frac{1}{3}a\right)-M-F\sin\alpha\cdot a=0 \tag{4}$$

由式(1)、式(2)、式(4)解得A,E端的约束反力为:

$F_{NE}=21.24\ \text{kN}$,　$F_{Ax}=-10.61\ \text{kN}$(方向与假设相反),　$F_{Ay}=4.36\ \text{kN}$

③按三力矩形式求解:

$$\sum M_A(\boldsymbol{F}) = 0 \qquad -\frac{1}{2}qa\cdot\left(\frac{2}{3}a\right)-M+F_{NE}\cdot 2a-F\sin\alpha\cdot 3a=0 \tag{1}$$

$$\sum M_E(\boldsymbol{F}) = 0 \qquad -F_{Ay}\cdot 2a+\frac{1}{2}qa\cdot\left(a+\frac{1}{3}a\right)-M-F\sin\alpha\cdot a=0 \tag{4}$$

$$\sum M_H(\boldsymbol{F}) = 0 \qquad -\frac{1}{2}qa\cdot\left(\frac{2}{3}a\right)-M+F_{NE}\cdot 2a+F_{Ax}\cdot 3a=0 \tag{5}$$

由式(1)、式(4)、式(5)解得A,B端的约束反力为:

$F_{NE}=21.24\ \text{kN}$,　$F_{Ax}=-10.61\ \text{kN}$(方向与假设相反),　$F_{Ay}=4.36\ \text{kN}$

本例中,若方程(1)、(2)、(3)是3个独立平衡方程,方程(4)、(5)都可由方程(1)、(2)、(3)线性组合得到。因此,采用何种形式的平衡方程,都不会影响平面任意力系的求解结果。

【例4.5】　如图4.14(a)所示悬臂刚架,已知:$F=5\ \text{kN}$,$q=2\ \text{kN/m}$。试求固定端A处的约束反力。

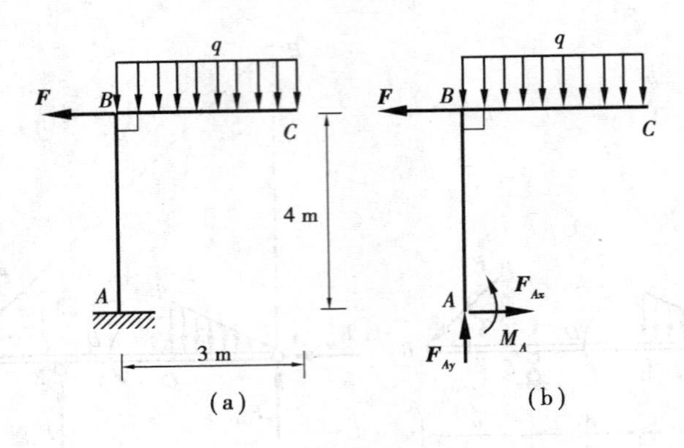

图 4.14

【解】 (1)取悬臂刚架为研究对象,作用在它上面的力有:集中力 $\boldsymbol{F}$,均布荷载 q,固定端 A 的约束反力 $\boldsymbol{F}_{Ax}$,$\boldsymbol{F}_{Ay}$和 M_A。悬臂刚架的受力图如图 4.14(b)所示。

(2)列平衡方程有:

$$\sum F_x = 0 \qquad F_{Ax} - F = 0$$

$$\sum F_y = 0 \qquad F_{Ay} - 3q = 0$$

$$\sum M_A(\boldsymbol{F}) = 0 \quad M_A + F \cdot 4 - 3q \cdot 1.5 = 0$$

解之得:

$$F_{Ax} = 5\ \text{kN}, \quad F_{Ay} = 6\ \text{kN}, \quad M_A = -11\ \text{kN} \cdot \text{m}(\text{方向与假设相反})$$

应当注意本例中固定端约束反力为一对正交的约束反力和一个约束反力偶。

3)平面平行力系的平衡方程

作用线分布在同一平面内且相互平行的力系称为平面平行力系(Coplanar parallel force system)。平面平行力系是平面任意力系的特殊情况。其平衡方程可由平面任意力系的平衡方程得到。不妨设各力的作用线都与 y 轴平行(见图 4.15),则这些力在 x 轴上的投影都等于零,平面任意力系平衡方程式(4.11)中的第一式为恒等式,即 $\sum F_x \equiv 0$。则平衡方程可写成:

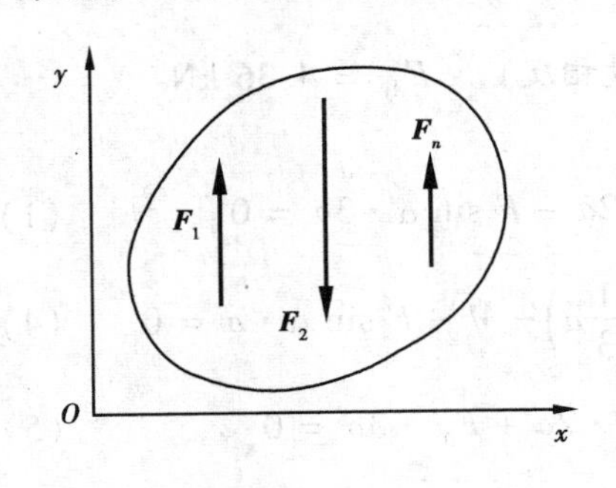

图 4.15

$$\left.\begin{aligned} \sum F_y &= 0 \\ \sum M_A(\boldsymbol{F}) &= 0 \end{aligned}\right\} \tag{4.14}$$

平衡方程式(4.12)可写成:

$$\left\{\begin{aligned} \sum M_A(\boldsymbol{F}) &= 0 \\ \sum M_B(\boldsymbol{F}) &= 0 \end{aligned}\right. \quad (\text{连线 } AB \text{ 不平行于力系中各力}) \tag{4.15}$$

可见,平面平行力系的独立平衡方程只有两个,只能求解两个未知量。

【例 4.6】 塔式起重机如图 4.16(a)所示,机身重 $G_1 = 700$ kN,其作用线通过塔架中心。其最大起重量为 $G_2 = 200$ kN,最大悬臂长 12 m,轨道 A、B 的间距为 4 m,平衡块重 G_3,其作用线距塔架中心 6 m。试求使起重机满载和空载时都不至于翻倒,起重机平衡块重 G_3的值。

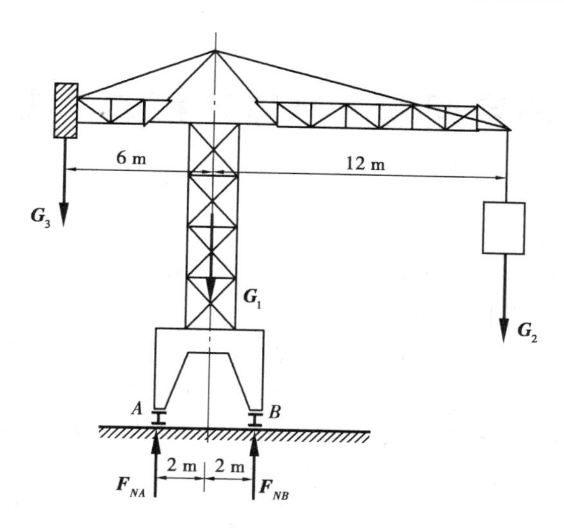

图 4.16

【解】 (1)取起重机为研究对象,它所受到的力有:起重机机身的重力 $\boldsymbol{G}_1$,起吊重物的重力 $\boldsymbol{G}_2$,平衡块重力 $\boldsymbol{G}_3$,轨道 A 对起重机的约束反力 $\boldsymbol{F}_{NA}$,轨道 B 对起重机的约束反力 $\boldsymbol{F}_{NB}$,如图 4.16(b)所示。

(2)列平衡方程。

满载时($G_2=200$ kN):

$$\sum M_B(\boldsymbol{F})=0 \qquad (6+2)G_3+2G_1-(12-2)G_2-4F_{NA}=0 \tag{1}$$

由式(1)解得:

$$F_{NA}=\frac{1}{4}(8G_3+2G_1-10G_2)$$

使起重机满载时不至于绕点 B 翻倒的条件为:

$$F_{NA}\geqslant 0$$

解得平衡块重 G_3:

$$G_3\geqslant\frac{10G_2-2G_1}{8}=75(\text{kN}) \tag{2}$$

空载时($G_2=0$):

$$\sum M_A(\boldsymbol{F})=0 \qquad (6-2)G_3-2G_1+4F_{NB}=0 \tag{3}$$

由式(3)解得:

$$F_{NB}=0.5(G_1-2G_3)$$

使起重机空载时不至于绕点 A 翻倒的条件为:

$$F_{NB}\geqslant 0$$

解得平衡块重 G_3:

$$G_3\leqslant\frac{G_1}{2}=350\ \text{kN} \tag{4}$$

由式(2)和式(4)得,起重机平衡块重 G_3 的值为:

$$75\ \text{kN}\leqslant G_3\leqslant 350\ \text{kN}$$

4.6 静定与静不定问题·刚体系统的平衡

1)静定与静不定问题

工程实际中,如刚架、三铰拱等结构,都是由若干刚体通过某种连接方式组成的有机整体,这个有机整体称为刚体系统(System of rigid bodies)。当刚体系统处于平衡时,组成系统的每一个刚体都处于平衡状态。因此,对于每一个刚体,如果是受平面任意力系作用,则一般可列出三个独立的平衡方程。如系统由 n 个刚体构成,则共有 $3n$ 个独立的平衡方程。当系统中未知量的个数不多于独立平衡方程的数目时,所有未知量均可由独立平衡方程求出,这类问题称为静定问题。当系统中未知量的个数超过独立平衡方程的数目时,所有未知量不能全部由独立平衡方程求出,这类问题称为静不定问题或超静定问题。

例如,图4.17(a)所示外伸梁 AC 受平面任意力系作用。A 处的约束反力为 $\boldsymbol{F}_{Ax}$,$\boldsymbol{F}_{Ay}$;B 处的约束反力为 $\boldsymbol{F}_{NB}$,共有3个未知量。外伸梁 AC 平衡,可列3个独立平衡方程,解3个未知量,故为静定问题。若在外伸梁 AC 的 C 处增加一个约束,如图4.17(b)所示,则除前面3个未知量外,还要增加 C 处的约束反力 $\boldsymbol{F}_{NC}$,共有4个未知量,3个独立平衡方程不能求解4个未知量,故为超静定问题。

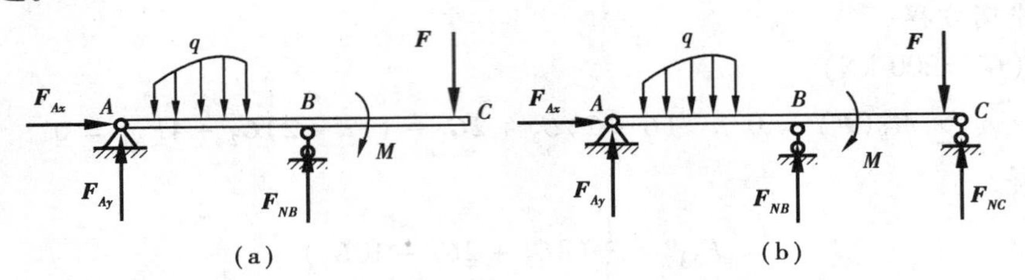

图4.17

超静定问题在求解时,需要引入相应的变形与力之间关系的补充方程,这已超出理论力学的研究范畴,将在后续课程材料力学、结构力学中学习。

2)刚体系统的平衡问题

求解刚体系统的平衡问题时,由于组成系统的每一个刚体都处于平衡状态,因此,可对每个刚体列出独立的平衡方程,然后联解求出所有未知量。但这样做的缺点是工作量较大,只适合用计算机求解。

研究刚体系统的平衡问题,目的在于通过最少的计算过程,最迅速、简捷地求出有关的未知量,而不考虑无关的方程和未知量。因此,就要从欲求的未知量入手进行分析,恰当地选择研究对象,确定解题方案。这也是求解刚体系统平衡问题的关键所在。确定解题方案,通常可从以下两个方面考虑:

①先取整体为研究对象,后取局部(部分刚体系统或单个刚体)为研究对象,列相应的平衡方程进行求解。该方法适用于可从整体研究对象中求出部分未知量的情况,余下的未知量再考虑取局部研究对象,该对象上应含有待求的未知量和已求出结果的未知量,或是含有已知的主动力,且受力情况简单,具备求解条件。以此类推,直至求出全部未知量。

②先取局部为研究对象,后取另一局部(或整体)为研究对象,列相应的平衡方程进行求

解。该方法适用于不能从整体研究对象中求出部分未知量的情况。首先可从一个未知量入手分析，取合适的局部为研究对象（受力情况简单，具备求解条件），该对象上除有待求的未知量外，还有中间（过渡）未知量。再选另一局部为研究对象，该对象上应含有待求的未知量和已求出结果的未知量或中间未知量。以此类推，直至求出全部未知量。

【例 4.7】 如图 4.18(a) 所示结构（各杆自重不计）。若 $F_1=F_2=200\ \text{kN}, l=2\ \text{m}, C, D, E$ 处均为中间铰约束。试求 A, B, C 处的约束反力。

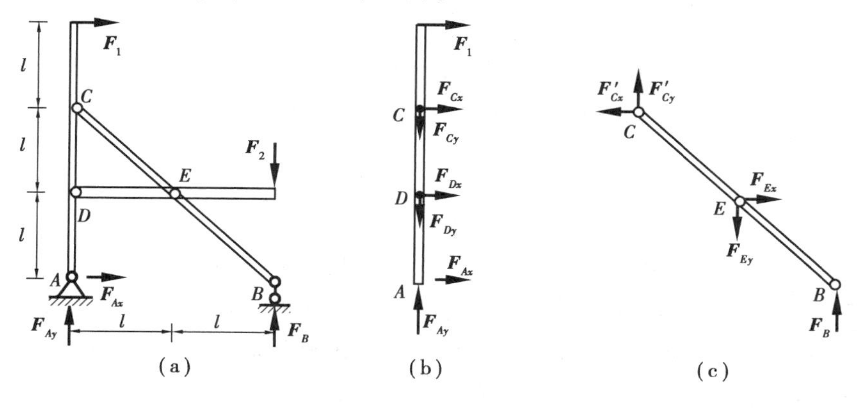

图 4.18

【分析】 结构由 ADC 杆、DE 杆、BEC 杆在 C, D, E 处以中间铰约束构成三杆系统。三杆系统在 A 处由固定铰支座，在 B 处由可动铰支座连接。结构共计有 9 个未知量，3 个杆均受到平面任意力系作用，可列 9 个独立平衡方程，故为静定问题。由于本题可从整体研究对象中求出部分未知量，因此，先取整体为研究对象，后取局部为研究对象。

【解】 (1) 取整体为研究对象。它受 $\boldsymbol{F}_{Ax}, \boldsymbol{F}_{Ay}, \boldsymbol{F}_B$ 和 $\boldsymbol{F}_1, \boldsymbol{F}_2$ 的作用，且构成平面任意力系，如图 4.18(a) 所示。列平衡方程有：

$$\sum M_A(\boldsymbol{F})=0 \qquad (F_B-F_2)\cdot 2l-F_1\cdot 3l=0$$

$$\sum M_B(\boldsymbol{F})=0 \qquad -F_{Ay}\cdot 2l-F_1\cdot 3l=0$$

$$\sum F_x=0 \qquad F_{Ax}+F_1=0$$

解得：$F_{Ax}=-200\ \text{kN}$（方向与假设相反），$F_{Ay}=-300\ \text{kN}$（方向与假设相反），$F_B=500\ \text{kN}$。

(2) 取 ADC 杆为研究对象。它受 $\boldsymbol{F}_{Ax}, \boldsymbol{F}_{Ay}, \boldsymbol{F}_{Cx}, \boldsymbol{F}_{Cy}, \boldsymbol{F}_{Dx}, \boldsymbol{F}_{Dy}$ 和 $\boldsymbol{F}_1$ 的作用，且构成平面任意力系，如图 4.18(b) 所示。由受力图可见，$\boldsymbol{F}_{Ay}, \boldsymbol{F}_{Cy}, \boldsymbol{F}_{Dx}, \boldsymbol{F}_{Dy}$ 的作用线都交与 D 点，所以，以 D 点为矩心，平衡方程中只含有 F_{Cx} 一个未知量。列平衡方程有：

$$\sum M_D(\boldsymbol{F})=0 \qquad F_{Ax}l-F_1\cdot 2l-F_{Cx}\cdot l=0$$

解得：
$$F_{Cx}=-600\ \text{kN}（方向与假设相反）$$

无论采用投影方程还是采用力矩方程都不能解出 $\boldsymbol{F}_{Cy}$。因此，还需要选择其他研究对象。

(3) 取 BEC 杆为研究对象。它受 $\boldsymbol{F}_{Ex}, \boldsymbol{F}_{Ey}, \boldsymbol{F}_B, \boldsymbol{F}'_{Cx}, \boldsymbol{F}'_{Cy}$ 作用，且构成平面任意力系，如图 4.18(c) 所示。其中 $\boldsymbol{F}'_{Cx}, \boldsymbol{F}'_{Cy}$ 分别与 $\boldsymbol{F}_{Cx}, \boldsymbol{F}_{Cy}$ 互为作用力与反作用力，即 $F'_{Cx}=F_{Cx}, F'_{Cy}=F_{Cy}$。故对 BEC 杆，只有 3 个未知量 F_{Ex}, F_{Ey}, F'_{Cy}。所以，以 E 点为矩心，列平衡方程有：

$$\sum M_E(\boldsymbol{F})=0 \qquad F_B\cdot l+F'_{Cx}\cdot l-F'_{Cy}\cdot l=0$$

解得：
$$F'_{Cy}=F_{Cy}=-100\ \text{kN}（方向与假设相反）$$

【例4.8】 图4.19(a)所示的三铰刚架由AB,BC两部分在B处铰接而成,A,C处为固定铰支座。已知:$q=10\ \text{kN/m}$。试求A,C处的约束反力。

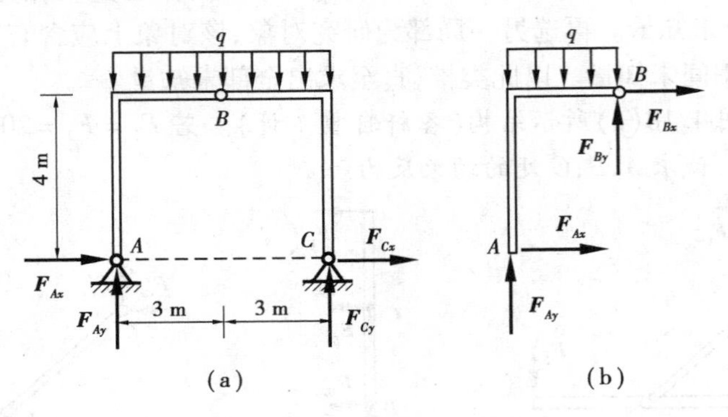

图4.19

【分析】 三铰刚架由AB,BC两部分组成,注意到铰链B处有$F'_{Bx}=F_{Bx}$,$F'_{By}=F_{By}$,故共有6个未知量,两部分均受到平面任意力系作用,可列6个独立平衡方程,所以为静定问题。由于本题可从整体研究对象中求出部分未知量,因此,先取整体为研究对象,后取局部为研究对象。

【解】 (1)取整体为研究对象。它受$\boldsymbol{F}_{Ax}$,$\boldsymbol{F}_{Ay}$,$\boldsymbol{F}_{Cx}$,$\boldsymbol{F}_{Cy}$和均布荷载q的作用,且构成平面任意力系,如图4.19(a)所示。列平衡方程有:

$$\sum M_A(\boldsymbol{F})=0 \qquad F_{Cy}\cdot 6-6q\cdot 3=0 \tag{1}$$

$$\sum M_C(\boldsymbol{F})=0 \qquad -F_{Ay}\cdot 6+6q\cdot 3=0 \tag{2}$$

$$\sum F_x=0 \qquad F_{Ax}+F_{Cx}=0 \tag{3}$$

解得:

$$F_{Ay}=30\ \text{kN},F_{Cy}=30\ \text{kN}$$

(2)取AB杆为研究对象。它受$\boldsymbol{F}_{Ax}$,$\boldsymbol{F}_{Ay}$,$\boldsymbol{F}_{Bx}$,$\boldsymbol{F}_{By}$和均布荷载q的作用,且构成平面任意力系,如图4.19(b)所示。由于只有F_{Bx},F_{By},F_{Ax} 3个未知量,所以,以B点为矩心,列平衡方程有:

$$\sum M_B(\boldsymbol{F})=0 \qquad F_{Ax}\cdot 4-F_{Ay}\cdot 3+3q\cdot\frac{3}{2}=0$$

解得:

$$F_{Ax}=11.25\ \text{kN}$$

代入式(3),可得:

$$F_{Cx}=-11.25\ \text{kN}(\text{方向与假设相反})$$

【例4.9】 水平梁是由AB,BC两部分组成的,A处为固定端,B处为铰链,C处为可动铰支座,如图4.20(a)所示。已知:$F=10\ \text{kN}$,$q=20\ \text{kN/m}$,$M=10\ \text{kN}\cdot\text{m}$。试求$A$,$C$处的约束反力。

【分析】 结构由AB,BC两部分组成,A处为固定端,B处为铰链,C处为可动铰支座。结构共计有6个未知量,两部分均受到平面任意力系作用,可列6个独立平衡方程,故为静定问题。由于本题不能从整体研究对象中求出部分未知量,因此,先取局部为研究对象,后取整体为研究对象。

【解】 (1)取梁BC为研究对象,作用在它上面的力有:力偶M和均布荷载q;约束反力$\boldsymbol{F}_{Bx}$,$\boldsymbol{F}_{By}$,$\boldsymbol{F}_{NC}$,如图4.20(b)所示。只有F_{Bx},F_{By},F_{NC}三个未知量,所以,以B点为矩心,列平衡

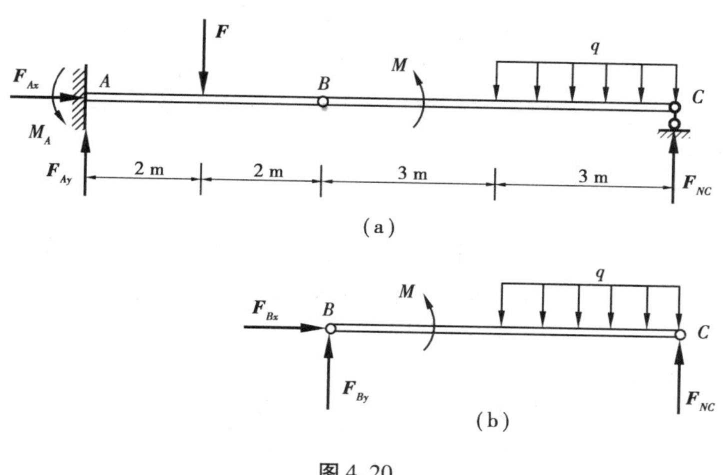

图 4.20

方程有：

$$\sum M_B(\boldsymbol{F}) = 0 \qquad 6F_{NC} + M - 3q \cdot \left(3 + \frac{3}{2}\right) = 0$$

解得：

$$F_{NC} = 43.33 \text{ kN}$$

(2)选整体为研究对象，作用在它上的有：集中力 $\boldsymbol{F}$，力偶 M 和均布荷载 q；约束反力 $\boldsymbol{F}_{Ax}$，$\boldsymbol{F}_{Ay}$，M_A，$\boldsymbol{F}_{NC}$，如图 4.20(a)所示。由于 F_{NC} 已求出，因此独立平衡方程中只含有 F_{Ax}，F_{Ay}，M_A 3 个未知量，列平衡方程有：

$$\sum M_A(\boldsymbol{F}) = 0 \qquad M_A - F \cdot 2 + F_{NC} \cdot 10 + M - 3q \cdot \left(7 + \frac{3}{2}\right) = 0$$

$$\sum F_x = 0 \qquad F_{Ax} = 0$$

$$\sum F_y = 0 \qquad F_{Ay} - F - 3q + F_{NC} = 0$$

解得：

$$F_{Ax} = 0, F_{Ay} = 26.67 \text{ kN}, M_A = 86.7 \text{ kN} \cdot \text{m}$$

4.7 摩　擦

在前面的分析中，假定物体的接触面是绝对光滑的，忽略了摩擦的影响，因此，光滑接触面的约束反力通过接触点沿接触面的公法线，并指向被约束的物体，为压力。但在实际生活和生产中，物体的表面总是凹凸不平的。当两个相互接触的物体沿接触面切线方向滑动，或有相对滑动趋势时，在接触面上就会产生阻碍相对滑动的力，这个力称为滑动摩擦力，简称为摩擦力(Friction force)。仅有相对滑动趋势而没有滑动时的摩擦力称为静滑动摩擦力(Static friction force)；物体在相对滑动时的摩擦力称为动滑动摩擦力(Kinetic friction force)。由于摩擦力阻碍物体沿接触面切线方向的滑动，因此，摩擦力的方向总是沿接触面的切线，与物体滑动或相对滑动趋势方向相反。当摩擦力很小，对物体的运动不起重要作用时，忽略摩擦力是可以的；而当摩擦力对物体的运动起重要作用时，忽略摩擦力是不正确的。

摩擦现象在自然界普遍存在，对人们的生活和生产既有有利的方面，又有不利的方面。没有摩擦，车辆不能行驶，人们不能行走；有时还可利用摩擦传输动力，完成特定任务。但摩擦也会使运转的机器发热，消耗能量，降低效率，磨损部件，影响机器的正常使用。

摩擦是一种复杂的物理现象。摩擦机理和性质的研究是一门独立的学科(摩擦学)。按接触物体之间是相对滑动还是相对滚动,摩擦可分为滑动摩擦和滚动摩擦;根据物体间是否有良好的润滑剂,滑动摩擦分为干摩擦和湿摩擦。本节主要分析干摩擦时物体的平衡问题,并在最后给出有关滚动摩擦的基本概念。

1)滑动摩擦

如图4.21所示,约束物体与被约束物体在A点直接接触。若被约束物体相对接触点(面)有滑动趋势,实验表明当被约束的物体处于平衡状态时,静滑动摩擦力$\boldsymbol{F}_S$的大小介于零和某一最大值之间,即

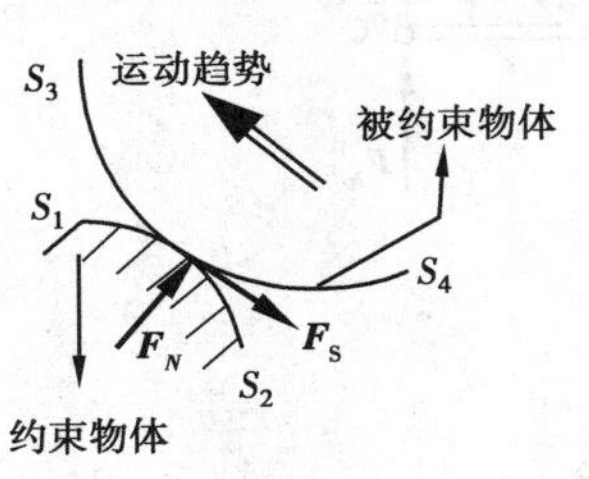

图4.21

$$0 \leqslant F_S \leqslant F_{S\max} \tag{4.16}$$

$F_{S\max}$称为最大静滑动摩擦力。大量实验结果表明:最大静滑动摩擦力的大小与两接触面间的法向反力F_N成正比,即

$$F_{S\max} = f_S F_N \tag{4.17}$$

式(4.17)称为静滑动摩擦定律(库伦定律)。最大静滑动摩擦力的大小与两接触面间的法向反力的比例系数称为静摩擦因数(Coefficient of static friction)。一般情况下,静摩擦因数f_S与两接触物体的材料,接触面间的粗糙程度、湿度、温度和润滑条件有关,而与接触面的形状、面积大小无关。表4.1给出了部分材料间的静摩擦因数f_S的参考值。

表4.1 静摩擦因数f_S的参考值

材 料	f_S	材 料	f_S
钢-钢	0.15	木材-木材	0.4~0.6
钢-铸铁	0.3	皮革-铸铁	0.3~0.5
钢-青铜	0.15	砖-混凝土	0.7~0.8
土-木材	0.3~0.70	砂石-混凝土	0.5~0.8

当考虑摩擦时,支承面对物体的约束反力有法向反力$\boldsymbol{F}_N$和切向反力$\boldsymbol{F}_S$两个分量,它们的合力$\boldsymbol{F}_R$为支承面的全反力。全反力$\boldsymbol{F}_R$的作用线与支承面法线的夹角为φ,如图4.22(a)所示。当物体处于将要滑动但还没有滑动的临界状态时,静滑动摩擦力F_S达到最大值$F_{S\max}$。与最大静滑动摩擦力对应的全反力作用线与支承面法线的夹角称为摩擦角(Angle of static friction),如图4.22(b)所示。

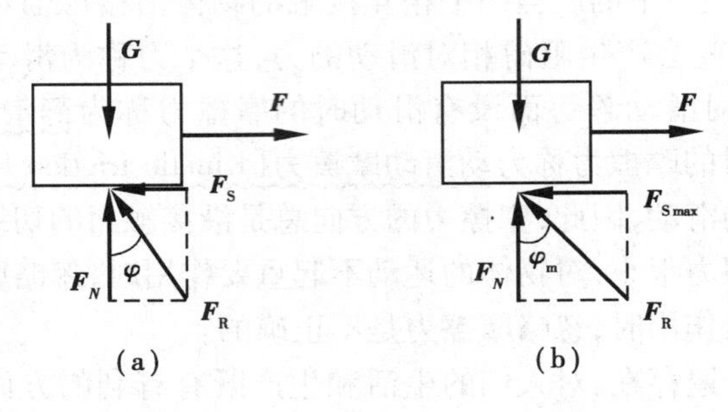

图4.22

由图4.22(b)易知

$$\tan\varphi_m = \frac{F_{S\max}}{F_N} = \frac{f_S F_N}{F_N} = f_S \tag{4.18}$$

即摩擦角的正切等于静摩擦因数f_S。

如果物体所受到的主动力的合力 $\boldsymbol{F}$ 的作用线在摩擦角之内,则无论该力有多大,物体必处于平衡状态,这种现象称为自锁,如图 4.23(a)所示。反之,如果物体所受到的主动力的合力 $\boldsymbol{F}$ 的作用线在摩擦角之外,则无论该力怎样小,物体一定会滑动,如图 4.23(b)所示。

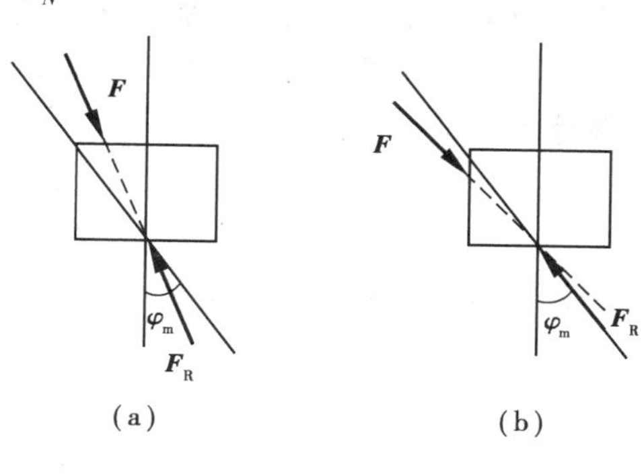

图 4.23

当物体产生滑动时,由实验结果可知,动滑动摩擦力 $\boldsymbol{F}_d$的大小与两接触面间的法向反力 F_N 成正比,即

$$F_d = fF_N \tag{4.19}$$

式(4.19)称为动滑动摩擦定律。动滑动摩擦力的大小与两接触面间的法向反力的比例系数称为动摩擦因数(Coefficient of kinetic friction)。动摩擦因数 f 与两接触物体的材料,接触面间的粗糙程度、湿度、温度和润滑条件有关,其值一般小于静摩擦因数。

2)考虑摩擦时的平衡问题

求解有摩擦时的平衡问题,其方法和步骤与不考虑摩擦时的平衡问题基本相同。不同之处在于进行受力分析画受力图时,以及建立平衡方程时须将摩擦力考虑在内。因此,正确分析摩擦力是求解有摩擦时平衡问题的关键。由于静滑动摩擦力 $\boldsymbol{F}_S$的大小有一定范围,即$0\leqslant F_S\leqslant F_{S\max}$,所以在考虑有摩擦的平衡问题时,其解答也应是一个范围值。这是考虑摩擦时平衡问题的解答的特点。但为了便于计算,总是假设物体处于临界状态来计算,然后再考虑解答的范围。

考虑摩擦时的平衡问题可分为 3 类:

①判断物体是否处于平衡状态。

②确定平衡范围问题。

③确定物体处于平衡状态时的摩擦力。

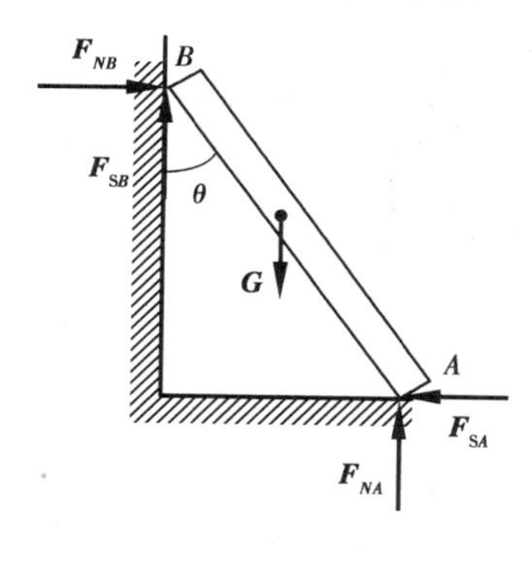

图 4.24

【例 4.10】 如图 4.24 所示,位于铅垂面内的均质杆 AB,杆长为 L,一端靠在铅垂的墙面上,一端支承在水平地面上。若杆与墙和地面间的摩擦因数为 $f_S=\mu$。试求杆在重力作用下处于临界状态时 A,B 两点处的摩擦力,以及临界状态时的 θ 角。

【解】 取 AB 杆为研究对象,它受到的作用力有:杆的重力 $\boldsymbol{G}$,A 处的法向反力 $\boldsymbol{F}_{NA}$和摩擦力 $\boldsymbol{F}_{SA}$,B 处的法向反力 $\boldsymbol{F}_{NB}$和摩擦力 $\boldsymbol{F}_{SB}$。杆上 B 点有沿墙面向下运动的趋势,摩擦力沿墙面指向上;杆上 A 点有沿地面向右运动的趋势,摩擦力沿水平地面指向左,受力如图 4.24 所示。列平衡方程有:

$$\sum M_A(\boldsymbol{F}) = 0 \quad \frac{1}{2}Gl\sin\theta - F_{NB}l\cos\theta - F_{SB}l\sin\theta = 0 \tag{1}$$

$$\sum M_B(\boldsymbol{F}) = 0 \quad -\frac{1}{2}Gl\sin\theta + F_{NA}l\sin\theta - F_{SA}l\cos\theta = 0 \tag{2}$$

$$\sum F_x = 0 \qquad F_{NB} - F_{SA} = 0 \tag{3}$$

显然3个独立的平衡方程不能确定$F_{SA}, F_{SB}, F_A, F_B, \theta$的唯一解。其原因是因为未考虑当杆处于临界平衡状态时摩擦力F_{SA}, F_{SB}和F_A, F_B之间的内在物理关系及临界平衡这一条件。因此，补充摩擦条件有：

$$F_{SA} = f_S F_{NA} = \mu F_{NA} \tag{4}$$

$$F_{SB} = f_S F_{NB} = \mu F_{NB} \tag{5}$$

将式(4)、式(5)代入式(1)、式(2)、式(3)联立求解得：

$$\left.\begin{aligned} F_{NA} &= \frac{\sin\theta G}{2(\sin\theta - \mu\cos\theta)} \\ F_{NB} &= \frac{\sin\theta G}{2(\cos\theta + \mu\sin\theta)} \\ F_{NB} &= \mu F_{NA} \end{aligned}\right\} \tag{6}$$

由此可得：

$$\tan\theta = \frac{2\mu}{1-\mu^2} \tag{7}$$

将式(7)代入式(6)，得：

$$F_{NA} = \frac{G}{2(1-\mu\cot\theta)} = \frac{G}{1+\mu^2}, F_{NB} = \frac{G}{2(\cot\theta+\mu)} = \frac{G\mu}{1+\mu^2}$$

$$F_{SA} = \frac{G\mu}{1+\mu^2}, \qquad F_{SB} = \frac{G\mu^2}{1+\mu^2}$$

由式(7)得：

$$\theta = \arctan\frac{2\mu}{1-\mu^2}$$

【例4.11】 物体A重为G(可视为质点)，放在倾角为θ的斜面上。物体与斜面间的摩擦因数$f_S = \mu$(摩擦角为$\varphi_m = \arctan f_S$)，且$\varphi_m < \theta$，如图4.25(a)所示。为了使物体在斜面上保持静止，在其上作用一水平力$\boldsymbol{F}$，试求水平力$\boldsymbol{F}$的大小。

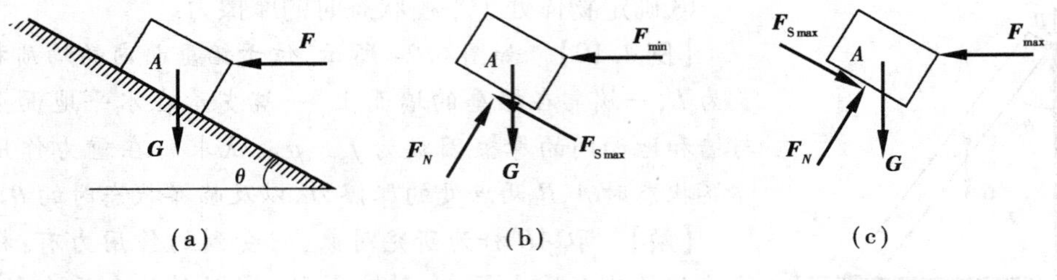

图4.25

【分析】 由于$\varphi_m < \theta$，为了使物体在斜面上保持静止，在其上作用的水平力F必须足够大，但如果这个力太大，也会造成物体沿斜面向上运动。因此，这是一个求力的范围的问题。为求解方便，可以假设物体处于临界状态来进行分析。

【解】 取物体A为研究对象，它受到水平力$\boldsymbol{F}$、重力$\boldsymbol{G}$、法向反力$\boldsymbol{F}_N$和摩擦力$\boldsymbol{F}_S$的作用。由经验易知：当水平力F较小时，物体A将有沿斜面斜向下滑动的趋势，其摩擦力的方向将沿斜面斜向上；当水平力F较大时，物体A将有沿斜面斜向上滑动的趋势，其摩擦力的方向将沿斜面斜向下。故欲使物体在斜面上保持静止，水平力F的取值应在一定范围内。

(1)求水平力 F 的最小值 F_{min}。设物体处于向下滑动的临界状态，其受力如图4.25(b)所示。列平衡方程有：

$$\sum F_x = 0 \qquad -F_{min} - F_{S\,max}\cos\theta + F_N\sin\theta = 0$$

$$\sum F_y = 0 \qquad F_N\cos\theta - G + F_{S\,max}\sin\theta = 0$$

补充摩擦条件有：

$$F_{S\,max} = f_S F_N = \mu F_N$$

联解求得：

$$F_{min} = \frac{\sin\theta - \mu\cos\theta}{\cos\theta + \mu\sin\theta}G = G\tan(\theta - \varphi_m)$$

(2)求水平力 F 的最大值 F_{max}。设物体处于上滑的临界状态，其受力如图4.25(c)所示。建立图示直角坐标系 Oxy，列平衡方程有：

$$\sum F_x = 0 \qquad -F_{max} + F_{S\,max}\cos\theta + F_N\sin\theta = 0$$

$$\sum F_y = 0 \qquad F_N\cos\theta - G - F_{S\,max}\sin\theta = 0$$

补充摩擦条件有：

$$F_{S\,max} = f_S F_N = \mu F_N$$

联解求得：

$$F_{max} = \frac{\sin\theta + \mu\cos\theta}{\cos\theta - \mu\sin\theta}G = G\tan(\theta + \varphi_m)$$

综上所述，水平力 F 在下列取值范围内时，物体可以静止在斜面上。

$$\frac{\sin\theta - \mu\cos\theta}{\cos\theta + \mu\sin\theta}G = G\tan(\theta - \varphi_m) \leqslant F \leqslant \frac{\sin\theta + \mu\cos\theta}{\cos\theta - \mu\sin\theta}G = G\tan(\theta + \varphi_m)$$

讨论：当 $\theta < \varphi_m$ 时，$F_{min} = G\tan(\theta - \varphi_m) < 0$，这表明，无须力 $\boldsymbol{F}$ 作用(即 $F = 0$)，物体也能静止于斜面上，也就是说，无论力 G 多大，物体始终保持静止。这种现象称为自锁。斜面自锁的条件为：

$$\theta < \varphi_m$$

3)滚动摩阻的概念

由实践可知，滚动比滑动省力。所以在工程中，为了提高效率，减轻劳动强度，常采用物体的滚动代替物体的滑动。

为什么滚动比滑动省力？滚动摩擦有何特性？下面通过简单实例来说明这些问题。

设在水平面上有一半径为 r、重力为 G 的轮子，在轮心 O 作用一水平力 $\boldsymbol{F}$，如图4.26(a)所示。假设轮子和路面都是刚体，易知，在轮子与水平面接触点 A 有法向反力 $\boldsymbol{F}_N$ 和静滑动摩擦力 $\boldsymbol{F}_S$。显然 $\boldsymbol{F}_N = -\boldsymbol{G}$。若水平面有足够的摩擦阻力阻止轮子滑动，则 $\boldsymbol{F}_S = -\boldsymbol{F}$。由于 $\boldsymbol{F}_S$ 与 $\boldsymbol{F}$ 作用线不共线，$(\boldsymbol{F}_S, \boldsymbol{F})$ 构成一力偶，其力偶矩大小为 $M = Fr$。因此，无论力 $\boldsymbol{F}$ 多小，轮子在力偶作用下都将发生滚动。但事实上，当力 $\boldsymbol{F}$ 不大时，轮子是平衡的；当力 F 达到一定数值时，轮子才开始滚动。为什么会出现这种情况呢？原因在于轮子与路面实际上并非刚体，它们受力后产生微小变形，使轮子与路面的接触处不再是一直线，而是稍偏向轮子滚动前方的一小块面积。路面对轮子的作用力就分布在这块面积上，如图4.26(b)所示。将此分布力向 A 点简化，可得一个力 $\boldsymbol{F}_R$ 和一个力偶矩为 M 的力偶。这个力 $\boldsymbol{F}_R$ 可分解为法向反力 $\boldsymbol{F}_N$ 和摩擦力 $\boldsymbol{F}_S$。这个矩为 M

的力偶有阻碍轮子滚动的作用,称为滚动摩擦力偶,简称滚阻力偶。它的转向与滚动趋势相反,如图4.26(c)所示。

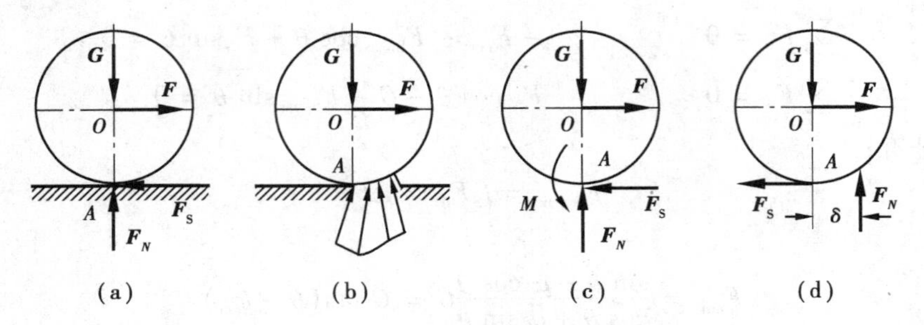

图4.26

与静滑动摩擦力相似,滚阻力偶矩 M 随着主动力偶矩的增大而增大,当力 F 增大到某个值时,轮子处于将要滚动而未滚动的临界状态。此时,滚阻力偶矩 M 达到最大值,称为最大滚阻力偶矩,记为 $M_{\max}$。于是,滚阻力偶矩的大小介于零与最大值之间,即

$$0 \leqslant M \leqslant M_{\max} \tag{4.20}$$

大量实验证明,最大滚阻力偶矩 $M_{\max}$ 与法向反力 F_N 成正比,即

$$M_{\max} = \delta F_N \tag{4.21}$$

最大滚阻力偶矩法向反力的比例系数称为滚动摩阻因数,它具有长度的量纲。由式(4.21)可知,δ 具有力偶臂的意义,它是法向反力 $\boldsymbol{F}_N$ 的作用线偏离轮子最低点的最大距离,如图4.26(d)所示。滚动摩阻因数可由实验测定,它与轮子支承面材料的硬度和湿度有关,而与轮子半径无关。部分材料的滚动摩阻因数可在有关工程手册中查到。

由于滚动摩阻因数较小,因此,在大多数情况下,滚动摩阻可以忽略不计。

现在可以分别计算使轮子滚动和滑动所需的水平力 $\boldsymbol{F}$,分析为什么滚动要比滑动省力?在图4.26(c)中,由平衡方程 $\sum F_x = 0$ 得:

$$F_{滑} = F_{S\max} = f_S F_N = f_S G$$

由平衡方程 $\sum M_A(\boldsymbol{F}) = 0$ 得:

$$F_{滚} = \frac{M_{\max}}{r} = \frac{\delta F_N}{r} = \frac{\delta}{r} G$$

通常

$$f_S \gg \frac{\delta}{r}$$

因而,滚动远比滑动省力。

【例4.12】 一半径为 R 的轮子静止在水平面上,其重为 $\boldsymbol{G}_1$,在轮子中心有一半径为 r 的凸出轴,并在轴上绕有细绳,绳子跨过滑轮 A 与一重为 $\boldsymbol{G}_2$ 的重物相连,绳的 AB 部分与铅垂线成 α 角,如图4.27(a)所示。求轮子与水平面接触点 C 处的滚动摩阻力偶矩、摩擦力和法向反力。

【解】 取轮轴为研究对象,其受力如图4.27(b)所示。列平衡方程有:

$$\sum F_x = 0 \qquad F\sin\alpha - F_S = 0$$

$$\sum F_y = 0 \qquad F_N - G_1 + F\cos\alpha = 0$$

$$\sum M_O(\boldsymbol{F}) = 0 \quad Fr - F_S R + M = 0$$

解之得:

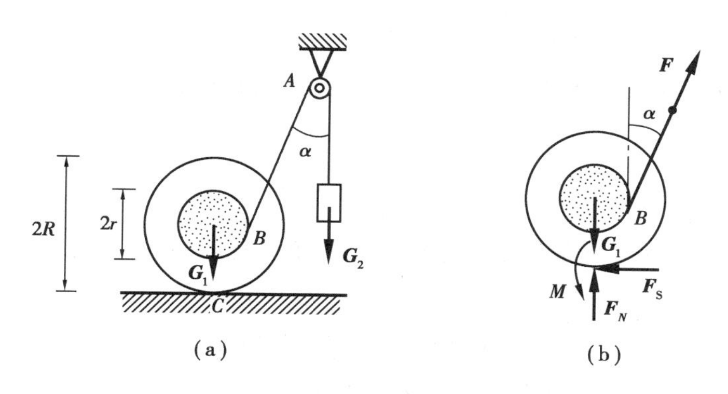

图 4.27

$$F_S = F\sin\alpha = G_2\sin\alpha, F_N = G_1 - F\cos\alpha = G_1 - G_2\cos\alpha$$

$$M = F_S R - Fr = G_2 R\sin\alpha - G_2 r = G_2(R\sin\alpha - r)$$

讨论:从计算结果可以看出,若要使轮轴处于静止状态,需满足如下条件:

①$F_N = G_1 - G_2\cos\alpha \geqslant 0$,即 $G_2 \leqslant \dfrac{G_1}{\cos\alpha}$;

②$F_S = G_2\sin\alpha \leqslant f_S F_N$,即 $G_2 \leqslant \dfrac{f_S}{\sin\alpha + f_S\cos\alpha}G_1$;

③$M = G_2(R\sin\alpha - r) \leqslant \delta F_N$,即 $G_2 \leqslant \dfrac{\delta}{R\sin\alpha + \delta\cos\alpha - r}G_1$。

显然,后两个表达式的右边均小于第一式的右边,因此,若要使轮轴处于静止状态,G_2 应小于等于上述两者的最小值。

另外还需注意,解答中滚动摩阻力偶矩 M 是逆时针转向,若 $R\sin\alpha < r$,则滚动摩阻力偶矩 M 为顺时针转向,其值为 $M = G_2(r - R\sin\alpha)$。此时,轮轴与地面的接触点在绳子拉力作用线的左上方,轮轴有向左滚动的趋势。

本章小结

(1)力的平移定理

作用在刚体上的力 $\boldsymbol{F}$ 可以平行移到刚体上任一点 O,但必须附加一个力偶,附加力偶矩等于原力 $\boldsymbol{F}$ 对点 O 的矩。

(2)平面任意力系的简化

平面任意力系向作用面内任一点简化,一般得到一个力和一个力偶。这个力作用于简化中心,其力矢等于原力系的主矢;这个力偶的矩等于原力系对简化中心的主矩。

主矢: $\boldsymbol{F}'_R = \sum \boldsymbol{F}$

主矩: $M_O = \sum M_O(\boldsymbol{F})$

(3)平面任意力系简化结果

①当 $\boldsymbol{F}'_R = \boldsymbol{0}, M_O \neq 0$ 时,简化为一个力偶。此时的力偶矩与简化的位置无关,主矩 M_O 即为原力系的合力偶矩。

②当 $\boldsymbol{F}'_R \neq \boldsymbol{0}, M_O = 0$ 时,简化为一个力。此时的主矢为原力系的合力,合力的作用线通过简

化中心。

③当 $\boldsymbol{F}'_{\mathrm{R}} \neq \boldsymbol{0}, M_O \neq 0$ 时，简化为一个力，此时的主矢为原力系的合力，合力的作用线到 O 点的距离 d 为：

$$d = \frac{M_O}{F'_{\mathrm{R}}}$$

合力矩定理：平面任意力系的合力对作用面内任一点的矩，等于力系中各力对同一点的矩的代数和，即

$$M_O(\boldsymbol{F}_{\mathrm{R}}) = \sum M_O(\boldsymbol{F})$$

④当 $\boldsymbol{F}'_{\mathrm{R}} = \boldsymbol{0}, M_O = 0$ 时，平面任意力系为平衡力系。

(4)平面任意力系的平衡

平面任意力系平衡的必要与充分条件：力系的主矢为零矢量和对任意点的主矩等于零，即

$$\boldsymbol{F}'_{\mathrm{R}} = \boldsymbol{0} \qquad M_O = 0$$

平面任意力系的平衡方程：

①基本形式：

$$\left.\begin{aligned} \sum F_x &= 0 \\ \sum F_y &= 0 \\ \sum M_O(\boldsymbol{F}) &= 0 \end{aligned}\right\}$$

即力系中各力在作用面内两个坐标轴上投影的代数和分别等于零，以及各力对作用面内任一点的矩的代数和也等于零。

②二力矩式：

$$\left.\begin{aligned} \sum F_x &= 0 \\ \sum M_A(\boldsymbol{F}) &= 0 \\ \sum M_B(\boldsymbol{F}) &= 0 \end{aligned}\right\}(x\text{ 轴不能与 }A,B\text{ 连线垂直})$$

③三力矩式：

$$\left.\begin{aligned} \sum M_A(\boldsymbol{F}) &= 0 \\ \sum M_B(\boldsymbol{F}) &= 0 \\ \sum M_C(\boldsymbol{F}) &= 0 \end{aligned}\right\}(A,B,C\text{ 三点不共线})$$

在求解时应根据具体问题选择其中的一种形式，列 3 个独立平衡方程，求解 3 个未知量。为简化计算，在具体问题的求解时应恰当地选择矩心和投影轴，尽可能地使一个方程含有一个未知量，避免联立求解。一般情况下，可选择多个未知力的交点为矩心，与多个未知力垂直的坐标轴为投影轴。

(5)考虑摩擦时的平衡问题

当两个相互接触的物体沿接触面切线方向滑动，或有相对滑动趋势时，在接触面上就会产生阻碍相对滑动的力，这个力称为摩擦力。仅有相对滑动趋势而没有滑动时的摩擦力称为静滑动摩擦力，物体在相对滑动时的摩擦力称为动滑动摩擦力。摩擦力的方向总是沿接触面的切线，与物体滑动或相对滑动趋势方向相反。

静滑动摩擦力 F_S 的大小介于零和某一最大值之间，即

$$0 \leqslant F_S \leqslant F_{Smax}$$

有摩擦时的平衡问题与不考虑摩擦时的平衡问题基本相同。只是在受力分析时，应考虑摩擦力。除了列出含摩擦力的平衡方程外，还应补充摩擦条件并列出其方程。

思考题

4.1　试比较力矩与力偶矩二者的异同。

4.2　力系的主矢和主矩与合力和合力偶的概念有什么不同？有什么联系？

4.3　某平面任意力系向作用面内 A 点简化的结果得到一合力，问该力系向同平面内的另一点 B 的简化结果是什么？

4.4　在平面任意力系的平衡方程中，在直角坐标轴上的两个投影方程是否可改为在任意二相交轴上的投影方程？为什么？

4.5　平面任意力系的平衡方程能不能全部采用投影方程？

4.6　如何判断物体系统平衡的静定与超静定问题？

4.7　对物体系统平衡问题，如何确定解题方法？

4.8　在考虑摩擦的平衡问题中，什么情况下静摩擦力的指向可以任意假设？

习　题

4.1　如习题 4.1 图所示，作用在梯形板上的三个集中力和一个力偶构成平面任意力系，试求该平面任意力系向 B 点、AB 线段中点、BC 线段中点简化的主矢和主矩。

4.2　如习题 4.2 图所示，作用在矩形板四周边界上的集中力和分布集度荷载构成平面任意力系。试求该平面任意力系向 B,C 两点简化的主矢和主矩。

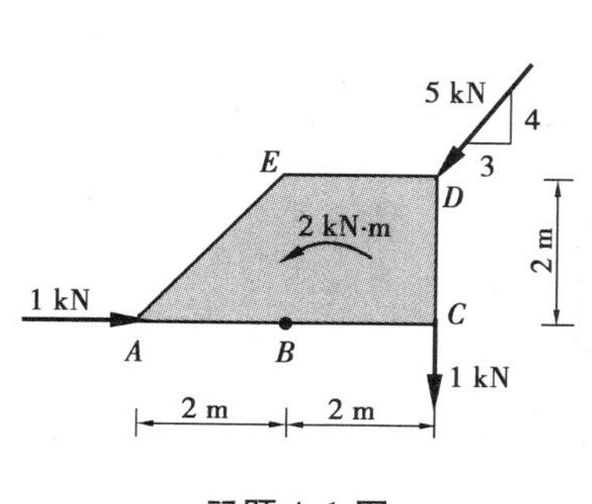

习题 4.1 图

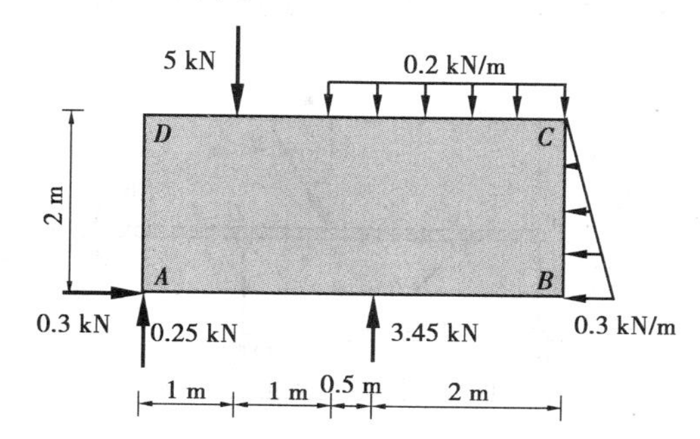

习题 4.2 图

4.3　重力坝受力情况如习题 4.3 图所示，设坝的自重分别为 G_1 = 4 800 kN，G_2 = 10 800 kN，上游水压力 F = 5 060 kN。试求此力系的合力 F_R 的大小、方向及合力与 x 轴的交点到原点 O 的距离 a。

4.4　水平梁如习题 4.4 图所示，已知力 F，力偶矩 M 和荷载集度 q，试求支座 A 和 B 的反力。

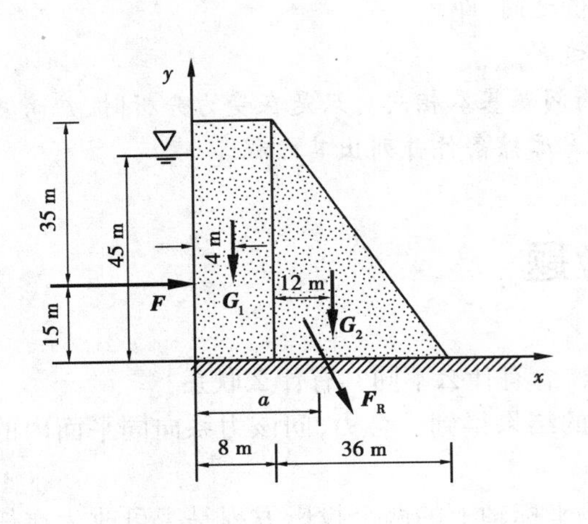

习题 4.3 图

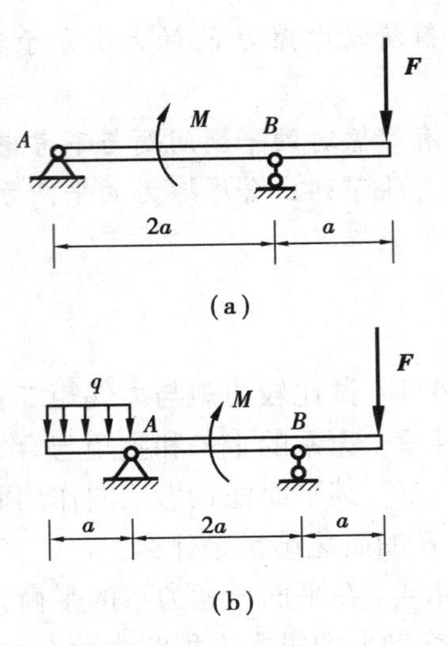

习题 4.4 图

4.5 外伸梁 AB 如习题 4.5 图所示，已知 $F=2$ kN，$q=1$ kN/m，试求支座反力。

4.6 如习题 4.6 图所示悬臂梁 AB，已知：q，$M=qa^2$，试求固定端 A 的约束反力。

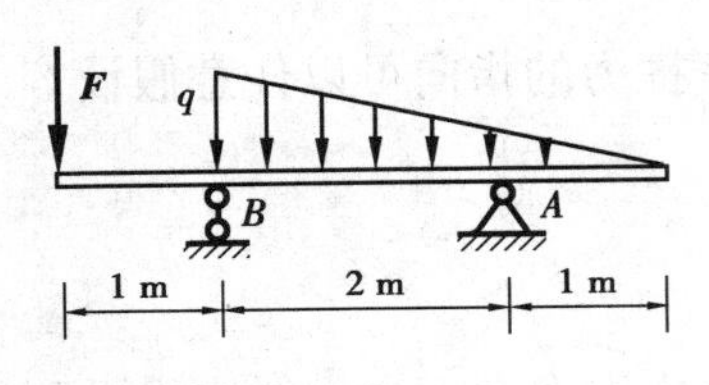

习题 4.5 图

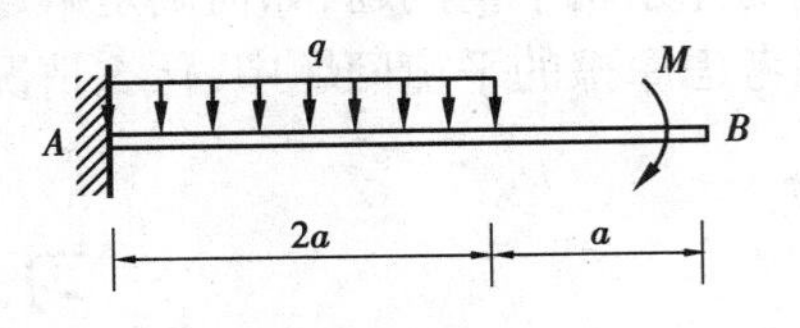

习题 4.6 图

4.7 梁 AB 用 a,b,c 三个链杆支撑，如习题 4.7 图所示。已知 $F=100$ kN，$M=50$ kN·m，试求三个链杆所受的力。

4.8 试求习题 4.8 图所示刚架的支座反力，已知 $F_1=F_2=20$ kN，$q=5$ kN/m。

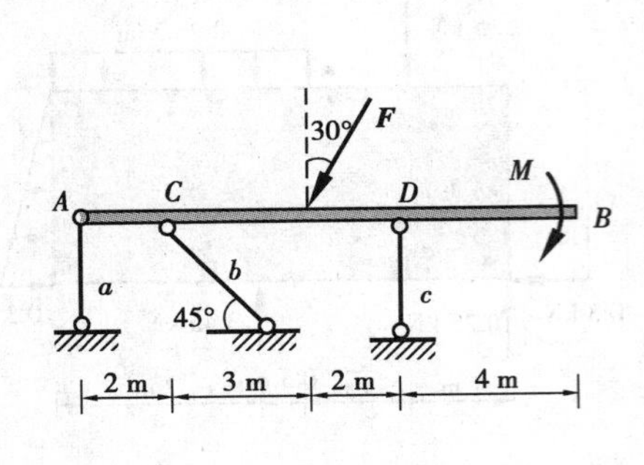

习题 4.7 图

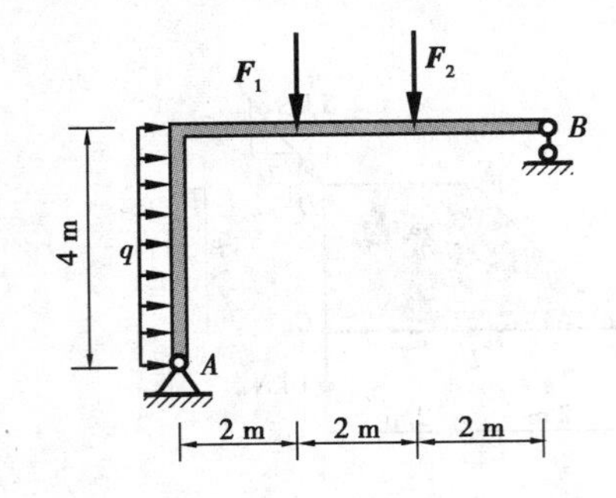

习题 4.8 图

4.9 如习题 4.9 图所示自重 $G=100$ N 的矩形均质薄板。其 AB 边铅直，A，B 两点与该矩形板的外接圆为光滑接触，CE 为铅直链杆，D 截面处作用一水平力 $F=200$ N。试求支座 B 处约束反力。

4.10 如习题 4.10 图所示是由链杆①，②，③支承的 AB 梁。若不计各构件的自重，试求链杆②的约束反力。

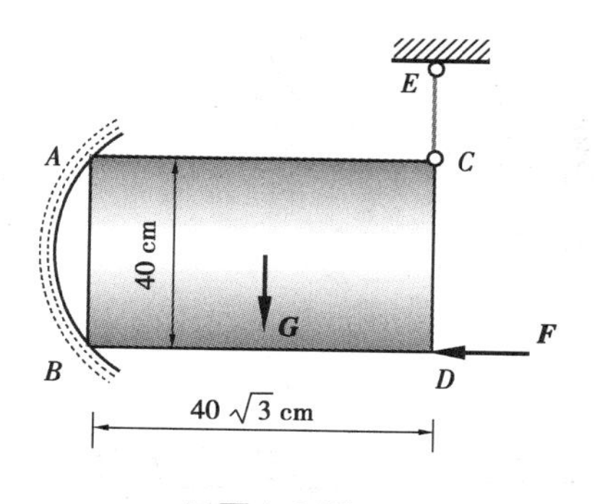

习题 4.9 图

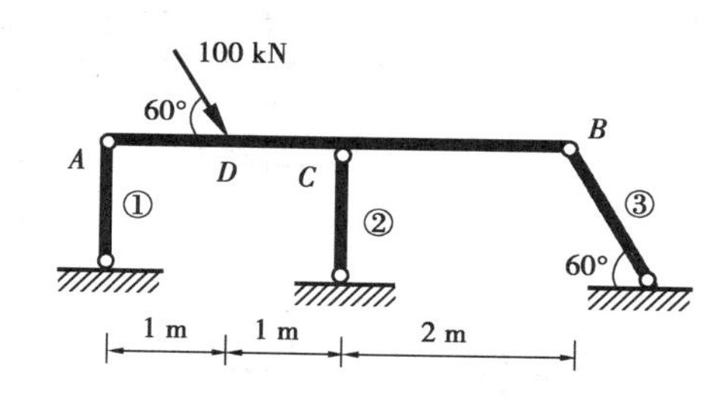

习题 4.10 图

4.11　如习题 4.11 图所示结构，若各构件质量略去不计，试求链杆 BF，DE 所受的力。

4.12　如习题 4.12 图所示是由链杆①，②，③，④支承的 ABC 梁。若各构件质量略去不计，试求链杆①，②所受的力。

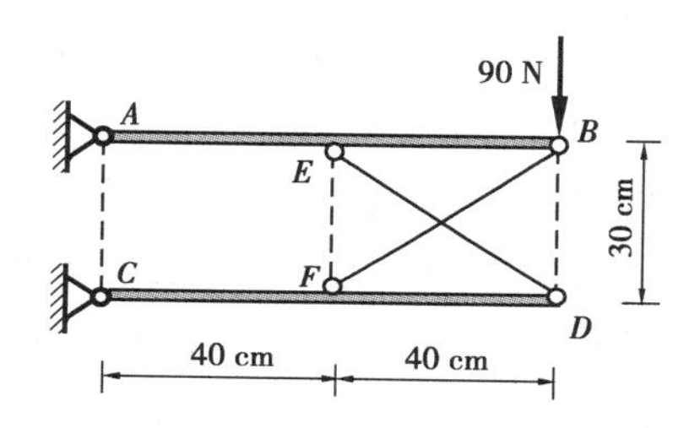

习题 4.11 图

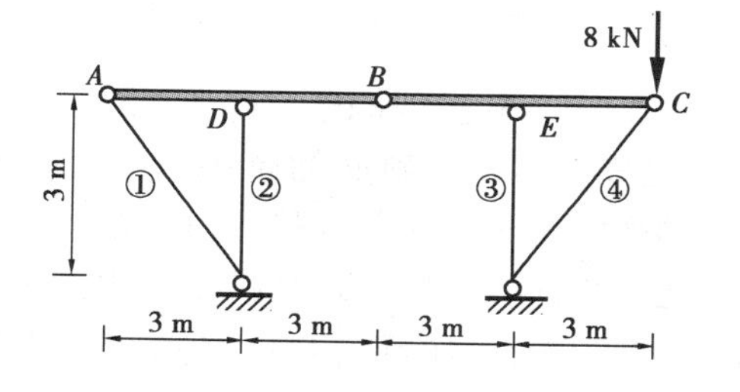

习题 4.12 图

4.13　如习题 4.13 图所示，两水池由闸门板 AB 分开，板 AB 长 2 m、宽 1 m，板的上部与池壁 AC 铰接，左池水面与 A 相齐，右池蓄水，板重不计。求能拉开闸门板的铅垂力 $\boldsymbol{F}$（水容重 $\gamma = 9.8\ \text{kN/m}^3$）。

4.14　如习题 4.14 图所示，组合梁由 AC 和 CD 铰接组成。已知 q_0，$F = q_0 a$，$M = q_0 a^2$，试求支座 A，B 及铰 C 的反力。

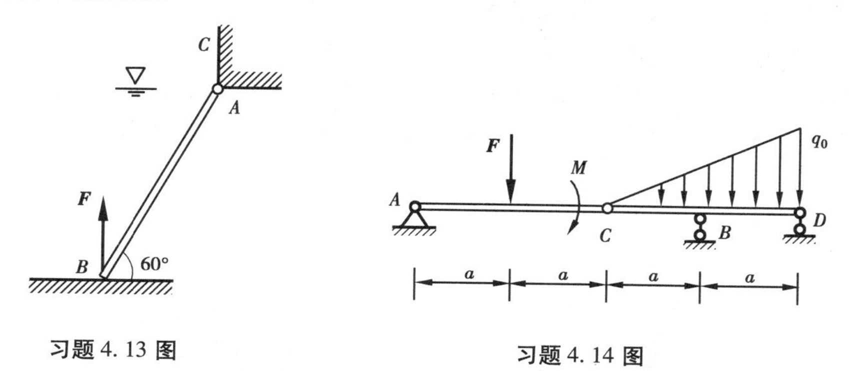

习题 4.13 图

习题 4.14 图

4.15　如习题 4.15 图所示，组合梁由 AB，BC 和 CD 组成。已知 $F_1 = 10$ kN，$F_2 = 4$ kN，$q = 1$ kN/m，$M = 4\sqrt{3}$ kN · m，试求各支座的约束反力。

4.16　组合刚架如习题 4.16 图所示，已知 $F = 100$ kN，$q = 10$ kN/m，试求支座 A，B，C 的约束反力。

4.17　如习题 4.17 图所示结构，已知 $q = 10$ kN/m，试求支座 A 的约束反力及杆 1,2,3 的内力。

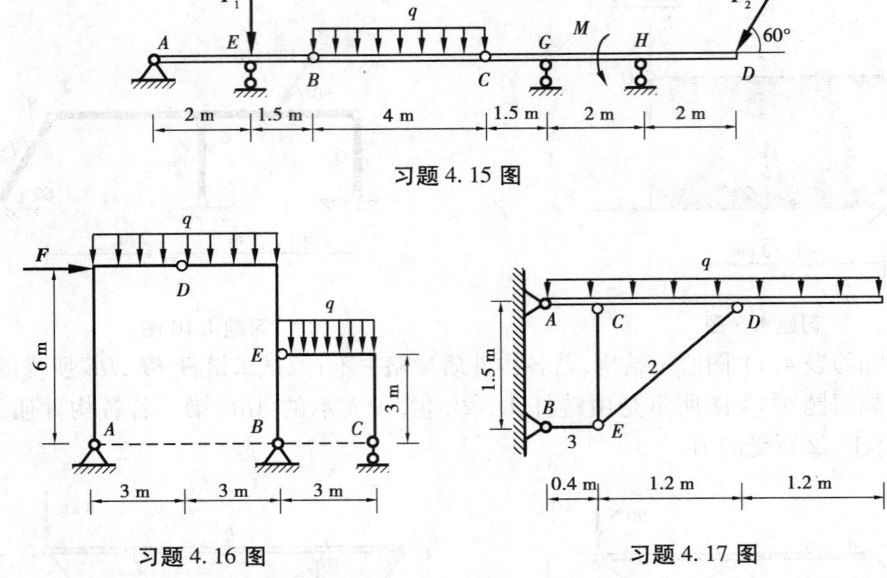

习题 4.15 图

习题 4.16 图

习题 4.17 图

4.18　已知物体与倾斜面的摩擦因数 $f_S = 0.3$，物体重为 $G = 784$ N，其上作用有水平力 $F = 200$ N，斜面倾角 $\alpha = 20°$，如习题 4.18 图所示。试问该物体在斜面上能否平衡，并求摩擦力。

4.19　已知物块 A，B 均重 100 N，与固定面间的摩擦因数都为 $f_S = 0.5$，杆 CB 水平，杆 AC 与斜面平行，杆重不计，如习题 4.19 图所示试求不致引起滑块移动的最大铅垂力 F。

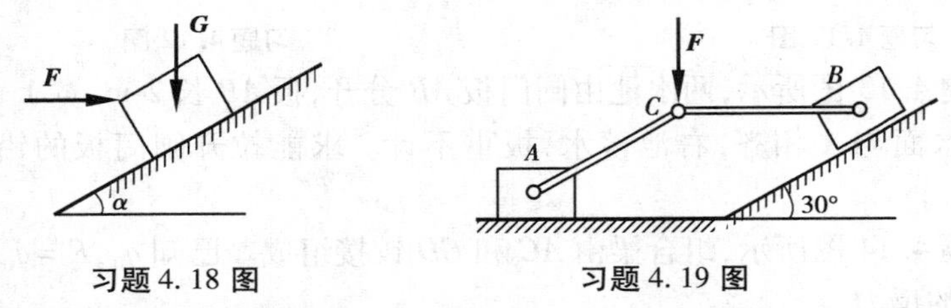

习题 4.18 图

习题 4.19 图

4.20　如习题 4.20 图所示，已知梯子 AB 重为 $G_1 = 200$ N，梯长为 l，与水平夹角 $\theta = 60°$，接触面间的摩擦因数均为 0.25，人重 $G_2 = 650$ N。求：人所能达到的最高点 C 到 A 点的距离 s 应为多少？

4.21　如习题 4.21 图所示机构的自重不计，已知 $M_A = 40$ N·m，套筒可在杆 AB 上滑动，接触面间的静摩擦因数为 $f_S = 0.3$。试求当 $\theta = 30°$、$\beta = 60°$ 时，保持平衡所需的 M_D 值。

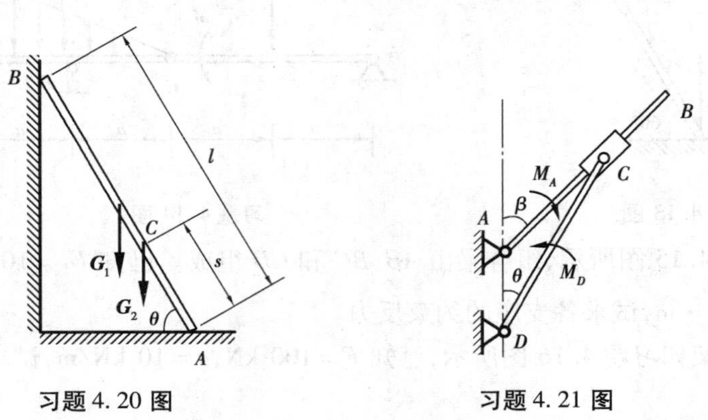

习题 4.20 图

习题 4.21 图

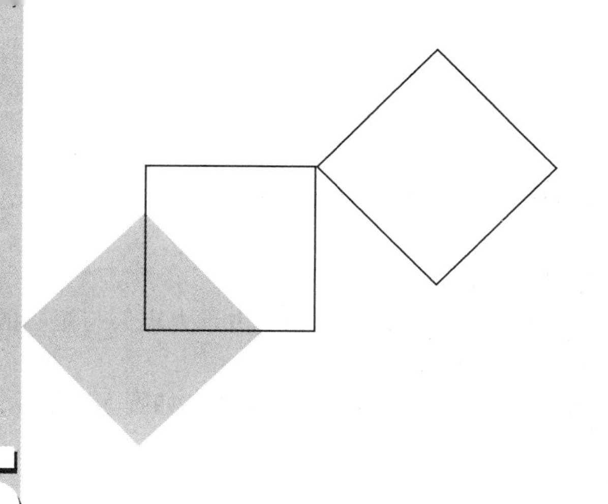

5 空间任意力系

本章导读：

- **基本要求** 熟练地计算力在空间直角坐标轴上的投影和力对轴之矩；了解空间力系向一点简化的方法和结果；掌握空间力系平衡问题的分析方法；理解重心的概念，熟练运用组合法求物体的重心。
- **重点** 力对轴之矩，重心。
- **难点** 力对轴之矩，空间力系的简化。

各力的作用线在空间任意分布，既不汇交于同一点，又不全部相互平行，这样的力系，称为空间任意力系(Three dimensional general force system)。本章主要研究空间任意力系的简化和平衡问题。

5.1 力对点的矩矢和力对轴的矩

1) 力对点的矩矢

力使所作用的刚体绕一点转动的效应用力对该点的矩矢来度量。对于平面力系，力的作用线和矩心都位于同一平面内，各力对矩心的矩除大小外，只有正反转向之分。因而用代数量就可以表示力对点的矩的全部要素。而对于空间力系，力对点的矩取决于力矩的大小、转向、力与矩心所确定的平面的方位三个要素。因此，对于空间力系，力对点的矩要用矢量来表示。这个矢量称为力对点的矩矢，简称力矩矢。力矩矢的方位垂直于力与矩心所确定的平面，矢的长度按一定比例表示矩矢的大小，矢的指向用右手螺旋规则确定。即右手握拳时四指的指向符合矩矢转向，大拇指伸出的指向就是力矩矢的指向，如图 5.1 所示。

若从矩心 O 到力 $\boldsymbol{F}$ 作用点 A 引矢量 $\boldsymbol{r}=\overline{OA}$，则称矢量 $\boldsymbol{r}$ 为点 A 相对于点 O 的矢径(Radius vector)，如图 5.1 所示。由矢量代数可知，矢积 $\boldsymbol{r}\times\boldsymbol{F}$ 为一矢量，其方位垂直于矢径 $\boldsymbol{r}$ 与力 $\boldsymbol{F}$ 所

确定的平面,指向由右手螺旋规则确定,它的模等于三角形 OAB 面积的 2 倍。由此可见,矢积 $\boldsymbol{r}\times\boldsymbol{F}$ 就是力 $\boldsymbol{F}$ 对 O 点的矩矢:

$$\boldsymbol{M}_O(\boldsymbol{F}) = \boldsymbol{r}\times\boldsymbol{F} \tag{5.1}$$

即力对点的矩矢等于力作用点相对于矩心的矢径与该力矢的矢积。由于力矩矢与矩心的位置有关,故力矩矢必须以矩心为始点,不能任意移动,为固定矢量。

当作用在刚体上的力沿其作用线移动时,力对同一点的力矩矢不变。如图 5.2 所示,作用在刚体上 A 点的力 $\boldsymbol{F}$ 对 O 点的力矩矢为:

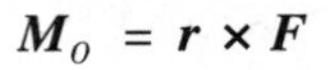

$$\boldsymbol{M}_O = \boldsymbol{r}\times\boldsymbol{F}$$

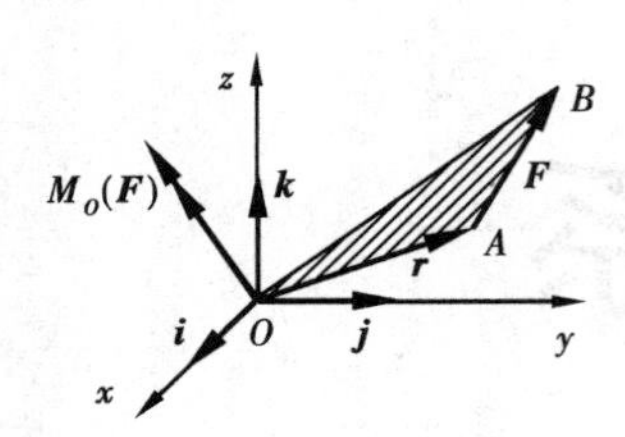

图 5.1

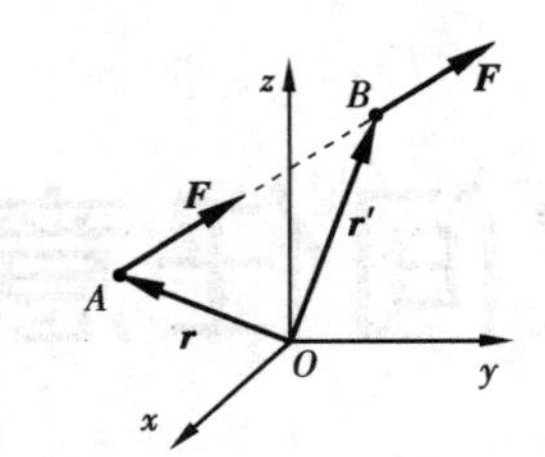

图 5.2

当将 $\boldsymbol{F}$ 在刚体上沿作用线移动至 B 点时,$\boldsymbol{F}$ 对 O 点的力矩矢为:

$$\boldsymbol{M}'_O = \boldsymbol{r}'\times\boldsymbol{F}$$

而

$$\boldsymbol{r}' = \boldsymbol{r} + \overline{AB}$$

所以

$$\boldsymbol{M}'_O = (\boldsymbol{r} + \overline{AB})\times\boldsymbol{F} = \boldsymbol{r}\times\boldsymbol{F} + \overline{AB}\times\boldsymbol{F} = \boldsymbol{r}\times\boldsymbol{F} = \boldsymbol{M}_O$$

若以点 O 为原点,建立直角坐标系 $Oxyz$,如图 5.1 所示。设 x,y,z 方向的单位矢量分别为 $\boldsymbol{i},\boldsymbol{j}$ 和 $\boldsymbol{k}$,力 $\boldsymbol{F}$ 在坐标轴上的投影分别为 F_x,F_y 和 F_z,则:

$$\boldsymbol{r} = x\boldsymbol{i} + y\boldsymbol{j} + z\boldsymbol{k}, \qquad \boldsymbol{F} = F_x\boldsymbol{i} + F_y\boldsymbol{j} + F_z\boldsymbol{k}$$

于是,力 $\boldsymbol{F}$ 对 O 点的矩矢 $\boldsymbol{M}_O(\boldsymbol{F})$ 可表示为:

$$\begin{aligned}\boldsymbol{M}_O(\boldsymbol{F}) = \boldsymbol{r}\times\boldsymbol{F} &= \begin{vmatrix} \boldsymbol{i} & \boldsymbol{j} & \boldsymbol{k} \\ x & y & z \\ F_x & F_y & F_z \end{vmatrix} \\ &= (yF_z - zF_y)\boldsymbol{i} + (zF_x - xF_z)\boldsymbol{j} + (xF_y - yF_x)\boldsymbol{k}\end{aligned} \tag{5.2}$$

若以 $[\boldsymbol{M}_O(\boldsymbol{F})]_x$,$[\boldsymbol{M}_O(\boldsymbol{F})]_y$ 和 $[\boldsymbol{M}_O(\boldsymbol{F})]_z$ 分别表示力矩矢 $\boldsymbol{M}_O(\boldsymbol{F})$ 在 x,y 和 z 坐标轴上的投影,则式(5.2)可写成:

$$\boldsymbol{M}_O(\boldsymbol{F}) = [\boldsymbol{M}_O(\boldsymbol{F})]_x\boldsymbol{i} + [\boldsymbol{M}_O(\boldsymbol{F})]_y\boldsymbol{j} + [\boldsymbol{M}_O(\boldsymbol{F})]_z\boldsymbol{k} \tag{5.3}$$

于是,有:

$$\begin{aligned} [\boldsymbol{M}_O(\boldsymbol{F})]_x &= yF_z - zF_y \\ [\boldsymbol{M}_O(\boldsymbol{F})]_y &= zF_x - xF_z \\ [\boldsymbol{M}_O(\boldsymbol{F})]_z &= xF_y - yF_x \end{aligned} \tag{5.4}$$

2) 力对轴的矩

力使所作用的刚体绕某一轴转动的效应用力对该轴的矩来度量。例如,在力 $\boldsymbol{F}$ 作用下可

绕 z 轴转动的门，如图5.3所示。作用于门上 A 点的力 $\boldsymbol{F}$ 可分解为：平行于门轴 z 的分力 $\boldsymbol{F}_{/\!/}$ 和垂直于门轴 z 的分力 $\boldsymbol{F}_{\perp}$。$\boldsymbol{F}_{\perp}$ 即为力 $\boldsymbol{F}$ 在垂直于 z 轴的平面内的分力。实践表明，分力 $\boldsymbol{F}_{/\!/}$ 不能使门绕子轴转动，即它无对 z 轴的转动效应。力 $\boldsymbol{F}$ 对 z 轴的转动效应只能由分力 $\boldsymbol{F}_{\perp}$ 引起。而分力 $\boldsymbol{F}_{\perp}$ 对 z 轴的转动效应取决于乘积 $\pm F_{\perp}d$，d 为力 $\boldsymbol{F}$ 的作用线与 z 轴之间的距离。

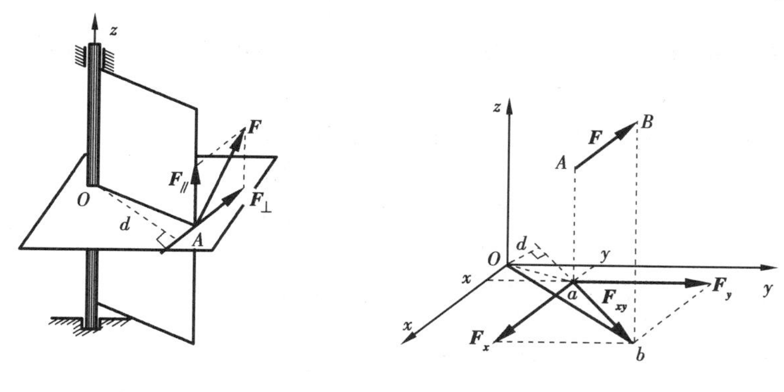

图5.3　　图5.4

如图5.4所示，在一般情况下，仿照平面力系中力对点之矩的定义，力 $\boldsymbol{F}$ 对 z 轴的矩，就等于力 $\boldsymbol{F}$ 在垂直于 z 轴的 Oxy 平面上的分力 $\boldsymbol{F}_{xy}$ 对 z 轴与该平面的交点 O 的矩，即

$$M_z(\boldsymbol{F}) = M_O(\boldsymbol{F}_{xy}) = \pm F_{xy} \cdot d = \pm 2\Delta Oab \tag{5.5}$$

可见，**力对轴的矩**（Moment of force about an axis）是力在垂直此轴的平面上的分力对此轴与该平面交点的矩。力对轴的矩是一个代数量，对于图5.4所示的情况，其正负号规定如下：从 z 轴的正向看，若力使物体绕该轴逆时针转向转动，则取正号；反之，取负号。或用右手螺旋规则来确定，即右手握拳，四指表示力矩的转向，若大拇指的指向与 z 轴的正向相同，则取正号；反之，取负号。z 轴称为矩轴。在法定计量单位中，力对轴的矩的常用单位为牛[顿]·米(N·m)或千牛[顿]·米(kN·m)。

由式(5.5)可知：

①当力 $\boldsymbol{F}$ 的作用线与矩轴平行时($F_{xy}=0$)，力 $\boldsymbol{F}$ 对轴的矩为零；

②当力 $\boldsymbol{F}$ 的作用线与矩轴相交时($d=0$)，力 $\boldsymbol{F}$ 对轴的矩为零；

③当力 $\boldsymbol{F}$ 沿作用线移动时(F_{xy}，d 不变)，力 $\boldsymbol{F}$ 对轴的矩保持不变。

3) 力矩关系定理

在图5.4中，将力 $\boldsymbol{F}_{xy}$ 在 Oxy 平面内分解为 $\boldsymbol{F}_x$ 和 $\boldsymbol{F}_y$，它们的大小分别等于力 $\boldsymbol{F}_{xy}$ 在 x 和 y 轴的投影 F_x 和 F_y。于是，力 $\boldsymbol{F}$ 对 z 轴的矩可写成：

$$M_z(\boldsymbol{F}) = M_O(\boldsymbol{F}_{xy}) = M_O(\boldsymbol{F}_x) + M_O(\boldsymbol{F}_y) = xF_y - yF_x$$

进行坐标轴变换，可以得出力 $\boldsymbol{F}$ 对 x，y 轴的矩的表达式，综合起来，即为：

$$\begin{aligned} M_x(\boldsymbol{F}) &= yF_z - zF_y \\ M_y(\boldsymbol{F}) &= zF_x - xF_z \\ M_z(\boldsymbol{F}) &= xF_y - yF_x \end{aligned} \tag{5.6}$$

式(5.6)为力 $\boldsymbol{F}$ 对 x，y，z 三个轴的矩的解析式。

将式(5.6)与式(5.4)比较得：

$$M_x(\boldsymbol{F}) = [\boldsymbol{M}_O(\boldsymbol{F})]_x$$
$$M_y(\boldsymbol{F}) = [\boldsymbol{M}_O(\boldsymbol{F})]_y \quad (5.7)$$
$$M_z(\boldsymbol{F}) = [\boldsymbol{M}_O(\boldsymbol{F})]_z$$

式(5.7)称为力矩关系定理,即力对点的矩矢在通过该点的任一轴上的投影等于此力对该轴的矩。

若已知力 $\boldsymbol{F}$ 对直角坐标轴 x,y,z 的矩,则利用力矩关系定理,可求得力 $\boldsymbol{F}$ 对坐标原点 O 的矩矢 $\boldsymbol{M}_O(\boldsymbol{F})$ 的大小和方向余弦分别为:

$$M_O(\boldsymbol{F}) = |\boldsymbol{M}_O(\boldsymbol{F})| = \sqrt{[M_x(\boldsymbol{F})]^2 + [M_y(\boldsymbol{F})]^2 + [M_z(\boldsymbol{F})]^2}$$
$$\cos(\boldsymbol{M}_O(\boldsymbol{F}),\boldsymbol{i}) = \frac{M_x(\boldsymbol{F})}{M_O(\boldsymbol{F})}$$
$$\cos(\boldsymbol{M}_O(\boldsymbol{F}),\boldsymbol{j}) = \frac{M_y(\boldsymbol{F})}{M_O(\boldsymbol{F})} \quad (5.8)$$
$$\cos(\boldsymbol{M}_O(\boldsymbol{F}),\boldsymbol{k}) = \frac{M_z(\boldsymbol{F})}{M_O(\boldsymbol{F})}$$

【例5.1】 如图5.5所示,已知:$F_1 = F_2 = F$。试分别求力 $\boldsymbol{F}_1,\boldsymbol{F}_2$ 对 O 点的矩及 $\boldsymbol{F}_1,\boldsymbol{F}_2$ 对三个坐标轴的矩。

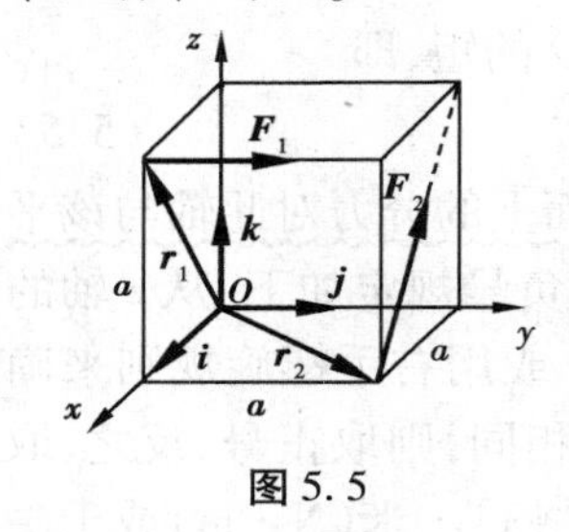

图5.5

【解】 设 x,y,z 方向的单位矢量分别为 $\boldsymbol{i},\boldsymbol{j}$ 和 $\boldsymbol{k}$,则:

$$\boldsymbol{F}_1 = F\boldsymbol{j}, \quad \boldsymbol{F}_2 = -\frac{\sqrt{2}}{2}F\boldsymbol{i} + \frac{\sqrt{2}}{2}F\boldsymbol{k}$$
$$\boldsymbol{r}_1 = a\boldsymbol{i} + a\boldsymbol{k}, \quad \boldsymbol{r}_2 = a\boldsymbol{i} + a\boldsymbol{j}$$

由式(5.1)得力 $\boldsymbol{F}_1,\boldsymbol{F}_2$ 对 O 点的矩分别为:

$$\boldsymbol{M}_O(\boldsymbol{F}_1) = \boldsymbol{r}_1 \times \boldsymbol{F}_1 = a(\boldsymbol{i} + \boldsymbol{k}) \times F\boldsymbol{j} = -Fa\boldsymbol{i} + Fa\boldsymbol{k}$$

$$\boldsymbol{M}_O(\boldsymbol{F}_2) = \boldsymbol{r}_2 \times \boldsymbol{F}_2 = a(\boldsymbol{i} + \boldsymbol{j}) \times \frac{\sqrt{2}}{2}F(\boldsymbol{i} + \boldsymbol{k})$$
$$= \frac{\sqrt{2}}{2}Fa\boldsymbol{i} - \frac{\sqrt{2}}{2}Fa\boldsymbol{j} - \frac{\sqrt{2}}{2}Fa\boldsymbol{k}$$

由力矩关系定理可得:

$$M_x(\boldsymbol{F}_1) = -Fa, M_y(\boldsymbol{F}_1) = 0, M_z(\boldsymbol{F}_1) = Fa$$
$$M_x(\boldsymbol{F}_2) = \frac{\sqrt{2}}{2}Fa, M_y(\boldsymbol{F}_2) = -\frac{\sqrt{2}}{2}Fa, M_z(\boldsymbol{F}_2) = -\frac{\sqrt{2}}{2}Fa$$

力 $\boldsymbol{F}_1,\boldsymbol{F}_2$ 对 x,y,z 轴的矩也可以用力对轴的矩的定义或解析式计算,请读者自行练习。

5.2 空间任意力系向一点的简化

1)空间任意力系向一点简化的主矢和主矩

与平面任意力系向作用面内一点的简化方法一样,可以将**空间任意力系向一点简化**(Reduction about a point of three dimensional general force system)。首先,利用力线平移定理,依次将空间任意力系($\boldsymbol{F}_1,\boldsymbol{F}_2,\cdots,\boldsymbol{F}_n$)中的各力向简化中心 O 平移,同时附加相应的力偶。这样,原空间任意力系($\boldsymbol{F}_1,\boldsymbol{F}_2,\cdots,\boldsymbol{F}_n$)就等效为作用于简化中心 O 的空间共点力系($\boldsymbol{F}_1',\boldsymbol{F}_2',\cdots,\boldsymbol{F}_n'$)

和空间力偶系$(\boldsymbol{M}_1,\boldsymbol{M}_2,\cdots,\boldsymbol{M}_n)$。其中

$$\boldsymbol{F}'_1=\boldsymbol{F}_1,\boldsymbol{F}'_2=\boldsymbol{F}_2,\cdots,\boldsymbol{F}'_n=\boldsymbol{F}_n$$

$$\boldsymbol{M}_1=\boldsymbol{M}_O(\boldsymbol{F}_1),\boldsymbol{M}_2=\boldsymbol{M}_O(\boldsymbol{F}_2),\cdots,\boldsymbol{M}_n=\boldsymbol{M}_O(\boldsymbol{F}_n)$$

空间共点力系$(\boldsymbol{F}'_1,\boldsymbol{F}'_2,\cdots,\boldsymbol{F}'_n)$可合成为一个作用于$O$点的力$\boldsymbol{F}'_R$,且

$$\boldsymbol{F}'_R=\sum\boldsymbol{F}'=\sum\boldsymbol{F} \tag{5.9}$$

即$\boldsymbol{F}'_R$等于原力系各力的矢量和,是空间任意力系$(\boldsymbol{F}_1,\boldsymbol{F}_2,\cdots,\boldsymbol{F}_n)$的主矢。

设主矢$\boldsymbol{F}'_R$在直角坐标系三个轴上的投影分别为F'_{Rx},F'_{Ry},F'_{Rz},则

$$F'_{Rx}=\sum F_x,F'_{Ry}=\sum F_y,F'_{Rz}=\sum F_z$$

主矢$\boldsymbol{F}'_R$的大小和方向余弦分别为:

$$\begin{aligned}&F'_R=\sqrt{(\sum F_x)^2+(\sum F_y)^2+(\sum F_z)^2}\\&\cos(\boldsymbol{F}'_R,\boldsymbol{i})=\frac{\sum F_x}{F'_R},\cos(\boldsymbol{F}'_R,\boldsymbol{j})=\frac{\sum F_y}{F'_R},\cos(\boldsymbol{F}'_R,\boldsymbol{k})=\frac{\sum F_z}{F'_R}\end{aligned} \tag{5.10}$$

空间力偶系$(\boldsymbol{M}_1,\boldsymbol{M}_2,\cdots,\boldsymbol{M}_n)$可合成为一个力偶,其力偶矩矢为:

$$\boldsymbol{M}_O=\sum\boldsymbol{M}=\sum\boldsymbol{M}_O(\boldsymbol{F}) \tag{5.11}$$

即$\boldsymbol{M}_O$等于原力系各力对简化中心矩的矢量和,为空间任意力系$(\boldsymbol{F}_1,\boldsymbol{F}_2,\cdots,\boldsymbol{F}_n)$对简化中心的主矩。

设主矩$\boldsymbol{M}_O$在直角坐标系三个轴上的投影分别为M_{Ox},M_{Oy},M_{Oz},并应用力矩关系定理,则

$$M_{Ox}=[\sum\boldsymbol{M}_O(\boldsymbol{F})]_x=\sum M_x(\boldsymbol{F})$$

$$M_{Oy}=[\sum\boldsymbol{M}_O(\boldsymbol{F})]_y=\sum M_y(\boldsymbol{F})$$

$$M_{Oz}=[\sum\boldsymbol{M}_O(\boldsymbol{F})]_z=\sum M_z(\boldsymbol{F})$$

于是,主矩$\boldsymbol{M}_O$的大小和方向余弦分别为:

$$\begin{aligned}&M_O=\sqrt{[\sum M_x(\boldsymbol{F})]^2+[\sum M_y(\boldsymbol{F})]^2+[\sum M_z(\boldsymbol{F})]^2}\\&\cos(\boldsymbol{M}_O,\boldsymbol{i})=\frac{\sum M_x(\boldsymbol{F})}{M_O},\cos(\boldsymbol{M}_O,\boldsymbol{j})=\frac{\sum M_y(\boldsymbol{F})}{M_O},\cos(\boldsymbol{M}_O,\boldsymbol{k})=\frac{\sum \boldsymbol{M}_z(\boldsymbol{F})}{M_O}\end{aligned} \tag{5.12}$$

综上所述,空间任意力系向任一点简化后,一般得到一个力和一个力偶:这个力作用于简化中心,其力矢等于原力系的主矢;这个力偶的力偶矩矢等于原力系对简化中心的主矩。与平面任意力系一样,空间任意力系的主矢与简化中心的位置无关,而主矩一般随简化中心位置的改变而改变,与简化中心的位置有关。

2)空间任意力系的简化结果分析

(1)$\boldsymbol{F}'_R=\boldsymbol{0},\boldsymbol{M}_O=\boldsymbol{0}$

$\boldsymbol{F}'_R=0,\boldsymbol{M}_O=\boldsymbol{0}$ 表明:空间任意力系中各力经力线平移后,所得空间共点力系和附加空间力偶系均为平衡力系,故原空间任意力系为平衡力系。此种情况将在下一节讨论。

(2)$\boldsymbol{F}'_R=\boldsymbol{0},\boldsymbol{M}_O\neq\boldsymbol{0}$

$\boldsymbol{F}'_R=0$ 表明:空间任意力系中各力经力线平移后,所得空间共点力系为平衡力系,可以取消;而$\boldsymbol{M}_O\neq\boldsymbol{0}$ 表明:附加空间力偶系不平衡,可合成为一个力偶。故原力系合成为合力偶,合力

偶矩矢等于原力系对简化中心的主矩。

(3)$\boldsymbol{F}'_{\mathrm{R}} \neq \mathbf{0}, \boldsymbol{M}_O = \mathbf{0}$

$\boldsymbol{M}_O = \mathbf{0}$ 表明:力线平移后,所得附加空间力偶系处于平衡,可以取消;$\boldsymbol{F}'_{\mathrm{R}} \neq 0$ 表明:力线平移后所得空间共点力系不平衡,可合成为一个力。故原力系合成为合力 $\boldsymbol{F}_{\mathrm{R}}$,合力矢等于原力系的主矢,其作用线通过简化中心。

(4)$\boldsymbol{F}'_{\mathrm{R}} \neq \mathbf{0}, \boldsymbol{M}_O \neq \mathbf{0}$,且 $\boldsymbol{F}'_{\mathrm{R}} \perp \boldsymbol{M}_O$

如图5.6(a)所示,$\boldsymbol{F}'_{\mathrm{R}}$和力偶矩矢为$\boldsymbol{M}_O$的力偶位于同一平面内,该力偶可表示为($\boldsymbol{F}_{\mathrm{R}}, \boldsymbol{F}''_{\mathrm{R}}$),且 $\boldsymbol{F}_{\mathrm{R}} = -\boldsymbol{F}''_{\mathrm{R}} = \boldsymbol{F}'_{\mathrm{R}}$,如图5.6(b)所示。由于$\boldsymbol{F}'_{\mathrm{R}}$和$\boldsymbol{F}''_{\mathrm{R}}$构成平衡力系,依据加减平衡力系公理,去掉该平衡力系不影响原力系的作用效应。所以,原力系与$\boldsymbol{F}_{\mathrm{R}}$等效,如图5.6(c)所示。故原力系合成为合力$\boldsymbol{F}_{\mathrm{R}}$,合力矢等于原力系的主矢,其作用线距简化中心的距离为:

$$d = \frac{|\boldsymbol{M}_O|}{F'_{\mathrm{R}}}$$

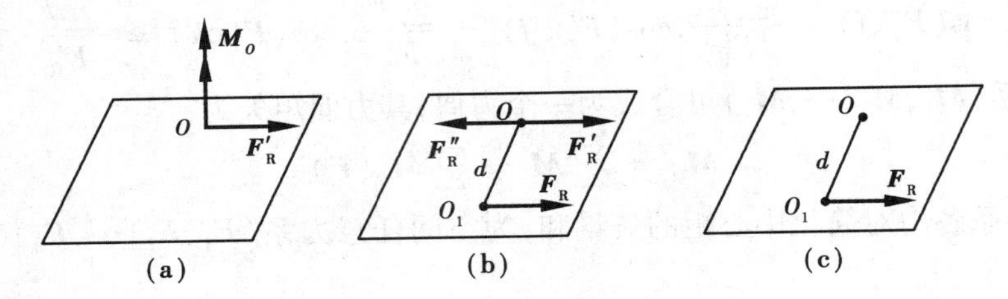

图5.6

由图5.6(b)易知,力偶($\boldsymbol{F}_{\mathrm{R}}, \boldsymbol{F}''_{\mathrm{R}}$)的矩矢$\boldsymbol{M}_O$等于合力$\boldsymbol{F}_{\mathrm{R}}$对点 O 的矩矢,即

$$\boldsymbol{M}_O = \boldsymbol{M}_O(\boldsymbol{F}_{\mathrm{R}})$$

而由式(5.11)知:

$$\boldsymbol{M}_O = \sum \boldsymbol{M}_O(\boldsymbol{F})$$

所以有:

$$\boldsymbol{M}_O(\boldsymbol{F}_{\mathrm{R}}) = \sum \boldsymbol{M}_O(\boldsymbol{F}) \tag{5.13}$$

将式(5.13)向通过 O 点的任一轴上投影,并注意到力矩关系定理,得:

$$M_z(\boldsymbol{F}_{\mathrm{R}}) = \sum M_z(\boldsymbol{F}) \tag{5.14}$$

式(5.13)、式(5.14)表明:空间任意力系的合力对任一点(或轴)的矩等于力系中各力对该点(或轴)的矩的矢量和(或代数和)。这就是空间任意力系的合力矩定理。

(5)$\boldsymbol{F}'_{\mathrm{R}} \neq \mathbf{0}, \boldsymbol{M}_O \neq \mathbf{0}$,且 $\boldsymbol{F}'_{\mathrm{R}} /\!/ \boldsymbol{M}_O$

此时,力系已是最简结果,无法再进一步合成。这种由一个力及与之垂直的平面内的一个力偶所组成的力系称为力螺旋。与力螺旋中力的作用线相重合的直线,称为力螺旋的中心轴。力$\boldsymbol{F}'_{\mathrm{R}}$与力矩矢$\boldsymbol{M}_O$指向相同的力螺旋,称为右力螺旋;反之,称为左力螺旋。

(6)$\boldsymbol{F}'_{\mathrm{R}} \neq \mathbf{0}, \boldsymbol{M}_O \neq \mathbf{0}$,且$(\boldsymbol{F}'_{\mathrm{R}}, \boldsymbol{M}_O) = \theta, \theta \neq \left(0、\frac{\pi}{2}、\pi\right)$

此时,将主矩$\boldsymbol{M}_O$沿与主矢$\boldsymbol{F}'_{\mathrm{R}}$平行和垂直的两个方向分解为$\boldsymbol{M}'_O$和$\boldsymbol{M}''_O$,如图5.7(a)所示。显然,$\boldsymbol{F}'_{\mathrm{R}}$和$\boldsymbol{M}''_O$可合成一个作用线通过点 O_1 的力 $\boldsymbol{F}_{\mathrm{R}}$,利用力偶的可移转性,再将$\boldsymbol{M}'_O$平移到点 O_1。这样,就得到中心轴在点 O_1 的力螺旋,如图5.7(b)所示。O, O_1两点间的距离为:

$$d = \frac{M''_O}{F'_R} = \frac{M_O \sin\theta}{F'_R}$$

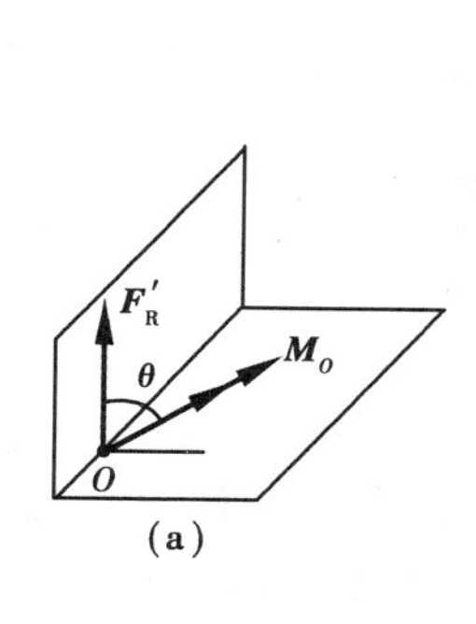

(a)

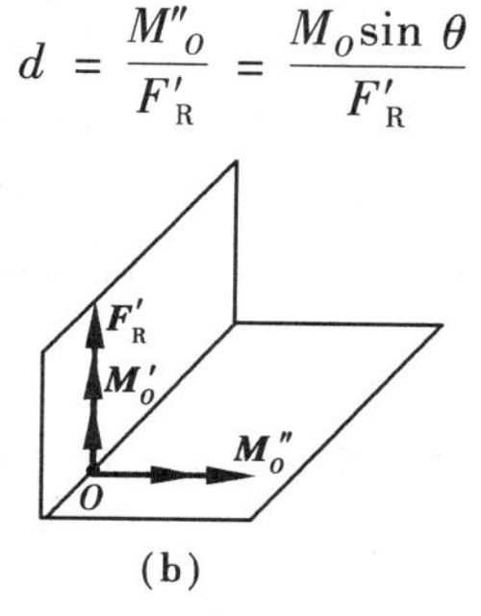

(b)

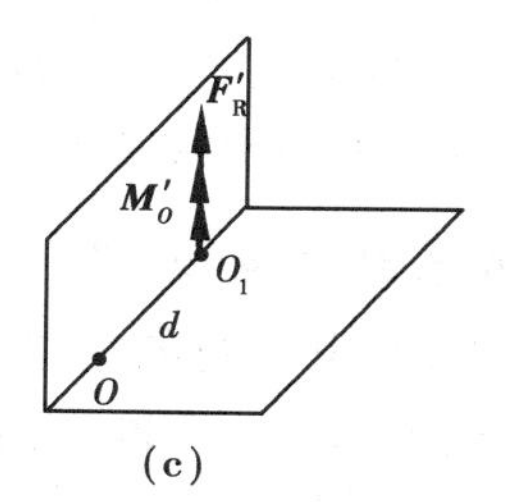

(c)

图 5.7

3) 空间固定端约束

一物体插入另一物体中即形成空间固定端约束，被约束物体在接触面上受到一群复杂的约束力作用。在空间力系作用下，这群复杂的约束反力构成一空间任意力系。因此，按照空间任意力系简化理论，将固定端处的约束力向固定端点 A 处简化，得到一个力和一个力偶。这个力的大小和方向不能确定，所以用三个正交的分力 $\boldsymbol{F}_{Ax}$，$\boldsymbol{F}_{Ay}$ 和 $\boldsymbol{F}_{Az}$ 来表示；这个力偶的大小和方向也不能确定，也用三个正交的分量 $\boldsymbol{M}_{Ax}$，$\boldsymbol{M}_{Ay}$ 和 $\boldsymbol{M}_{Az}$ 表示，如图 5.8 所示。

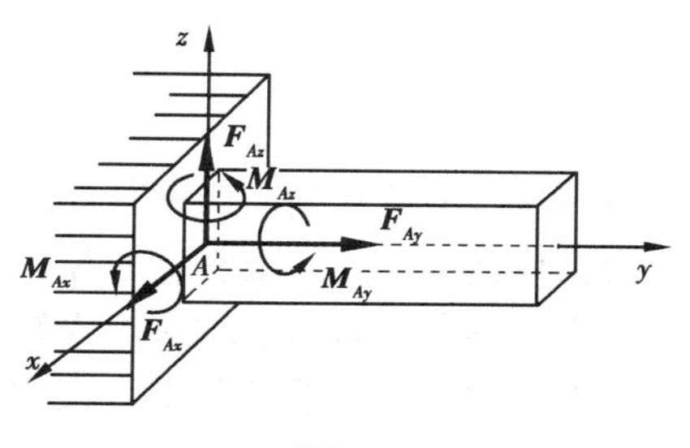

图 5.8

5.3　空间任意力系的平衡方程

1) 空间任意力系的平衡方程

空间任意力系 $\boldsymbol{F}_1, \boldsymbol{F}_2, \cdots, \boldsymbol{F}_n$ 平衡的充分必要条件为：力系的主矢和对任意一点的主矩均等于零，即：

$$\begin{cases} \boldsymbol{F}'_R = \sum \boldsymbol{F} = \boldsymbol{0} \\ \boldsymbol{M}_O = \sum \boldsymbol{M}_O(\boldsymbol{F}) = \boldsymbol{0} \end{cases} \tag{5.15}$$

由式(5.10)和式(5.12)可知，要使式(5.15)成立，则必须且只需：

$$\begin{cases} \sum F_x = 0 \\ \sum F_y = 0 \\ \sum F_z = 0 \\ \sum M_x(\boldsymbol{F}) = 0 \\ \sum M_y(\boldsymbol{F}) = 0 \\ \sum M_z(\boldsymbol{F}) = 0 \end{cases} \tag{5.16}$$

即空间任意力系平衡的充分必要条件为：空间任意力系中各力在三个坐标轴上投影的代数和均

为零,各力对三个轴的矩的代数和也均为零。式(5.16)称为空间任意力系的平衡方程。其中包含有三个投影方程和三个力矩方程,共计 6 个独立方程,可解 6 个未知量。式(5.16)为空间任意力系的平衡方程的基本形式,还有四力矩式、五力矩式及六力矩式等形式的平衡方程。与平面任意力系类似,其他形式的平衡方程也需满足相应的附加条件,这里不再详述。

2)空间平行力系的平衡方程

各力的作用线相互平行的空间力系,称为空间平行力系。空间平行力系是空间任意力系的特殊情况,其平衡方程可由空间任意力系的平衡方程得到。设各力的作用线与 z 轴平行,则各力对 z 轴的矩为零。又由于各力都与 x 和 y 轴垂直,所以各力在这两个轴上的投影也都等于零。因此,空间任意力系平衡方程式(5.16)中,$\sum F_x \equiv 0$,$\sum F_y \equiv 0$,$\sum M_z(\boldsymbol{F}) \equiv 0$。于是,空间平行力系的平衡方程为:

$$\begin{cases}\sum F_z = 0 \\ \sum M_x(\boldsymbol{F}) = 0 \\ \sum M_y(\boldsymbol{F}) = 0\end{cases} \tag{5.17}$$

空间任意力系平衡问题与平面任意力系平衡问题的求解方法相同。仍是选取研究对象,进行受力分析,画受力图,取合适的投影轴和力矩轴列平衡方程求解未知量。在求解时应注意:

①投影轴应尽可能地与多个未知力垂直;

②力矩轴应尽可能地与多个未知力相交或平行;

③投影轴和力矩轴不一定是同一轴,所选择的轴也不一定都是正交的。

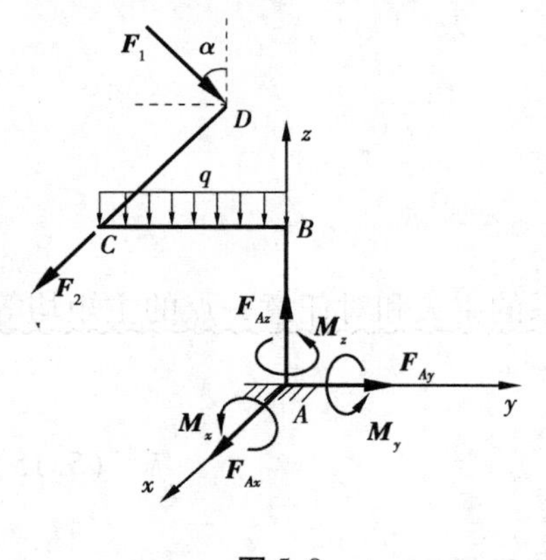

图 5.9

【例 5.2】 如图 5.9 所示为一悬臂刚架结构。平面 BCD 与平面 CBA 垂直,$\angle DCB = \angle CBA = 90°$,$CD = BC = 4$ m,$AB = 3$ m。力 $\boldsymbol{F}_1$ 作用于 D 点且与平面 CBA 平行,力 $\boldsymbol{F}_2$ 沿 CD 作用于 C 点,BC 上的均布荷载位于平面 CBA 内。已知:$F_1 = 200\sqrt{2}$ kN,$F_2 = 100$ kN,$q = 50$ kN/m,$\alpha = 45°$,各杆质量略去不计,试求固定端 A 处的约束反力。

【解】 取悬臂刚架 $ABCD$ 为研究对象,受力如图 5.9 所示。

建立 $Axyz$ 坐标系,列平衡方程有:

$$\sum F_x = 0 \qquad F_2 + F_{Ax} = 0$$

$$\sum F_y = 0 \qquad F_1 \sin\alpha + F_{Ay} = 0$$

$$\sum F_z = 0 \qquad -F_1 \cos\alpha - 4q + F_{Az} = 0$$

$$\sum M_x(\boldsymbol{F}) = 0 \qquad -F_1 \sin\alpha \times 3 + F_1 \cos\alpha \times 4 + 4q \cdot 2 + M_x = 0$$

$$\sum M_y(\boldsymbol{F}) = 0 \qquad -F_1 \cos\alpha \times 4 + F_2 \times 3 + M_y = 0$$

$$\sum M_z(\boldsymbol{F}) = 0 \qquad -F_1 \sin\alpha \times 4 + F_2 \times 4 + M_z = 0$$

解之得:

$F_{Ax} = -100$ kN(方向与假设相反),$F_{Ay} = -200$ kN(方向与假设相反),$F_{Az} = 400$ kN,

$M_x = -600\ \text{kN}\cdot\text{m}$(方向与假设相反),$M_y = 500\ \text{kN}\cdot\text{m}$,$M_z = 400\ \text{kN}\cdot\text{m}$

【例5.3】 如图5.10(a)所示,板$ABCDEF$由6根链杆支承,正方形$ABCD$位于水平面内,EF平行于CD。试求沿AD方向作用有力$\boldsymbol{F}$时,6根杆所受的力。

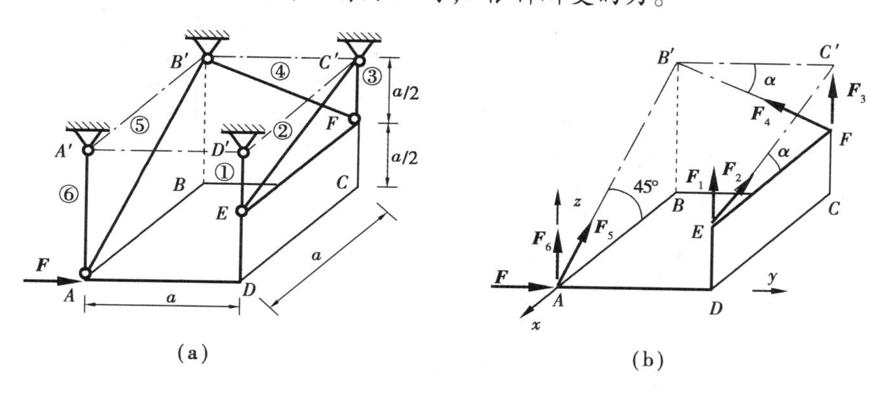

图5.10

【分析】 本题中共有6个未知的约束反力,如果利用基本形式的平衡方程求解,将会出现每个方程均含有多个未知量的情形,给求解带来不便。为此,可考虑利用其他形式的平衡方程求解。

【解】 取板$ABCDEF$为研究对象,由于6根杆均为二力构件,因此假设各杆均受拉,板$ABCDEF$受力如图5.10(b)所示。取图示坐标系,列平衡方程有:

$\sum F_y = 0 \qquad F - F_4\cos\alpha = 0$

$\sum M_{BB'}(F) = 0 \qquad F_2\cos\alpha\cdot a + F\cdot a = 0$

$\sum M_{CC'}(F) = 0 \qquad -F_5\cos 45°\cdot a + F\cdot a = 0$

$\sum M_{FE}(F) = 0 \qquad -F_5\sin 45°\cdot a - F_6\cdot a + F\cdot \dfrac{a}{2} = 0$

$\sum M_{B'C'}(F) = 0 \qquad -F_6\cdot a - F_1\cdot a = 0$

$\sum F_z = 0 \qquad F_1 + F_2\sin\alpha + F_3 + F_4\sin\alpha + F_5\sin 45° + F_6 = 0$

而 $\sin\alpha = \dfrac{1}{\sqrt{5}},\cos\alpha = \dfrac{2}{\sqrt{5}}$

解之得:

$$F_1 = \frac{1}{2}F(\text{拉}),F_2 = -\frac{\sqrt{5}}{2}F(\text{压}),F_3 = -F(\text{压}),$$

$$F_4 = \frac{\sqrt{5}}{2}F(\text{拉}),F_5 = \sqrt{2}F(\text{拉}),F_6 = -\frac{1}{2}F(\text{压})$$

【例5.4】 绞车结构如图5.11所示,绞车的轴承AB水平放置,轴上固定有胶带轮D和鼓轮C,胶带轮D的直径$d = 100$ mm,鼓轮C的直径$D = 200$ mm。胶带轮D的两侧拉力$\boldsymbol{F}_1$,$\boldsymbol{F}_2$与铅垂线的夹角为$\alpha = 60°$,$\beta = 30°$,且$F_1 = 2F_2$。鼓轮C上缠绕绳索并悬挂$G = 100$ kN的重物,绞车处于平衡状态,结构的几何尺寸如图5.11所示。试求胶带的拉力和轴承A,B的约束力。

【解】 取整个系统为研究对象,受力如图5.11所示。建立$Oxyz$坐标系,列平衡方程有:

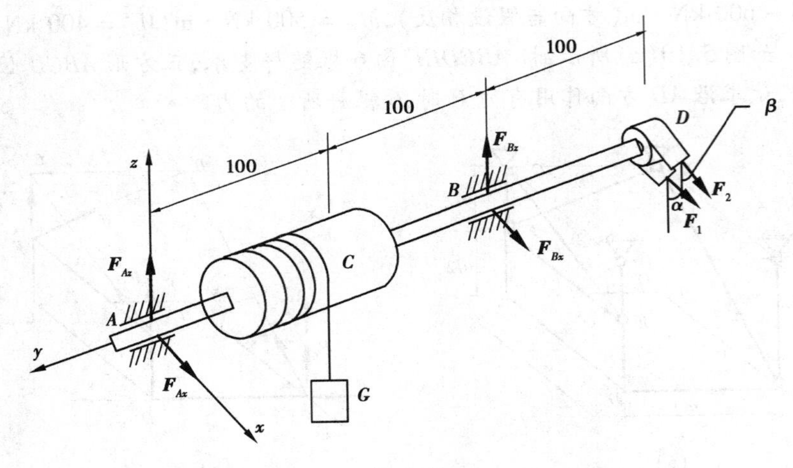

图 5.11

$$\sum M_y(\boldsymbol{F}) = 0 \qquad -G \cdot \frac{D}{2} + F_1 \cdot \frac{d}{2} - F_2 \cdot \frac{d}{2} = 0$$

$$\sum M_x(\boldsymbol{F}) = 0 \qquad 200F_{Bz} - 300F_1\cos\alpha - 300F_2\cos\beta - 100G = 0$$

$$\sum M_z(\boldsymbol{F}) = 0 \qquad -200F_{Bx} - 300F_1\sin\alpha - 300F_2\sin\beta = 0$$

$$\sum F_x = 0 \qquad F_{Ax} + F_{Bx} + F_1\sin\alpha + F_2\sin\beta = 0$$

$$\sum F_z = 0 \qquad F_{Az} + F_{Bz} - F_1\cos\alpha - F_2\cos\beta - G = 0$$

其中，$F_1 = 2F_2$。

解得，胶带的拉力为：

$$F_1 = 400 \text{ kN}, \quad F_2 = 200 \text{ kN}$$

轴承 A，B 的约束反力为：

$$F_{Ax} = 223.2 \text{ kN}, \qquad F_{Az} = -136.6 \text{ kN（方向与假设相反）},$$

$$F_{Bx} = -669.6 \text{ kN}, \qquad F_{Bz} = 609.8 \text{ kN}$$

由于 $\sum F_y \equiv 0$，因此本例题只有 5 个独立的平衡方程。

5.4 平行力系中心 · 重心

1）平行力系中心

平行力系合成的基本情况是两个力的合成。设在刚体上的 A，B 两点，分别作用有同向平行力 $\boldsymbol{F}_1$ 和 $\boldsymbol{F}_2$，如图 5.12 所示。利用平面任意力系的简化理论，可求得它们的合力 $\boldsymbol{F}_R$，其大小为 $F_R = F_1 + F_2$，其作用线与连线 AB 相交于点 C。则：

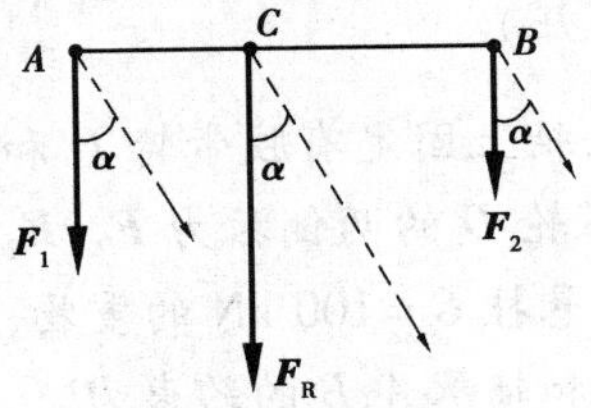

$$\frac{AC}{BC} = \frac{F_2}{F_1}$$

图 5.12

若将力 $\boldsymbol{F}_1$ 和 $\boldsymbol{F}_2$ 的作用线分别绕 A，B 两点按相同方向转过相同角度 α，则合力 $\boldsymbol{F}_R$ 也将转过同一角度 α，但合力的作用线仍通过点 C。如果 $\boldsymbol{F}_1$ 和 $\boldsymbol{F}_2$ 是反向平行力，只要 $F_1 \neq F_2$，也有类似

结论。

上述结果可推广到任意多个力组成的空间平行力系。将力系中各力顺次合成，最终求得力系的合力 $\boldsymbol{F}_R$，其作用线必通过一确定点 C。若将各力分别绕各自的作用点按相同方向转过相同角度，则合力作用线也将转过同一角度，但总通过点 C。这一确定的点 C 称为平行力系中心(Center of parallel force system)。

2)重心的概念及坐标公式

在地面附近，物体的每一微小部分都受到铅直向下的重力。这些微小部分的重力形成汇交于地心的空间汇交力系。但由于工程上所涉及的研究对象相对于地球，其几何尺寸足够小，若将重力视为空间平行力系，根据前面的讨论，无论物体如何放置，该空间平行力系之合力(物体的重力)的作用线必通过一确定的点，这一确定的点称为物体的重心(Center of gravity)。确定物体重心的位置，在工程实际中具有重要意义。

设物体各微小部分的重力为 $\Delta\boldsymbol{G}_i(i=1,2,\cdots,n)$，体积为 $\Delta V_i(i=1,2,\cdots,n)$。这些重力的合力，即物体的重力为 $\boldsymbol{G}$，其大小为：

$$G = \sum \Delta G_i$$

取直角坐标系 $Oxyz$。设 $\Delta\boldsymbol{G}_i$ 作用点的坐标为(x_i,y_i,z_i)，物体重心 C 的坐标为(x_C,y_C,z_C)，如图5.13所示。根据合力矩定理，对 y 和 x 轴分别取矩有：

$$-G\cdot x_C = -\sum \Delta G_i\cdot x_i$$

$$-G\cdot y_C = -\sum \Delta G_i\cdot y_i$$

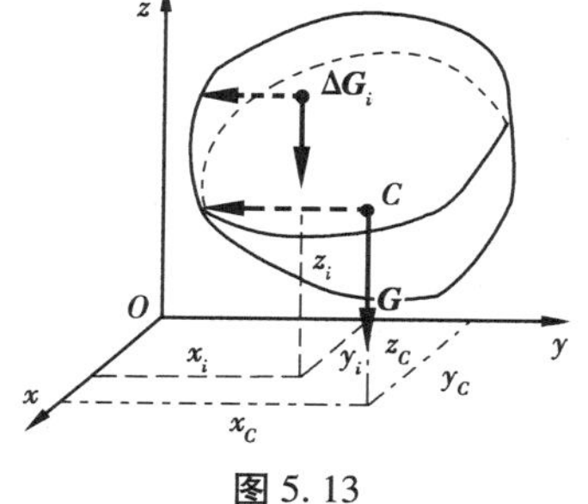

图5.13

利用平行力系中心的特性，将各微小部分的重力 $\Delta\boldsymbol{G}_i$ 按相同方向转过90°，使它们与 y 轴平行，如图5.13中虚线所示，则重力 $\boldsymbol{G}$ 的作用线仍通过重心 C。由合力矩定理可得：

$$G\cdot z_C = \sum \Delta G_i\cdot z_i$$

由此可得，物体的重心坐标公式为：

$$\left.\begin{aligned} x_C &= \frac{\sum \Delta G_i\cdot x_i}{G} \\ y_C &= \frac{\sum \Delta G_i\cdot y_i}{G} \\ z_C &= \frac{\sum \Delta G_i\cdot z_i}{G} \end{aligned}\right\} \tag{5.18}$$

当物体为均质时，容重 $\gamma=$常量，则 $\Delta G_i=\gamma\cdot\Delta V_i$，$G=\gamma\cdot\sum V_i=\gamma\cdot V$，式(5.18)可写成：

$$\left.\begin{aligned} x_C &= \frac{\sum \Delta V_i\cdot x_i}{V} \\ y_C &= \frac{\sum \Delta V_i\cdot y_i}{V} \\ z_C &= \frac{\sum \Delta V_i\cdot z_i}{V} \end{aligned}\right\} \tag{5.19}$$

可见,物体为均质时,物体重心的位置完全由物体的几何形状决定,而与质量无关。此时的重心称为体积重心,也称为物体的形心(Centroid)。

$\Delta V \to 0$ 时,式(5.19)取极限,可写成:

$$\left.\begin{aligned} x_C &= \frac{\int_V x \cdot \mathrm{d}V}{V} \\ y_C &= \frac{\int_V y \cdot \mathrm{d}V}{V} \\ z_C &= \frac{\int_V z \cdot \mathrm{d}V}{V} \end{aligned}\right\} \tag{5.20}$$

当物体为均质等厚薄壳时,其厚度 t = 常量,则 $\Delta V_i = t \cdot \Delta S_i, V = t \cdot \sum S_i = t \cdot S$,式(5.19)、式(5.20)可写成:

$$\left.\begin{aligned} x_C &= \frac{\sum \Delta S_i \cdot x_i}{S} = \frac{\int_S x \cdot \mathrm{d}S}{S} \\ y_C &= \frac{\sum \Delta S_i \cdot y_i}{S} = \frac{\int_S y \cdot \mathrm{d}S}{S} \\ z_C &= \frac{\sum \Delta S_i \cdot z_i}{S} = \frac{\int_S z \cdot \mathrm{d}S}{S} \end{aligned}\right\} \tag{5.21}$$

此时的重心称为面积重心。

若物体为均质等厚平薄板,忽略板的厚度,则简化为平面图形。取平面图形所在平面为 Oxy,则其重心(形心)坐标为:

$$\left.\begin{aligned} x_C &= \frac{\sum \Delta S_i \cdot x_i}{S} = \frac{\int_S x \cdot \mathrm{d}S}{S} \\ y_C &= \frac{\sum \Delta S_i \cdot y_i}{S} = \frac{\int_S y \cdot \mathrm{d}S}{S} \end{aligned}\right\} \tag{5.22}$$

当物体为均质等截面杆件时,其横截面面积 A = 常量,则 $\Delta V_i = A \cdot \Delta l_i, V = A \cdot \sum l_i = A \cdot l$,式(5.19)、式(5.20)可写成:

$$\left.\begin{aligned} x_C &= \frac{\sum \Delta l_i \cdot x_i}{l} = \frac{\int_l x \cdot \mathrm{d}l}{l} \\ y_C &= \frac{\sum \Delta l_i \cdot y_i}{l} = \frac{\int_l y \cdot \mathrm{d}l}{l} \\ z_C &= \frac{\sum \Delta l_i \cdot z_i}{l} = \frac{\int_l z \cdot \mathrm{d}l}{l} \end{aligned}\right\} \tag{5.23}$$

3)物体重心的确定方法

(1)利用对称性

对于均质物体,其重心即为形心。因此,对于具有对称轴、对称面和对称中心的均质物体,其重心必在该物体的对称轴、对称面和对称中心上。例如,均质球体的重心位于球体的对称中心,即球体的球心。应用这一方法,对于许多常见的几何形状规则的对称物体,其重心的位置往往不必计算就可以判断。

(2)积分法

对于具有简单几何形状的均质物体,一般可由式(5.20)、式(5.22)或式(5.23)直接积分求出其重心位置的坐标。在工程实际问题中,常见均质简单几何形状物体的重心可从有关工程技术手册中查到。

【例5.5】 试求如图5.14所示的一段均质圆弧细杆的重心。设圆弧半径为 r,圆弧所对的圆心角为 2α。

【解】 选圆弧的对称轴为 x 轴,并以圆心 O 为坐标原点,由对称性知 $y_C=0$,以 $\mathrm{d}\theta$ 表示微元弧长 $\mathrm{d}l$ 所对的圆心角,则由式(5.23),有:

$$x_C=\frac{\int_l x\mathrm{d}l}{l}=\frac{2\int_0^{\alpha} r\cos\theta\, r\mathrm{d}\theta}{2\int_0^{\alpha} r\mathrm{d}\theta}=\frac{r\sin\alpha}{\alpha}$$

若为半圆弧,有 $\alpha=\frac{\pi}{2}$,则得:

$$x_C=\frac{2r}{\pi}$$

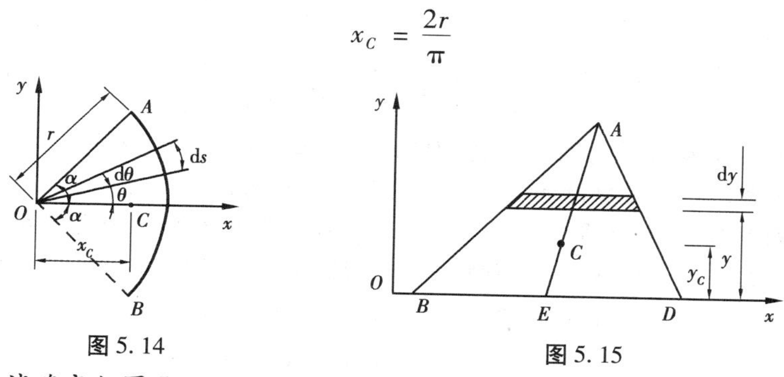

图5.14

图5.15

【例5.6】 试确定如图5.15所示均质三角形板 ABD 的重心位置。设三角形板底边 BD 长为 b,高为 h。

【解】 如图,将三角形板 ABD 分割成一系列平行于底边 BD 的细长条,由于每一细长条的重心均在其中点,因此整个三角形板的重心 C 必位于中线 AE 上。显然,只要再求出重心在 AE 线上的位置,三角形板 ABD 的重心位置即可确定。

建立图示坐标系,取任一平行于底边 BD 的细长条为微元,其面积为:

$$\mathrm{d}A=\frac{h-y}{h}b\mathrm{d}y$$

由式(5.22)即得:

$$y_C=\frac{\int_S y\mathrm{d}A}{S}=\frac{\int_0^h \frac{b}{h}(h-y)y\mathrm{d}y}{\frac{1}{2}bh}=\frac{h}{3}$$

(3)分割法和负面积(体积)法

由若干个简单形状物体复合而成的物体,称为组合体。确定组合体重心常用的方法有分割法和负面积(体积)法。如果每一个简单形体的重心都已知,则组合体的重心可由式(5.18)、式(5.19)和式(5.21)等求得。如果有空洞或挖去部分的体积、面积,则取为负值。

【例5.7】 求图5.16(a)所示,T形板(平面图形,单位厚度均质薄板)的重心。图中尺寸单位为mm。

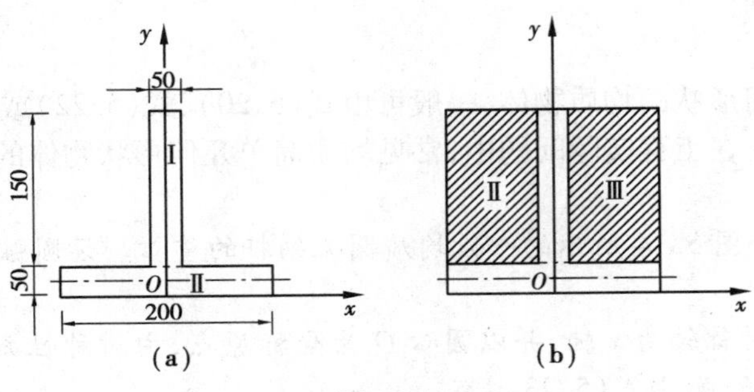

图5.16

【解】 T形板关于y轴对称,所以其重心必位于对称轴y上,即$x_C=0$。

下面采用两种方法求y_C。

(1)分割法:T形板可视为两个矩形Ⅰ、Ⅱ组合而成。矩形Ⅰ的重心坐标为(x_1,y_1),面积为S_1;矩形Ⅱ的重心坐标为(x_2,y_2),面积为S_2。由图可知:

$$x_1=0, y_1=125, S_1=7\,500; x_2=0, y_2=25, S_2=10\,000$$

由式(5.22)得:

$$y_C=\frac{\sum \Delta S_i \cdot y_i}{S}=\frac{y_1S_1+y_2S_2}{S_1+S_2}=\frac{125\times 7\,500+25\times 10\,000}{7\,500+10\,000}=67.86$$

(2)负面积法:T形板可视为在边长为200 mm的正方形Ⅰ中切去Ⅱ、Ⅲ两矩形而成,如图5.16(b)所示。切去部分的面积为负。矩形Ⅰ的重心坐标为(x_1,y_1),面积为S_1;矩形Ⅱ的重心坐标为(x_2,y_2),面积为S_2;矩形Ⅲ的重心坐标为(x_3,y_3),面积为S_3。由图可知:

$$x_1=0, y_1=100, S_1=40\,000; x_2=-62.5, y_2=125, S_2=-11\,250;$$

$$x_3=62.5, y_2=125, S_2=-11\,250$$

$$y_C=\frac{\sum \Delta S_i \cdot y_i}{S}=\frac{y_1S_1+y_2S_2+y_3S_3}{S_1+S_2+S_3}$$

$$=\frac{100\times 40\,000-125\times 11\,250-125\times 11\,250}{40\,000-11\,250-11\,250}=67.86$$

(4)实验法

对于工程实际中一些形状十分复杂,或质量分布不均匀的物体,可采用实验方法测定其重心的位置,例如,悬挂法、称重法等。

本章小结

(1)力对点的矩矢与力对轴的矩

①力对点的矢矩:

$$\boldsymbol{M}_O(\boldsymbol{F})=\boldsymbol{r}\times\boldsymbol{F}$$

$\boldsymbol{M}_O(\boldsymbol{F})$垂直于力矢与矩心所确定的平面，方向由右手螺旋规则来确定。

②力对轴的矩：

$$M_z(\boldsymbol{F}) = M_O(\boldsymbol{F}_{xy}) = \pm F_{xy} \cdot d$$

其中，d 为 O 点到力 $\boldsymbol{F}_{xy}$ 作用线的距离。

③力矩关系定理：

力对点的矩矢在通过该点的任一轴上的投影，等于力对该轴的矩，如：

$$[\boldsymbol{M}_O(\boldsymbol{F})]_z = xF_y - yF_x = M_z(\boldsymbol{F})$$

(2)空间任意力系

①空间任意力系向一点简化，可得一力和一力偶。这个力的大小和方向等于该力系的主矢；这个力偶的矩矢等于该力系对简化中心的主矩。主矩与简化中心的位置有关。

主矢： $\boldsymbol{F}'_R = \boldsymbol{F}_1 + \boldsymbol{F}_2 + \cdots + \boldsymbol{F}_n = \sum \boldsymbol{F}$

主矩： $\boldsymbol{M}_O = \boldsymbol{M}_1 + \boldsymbol{M}_2 + \cdots + \boldsymbol{M}_n = \sum \boldsymbol{M}_O(\boldsymbol{F})$

②空间任意力系的平衡。空间任意力系平衡的必要与充分条件：力系的主矢和对任意一点的主矩均等于零，即

$$\boldsymbol{F}'_R = \boldsymbol{0} \qquad \boldsymbol{M}_O = \boldsymbol{0}$$

空间任意力系平衡的方程：

$$\left.\begin{aligned} \sum F_x &= 0 \\ \sum F_y &= 0 \\ \sum F_z &= 0 \\ \sum M_x(\boldsymbol{F}) &= 0 \\ \sum M_y(\boldsymbol{F}) &= 0 \\ \sum M_z(\boldsymbol{F}) &= 0 \end{aligned}\right\}$$

(3)重心

①物体的重心坐标公式：

$$x_C = \frac{\sum \Delta G_i \cdot x_i}{G}, \qquad y_C = \frac{\sum \Delta G_i \cdot y_i}{G}, \qquad z_C = \frac{\sum \Delta G_i \cdot z_i}{G}$$

②均质物体的重心(形心)坐标公式：

$$x_C = \frac{\sum \Delta V_i \cdot x_i}{V} = \frac{\int_V x \cdot \mathrm{d}V}{V}, \quad y_C = \frac{\sum \Delta V_i \cdot y_i}{V} = \frac{\int_V y \cdot \mathrm{d}V}{V}, \quad z_C = \frac{\sum \Delta V_i \cdot z_i}{V} = \frac{\int_V z \cdot \mathrm{d}V}{V}$$

③平面图形的重心(形心)坐标公式：

$$x_C = \frac{\sum \Delta S_i \cdot x_i}{S} = \frac{\int_S x \cdot \mathrm{d}S}{S}, \qquad y_C = \frac{\sum \Delta S_i \cdot y_i}{S} = \frac{\int_S y \cdot \mathrm{d}S}{S}$$

④均质等截面线段的重心(形心)坐标公式：

$$x_C = \frac{\sum \Delta l_i \cdot x_i}{l} = \frac{\int_l x \cdot \mathrm{d}l}{l}, \quad y_C = \frac{\sum \Delta l_i \cdot y_i}{l} = \frac{\int_l y \cdot \mathrm{d}l}{l}, \quad z_C = \frac{\sum \Delta l_i \cdot z_i}{l} = \frac{\int_l z \cdot \mathrm{d}l}{l}$$

(4)物体重心的确定方法

①利用对称性。对于具有对称轴、对称面和对称中心的均质物体,其重心必在该物体的对称轴、对称面和对称中心上。

②积分法。对于具有简单几何形状的均质物体,一般可直接积分求出其重心位置的坐标。

③分割法和负面积(体积)法。对于组合体,其重心可采用分割法和负面积(体积)法确定。

④实验法。对于工程实际中形状复杂,或质量分布不均匀的物体,可采用实验方法测定其重心的位置,例如,悬挂法、称重法等。

思考题

5.1 计算力对轴之矩有哪些方法?

5.2 力矩关系定理建立的是力对任一轴之矩和对任一点之矩的关系,这种说法错在哪里?

5.3 空间平行力系的简化结果能否为力螺旋?

5.4 若空间力系中各力的作用线平行于某一固定平面,试分析这种力系有几个平衡方程?

5.5 空间任意力系投影在直角坐标系的三个坐标面上,得三个平面力系。若该力系平衡,将由三个平面力系共得 9 个平衡方程。这与空间任意力系的 6 个平衡方程是否有矛盾?为什么?

5.6 物体的重心是否一定在物体上?为什么?

5.7 一均质等截面直杆的重心在哪里?若将它变成半圆形,重心的位置是否改变?

习 题

5.1 如习题 5.1 图所示,已知力 $\boldsymbol{F}$,θ,φ 和长方形边长 a,b,c,求力 $\boldsymbol{F}$ 在 x,y,z 轴上的投影和力 $\boldsymbol{F}$ 对 x,y,z 轴的矩。

5.2 如习题 5.2 图所示,已知空间力系 $\boldsymbol{F}_1$,$\boldsymbol{F}_2$ 和 $\boldsymbol{F}_3$,且 $F_1=F_2=F_3=F$,试求该力系向 O 点简化的最后结果。

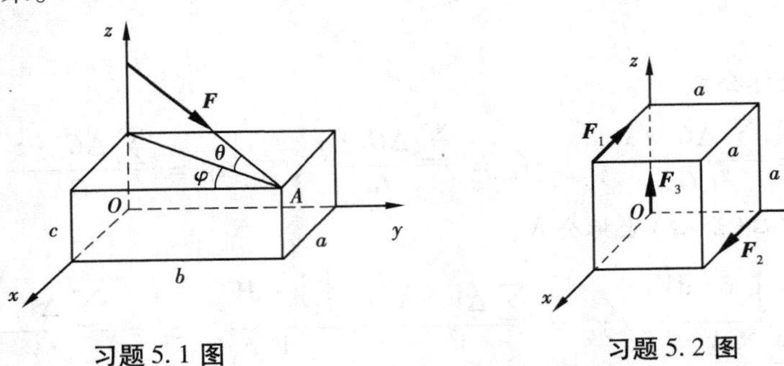

习题 5.1 图　　习题 5.2 图

5.3 如习题 5.3 图所示,自重不计,长 $l=0.8$ m 的均质杆 AB,A 处由球形铰链支承,C 和 K 两处分别由绳索悬拉而使杆 AB 保持在水平面内,B 端悬挂一质量 $G=360$ N 的重物。若已知 $AK=0.4$ m,$AC=0.6$ m。试求 CD,KE 绳索拉力。

5.4 如习题 5.4 图所示的均质矩形薄板重 $G=100$ N,由球形铰支座 A 和 1,2,3 三根杆(质量略去不计)支承而处在水平面内。1 杆铅直(图中 AE,BH 两虚线都是铅直线),角度 $\alpha=\beta=\gamma=30°$。若在 C 处作用水平向左的集中力 $\boldsymbol{F}$,其大小为 $F=35$ N,试求 1,2,3 三杆内力 F_1,F_2,F_3。

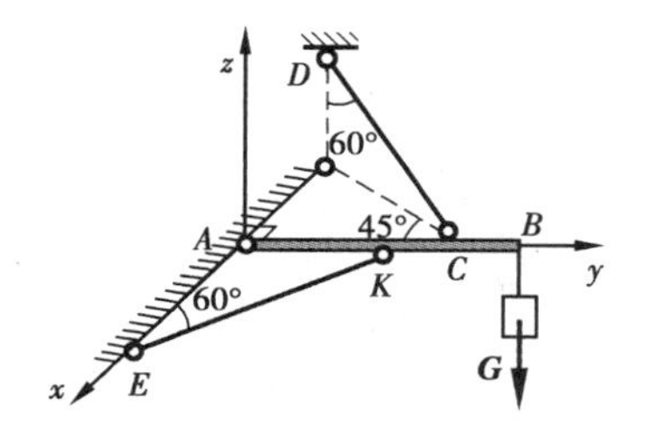

习题 5.3 图

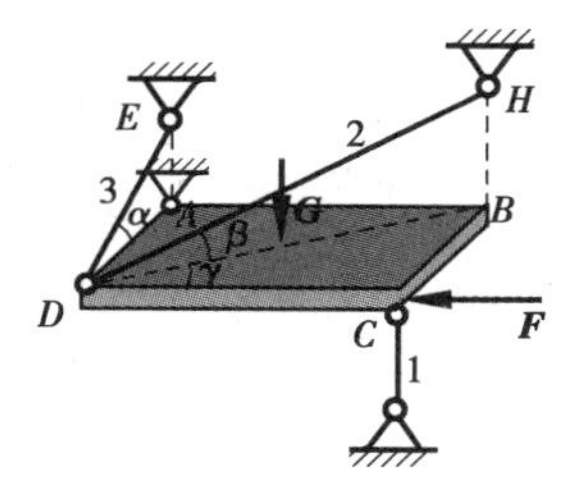

习题 5.4 图

5.5　如习题 5.5 图所示，悬臂刚架上作用有 $q=2\ \mathrm{kN/m}$ 的矩形荷载，以及作用线平行于 AB 和 CD 的集中力 $\boldsymbol{F}_1$ 和 $\boldsymbol{F}_2$，已知 $F_1=5\ \mathrm{kN}$，$F_2=4\ \mathrm{kN}$，试求固定端 O 处的约束反力。

5.6　扒杆如习题 5.6 图所示，竖杆 AB 用两绳拉住，并在 A 点用球铰约束。求两绳中的拉力和 A 处的约束反力。

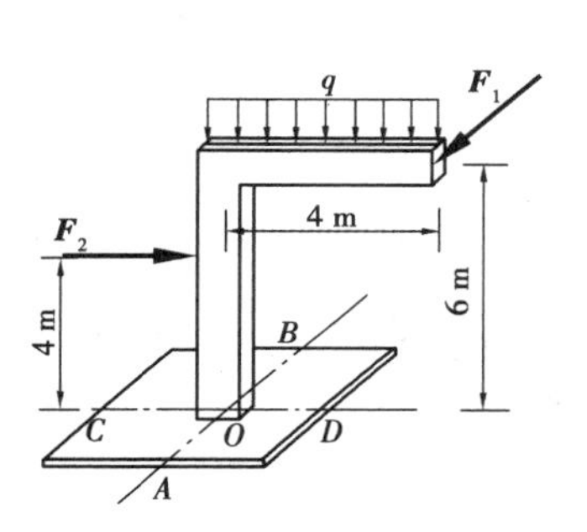

习题 5.5 图

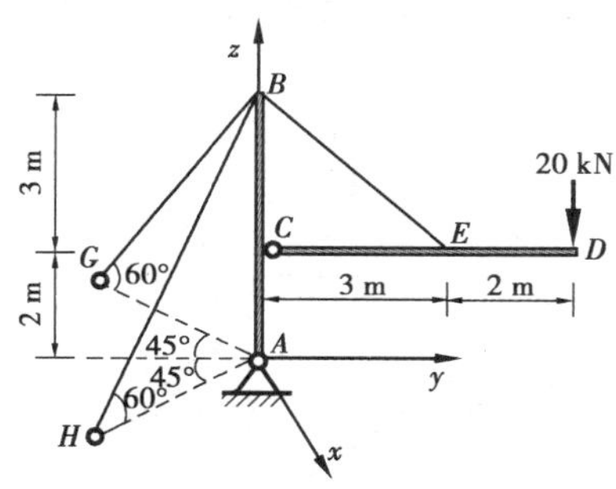

习题 5.6 图

5.7　起重装置如习题 5.7 图所示，电动机以转矩 M 通过皮带传动起升重物，皮带与水平线成 30°角，已知 $r=10\ \mathrm{cm}$，$R=20\ \mathrm{cm}$，$G=10\ \mathrm{kN}$，皮带紧边的拉力是松弛边的 2 倍，即 $F_1=2F_2$。试求平衡状态时，轴承 A，B 的反力及皮带的拉力。

5.8　均质等厚矩形板重 200 N，角 A 和角 B 分别用止推轴承和向心轴承支承，另用一绳 EC 维持板于水平位置，E 点位于过 A 点的铅直线上，如习题 5.8 图所示。试求绳的张力及 A，B 两轴承的反力。

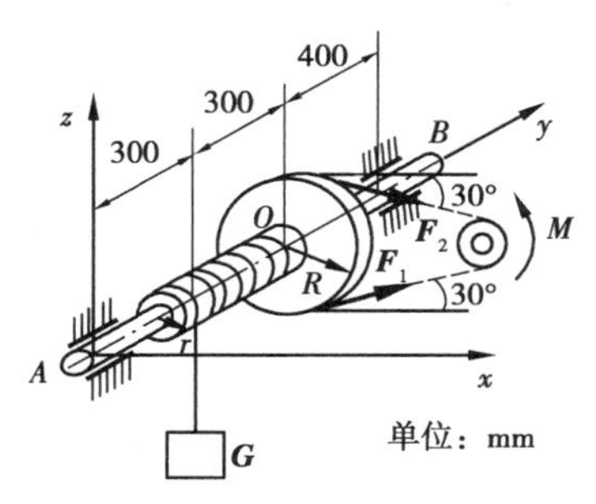

习题 5.7 图

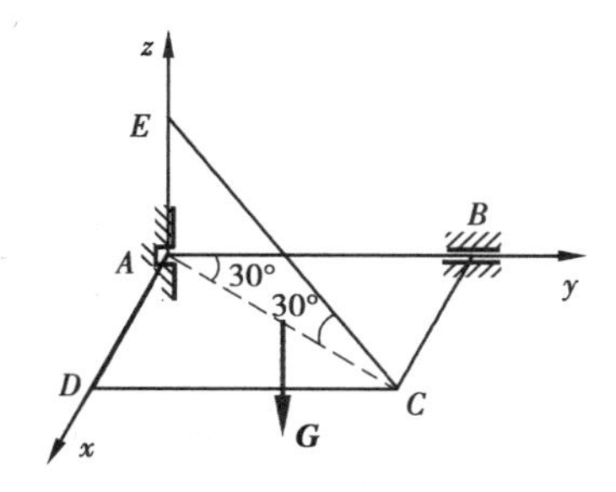

习题 5.8 图

5.9　用 6 根杆支撑长方形水平板 $ABCD$，如习题 5.9 图所示。已知在板角 D 处作用有铅垂力 $\boldsymbol{F}$，试求各杆的内力。

5.10　均质杆 AB 重为 G，长为 l，A 端用球形铰链固定，B 端靠在铅直墙上，若杆端 B 与墙面间的摩擦因数为 f_S。问如习题 5.10 图所示，α 角多大时杆端 B 将开始沿墙壁滑动？

5.11　水平均质正方形板重 G，用 6 根直杆固定在水平地面上，各杆两端均为球铰，如习题

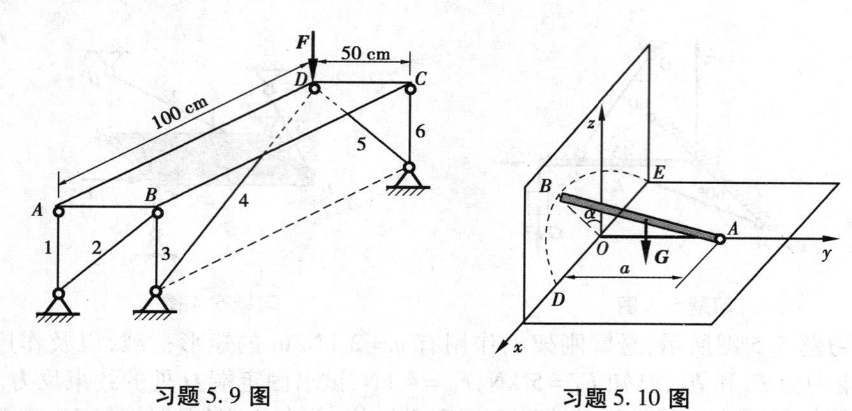

习题 5.9 图　　　　习题 5.10 图

5.11图所示。试求各杆内力。

5.12　机器基础由均质物体组成,均质块尺寸如习题 5.12 图所示,单位为 cm。求其重心的位置。

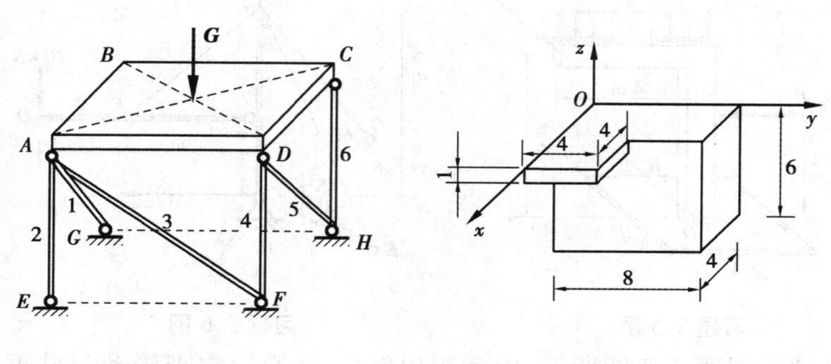

习题 5.11 图　　　　习题 5.12 图

5.13　已知平面图形及尺寸如习题 5.13 图所示,单位为 cm。求平面图形的形心位置。

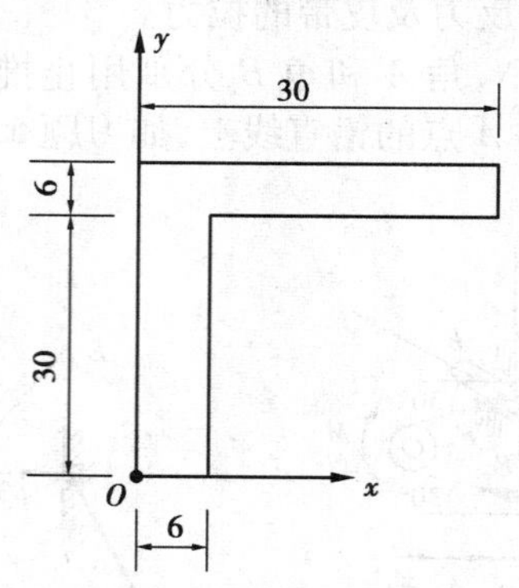

习题 5.13 图

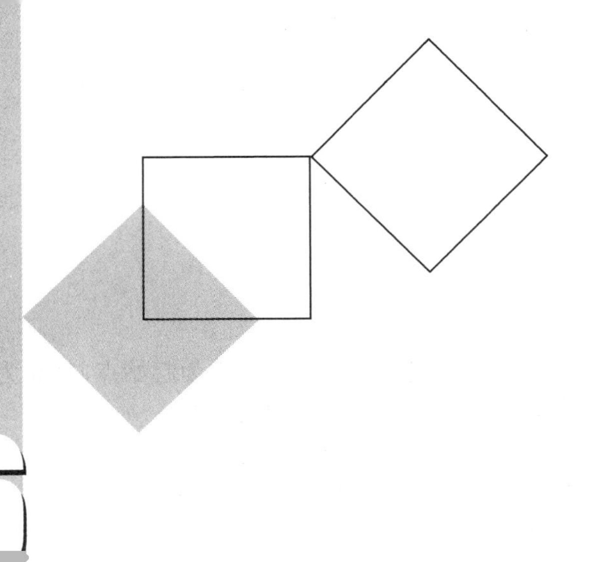

6 点的运动

本章导读:

- **基本要求** 能用矢量法建立点的运动方程,求速度和加速度;熟练掌握用直角坐标法建立点的运动方程,求轨迹、速度和加速度;熟练掌握用自然法求点在平面上做曲线运动时的运动方程、速度和加速度,理解切向加速度和法向加速度的物理意义。
- **重点** 点的运动的直角坐标法,点的运动的自然法。
- **难点** 自然轴系的概念,点的切向加速度和法向加速度。

运动学(Kinematics)是研究物体机械运动(Motion)几何性质的科学,即只从几何学的角度来确定物体的运动,而不涉及物体运动的物理原因,即不涉及物体的受力。

物体作机械运动是指物体的空间位置随时间而变化,这种变化依据所选参考物体的不同而不同,这就是运动的相对性。因此为了描述物体的运动,必须首先选取另一个物体作为参考体,并建立与其固连的参考坐标系(Reference coordinate system)。对于一般工程问题,如不作特别说明,参考坐标系与地球固连。描述物体相对参考坐标系位置的参量就是坐标。

运动学的首要任务是建立物体坐标随时间的变化规律,即建立运动方程;其次是要讨论与速度、加速度有关的问题;最后是要分析物体的运动特性。学习运动学的目的,一方面是为学习动力学打基础;另一方面运动学本身在工程实际中也有重要应用。

运动学的研究对象是质点、质点系、刚体及刚体系。当物体的几何尺寸和形状在运动中不起主要作用时,物体的运动可简化为点的运动;反之,则不能视为点的运动。例如,在研究人造地球卫星的轨道时,可以将它看成质点,但在研究卫星相对其质心的姿态运动(如对地定向问题)时,则卫星必须看成有尺寸大小的刚体。

瞬时和时间间隔是度量物体运动时间的两个不同概念。瞬时是指物体运动过程中的某一时刻,时间间隔是指两个不同瞬时之间的一段时间。

本章以质点作为研究对象,用矢量法、直角坐标法和自然轴系法来研究点相对于某参考系的几何位置随时间的变化规律,包括点的运动方程、运动轨迹、速度和加速度。

6.1 矢量法

1)动点的运动方程和轨迹

在参考体上任取一定点 O 作为原点。对空间中任意一点 M,以 O 点为起始点,M 点为末端点作有向直线段,如图 6.1 所示。$\overline{OM}$且记为:

$$\boldsymbol{r}_M = \overline{OM}$$

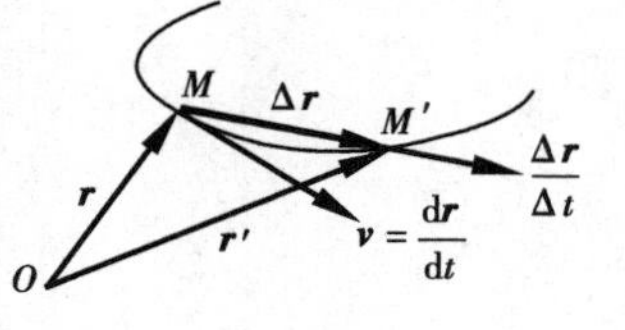

图 6.1

则称 $\boldsymbol{r}_M$为 M 点相对 O 点的位置矢量,简称矢径(Radius vector)。若 M 点泛指空间中的一般点,$\boldsymbol{r}_M$也记为 $\boldsymbol{r}$。

动点 M 在空间的几何位置可由矢径 $\boldsymbol{r}$ 的端点确定。显然,在动点运动的过程中,矢径 $\boldsymbol{r}$ 的大小和方向均随时间 t 变化而变化,是时间 t 的单值连续函数,即

$$\boldsymbol{r} = \boldsymbol{r}(t) \tag{6.1}$$

式(6.1)称为矢量形式点的运动方程。

动点 M 在运动的过程中,矢径 $\boldsymbol{r}$ 端点所描出的曲线称为矢端曲线,即为动点 M 的运动轨迹。运动轨迹所满足的方程称为轨迹方程。

2)动点的速度

对于运动的动点 M,当其运动已知时,即给定:

$$\boldsymbol{r} = \boldsymbol{r}(t)$$

考虑在 t 和 $t+\Delta t$ 时间间隔内 $\boldsymbol{r}$ 的变化率,如图 6.1 所示,则有:

$$\frac{\boldsymbol{r}'-\boldsymbol{r}}{\Delta t} = \frac{\Delta \boldsymbol{r}}{\Delta t}$$

令

$$\boldsymbol{v}^* = \frac{\Delta \boldsymbol{r}}{\Delta t} \tag{6.2}$$

则 $\boldsymbol{v}^*$是在 t 时刻到 $t+\Delta t$ 时刻运动动点每单位时间内 $\boldsymbol{r}'$与 $\boldsymbol{r}$ 两矢量差,即为动点 M 在时间间隔 Δt 内的平均速度。值得注意的是,在 Δt 时间间隔内 $\boldsymbol{v}^*$的方向与 $\Delta \boldsymbol{r}$ 一致。

由平均速度 $\boldsymbol{v}^*$可定义动点在任一瞬时 t 的速度。

动点 M 在任一瞬时 t 的速度矢量 $\boldsymbol{v}$,简称速度(velocity),为当 Δt 趋于零时平均速度 $\boldsymbol{v}^*$的极限,即

$$\boldsymbol{v} = \lim_{\Delta t\to 0}\frac{\boldsymbol{r}'-\boldsymbol{r}}{\Delta t} = \frac{\mathrm{d}\boldsymbol{r}}{\mathrm{d}t} = \dot{\boldsymbol{r}} \tag{6.3}$$

即动点在任一瞬时 t 的速度矢量 $\boldsymbol{v}$ 为动点的矢径 $\boldsymbol{r}$ 对时间参数 t 的一阶导数,其方向是 $\Delta t\to 0$ 时的极限方向,亦即动点的轨迹在该点的切线方向。

速度 $\boldsymbol{v}$ 的单位为:米/秒(m/s)。

3)动点的加速度

对动点的运动方程的矢量表达式 $\boldsymbol{r}=\boldsymbol{r}(t)$ 求一阶时间变化率,可得质点在 t 时刻的速度矢量 $\boldsymbol{v}$。对速度矢量,在 t 和 $t+\Delta t$ 时刻的速度矢量分别为 $\boldsymbol{v}$ 和 $\boldsymbol{v}'$,如图 6.2 所示。作 t 和 $t+\Delta t$ 两

时刻的速度矢量差，也可以求得 Δt 时间间隔内的平均速度变化率：

$$\boldsymbol{a}^{*}=\frac{\boldsymbol{v}'-\boldsymbol{v}}{\Delta t}=\frac{\Delta \boldsymbol{v}}{\Delta t} \tag{6.4}$$

$\boldsymbol{a}^{*}$ 称为 Δt 时间间隔内的平均加速度。由平均加速度同样可以定义运动质点在 t 时刻的加速度。

动点在任一时刻 t 的加速度矢量 $\boldsymbol{a}$，简称加速度(Acceleration)，为当 Δt 趋于零时平均加速度 $\boldsymbol{a}^{*}$ 的极限，即

$$\boldsymbol{a}=\lim_{\Delta t\to 0}\frac{\boldsymbol{v}'-\boldsymbol{v}}{\Delta t}=\frac{\mathrm{d}\boldsymbol{v}}{\mathrm{d}t}=\dot{\boldsymbol{v}}=\frac{\mathrm{d}^2\boldsymbol{r}}{\mathrm{d}t^2}=\ddot{\boldsymbol{r}} \tag{6.5}$$

即动点在 t 时刻的加速度矢量 $\boldsymbol{a}$ 定义为动点的矢径对时间参数的二阶导数，或是动点的速度矢量对时间的一阶导数。加速度的方向是沿速度矢端曲线的切线，如图 6.2(a)所示，恒指向轨迹曲线凹的一侧，如图 6.2(b)所示。

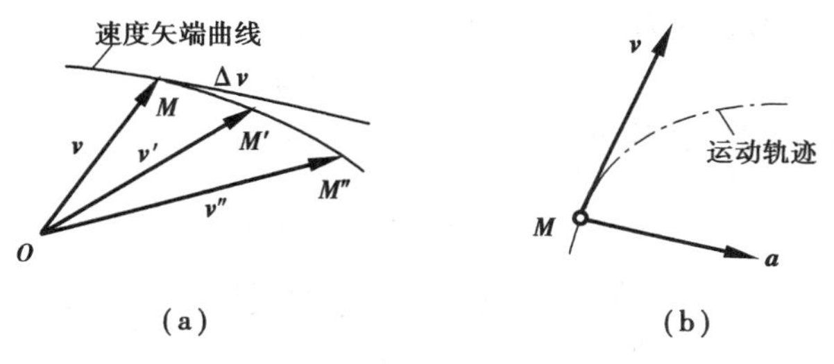

图 6.2

加速度 $\boldsymbol{a}$ 的单位为：米/秒^2(m/s^2)。

矢量法将速度和加速度表示为矢径对时间的一阶和二阶导数，形式简洁，用于推演公式相当便利。然而在具体计算中，常需要应用直角坐标法或自然法。

6.2　直角坐标法

1)点的运动方程及轨迹

在固定点 O 建立直角坐标系 $Oxyz$，则动点 M 的位置可用其直角坐标 x,y,z 唯一确定，如图 6.3 所示。当动点 M 运动时，坐标 x,y,z 随时间而改变，是时间 t 的单值连续函数，即有：

$$\left.\begin{aligned}x&=f_1(t)\\y&=f_2(t)\\z&=f_3(t)\end{aligned}\right\} \tag{6.6}$$

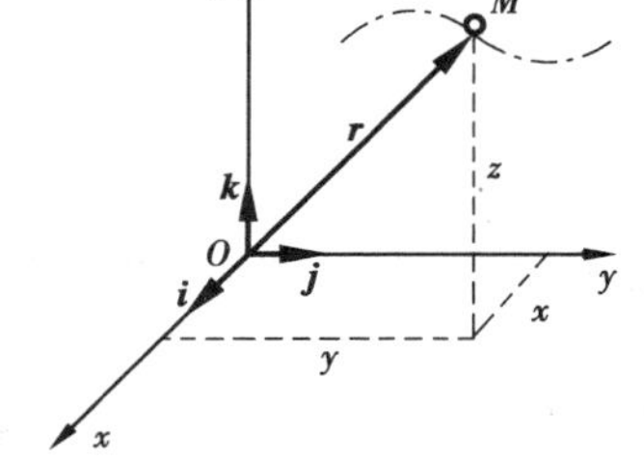

图 6.3

式(6.6)就是直角坐标形式的点的运动方程。如果知道了点的运动方程式(6.6)，就可以求出任一瞬时点的坐标 x,y,z 的值，也就完全确定了该瞬时动点的位置。

式(6.6)实际上也是动点轨迹的参数方程。动点的轨迹与时间无关，从式(6.6)中消去时间 t，就可得动点的轨迹方程。

若动点仅在某平面内运动，此时点的运动轨迹为一平面曲线。取轨迹所在的平面为坐标平

面 Oxy,则动点的运动方程为:

$$\left.\begin{aligned} x &= f_1(t) \\ y &= f_2(t) \end{aligned}\right\} \tag{6.7}$$

从式(6.7)中消去时间 t,就可得轨迹方程:

$$F(x,y) = 0 \tag{6.8}$$

2)点的速度

在图6.3中,矢径 $\boldsymbol{r}$ 沿坐标轴的分解式为:

$$\boldsymbol{r} = x\boldsymbol{i} + y\boldsymbol{j} + z\boldsymbol{k}$$

由式(6.3)可得:

$$\boldsymbol{v} = \frac{\mathrm{d}\boldsymbol{r}}{\mathrm{d}t} = \frac{\mathrm{d}x}{\mathrm{d}t}\boldsymbol{i} + \frac{\mathrm{d}y}{\mathrm{d}t}\boldsymbol{j} + \frac{\mathrm{d}z}{\mathrm{d}t}\boldsymbol{k} \tag{6.9}$$

设速度 $\boldsymbol{v}$ 在三个轴上的投影分别为 v_x, v_y, v_z,则有:

$$\boldsymbol{v} = v_x\boldsymbol{i} + v_y\boldsymbol{j} + v_z\boldsymbol{k} \tag{6.10}$$

比较式(6.9)和式(6.10),可得速度 $\boldsymbol{v}$ 在三个轴上的投影为:

$$v_x = \frac{\mathrm{d}x}{\mathrm{d}t} = \dot{x}(t),\ v_y = \frac{\mathrm{d}y}{\mathrm{d}t} = \dot{y}(t),\ v_z = \frac{\mathrm{d}z}{\mathrm{d}t} = \dot{z}(t) \tag{6.11}$$

即动点的速度在直角坐标轴上的投影等于其相应坐标对时间的一阶导数。

若已知速度在三个直角坐标轴上的投影,则速度的大小和方向余弦为:

$$v = \sqrt{v_x^2 + v_y^2 + v_z^2} = \sqrt{\left(\frac{\mathrm{d}x}{\mathrm{d}t}\right)^2 + \left(\frac{\mathrm{d}y}{\mathrm{d}t}\right)^2 + \left(\frac{\mathrm{d}z}{\mathrm{d}t}\right)^2}$$

$$\cos(\boldsymbol{v},\boldsymbol{i}) = \frac{v_x}{v},\cos(\boldsymbol{v},\boldsymbol{j}) = \frac{v_y}{v},\cos(\boldsymbol{v},\boldsymbol{k}) = \frac{v_z}{v} \tag{6.12}$$

同理,可得动点作平面曲线运动时速度的大小和方向余弦为:

$$v = \sqrt{v_x^2 + v_y^2} = \sqrt{\left(\frac{\mathrm{d}x}{\mathrm{d}t}\right)^2 + \left(\frac{\mathrm{d}y}{\mathrm{d}t}\right)^2}$$

$$\cos(\boldsymbol{v},\boldsymbol{i}) = \frac{v_x}{v},\cos(\boldsymbol{v},\boldsymbol{j}) = \frac{v_y}{v} \tag{6.13}$$

3)点的加速度

由式(6.5)、式(6.9)和式(6.10)可知:

$$\boldsymbol{a} = \frac{\mathrm{d}\boldsymbol{v}}{\mathrm{d}t} = \frac{\mathrm{d}v_x}{\mathrm{d}t}\boldsymbol{i} + \frac{\mathrm{d}v_y}{\mathrm{d}t}\boldsymbol{j} + \frac{\mathrm{d}v_z}{\mathrm{d}t}\boldsymbol{k} = \frac{\mathrm{d}^2x}{\mathrm{d}t^2}\boldsymbol{i} + \frac{\mathrm{d}^2y}{\mathrm{d}t^2}\boldsymbol{j} + \frac{\mathrm{d}^2z}{\mathrm{d}t^2}\boldsymbol{k} \tag{6.14}$$

设加速度 $\boldsymbol{a}$ 在三个轴上的投影分别为 a_x, a_y, a_z,则有:

$$\boldsymbol{a} = a_x\boldsymbol{i} + a_y\boldsymbol{j} + a_z\boldsymbol{k} \tag{6.15}$$

比较式(6.9)和式(6.10),可得加速度 $\boldsymbol{a}$ 在三个轴上的投影为:

$$a_x = \frac{\mathrm{d}v_x}{\mathrm{d}t} = \frac{\mathrm{d}^2x}{\mathrm{d}t^2} = \ddot{x}(t),\ a_y = \frac{\mathrm{d}v_y}{\mathrm{d}t} = \frac{\mathrm{d}^2y}{\mathrm{d}t^2} = \ddot{y}(t),\ a_z = \frac{\mathrm{d}v_z}{\mathrm{d}t} = \frac{\mathrm{d}^2z}{\mathrm{d}t^2} = \ddot{z}(t) \tag{6.16}$$

即动点的加速度在直角坐标轴上的投影等于其相应的速度投影对时间的一阶导数,或等于其相应坐标对时间的二阶导数。

若已知加速度在3个直角坐标轴上的投影,则加速度的大小和方向余弦为:

$$a=\sqrt{a_x^2+a_y^2+a_z^2}=\sqrt{\left(\frac{\mathrm{d}v_x}{\mathrm{d}t}\right)^2+\left(\frac{\mathrm{d}v_y}{\mathrm{d}t}\right)^2+\left(\frac{\mathrm{d}v_z}{\mathrm{d}t}\right)^2}$$

$$=\sqrt{\left(\frac{\mathrm{d}^2x}{\mathrm{d}t^2}\right)^2+\left(\frac{\mathrm{d}^2y}{\mathrm{d}t^2}\right)^2+\left(\frac{\mathrm{d}^2z}{\mathrm{d}t^2}\right)^2} \tag{6.17}$$

$$\cos(\boldsymbol{a},\boldsymbol{i})=\frac{a_x}{a},\cos(\boldsymbol{a},\boldsymbol{j})=\frac{a_y}{a},\cos(\boldsymbol{a},\boldsymbol{k})=\frac{a_z}{a}$$

同理可得动点作平面曲线运动时速度的大小和方向余弦为：

$$a=\sqrt{a_x^2+a_y^2}=\sqrt{\left(\frac{\mathrm{d}v_x}{\mathrm{d}t}\right)^2+\left(\frac{\mathrm{d}v_y}{\mathrm{d}t}\right)^2}=\sqrt{\left(\frac{\mathrm{d}^2x}{\mathrm{d}t^2}\right)^2+\left(\frac{\mathrm{d}^2y}{\mathrm{d}t^2}\right)^2}$$

$$\cos(\boldsymbol{a},\boldsymbol{i})=\frac{a_x}{a},\cos(\boldsymbol{a},\boldsymbol{j})=\frac{a_y}{a} \tag{6.18}$$

求解点的运动学问题大体可分为两类：第一类是已知动点的运动，求动点的速度和加速度，它是求导的过程；第二类是已知动点的速度或加速度，求动点的运动，它是求解微分方程的过程。

【例6.1】　如图6.4(a)所示曲柄连杆滑块机构。若曲柄 $OA=L$ 绕垂直 Oxy 面的过 O 点的轴转动，且转动规律为 $\varphi=\omega t$（ω 是常量）。试求连杆 $AB=L$ 上 $C(AC=3L/4)$ 点的运动方程、轨迹方程、速度和加速度。

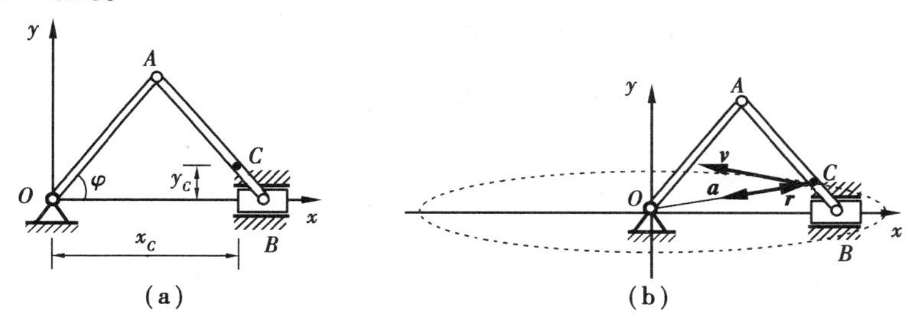

图6.4

【解】　(1)建立运动方程。在图示 Oxy 坐标系中，在任一瞬时，C 点的坐标为：

$$\begin{cases}x_C=L\cos\varphi+\dfrac{3}{4}L\cos\varphi=\dfrac{7}{4}L\cos\omega t\\[2ex] y_C=\dfrac{1}{4}L\sin\varphi=\dfrac{1}{4}L\sin\omega t\end{cases}$$

(2)求轨迹方程。由上式中消去时间参数 t，得 C 点的运动轨迹方程为：

$$\frac{x^2}{\left(\frac{7}{4}L\right)^2}+\frac{y^2}{\left(\frac{1}{4}L\right)^2}=1$$

该式表明 C 点在 Oxy 面内的运动轨迹曲线是一椭圆，如图6.4(b)所示。

(3)求 C 点的速度和加速度。将运动方程对时间 t 求一阶导数，即可得速度在 x 轴、y 轴上的投影为：

$$v_x=\frac{\mathrm{d}x_C}{\mathrm{d}t}=-\frac{7L\omega}{4}\sin\omega t,\qquad v_y=\frac{\mathrm{d}y_C}{\mathrm{d}t}=\frac{L\omega}{4}\cos\omega t$$

C 点的速度大小为：

$$v = \sqrt{v_x^2 + v_y^2} = \frac{L\omega}{4}\sqrt{49\sin^2\omega t + \cos^2\omega t}$$

速度的方向沿椭圆的切线方向，如图 6.4(b)所示。

v_x，v_y 对时间 t 求一阶导数，即可得加速度在 x 轴、y 轴上的投影为：

$$a_x = \frac{\mathrm{d}v_x}{\mathrm{d}t} = -\frac{7L\omega^2}{4}\cos\omega t = -\omega^2 x_C, \quad a_y = \frac{\mathrm{d}v_y}{\mathrm{d}t} = -\frac{L\omega^2}{4}\sin\omega t = -\omega^2 y_C$$

C 点的加速度的大小为：

$$a = \sqrt{a_x^2 + a_y^2} = \omega^2\sqrt{x_C^2 + y_C^2} = \omega^2 r$$

式中 r 是 C 点矢径 $\boldsymbol{r}$ 的模。由上式可知，加速度的大小与 r 成正比，加速度的方向可由其方向余弦来确定，即：

$$\cos(\boldsymbol{a},\boldsymbol{i}) = \frac{a_x}{a} = -\frac{x_C}{r}, \qquad \cos(\boldsymbol{a},\boldsymbol{j}) = \frac{a_y}{a} = -\frac{y_C}{r}$$

上式说明加速度的方向余弦与矢径 $\boldsymbol{r}$ 的方向余弦数值相等，而符号相反。因此加速度的方向指向点 O，如图 6.4(b)所示。

【例 6.2】 已知动点的运动方程为 $x = r\cos\omega t$，$y = r\sin\omega t$，$z = ut$，r，u，ω 为常数，试求动点的轨迹、速度和加速度。

【解】 由运动方程消去时间 t，得动点的轨迹方程为：

$$x^2 + y^2 = r^2 \qquad y = r\sin\frac{\omega z}{u}$$

动点的轨迹曲线是沿半径为 r 的柱面上的一条螺旋线，如图 6.5(a)所示。

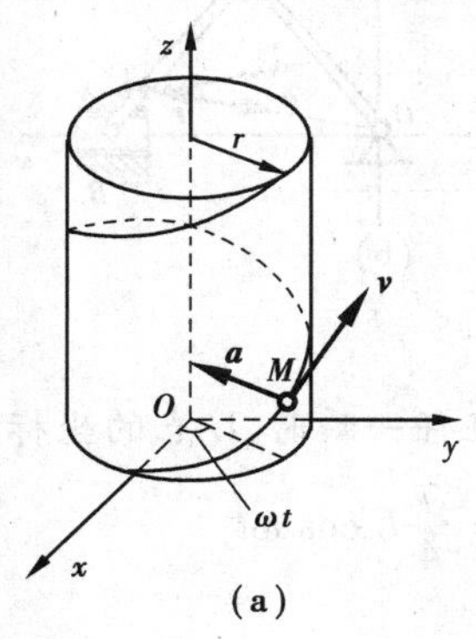

(a)

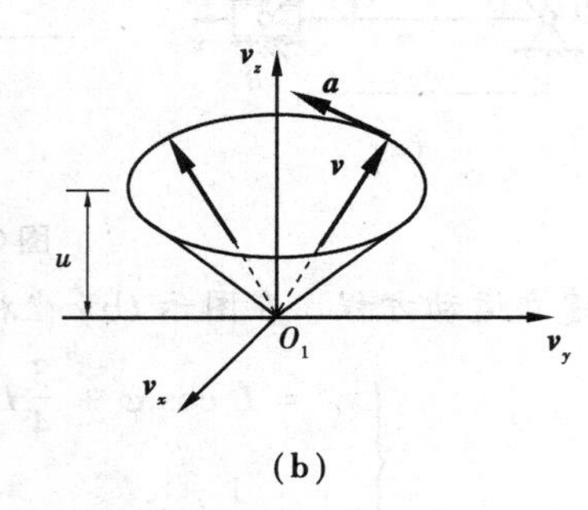

(b)

图 6.5

动点的速度在直角坐标轴上的投影为：

$$v_x = \dot{x} = -r\omega\sin\omega t, \quad v_y = \dot{y} = r\omega\cos\omega t, \quad v_z = \dot{z} = u$$

速度的大小为：

$$v = \sqrt{v_x^2 + v_y^2 + v_z^2} = \sqrt{r^2\omega^2 + u^2}$$

速度的三个方向余弦为：

$$\cos(\boldsymbol{v},\boldsymbol{i}) = \frac{v_x}{v} = \frac{-r\omega\sin\omega t}{\sqrt{r^2\omega^2 + u^2}}$$

$$\cos(\boldsymbol{v},\boldsymbol{j}) = \frac{v_y}{v} = \frac{r\omega\cos\omega t}{\sqrt{r^2\omega^2 + u^2}}$$

$$\cos(\boldsymbol{v},\boldsymbol{k}) = \frac{v_z}{v} = \frac{u}{\sqrt{r^2\omega^2 + u^2}}$$

可见速度 $\boldsymbol{v}$ 的大小为常数,其方向与 z 轴的夹角亦为常数,故速度矢端的轨迹为水平面的圆,如图 6.5(b)所示。

动点的加速度在直角坐标轴上的投影为:

$$a_x = \dot{v}_x = -r^2\omega\cos\omega t, a_y = \dot{v}_y = -r^2\omega\sin\omega t, a_z = \dot{v}_z = 0$$

加速度的大小为:

$$a = \sqrt{a_x^2 + a_y^2 + a_z^2} = r\omega^2$$

加速度的三个方向余弦为:

$$\cos(\boldsymbol{a},\boldsymbol{i}) = \frac{a_x}{a} = \frac{-r^2\omega\cos\omega t}{r\omega^2} = -\frac{r}{\omega}\cos\omega r$$

$$\cos(\boldsymbol{a},\boldsymbol{j}) = \frac{a_y}{a} = \frac{-r^2\omega\sin\omega t}{r\omega^2} = -\frac{r}{\omega}\sin\omega r$$

$$\cos(\boldsymbol{a},\boldsymbol{k}) = \frac{a_z}{a} = \frac{0}{r\omega^2} = 0$$

第三式表示加速度 $\boldsymbol{a}$ 的方向垂直于 z 轴,而第一、第二两式则表示加速度 $\boldsymbol{a}$ 恒指向 z 轴。

【例 6.3】 如图 6.6 所示为液压减震器简图。当液压减震器工作时,其活塞 M 在套筒内作直线往复运动。设活塞 M 的加速度大小为 $a=-kv$(v 为活塞 M 速度的大小,k 为常数),初速度大小为 v_0。试求活塞 M 的运动规律。

【解】 因活塞 M 作往复直线运动,因此建立 x 轴表示活塞 M 的运动规律,如图 6.6 所示。活塞 M 的速度、加速度与 x 坐标的关系为:

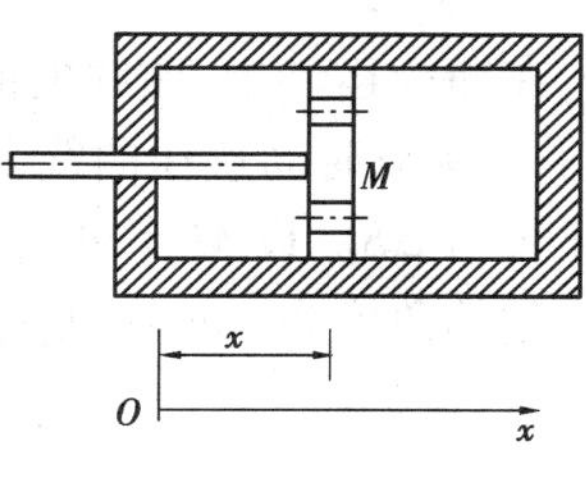

图 6.6

$$a = \dot{v} = \ddot{x}(t)$$

代入已知条件,则有:

$$-kv = \frac{\mathrm{d}v}{\mathrm{d}t} \tag{1}$$

将式(1)进行变量分离,并积分:

$$-k\int_0^t \mathrm{d}t = \int_{v_0}^{v} \frac{\mathrm{d}v}{v}$$

得:

$$-kt = \ln\frac{v}{v_0}$$

活塞 M 的速度为:

$$v = v_0 \mathrm{e}^{-kt} \tag{2}$$

再对式(2)进行变量分离:

$$\mathrm{d}x = v_0 \mathrm{e}^{-kt}\mathrm{d}t$$

积分:

$$\int_{x_0}^{x} dx = v_0 \int_0^t e^{-kt} dt$$

得活塞 M 的运动规律为：

$$x = x_0 + \frac{v_0}{k}(1 - e^{-kt}) \tag{3}$$

式中 x_0 为初始位移。

6.3 自然法

动点沿已知几何形状的曲线运动时，曲线的几何性质会影响点的运动特征量。例如在已知的轨道上行驶的列车，其运行状况可由其运行的轨迹路线来确定。当动点运动轨迹曲线已知时，可取轨迹曲线的弧长确定每一瞬时动点的位置，这种方法称为自然法或弧坐标法。

1）点的运动方程

设动点 M 的运动轨迹为如图 6.7 所示的曲线。为了确定动点 M 的位置，在轨迹曲线上任选一点 O 为坐标原点，并规定出曲线弧长的正向和负向，动点 M 在轨迹上的位置就可以由 M 至原点的弧长 S 确定，弧长 S 为代数量，称它为动点 M 在轨迹上的弧坐标（Arc coordinate）。当动点 M 运动时，弧坐标 S 随时间而发生变化，是时间 t 的单值连续函数，即

$$S = f(t) \tag{6.19}$$

式(6.19)称为点的自然形式的运动方程，或称为弧坐标形式的运动方程。如果已知点的运动方程式(6.19)，就可以确定任一瞬时点的弧坐标 S 的值，也就确定了该瞬时动点在轨迹上的位置。

2）自然轴系

在曲线运动中，曲线的曲率或曲率半径是一个重要参数，它表示曲线的弯曲程度。如图6.8所示，在 t 瞬时动点在曲线上的 M 点，经过 Δt 时间间隔，动点运动到 M' 点处，动点沿曲线经过的弧长为 ΔS。设 M 点处曲线切向单位矢量为 $\boldsymbol{\tau}$，M' 点处曲线切向单位矢量为 $\boldsymbol{\tau}'$，切线经过 ΔS 时转过的角度为 $\Delta\varphi$，曲线上 M 点处的曲率半径为 ρ，则曲线上 M 点处的曲率为：

$$\frac{1}{\rho} = \lim_{\Delta t \to 0} \left| \frac{\Delta\varphi}{\Delta S} \right| = \left| \frac{d\varphi}{dS} \right| \tag{6.20}$$

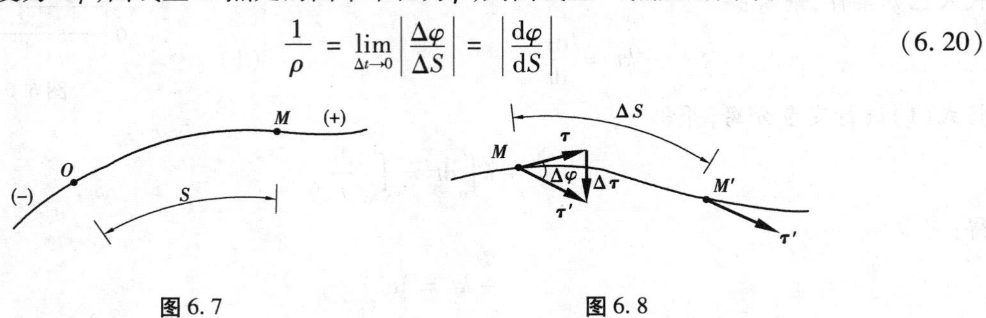

图 6.7　　图 6.8

由图 6.8 可见：

$$|\Delta\boldsymbol{\tau}| = 2|\boldsymbol{\tau}|\sin\frac{\Delta\varphi}{2} = 2\sin\frac{\Delta\varphi}{2}$$

于是：

$$\left|\frac{\mathrm{d}\boldsymbol{\tau}}{\mathrm{d}t}\right| = \lim_{\Delta t\to 0}\left|\frac{2\sin\frac{\Delta\varphi}{2}}{\Delta t}\right| = \lim_{\Delta t\to 0}\left|\frac{\Delta S}{\Delta t}\cdot\frac{\Delta\varphi}{\Delta S}\cdot\frac{2\sin\frac{\Delta\varphi}{2}}{\Delta\varphi}\right| = \frac{|\boldsymbol{v}|}{\rho}$$

当 $\Delta t\to 0$ 时，$\Delta\boldsymbol{\tau}$ 与 $\boldsymbol{\tau}$ 的夹角趋近于直角，即 $\Delta\boldsymbol{\tau}$ 趋近于轨迹在点 M 的法线，指向曲率中心。若记法线的单位矢量为 $\boldsymbol{n}$，规定它指向曲率中心，则有：

$$\frac{\mathrm{d}\boldsymbol{\tau}}{\mathrm{d}t} = \frac{|\boldsymbol{v}|}{\rho}\boldsymbol{n} \tag{6.21}$$

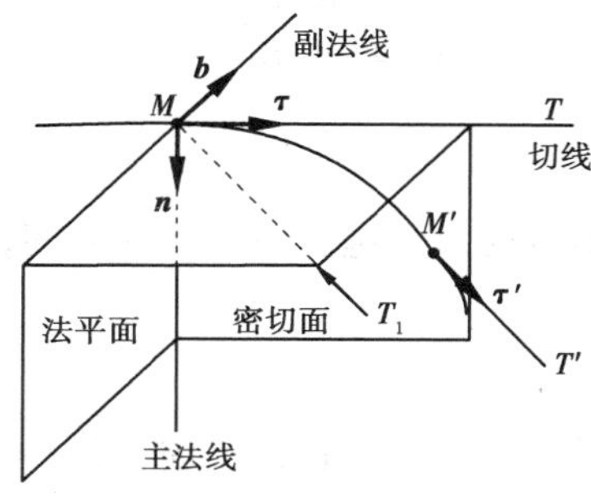

图 6.9

下面转到自然轴系问题。如图 6.9 所示，曲线上点 M 的切线为 MT，其单位矢量为 $\boldsymbol{\tau}$，邻近点 M' 的切线为 $M'T'$，其单位矢量为 $\boldsymbol{\tau}'$。过点 M 作 $M'T'$ 的平行线 MT_1，则 MT 和 MT_1 可以确定一个平面。当点 M' 无限趋近点 M 时，则此平面趋近某一极限位置。此极限平面称为曲线在点 M 的密切面。过点 M 并与切线垂直的平面称为法平面，法平面与密切平面的交线称为主法线。令主法线的单位矢量为 $\boldsymbol{n}$，并指向曲线内凹一侧，即指向曲率中心。过点 M 且垂直于切线及主法线的直线称为副法线，其单位矢量为 $\boldsymbol{b}$，指向由 $\boldsymbol{b}=\boldsymbol{\tau}\times\boldsymbol{n}$ 确定。以点 M 为原点，以切线、主法线和副法线为坐标轴组成的正交坐标系称为曲线在点 M 的自然坐标系，这三个轴称为自然轴。随着点 M 在轨迹上运动，$\boldsymbol{\tau}$，$\boldsymbol{n}$，$\boldsymbol{b}$ 的方向也在不断变动，因此，自然轴系是沿曲线而变动的坐标系。

3）点的速度

点沿轨迹由点 M 到点 M'，经过时间 Δt，其矢径增量为 $\Delta\boldsymbol{r}$，如图 6.10 所示。当 $\Delta t\to 0$ 时，$|\Delta\boldsymbol{r}| = |MM'| = |\Delta S|$，故可得速度的大小为：

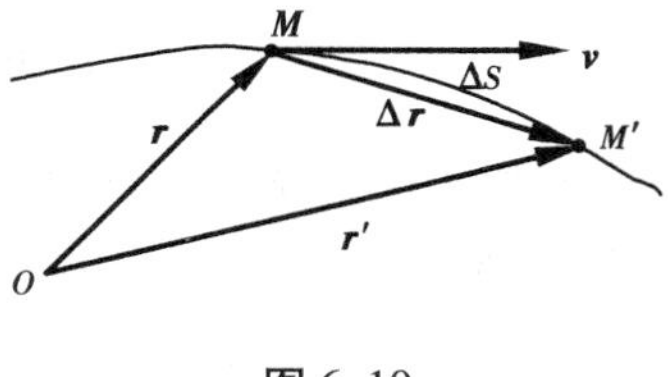

图 6.10

$$|\boldsymbol{v}| = \left|\frac{\mathrm{d}\boldsymbol{r}}{\mathrm{d}t}\right| = \lim_{\Delta t\to 0}\left|\frac{\Delta\boldsymbol{r}}{\Delta t}\right| = \lim_{\Delta t\to 0}\left|\frac{\Delta S}{\Delta t}\right| = \left|\frac{\mathrm{d}S}{\mathrm{d}t}\right|$$

式中 S 是点的弧坐标。由此可得结论：速度的大小等于动点弧坐标对时间的一阶导数的绝对值。

弧坐标对时间的一阶导数是一个代数量，以 v 表示：

$$v = \frac{\mathrm{d}S}{\mathrm{d}t} \tag{6.22}$$

当 $\frac{\mathrm{d}S}{\mathrm{d}t}>0$ 时，弧坐标 S 的值随时间增加而增大，表示点向轨迹的正向运动；当 $\frac{\mathrm{d}S}{\mathrm{d}t}<0$ 时，弧坐标 S 的值随时间增加而减小，表示点向轨迹的负向运动。因此可知 $\frac{\mathrm{d}S}{\mathrm{d}t}$ 的绝对值表示速度的大小，它的正、负号表示点沿轨迹运动的方向。

由于 $\boldsymbol{\tau}$ 是切线轴的单位矢量，因此点的速度可表示为：

$$\boldsymbol{v} = \frac{\mathrm{d}S}{\mathrm{d}t}\boldsymbol{\tau} = v\boldsymbol{\tau} \tag{6.23}$$

4）点的加速度

由矢量法知动点的加速度为：

$$\boldsymbol{a} = \frac{\mathrm{d}\boldsymbol{v}}{\mathrm{d}t} = \frac{\mathrm{d}}{\mathrm{d}t}(v\boldsymbol{\tau}) = \frac{\mathrm{d}v}{\mathrm{d}t}\boldsymbol{\tau} + v\frac{\mathrm{d}\boldsymbol{\tau}}{\mathrm{d}t} \tag{6.24}$$

由式(6.24)可知加速度分为两项:第一项表示速度大小对时间的变化率,用 $\boldsymbol{a}_\tau$ 表示,称为切向加速度;第二项表示速度方向对时间的变化率,用 $\boldsymbol{a}_n$ 表示,称为法向加速度。下面分别对它们的大小和方向进行讨论。

(1)切向加速度 $\boldsymbol{a}_\tau$

由式(6.24)可知:

$$\boldsymbol{a}_\tau = \frac{\mathrm{d}v}{\mathrm{d}t}\boldsymbol{\tau} \tag{6.25}$$

$\boldsymbol{a}_\tau$ 的方向沿轨迹曲线的切线方向,因此称为切向加速度。切向加速度的代数值为:

$$a_\tau = \frac{\mathrm{d}v}{\mathrm{d}t} = \frac{\mathrm{d}^2 S}{\mathrm{d}t^2} \tag{6.26}$$

若$\frac{\mathrm{d}v}{\mathrm{d}t}>0$,$\boldsymbol{a}_\tau$ 指向轨迹正向;若$\frac{\mathrm{d}v}{\mathrm{d}t}<0$,$\boldsymbol{a}_\tau$ 指向轨迹负向。当 $\boldsymbol{a}_\tau$ 的指向与速度 $\boldsymbol{v}$ 相同,即 $\boldsymbol{a}_\tau$ 与 $\boldsymbol{v}$ 同号时,动点作加速运动。反之,动点作减速运动。

(2)法向加速度 $\boldsymbol{a}_n$

由式(6.21)、式(6.24)可知:

$$\boldsymbol{a}_n = v\frac{\mathrm{d}\boldsymbol{\tau}}{\mathrm{d}t} = \frac{v^2}{\rho}\boldsymbol{n} \tag{6.27}$$

因为 $\boldsymbol{a}_n$ 的方向沿主法线方向,故称其为法向加速度。法向加速度的大小为:

$$a_n = \frac{v^2}{\rho} \tag{6.28}$$

于是,点做曲线运动的全加速度 $\boldsymbol{a}$ 为:

$$\boldsymbol{a} = \frac{\mathrm{d}v}{\mathrm{d}t}\boldsymbol{\tau} + \frac{v^2}{\rho}\boldsymbol{n} = \boldsymbol{a}_\tau + \boldsymbol{a}_n = a_\tau\boldsymbol{\tau} + a_n\boldsymbol{n} \tag{6.29}$$

式(6.29)表明,点做曲线运动的全加速度 $\boldsymbol{a}$ 可分解为两个分量,因为 $\boldsymbol{\tau}$ 和 $\boldsymbol{n}$ 位于密切面内,所以动点的全加速度 $\boldsymbol{a}$ 也始终在密切面内。若以 a_τ, a_n, a_b 分别表示全加速度 $\boldsymbol{a}$ 沿切线、主法线、副法线的投影,则:

$$a_\tau = \frac{\mathrm{d}v}{\mathrm{d}t} = \frac{\mathrm{d}^2 S}{\mathrm{d}t^2}, a_n = \frac{v^2}{\rho}, a_b = 0 \tag{6.30}$$

全加速度 $\boldsymbol{a}$ 的大小为:

$$a = \sqrt{a_\tau^2 + a_n^2} \tag{6.31}$$

全加速度 $\boldsymbol{a}$ 与法向加速度 $\boldsymbol{a}_n$ 的锐夹角满足:

$$\tan\theta = \frac{|a_\tau|}{a_n} \tag{6.32}$$

如图6.11所示,全加速度 $\boldsymbol{a}$ 的方向总是指向轨迹曲线内凹一侧。

【例6.4】 飞轮边缘上的点按 $S=4\sin\frac{\pi}{4}t$(单位:cm)的规律运动,飞轮的半径 $r=20$ cm。试求时间 $t=10$ s 时该点的速度和加速度。

【解】 当时间 $t=10$ s 时,飞轮边缘上点的速度大小为:

$$v\big|_{t=10} = \frac{\mathrm{d}S}{\mathrm{d}t}\bigg|_{t=10} = \pi\cos\frac{\pi}{4}t\bigg|_{t=10} = 0$$

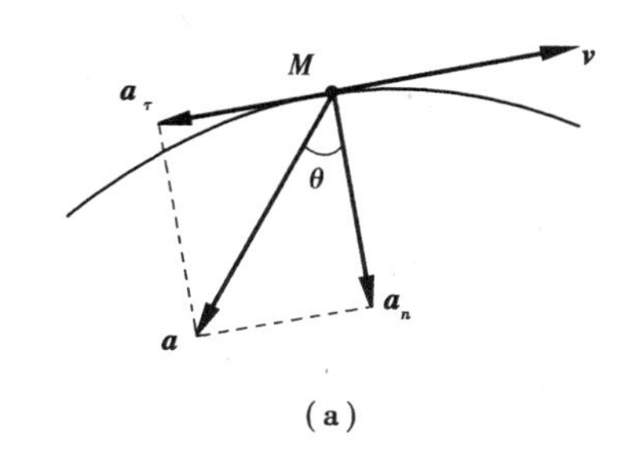

(a)

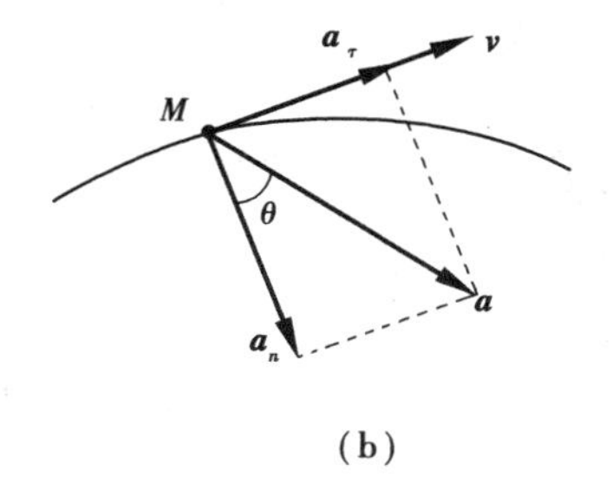

(b)

图 6.11

飞轮边缘上点的切向加速度大小为：

$$a_\tau\big|_{t=10} = \frac{\mathrm{d}v}{\mathrm{d}t}\bigg|_{t=10} = -\frac{\pi^2}{4}\sin\frac{\pi}{4}t\bigg|_{t=10} = -2.47\ \mathrm{cm/s^2}$$

法向加速度大小为：

$$a_n\big|_{t=10} = \frac{v^2}{\rho}\bigg|_{t=10} = 0$$

飞轮边缘上点的全加速度大小和方向为：

$$a\big|_{t=10} = \sqrt{a_\tau^2\big|_{t=10} + a_n^2\big|_{t=10}} = 2.47\ \mathrm{cm/s^2}$$

方向是沿轨迹的切线与动点前进的方向相反。

【例 6.5】　如图 6.12 所示，小环 M 同时活套在半径为 R 的固定大圆环和绕过 O 轴转动的摇杆 OA 上。已知 $\varphi=\omega t$（ω 为已知常数）。若运动开始时（$t=0$），摇杆位于图中水平位置。试求小环 M 在 t 时刻的速度 v 和切向加速度 a_τ，法向加速度 a_n。

【解】　首先确定小环 M 的运动方程。由于小环 M 的运动轨迹为以 C 圆心、R 为半径的圆，所以可以用自然法进行求解。取 $t=0$ 时，小环 M 所在位置点 S_0 为弧坐标原点，并规定由 S_0 逆时针转向的弧长增加方向为正，如图 6.12 所示。则小环 M 的弧坐标为：

$$S = 2R\varphi = 2R\omega t$$

即为小环 M 沿已知轨迹的弧坐标方程，由此可得小环 M 的速度和加速度为：

图 6.12

$$v = \frac{\mathrm{d}S}{\mathrm{d}t} = 2R\omega$$

$$a_\tau = \frac{\mathrm{d}^2S}{\mathrm{d}t^2} = 0$$

$$a_n = \frac{v^2}{\rho} = \frac{(2R\omega)^2}{R} = 4R\omega^2$$

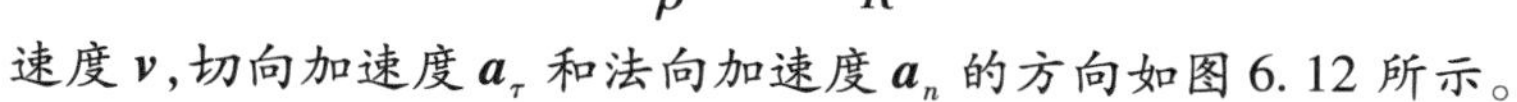

速度 $\boldsymbol{v}$，切向加速度 $\boldsymbol{a}_\tau$ 和法向加速度 $\boldsymbol{a}_n$ 的方向如图 6.12 所示。

【例 6.6】　如图 6.13 所示为一曲柄摇杆机构。曲柄 OA 绕 O 轴逆时针方向转动，其转过的 φ 角与时间 t 的关系为 $\varphi=\frac{\pi}{4}t$。若 $OA=10$ cm，$OO_1=10$ cm，$O_1B=24$ cm。试求 B 点运动方程、速度和加速度。

【解】　在 B 点的运动过程中 B 点与 O_1 点的距离保持不变。因此 B 点的运动轨迹曲线是以 O_1 为圆心的圆周。取 S_0 为弧坐标的原点，则 B 点的弧坐标为：

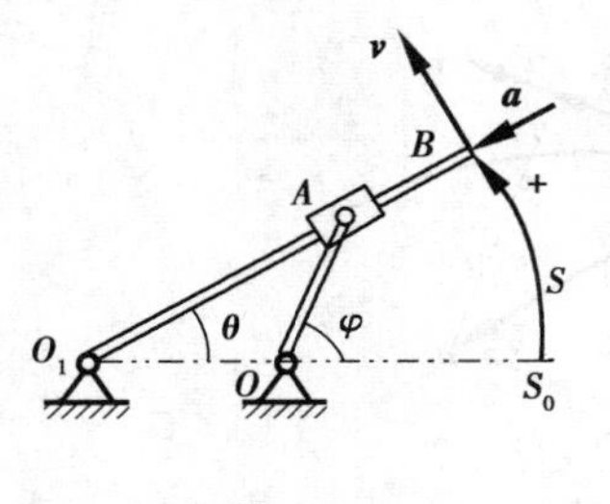

图 6.13

$$S = O_1B \cdot \theta = 12\varphi = 3\pi t \text{ cm}$$

即为 B 点沿已知轨迹的弧坐标方程。由此可得 B 点的速度和加速度为:

$$v = \frac{\mathrm{d}S}{\mathrm{d}t} = 3\pi \text{ cm/s} = 9.42 \text{ cm/s}$$

$$a_\tau = \frac{\mathrm{d}^2S}{\mathrm{d}t^2} = 0$$

$$a_n = \frac{v^2}{\rho} = \frac{(3\pi)^2}{24}\text{cm/s}^2 = 3.70 \text{ cm/s}^2$$

$$a = \sqrt{a_\tau^2 + a_n^2} = a_n = 3.70 \text{ cm/s}^2$$

速度 $\boldsymbol{v}$ 和加速度 $\boldsymbol{a}$ 的方向如图 6.13 所示。

【例 6.7】 半径为 r 的轮子沿直线轨道无滑动地滚动,如图 6.14 所示。已知轮心 C 的速度为 $\boldsymbol{v}_C$,试求轮缘上的点 M 的速度、加速度、沿轨迹曲线的运动方程和轨迹的曲率半径 ρ。

【分析】 由于轮缘上点 M 的轨迹未知,故宜采用直角坐标法分析。

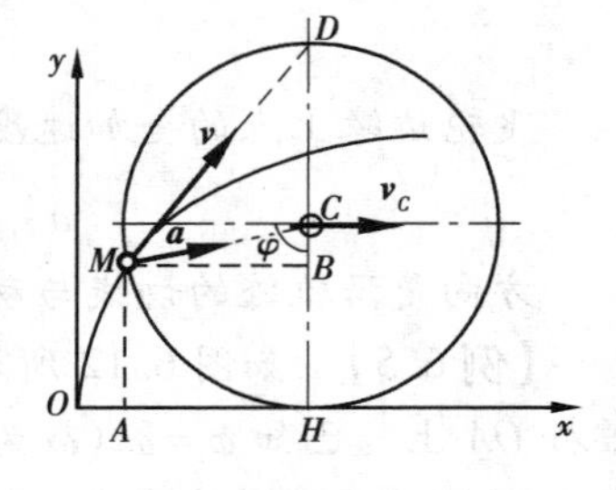

图 6.14

【解】 以点 M 与水平轨道上点 O 相接触的瞬时作为时间的计算起点。建立直角坐标系 Oxy 如图 6.14 所示。经过时间 t,轮子滚到图示位置,则点 M 和轮心 C 的连线与 CH 所的夹角为:

$$\varphi = \frac{MH}{r} = \frac{OH}{r} = \frac{v_C t}{r}$$

点 M 的运动方程为:

$$\left.\begin{aligned} x &= HO - AH = v_C t - r\sin\varphi = v_C t - r\sin\frac{v_C t}{r} \\ y &= CH - CB = r - r\cos\varphi = r - r\cos\frac{v_C t}{r} \end{aligned}\right\} \quad (1)$$

这就是旋轮线的参数方程。

点 M 的速度在坐标轴上的投影为:

$$\left.\begin{aligned} v_x &= \dot{x} = v_C - v_C\cos\frac{v_C t}{r} = v_C(1 - \cos\varphi) \\ v_y &= \dot{y} = v_C\sin\frac{v_C t}{r} = v_C\sin\varphi \end{aligned}\right\} \quad (2)$$

所以

$$v = \sqrt{v_x^2 + v_y^2} = 2v_C\sin\frac{\varphi}{2} \quad (3)$$

$$\cos(\boldsymbol{v},\boldsymbol{i}) = \frac{v_x}{v} = \sin\frac{\varphi}{2} = \cos\left(\frac{\pi}{2} - \frac{\varphi}{2}\right), \quad \cos(\boldsymbol{v},\boldsymbol{j}) = \frac{v_y}{v} = \cos\frac{\varphi}{2}$$

$$\alpha = \frac{\pi}{2} - \frac{\varphi}{2}, \beta = \frac{\varphi}{2}$$

如过圆的最高点 D 作连线 DM,由图中可看出 $\angle MDH = \frac{1}{2}\angle MCH = \frac{\varphi}{2}$,$\angle DMB = \frac{\pi}{2} - \frac{\varphi}{2}$。这说明速度 $\boldsymbol{v}$ 的方向正好与 MD 重合,也即为与 MH 垂直。

轮缘上的点 M 沿轨迹曲线的运动方程，由式(3)积分得：

$$S = \int_0^t v\mathrm{d}t = \int_0^t 2v_C \sin\frac{v_C t}{2r}\mathrm{d}t = 4r\left(1 - \cos\frac{\varphi}{2}\right) \tag{4}$$

点 M 的加速度在坐标轴上的投影，由式(2)得：

$$a_x = \frac{\mathrm{d}v_x}{\mathrm{d}t} = \frac{v_C^2}{r}\sin\varphi$$

$$a_y = \frac{\mathrm{d}v_y}{\mathrm{d}t} = \frac{v_C^2}{r}\cos\varphi$$

所以

$$a = \sqrt{a_x^2 + a_y^2} = \frac{v_C^2}{r} \tag{5}$$

$$\cos(\boldsymbol{a},\boldsymbol{i}) = \frac{a_x}{a} = \sin\varphi = \cos\left(\frac{\pi}{2} - \varphi\right)$$

$$\cos(\boldsymbol{a},\boldsymbol{j}) = \frac{a_y}{a} = \cos\varphi$$

$$\alpha = \frac{\pi}{2} - \varphi, \beta = \varphi$$

即点 M 的加速度沿 MC，且恒指向轮心 C 点。

点 M 的切向加速度和法向加速度为：

$$a_\tau = \frac{\mathrm{d}v}{\mathrm{d}t} = \frac{v_C^2}{r}\cos\frac{\varphi}{2},\ a_n = \sqrt{a^2 - a_\tau^2} = \frac{v_C^2}{r}\sin\frac{\varphi}{2}$$

轨迹的曲率半径为：

$$\rho = \frac{v^2}{a_n} = 4r\sin\frac{\varphi}{2} \tag{6}$$

本章小结

(1) 矢量法

运动方程：$\boldsymbol{r} = \boldsymbol{r}(t)$

速度：矢径对时间的一阶导数，即

$$\boldsymbol{v} = \frac{\mathrm{d}\boldsymbol{r}}{\mathrm{d}t}$$

其方向为沿动点的轨迹在该点的切线方向。

加速度：矢径对时间的二阶导数，或是动点的速度对时间的一阶导数，即

$$\boldsymbol{a} = \frac{\mathrm{d}\boldsymbol{v}}{\mathrm{d}t} = \frac{\mathrm{d}^2\boldsymbol{r}}{\mathrm{d}t^2}$$

其方向是沿速度矢端曲线的切线，恒指向轨迹曲线凹的一侧。

(2) 直角坐标法

运动方程：$x = f_1(t), y = f_2(t), z = f_3(t)$

速度：$\boldsymbol{v} = v_x\boldsymbol{i} + v_y\boldsymbol{j} + v_z\boldsymbol{k}$

动点的速度在直角坐标轴上的投影等于其相应坐标对时间的一阶导数，即

$$v_x = \frac{dx}{dt} = \dot{x}(t), v_y = \frac{dy}{dt} = \dot{y}(t), v_z = \frac{dz}{dt} = \dot{z}(t)$$

加速度：$\boldsymbol{a} = a_x\boldsymbol{i} + a_y\boldsymbol{j} + a_z\boldsymbol{k}$

动点的加速度在直角坐标轴上的投影等于其相应的速度投影对时间一阶导数，或是其相应坐标对时间的二阶导数。

$$a_x = \frac{dv_x}{dt} = \frac{d^2x}{dt^2} = \ddot{x}(t), a_y = \frac{dv_y}{dt} = \frac{d^2y}{dt^2} = \ddot{y}(t), a_z = \frac{dv_z}{dt} = \frac{d^2z}{dt^2} = \ddot{z}(t)$$

(3)自然法

运动方程：$S = f(t)$

速度：$\boldsymbol{v} = \frac{dS}{dt}\boldsymbol{\tau} = v\boldsymbol{\tau}$

加速度：$\boldsymbol{a} = \frac{dv}{dt}\boldsymbol{\tau} + \frac{v^2}{\rho}\boldsymbol{n} = \boldsymbol{a}_\tau + \boldsymbol{a}_n = a_\tau\boldsymbol{\tau} + a_n\boldsymbol{n}$

切向加速度：$a_\tau = \frac{dv}{dt} = \frac{d^2S}{dt^2}$

法向加速度：$a_n = \frac{v^2}{\rho}$

思考题

6.1　试分析点在下列情形下作什么运动？

(1)速度与加速度始终垂直。

(2)加速度为一恒定矢量。

(3)加速度矢量始终指向某一固定点。

6.2　在自然轴系中，如果速度的大小 v = 常数，则其切向加速度大小是否一定为零？为什么？

6.3　点做曲线运动，下述说法是否正确：

(1)若切向加速度为正，则点作加速运动。

(2)若切向加速度与速度符号相同，则点作加速运动。

(3)若切向加速度为零矢量，则速度为常矢量。

6.4　点 M 沿螺旋线自内向外运动，若运动方程为 $s = bt$，b 为常数。试问动点 M 越跑越快，还是越跑越慢？点的加速度是越来越大，还是越来越小？

6.5　点沿曲线 $y = \sin x$ 匀速率运动，点的法向加速度大小是否恒不为零？

习　题

6.1　如习题6.1图所示的机构中，曲柄 OB 的转动规律 $\varphi = 2t$，已知 $AB = OB = BC = CD = 12$ cm。求当 $\varphi = 45°$时，杆上点 D 的速度及点 D 的轨迹方程。

6.2　套管 A 由绕过定滑轮 B 的绳索牵引而沿导轨上升，滑轮中心到导轨的距离为 l，如习题6.2图所示。设绳以等速 v_0 拉下，忽略滑轮尺寸，求套管 A 的速度和加速度与距离 x 的关系式。

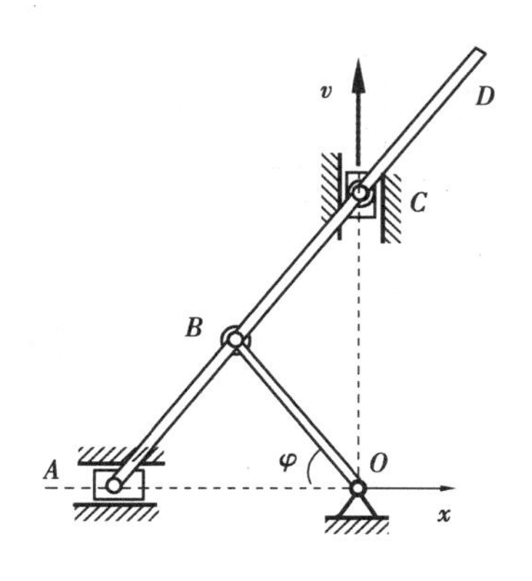

习题 6.1 图

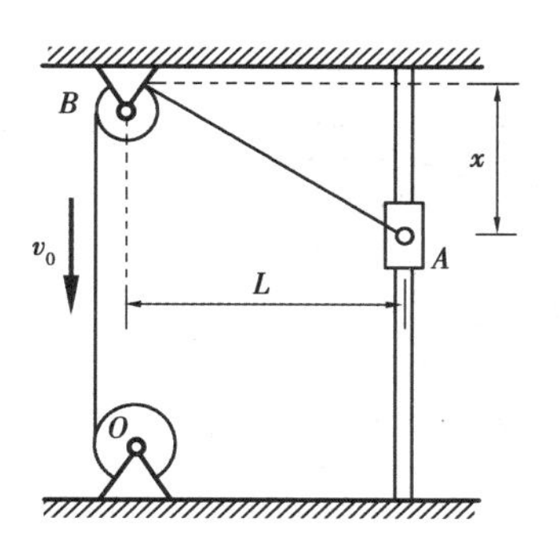

习题 6.2 图

6.3　如习题6.3图所示的摆杆机构由摆杆 AB,OC 以及滑块 C 组成。由于杆 AB 绕 A 轴摆动,通过滑块 C 带动杆 OC 绕 O 轴摆动。$OA=OC=20$ cm。设在开始一段时间内 φ 角的变化规律为 $\varphi=2t^3$(rad),其中 t 以 s 计。试求杆 OC 上 C 点的运动方程,并确定 $t=0.5$ s 时 C 点的位置、速度和加速度。

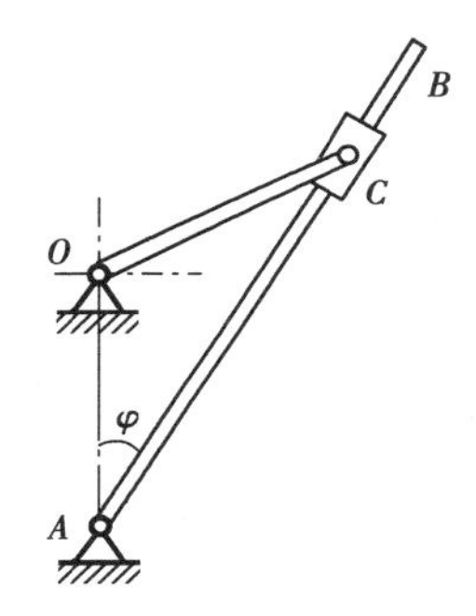

习题 6.3 图

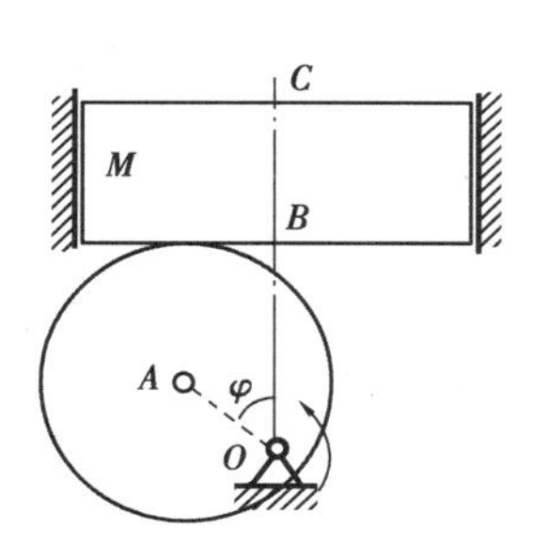

习题 6.4 图

6.4　如习题 6.4 图所示,半径为 R 的圆形凸轮可绕 O 轴转动,带动物块 M 作铅直直线运动。设凸轮的圆心在 A 点,偏心距 $OA=e$,$\varphi=\omega t$(ω 为常量)。试求物块上 B 点的运动方程、速度和加速度。

6.5　点的运动方程用直角坐标表示为:$x=5\sin 5t^2$,$y=5\cos 5t^2$。如改用弧坐标描述点的运动方程,自运动开始时的位置计算弧长,求点的弧坐标形式的运动方程。

6.6　点 M 的运动方程为 $x=t^2$,$y=t^3$(x,y 以 cm 计,t 以 s 计)。试求轨迹在(1,1)处的曲率半径。

6.7　点沿半径为 $R=2$ m 的圆周运动,初瞬时速度 $v_0=-4$ m/s,切向加速度 $a_\tau=8$ m/s^2(为常量)。试求 $t=2$ s 时,该点速度和加速度的大小。

6.8　点沿空间曲线运动,在点 M 处其速度为 $\boldsymbol{v}=8\boldsymbol{i}+6\boldsymbol{j}$,加速度 $\boldsymbol{a}$ 与速度 $\boldsymbol{v}$ 的夹角 $\varphi=30°$,且 $a=20$ m/s^2,如习题 6.8 图所示。试计算轨迹在该点密切面内的曲率半径 ρ 和切向加速度 a_τ。

6.9　如习题 6.9 图所示,杆 AB 长 l,以等角速度 ω 绕点 B 转动,其运动方程为 $\varphi=\omega t$,而与杆连接的滑块 B 按规律 $S=a+b\sin\omega t$ 沿水平线作谐振动,其中 a 和 b 为常数。求点 A 的轨迹。

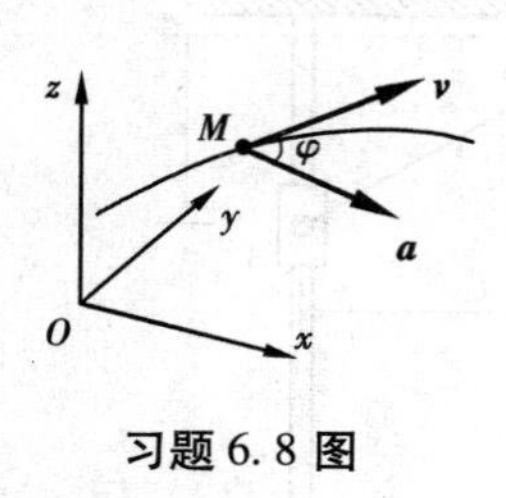

习题 6.8 图

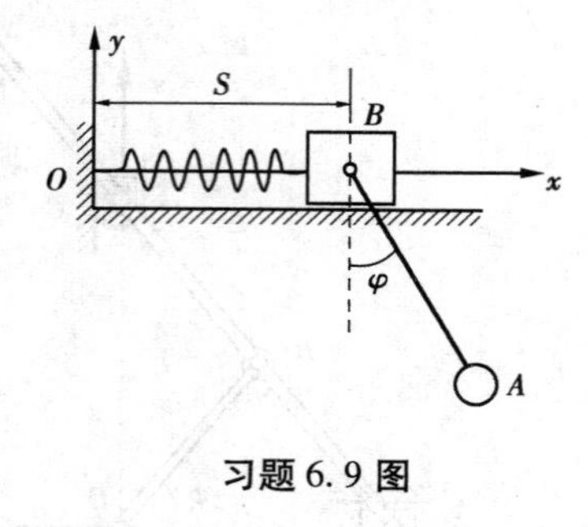

习题 6.9 图

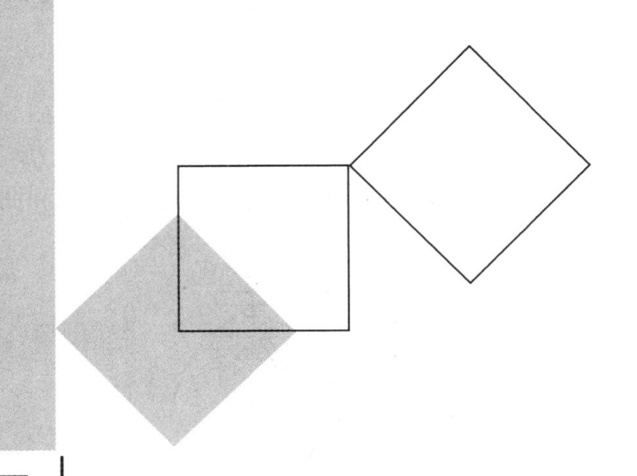

7 刚体的基本运动

本章导读：

- **基本要求** 理解刚体平动和刚体定轴转动的特征；掌握刚体定轴转动时的转动方程、角速度和角加速度及它们之间的关系；理解匀速和匀变速转动的定义，熟练掌握其计算公式；熟练计算定轴转动刚体上任一点的速度和加速度；初步了解角速度矢、角加速度矢，以及用矢积表示刚体上一点的速度与加速度。
- **重点** 刚体平动及其运动特征；刚体定轴转动、转动方程、角速度和角加速度；定轴转动的刚体上任一点的速度和加速度。
- **难点** 用矢积表示刚体上一点的速度与加速度。

第6章研究了点的运动，但在许多工程实际中经常要遇到各种形式的刚体运动。例如，桥式吊车和车床工作台的平行移动，电动机转子和皮带轮的转动，等等。人们考虑这些物体的运动时，都把它们看成是刚体，即认为物体内各点之间的距离保持不变。

本章将研究刚体运动的两种基本形式——刚体的平行移动和刚体绕定轴的转动。它们不但是刚体最简单的运动，而且刚体的某些复杂的运动总可以看成是这两种运动的合成。研究刚体的基本运动，一方面是因为刚体的基本运动在工程实际中有广泛的应用，另一方面也是因为刚体的基本运动是研究刚体复杂运动的基础。

7.1 刚体的平行移动

刚体在运动的过程中，如其上任一直线始终保持与初始位置平行（即任一直线都保持其方位不变），则称这种运动为刚体的平行移动，简称平动（Translation）。

刚体平动的例子在工程实际中很多，例如，电梯的升降、沿直线行驶的火车车厢（见图7.1）、摆动筛 AB 的运动（见图7.2）、刨床工作台的移动，等等。刚体作平动时，其上任一点的轨迹可以是直线(见图 7.1),也可以是曲线(见图 7.2)。所以,刚体的平动分为直线平动和曲线平动两种。

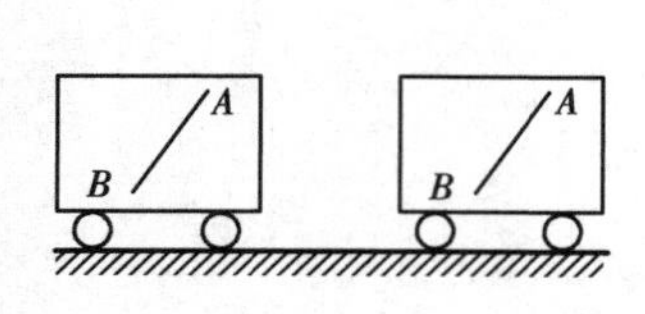

图 7.1

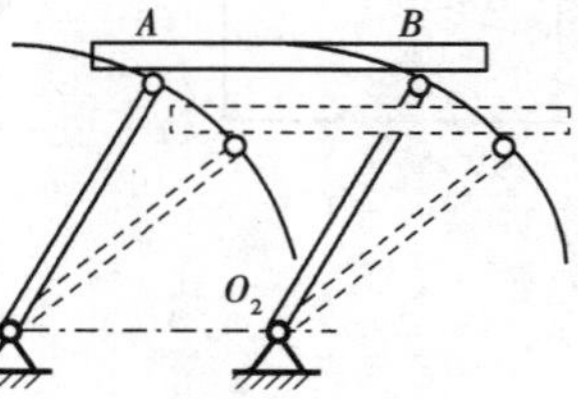

图 7.2

平动刚体上各点的轨迹、速度和加速度,具有下列重要特征:

(1)刚体平动时,其上各点的轨迹形状相同。

如图 7.3 所示,在平动刚体上任取两点 A 和 B,设点 A,B 的矢径分别为 $\boldsymbol{r}_A$ 和 $\boldsymbol{r}_B$,它们的矢端曲线就是点 A 和点 B 的轨迹。作矢量 $\overline{AB}$,由图 7.3 可知:

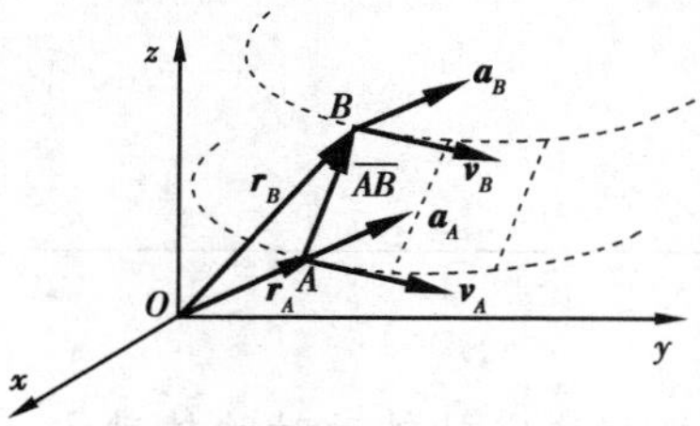

图 7.3

$$\boldsymbol{r}_B = \boldsymbol{r}_A + \overline{AB} \tag{7.1}$$

当刚体平动时,线段 AB 的长度和方位都不改变,所以 $\overline{AB}$ 为常矢量。因此只要把点 A 的轨迹沿 $\overline{AB}$ 方向平行搬移一段距离 AB,就能与点 B 的轨迹完全重合。因此 A,B 两点的轨迹形状完全相同。而 A,B 是平动刚体上任取的两点,所以,刚体平动时,其上各点的轨迹形状相同。

(2)刚体平动时,其上各点的速度相同,加速度也相同。

将式(7.1)两边对时间求一阶导数,注意到 $\overline{AB}$ 为常矢量,$\dfrac{\mathrm{d}\,\overline{AB}}{\mathrm{d}t} = \boldsymbol{o}$,故有:

$$\frac{\mathrm{d}\boldsymbol{r}_A}{\mathrm{d}t} = \frac{\mathrm{d}\boldsymbol{r}_B}{\mathrm{d}t}$$

即:

$$\boldsymbol{v}_A = \boldsymbol{v}_B \tag{7.2}$$

将式(7.2)两边再对时间求一阶导数,得:

$$\frac{\mathrm{d}\boldsymbol{v}_A}{\mathrm{d}t} = \frac{\mathrm{d}\boldsymbol{v}_B}{\mathrm{d}t}$$

即:

$$\boldsymbol{a}_A = \boldsymbol{a}_B \tag{7.3}$$

式(7.2),式(7.3)表明,刚体平动时,其上各点的速度相同,加速度也相同。

因此,研究刚体的平动,可以归结为研究刚体上任一点的运动问题。

7.2 刚体的定轴转动

刚体在运动过程中,其上(或其延伸部分)存在一条始终保持不动的直线,则这种运动称为刚体的定轴转动(Rotation about a fixed axis),简称转动。这条不动的直线称为转轴。

当刚体绕转轴作定轴转动时,转轴上各点的速度和加速度恒为零,转轴外各点都在垂直于转轴的平面内作圆周运动。

刚体的定轴转动在工程实际中应用极为广泛。例如，电机转子、飞轮、机床主轴、齿轮、皮带轮等的运动都是定轴转动的实例。

1）转动方程

设刚体绕 z 轴作定轴转动，如图 7.4(a)所示。为了确定刚体任一瞬时在空间的位置，可先通过 z 轴作一个不动的平面 P_0（称为定平面），再通过 z 轴作一个与刚体一起转动的平面 P（称为动平面）。于是，任一瞬时刚体的位置可由动平面 P 和定平面 P_0 的夹角 φ 来确定。角 φ 称为转角(Angle of rotation)，单位是弧度(rad)。它是一个代数量，其正负号按右手螺旋法则确定，或从 z 轴的正向向负向看，从定平面起按逆时针转得的角 φ 取正值；反之，取负值。当刚体绕定轴转动时，转角 φ 随时间 t 不断变化，是时间 t 的单值连续函数，即：

$$\varphi = f(t) \tag{7.4}$$

式(7.4)称为刚体的转动方程(Equation of rotation)，它反映了绕定轴转动刚体的运动规律。如果知道转动方程，则刚体在任一瞬时的位置就可确定。

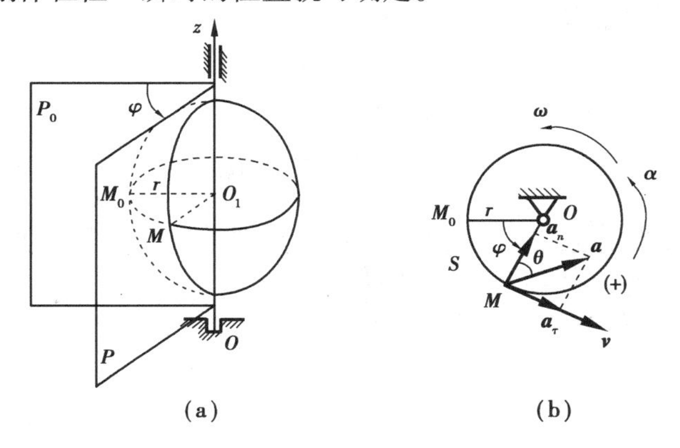

图 7.4

由于定轴转动的刚体上平行于转轴的任一直线均为平动，其上各点的运动特征量相同，因此刚体的定轴转动可以简化为垂直于转轴的平面图形在自身平面内绕固定点的转动，如图 7.4(b)所示，定点 O 是转轴上一点，称为转动中心。

2）角速度和角加速度

为了度量刚体转动的快慢和转向，引入角速度的概念。设在时间间隔 Δt 中，定轴转动刚体的转角增量，即刚体的角位移(Angular displacement)为 $\Delta\varphi$，则刚体的瞬时角速度定义为：

$$\omega = \lim_{\Delta t\to 0}\frac{\Delta\varphi}{\Delta t} = \frac{\mathrm{d}\varphi}{\mathrm{d}t} \tag{7.5}$$

即刚体的角速度(Angular velocity)等于其转角对时间的一阶导数。角速度 ω 是代数量，从 z 轴的正向向负向看，刚体逆时针方向转动时角速度为正，反之为负。角速度的单位为弧度/秒(rad/s)。工程实际中也常用转速 n 表示转动的快慢，转速的单位为转/分(r/min)。转速 n 与角速度 ω 的关系为：

$$\omega = \frac{2\pi n}{60} = \frac{\pi n}{30} \tag{7.6}$$

为了度量角速度的变化，引入角加速度的概念。设在时间间隔 Δt 中，定轴转动刚体角速度

的变化量为 $\Delta\omega$，则刚体的瞬时角加速度定义为：

$$\alpha = \lim_{\Delta t \to 0} \frac{\Delta\omega}{\Delta t} = \frac{d\omega}{dt} = \frac{d^2\varphi}{dt^2} \tag{7.7}$$

即刚体的角加速度（Angular acceleration）等于其角速度对时间的一阶导数，也等于其转角对时间的二阶导数。角加速度 α 的单位为弧度/秒^2（rad/s^2）。

角加速度也是代数量。当 α 与 ω 同号时，刚体作加速转动；当 α 与 ω 异号时，刚体作减速转动。

7.3 转动刚体内各点的速度和加速度

当刚体作定轴转动时，其上各点都在垂直于转轴的平面内作圆周运动，如图 7.4(a)所示。在刚体上任选一点 M，设它到转轴的垂直距离（称为转动半径）为 r，其转动中心为 O。取当刚体转角 φ 为零时点 M 所在位置 M_0 为弧坐标原点，以转角增加的方向为弧坐标正向，如图 7.4(b)所示。则任一瞬时点 M 的弧坐标可表示为：

$$S = r\varphi \tag{7.8}$$

式(7.8)对时间 t 求导得点 M 的速度大小为：

$$v = \frac{dS}{dt} = r\frac{d\varphi}{dt} = r\omega \tag{7.9}$$

即转动刚体内任一点的速度等于刚体角速度与该点转动半径的乘积。速度的方向垂直于转动半径，指向与角速度的转向一致，如图 7.4(b)所示。

式(7.9)对时间 t 求导得点 M 的切向加速度为：

$$a_\tau = \frac{dv}{dt} = r\frac{d\omega}{dt} = r\alpha \tag{7.10}$$

点 M 的法向加速度为：

$$a_n = \frac{v^2}{r} = \frac{(r\omega)^2}{r} = r\omega^2 \tag{7.11}$$

即转动刚体内任一点的切向加速度等于刚体角加速度与该点转动半径的乘积；其法向加速度等于刚体角速度的平方与该点转动半径的乘积。切向加速度垂直于转动半径，指向与角加速度的转向一致；而法向加速度总是沿转动半径指向转轴，因此又称向心加速度，如图 7.4(b)所示。

由切向加速度和法向加速度可得点 M 的全加速度 $\boldsymbol{a}$ 的大小和方向为：

$$a = \sqrt{a_\tau^2 + a_n^2} = \sqrt{(r\alpha)^2 + (r\omega^2)^2} = r\sqrt{\alpha^2 + \omega^4} \tag{7.12}$$

$$\tan\theta = \frac{|a_\tau|}{a_n} = \frac{|\alpha|}{\omega^2} \tag{7.13}$$

式(7.13)中 θ 为加速度 $\boldsymbol{a}$ 与转动半径 OM 的锐夹角。

在给定的瞬时，刚体的角速度 ω 和角加速度 α 均有确定的值，对刚体上任何点都是一样。因而，在同一瞬时，转动刚体上各点的速度 $\boldsymbol{v}$ 和加速度 $\boldsymbol{a}$ 的大小，均与该点的转动半径 r 成正比；各点速度 $\boldsymbol{v}$ 的方向都垂直于各点的转动半径；各点加速度 $\boldsymbol{a}$ 与转动半径的夹角 θ 都相等。转动刚体内在垂直于转轴平面内的转动半径上，各点的速度和加速度的分布规律如图 7.5 所示。

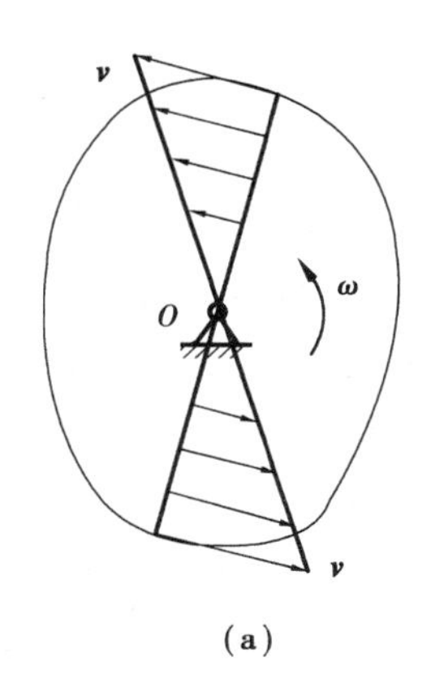

(a)

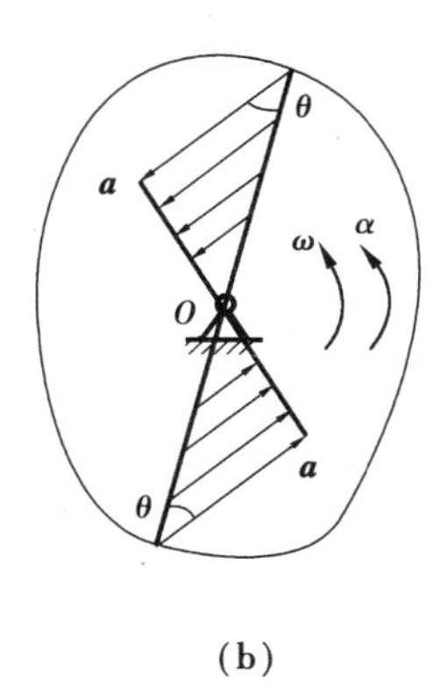

(b)

图 7.5

【例 7.1】　如图 7.6 所示，曲柄 O_1A 绕 O_1 轴转动，其转动方程为 $\varphi=\dfrac{\pi}{3}t^2(\text{rad})$；$O_2B$ 杆绕 O_2 轴转动，且杆 O_1A 与杆 O_2B 平行等长，$O_1A=O_2B=0.6\ \text{m}$。试求当 $t=1\ \text{s}$ 时，直杆 AB 上 D 点的速度和加速度。

【解】　由于 O_1A 与 O_2B 平行等长，则直杆 AB 作平动。

曲柄 O_1A 的角速度和角加速度为：

$$\omega=\frac{\mathrm{d}\varphi}{\mathrm{d}t}=\frac{2\pi}{3}t\ (\text{rad/s})$$

$$\alpha=\frac{\mathrm{d}\omega}{\mathrm{d}t}=\frac{2\pi}{3}\ (\text{rad/s}^2)$$

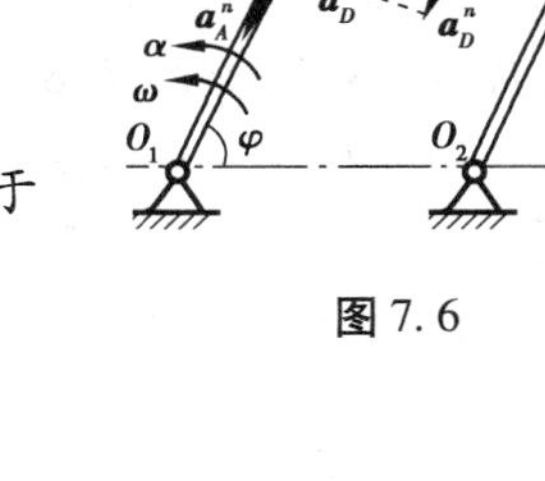

图 7.6

由平动的性质知，直杆 AB 上 D 点的速度和加速度分别等于 A 点的速度和加速度。当 $t=1\ \text{s}$ 时：

$$v_D=v_A=O_1A\cdot\omega=0.6\times\frac{2\pi}{3}\text{m/s}=1.256\ \text{m/s}$$

$$a_D^\tau=a_A^\tau=O_1A\cdot\alpha=0.6\times\frac{2\pi}{3}\text{m/s}^2=1.256\ \text{m/s}^2$$

$$a_D^n=a_A^n=O_1A\cdot\omega^2=0.6\times\left(\frac{2\pi}{3}\right)^2\text{m/s}^2=2.629\ \text{m/s}^2$$

它们的方向如图 7.6 所示。D 点的全加速度为：

$$a_D=\sqrt{(a_D^\tau)^2+(a_D^n)^2}=\sqrt{1.256^2+2.629^2}\ \text{m/s}^2=2.914\ \text{m/s}^2$$

全加速度与转动半径的夹角为：

$$\tan\theta=\frac{|a_D^\tau|}{a_D^n}=\frac{|\alpha|}{\omega^2}=0.477\,7,\quad \theta=25.5°$$

【例 7.2】　如图 7.7 所示，一半径为 $R=0.2\ \text{m}$ 的圆轮绕 O 轴作定轴转动，其转动方程为 $\varphi=-t^2+4t$（其中 φ 的单位为 rad；t 的单位为 s）。①当 $t=1\ \text{s}$ 时，试求轮缘上 M 点的速度和加速度；②若轮上绕一不可伸长的绳索，并在绳索下端悬一物体 A，求当 $t=1\ \text{s}$ 时，物体 A 的速度和加速度。

【分析】　由于绳索不可伸长并且缠绕在轮上，则物体 A 的速度和加速度的数值等于轮缘上任一点的速度和切向加速度的值。

【解】　圆轮在任一瞬时的角速度和角加速度为：

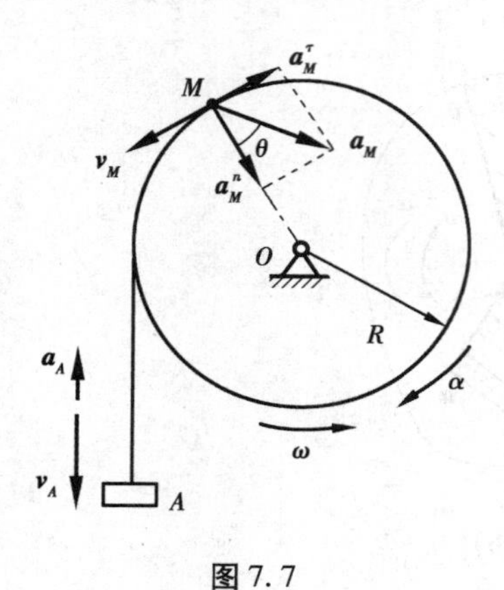

图 7.7

$$\omega = \frac{d\varphi}{dt} = -2t + 4(\text{rad/s})$$

$$\alpha = \frac{d\omega}{dt} = -2(\text{rad/s}^2)$$

当 $t=1$ s 时,轮缘上任一点 M 的速度和加速度为:

$$v_M = R\cdot\omega = 0.2\times 2\ \text{m/s} = 0.4\ \text{m/s}$$

$$a_M^\tau = R\cdot\alpha = 0.2\times(-2)\text{m/s}^2 = -0.4\ \text{m/s}^2$$

$$a_M^n = R\cdot\omega^2 = 0.2\times 2^2\ \text{m/s}^2 = 0.8\ \text{m/s}^2$$

它们的方向如图 7.7 所示。点 M 的全加速度为:

$$a_M = \sqrt{(a_M^\tau)^2 + (a_M^n)^2} = 0.894\ 4\ \text{m/s}^2$$

全加速度与转动半径的夹角为:

$$\tan\theta = \frac{|a_M^\tau|}{a_M^n} = \frac{|-0.4|}{0.8} = 0.5,\quad \theta = 26.57°$$

因绳索不可伸长,且设绳索与轮之间无相对滑动,则 A 物体做直线运动的速度和加速度的值,与轮缘上 M 点的速度和切向加速度的值相等,即:

$$v_A = v_M = 0.4\ \text{m/s},\qquad a_A = a_M^\tau = -0.4\ \text{m/s}^2$$

A 物体的速度 $\boldsymbol{v}_A$,加速度 $\boldsymbol{a}_A$ 如图 7.7 所示。

【例 7.3】 一飞轮由静止($\omega_0=0$)开始作变速转动。轮的半径 $r=0.4$ m,轮缘上点 M 在某瞬时的全加速度 $a=20\ \text{m/s}^2$,与半径的夹角 $\theta=30°$,如图 7.8 所示。当 $t=0$ 时,$\varphi_0=0$。试求:①飞轮的转动方程;②当 $t=2$ s 时点 M 的速度和法向加速度。

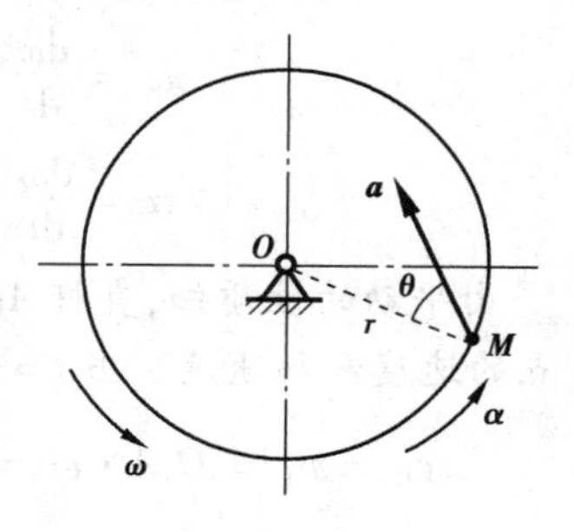

图 7.8

【解】 将点 M 在图示瞬时的全加速度沿轨迹的切向和法向分解,则切向加速度及角加速度为:

$$a_\tau = a\sin\theta = 10\ \text{m/s}^2,\quad \alpha = a_\tau/r = 25\ \text{rad/s}^2$$

由:

$$\alpha = \frac{d\omega}{dt},\qquad \omega = \frac{d\varphi}{dt}$$

得:

$$d\omega = \alpha dt,\quad d\varphi = \omega dt$$

两式分别积分:

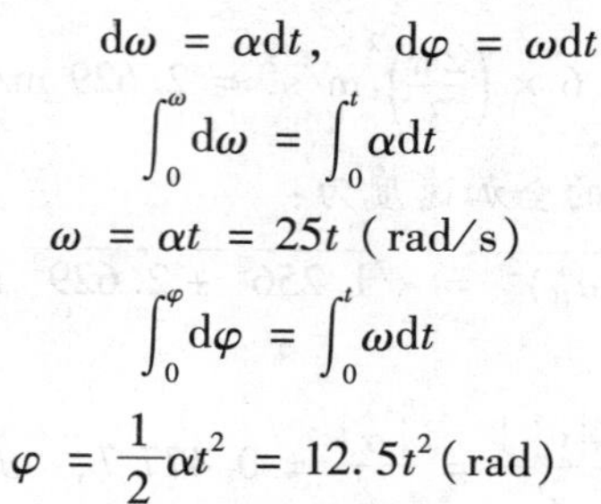

$$\int_0^\omega d\omega = \int_0^t \alpha dt$$

$$\omega = \alpha t = 25t\ (\text{rad/s})$$

$$\int_0^\varphi d\varphi = \int_0^t \omega dt$$

$$\varphi = \frac{1}{2}\alpha t^2 = 12.5t^2(\text{rad})$$

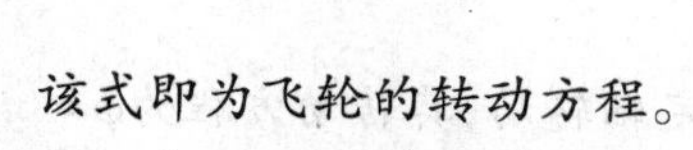

该式即为飞轮的转动方程。

当 $t=2$ s 时,飞轮的角速度为:

$$\omega = \alpha t = 25\ \text{rad/s}^2\times 2\ \text{s} = 50\ \text{rad/s}$$

于是得 $t=2$ s 时,点 M 的速度及法向加速度为:

$$v = r\omega = 0.4\times 50\ \text{m/s} = 20\ \text{m/s}$$

$$a_n = r\omega^2 = 0.4\times 50^2\ \text{m/s}^2 = 1\ 000\ \text{m/s}^2$$

【例 7.4】　定轴轮系如图 7.9 所示，主动轮Ⅰ通过轮齿与从动轮Ⅱ轮齿啮合实现转动传递。主动轮Ⅰ和从动轮Ⅱ的半径分别为 r_1, r_2，齿数分别为 z_1, z_2。设：Ⅰ轮的角速度为 ω_1（转数为 n_1），角加速度为 α_1；Ⅱ轮的角速度为 ω_2（转数为 n_2），角加速度为 α_2。试求上述各参数之间满足的关系。

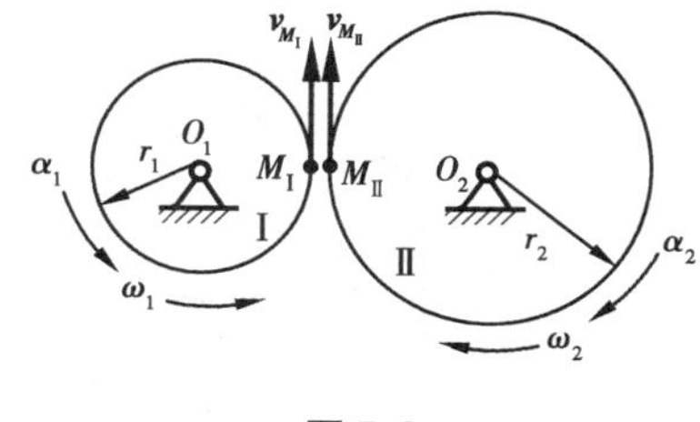

图 7.9

【解】　在齿轮的传动中，齿轮相互啮合，可看作两轮作无相对滑动的滚动，因此，两轮的相切点（齿轮的啮合点）$M_Ⅰ, M_Ⅱ$ 的速度相等，切向加速度相等，即：

$$v_{M_Ⅰ} = v_{M_Ⅱ},\ a^{\tau}_{M_Ⅰ} = a^{\tau}_{M_Ⅱ}$$

Ⅰ，Ⅱ轮分别作定轴转动，因此：

$$v_{M_Ⅰ} = r_1\omega_1 = r_1\frac{n_1\pi}{30},\quad v_{M_Ⅱ} = r_2\omega_2 = r_2\frac{n_2\pi}{30}$$

$$a^{\tau}_{M_Ⅰ} = r_1\alpha_1,\ a^{\tau}_{M_Ⅱ} = r_2\alpha_2$$

故有：

$$r_1\omega_1 = r_2\omega_2 \quad 或 \quad \frac{\omega_1}{\omega_2} = \frac{n_1}{n_2} = \frac{r_2}{r_1}$$

$$r_1\alpha_1 = r_2\alpha_2 \quad 或 \quad \frac{\alpha_1}{\alpha_2} = \frac{r_2}{r_1}$$

齿数与轮的周长成正比，即：

$$\frac{z_1}{z_2} = \frac{2\pi r_1}{2\pi r_2} = \frac{r_1}{r_2}$$

工程中常把主动轮与从动轮的角速度（或转数）之比称为传动比，并用 i_{12} 表示，即：

$$i_{12} = \frac{\omega_1}{\omega_2} = \frac{n_1}{n_2} = \frac{\alpha_1}{\alpha_2} = \frac{r_2}{r_1} = \frac{z_2}{z_1} \tag{7.14}$$

7.4* 转动刚体内点的速度和加速度的矢积表示

前两节中，把转动刚体的角速度和角加速度都看成是标量，并用以推导刚体上任一点的速度大小和加速度分量大小的表达式，这些公式在进行一般计算时是很方便的。但是，当问题比较复杂时，特别是进行理论分析时，矢量表达式往往更为简便，因为这种形式可以同时表示出各个量的大小和方向。

1）角速度和角加速度矢量

绕定轴转动的刚体角速度可以用矢量表示，如图 7.10 所示。角速度矢 $\boldsymbol{\omega}$ 的大小等于角速度的绝对值，即：

$$|\boldsymbol{\omega}| = |\omega| = \left|\frac{d\varphi}{dt}\right| \tag{7.15}$$

角速度矢 $\boldsymbol{\omega}$ 沿转轴，它的指向按照右手螺旋法则确定，即右手握拳，四指表示刚体绕轴的转向，大拇指的指向就表示 $\boldsymbol{\omega}$ 的指向。角速度矢 $\boldsymbol{\omega}$ 的起点可以在转轴上任意选取，因此，定轴转动刚体的角速度矢是滑动矢量。

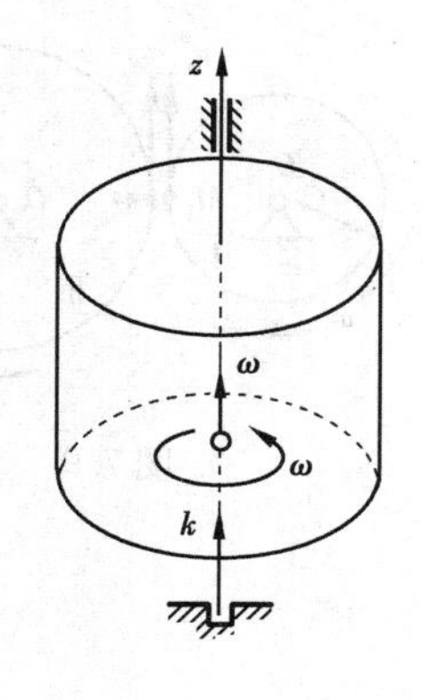

图 7.10

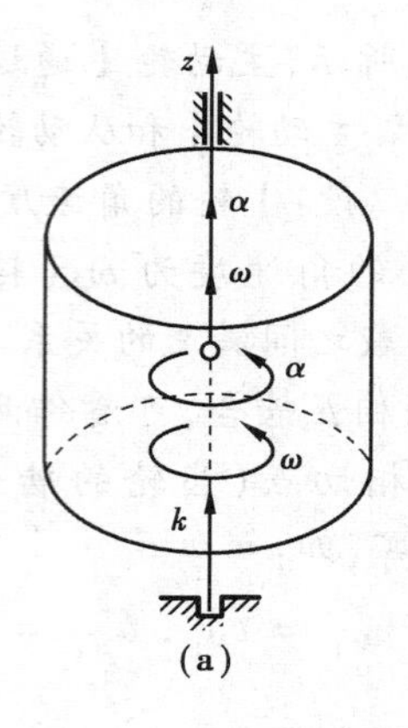

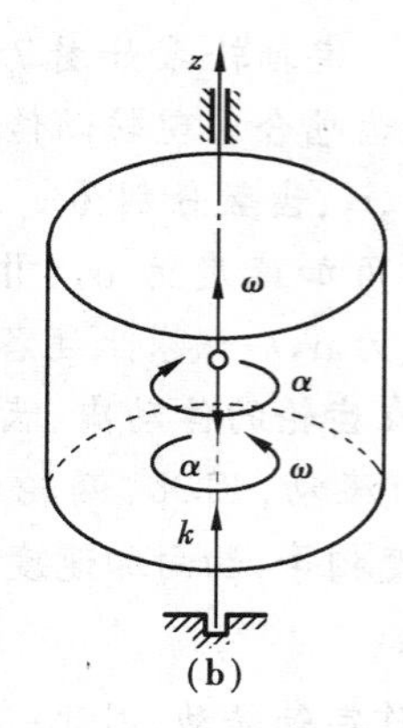

图 7.11

若以 $\boldsymbol{k}$ 表示刚体转轴 z 的单位矢量，则角速度矢可表示成：

$$\boldsymbol{\omega} = \omega\boldsymbol{k} = \frac{\mathrm{d}\varphi}{\mathrm{d}t}\boldsymbol{k} \tag{7.16}$$

同样，刚体绕定轴转动的角加速度矢也可用一个沿轴线的滑动矢量表示：

$$\boldsymbol{\alpha} = \alpha\boldsymbol{k} \tag{7.17}$$

其中 α 是角加速度的代数值，它等于$\frac{\mathrm{d}\omega}{\mathrm{d}t}$或$\frac{\mathrm{d}^2\varphi}{\mathrm{d}t^2}$，于是有：

$$\boldsymbol{\alpha} = \frac{\mathrm{d}\omega}{\mathrm{d}t}\boldsymbol{k} = \frac{\mathrm{d}(\omega\boldsymbol{k})}{\mathrm{d}t} = \frac{\mathrm{d}\boldsymbol{\omega}}{\mathrm{d}t} \tag{7.18}$$

即角加速度矢 $\boldsymbol{\alpha}$ 等于角速度矢 ω 对时间的一阶导数。

当刚体绕定轴加速转动时，$\boldsymbol{\alpha}$ 与 $\boldsymbol{\omega}$ 同向；减速转动时，$\boldsymbol{\alpha}$ 与 $\boldsymbol{\omega}$ 异向，如图 7.11 所示。

2）速度和加速度的矢积表达式

利用角速度矢 $\boldsymbol{\omega}$ 和角加速度矢 $\boldsymbol{\alpha}$，可以得出刚体内任一点的速度、切向加速度和法向加速度的矢积表达式。

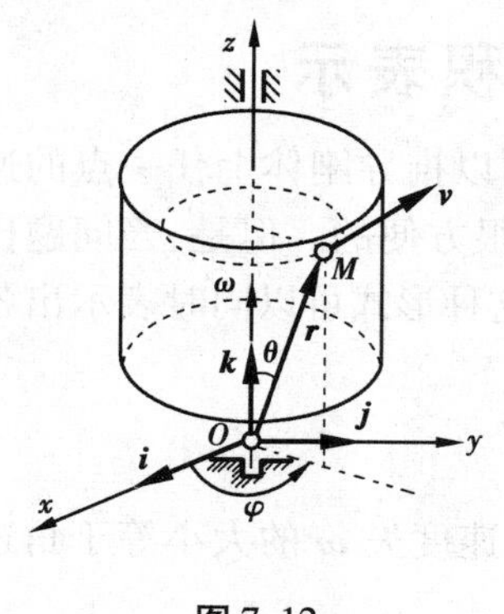

图 7.12

设 M 为绕 z 轴作定轴转动刚体内的任一点 M 的矢径为 $\boldsymbol{r}$，矢径 $\boldsymbol{r}$ 与 z 轴正向的夹角为 θ，如图 7.12 所示。显然，在刚体作定轴转动的过程中，M 点作圆周运动，θ 和 $\boldsymbol{r}$ 的模 r 保持不变，但 $\boldsymbol{r}$ 的方向在不断变化，且是时间的函数。因此有：

$$\frac{\mathrm{d}\theta}{\mathrm{d}t} = 0, \quad \frac{\mathrm{d}r}{\mathrm{d}t} = 0$$

对于 $Oxyz$ 固定坐标系，设其沿三个坐标轴的单位矢量为 $\boldsymbol{i}$，$\boldsymbol{j}$，$\boldsymbol{k}$，则 $\boldsymbol{i}$，$\boldsymbol{j}$，$\boldsymbol{k}$ 为常矢量，不随时间变化。因此有：

$$\boldsymbol{k} \times \boldsymbol{k} = \boldsymbol{0}, \quad \boldsymbol{k} \times \boldsymbol{j} = -\boldsymbol{i}, \quad \boldsymbol{k} \times \boldsymbol{i} = \boldsymbol{j}$$

$$\frac{\mathrm{d}\boldsymbol{i}}{\mathrm{d}t} = \boldsymbol{0}, \quad \frac{\mathrm{d}\boldsymbol{j}}{\mathrm{d}t} = \boldsymbol{0}, \quad \frac{\mathrm{d}\boldsymbol{k}}{\mathrm{d}t} = \boldsymbol{0}$$

点 M 的矢径 $\boldsymbol{r}$ 可表示成：

$$\boldsymbol{r} = r\sin\theta\cos\varphi\,\boldsymbol{i} + r\sin\theta\sin\varphi\,\boldsymbol{j} + r\cos\theta\,\boldsymbol{k}$$

该式即为点 M 的运动方程。所以点 M 的速度为：

$$v = \frac{\mathrm{d}\boldsymbol{r}}{\mathrm{d}t} = -r\sin\theta\sin\varphi\frac{\mathrm{d}\varphi}{\mathrm{d}t}\boldsymbol{i} + r\sin\theta\cos\varphi\frac{\mathrm{d}\varphi}{\mathrm{d}t}\boldsymbol{j}$$

而 $\boldsymbol{\omega} = \omega\boldsymbol{k} = \frac{\mathrm{d}\varphi}{\mathrm{d}t}\boldsymbol{k}$，所以得：

$$\begin{aligned} \boldsymbol{v} &= r\sin\theta[\sin\varphi(-\boldsymbol{i}) + \cos\varphi\boldsymbol{j}]\omega \\ &= [r\sin\theta\sin\varphi(\boldsymbol{k}\times\boldsymbol{j}) + r\sin\theta\cos\varphi(\boldsymbol{k}\times\boldsymbol{i}) + r\cos\theta(\boldsymbol{k}\times\boldsymbol{k})]\omega \\ &= \omega\boldsymbol{k}\times[r\sin\theta\cos\varphi\boldsymbol{i} + r\sin\theta\sin\varphi\boldsymbol{j} + r\cos\theta\boldsymbol{k}] \\ &= \boldsymbol{\omega}\times\boldsymbol{r} \end{aligned} \tag{7.19}$$

即绕定轴转动的刚体上任意一点的速度 $\boldsymbol{v}$ 等于刚体作定轴转动的角速度矢 $\boldsymbol{\omega}$ 与该点矢经 $\boldsymbol{r}$ 的矢积。

点 M 速度的大小为：

$$v = \omega r\sin\theta$$

方向垂直于 $\boldsymbol{\omega}$ 和 $\boldsymbol{r}$ 所组成的平面，指向按右手法则确定，如图 7.12 所示。

将式(7.19)对时间求一阶导数得：

$$\boldsymbol{a} = \frac{\mathrm{d}\boldsymbol{v}}{\mathrm{d}t} = \frac{\mathrm{d}}{\mathrm{d}t}(\boldsymbol{\omega}\times\boldsymbol{r}) = \frac{\mathrm{d}\boldsymbol{\omega}}{\mathrm{d}t}\times\boldsymbol{r} + \boldsymbol{\omega}\times\frac{\mathrm{d}\boldsymbol{r}}{\mathrm{d}t}$$

将式(7.18)、式(6.3)代入上式得

$$\boldsymbol{a} = \boldsymbol{\alpha}\times\boldsymbol{r} + \boldsymbol{\omega}\times\boldsymbol{v} \tag{7.20}$$

因为：

$$\boldsymbol{\alpha} = \alpha\boldsymbol{k}, \boldsymbol{\omega} = \omega\boldsymbol{k}, \boldsymbol{a}\cdot\boldsymbol{k} = (\alpha\boldsymbol{k}\times\boldsymbol{r})\cdot\boldsymbol{k} + (\omega\boldsymbol{k}\times\boldsymbol{v})\cdot\boldsymbol{k} = 0 + 0 = 0$$

所以：

$$\boldsymbol{\alpha}\times\boldsymbol{r}\perp\boldsymbol{k}, \boldsymbol{\omega}\times\boldsymbol{v}\perp\boldsymbol{k}, \boldsymbol{\alpha}\times\boldsymbol{r}\text{ 和 }\boldsymbol{\omega}\times\boldsymbol{v}\text{ 也与转轴正交。}$$

这表明 M 点的加速度矢量 $\boldsymbol{a}$ 与转轴上的单位矢量 $\boldsymbol{k}$ 正交。

又 $\boldsymbol{\alpha}\times\boldsymbol{r} = \alpha\boldsymbol{k}\times\boldsymbol{r}$，$\boldsymbol{v} = \boldsymbol{\omega}\times\boldsymbol{r} = \omega\boldsymbol{k}\times\boldsymbol{r}$，$(\boldsymbol{\omega}\times\boldsymbol{v})\cdot\boldsymbol{v} = 0$，所以 $\boldsymbol{\alpha}\times\boldsymbol{r}$ 与速度 $\boldsymbol{v}$ 方向相同，$\boldsymbol{\omega}\times\boldsymbol{v}$ 与速度 $\boldsymbol{v}$ 方向垂直。

而：

$$|\boldsymbol{\alpha}\times\boldsymbol{r}| = |\boldsymbol{\alpha}||\boldsymbol{r}|\sin\theta = |\alpha|R = |a_\tau|$$

$$|\boldsymbol{\omega}\times\boldsymbol{v}| = |\boldsymbol{\omega}||\boldsymbol{v}|\sin\frac{\pi}{2} = R\omega^2 = a_n$$

因此：

$$\boldsymbol{a}_\tau = \boldsymbol{\alpha}\times\boldsymbol{r}, \qquad \boldsymbol{a}_n = \boldsymbol{\omega}\times\boldsymbol{v} \tag{7.21}$$

即绕定轴转动的刚体上任意一点的切向加速度 $\boldsymbol{a}_\tau$ 等于刚体的角加速度矢 $\boldsymbol{\alpha}$ 与该点矢径 $\boldsymbol{r}$ 的矢积；法向加速度矢量 $\boldsymbol{a}_n$ 等于刚体的角速度矢 $\boldsymbol{\omega}$ 与该点速度矢量 $\boldsymbol{v}$ 的矢积。$\boldsymbol{a}_\tau$，$\boldsymbol{a}_n$ 的方向如图 7.13 所示。

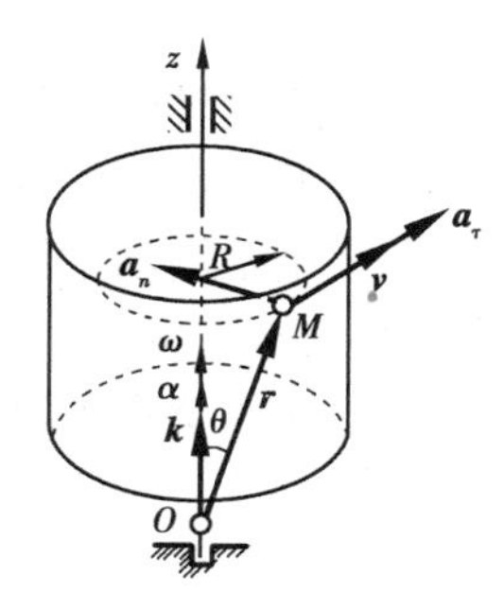

图 7.13

本章小结

(1)刚体平动

平动：在运动过程中，刚体上任意直线段始终与它的初始位置相平行。

①平动刚体上各点的轨迹形状相同。

②在同一瞬时，平动刚体上各点的速度相同，各点的加速度也相同。

(2)刚体的定轴转动

定轴转动：在运动过程中，刚体上有一条直线始终保持不动。

运动方程：$\varphi = f(t)$

角速度：$\omega = \dfrac{d\varphi}{dt}$

角加速度：$\alpha = \dfrac{d\omega}{dt} = \dfrac{d^2\varphi}{dt^2}$

(3)转动刚体上各点的速度和加速度

速度：$v = r\omega$

切向加速度：$a_\tau = r\alpha$

法向加速度：$a_n = r\omega^2$

全加速度：$a = \sqrt{a_\tau^2 + a_n^2} = r\sqrt{\alpha^2 + \omega^4}$

全加速度与转动半径的夹角：$\tan\theta = \dfrac{|a_\tau|}{a_n} = \dfrac{|\alpha|}{\omega^2}$

(4)点的速度和加速度的矢量表示

角速度矢：$\boldsymbol{\omega} = \omega \boldsymbol{k}$

角加速度矢：$\boldsymbol{\alpha} = \dot{\boldsymbol{\omega}} = \alpha \boldsymbol{k}$

速度：$\boldsymbol{v} = \boldsymbol{\omega} \times \boldsymbol{r}$

加速度：$\boldsymbol{a} = \boldsymbol{\alpha} \times \boldsymbol{r} + \boldsymbol{\omega} \times \boldsymbol{v}$

切向加速度：$\boldsymbol{a}_\tau = \boldsymbol{\alpha} \times \boldsymbol{r}$

法向加速度：$\boldsymbol{a}_n = \boldsymbol{\omega} \times \boldsymbol{v}$

思考题

7.1　作定轴转动的刚体，其转动轴是否一定在刚体内部？

7.2　两个作定轴转动的刚体，若角加速度始终相等，问这两个刚体的转动方程是否相同？

7.3　定轴转动刚体上哪些点的加速度大小相等？哪些点的加速度方向相同？哪些点的加速度大小、方向都相同？

7.4　刚体绕定轴转动，已知刚体上任意两点的速度的方位，问能不能确定转轴的位置？

习　题

7.1　飞轮边缘上一点 M，以匀速 $v = 10$ m/s 运动。后因刹车，该点以 $a_\tau = 0.1t$ m/s^2 作减速运动。设轮半径 $R = 0.4$ m，求 M 点在减速运动过程中的运动方程及 $t = 2$ s 时的速度、切向加速度与法向加速度。

7.2　物体绕定轴转动的运动方程为 $\varphi = 5t - 4t^3$（φ 以 rad 计，t 以 s 计）。试求物体内与转动轴相距 $r = 1$ m 的一点在 $t_0 = 0$ 与 $t_1 = 1$ s 时的速度和加速度的大小。

7.3　揉茶机的揉桶由三个曲柄支持，曲柄的支座 A, B, C 与支轴 a, b, c 恰好组成等边三角形，如习题7.3图所示。三个曲柄长相等，长为 $l=15$ cm，并以相同的转速 $n=45$ r/min 分别绕其支座在图示平面内转动。试求揉桶中心点O 的速度和加速度。

7.4 已知习题7.4图所示的铰车中各轮的半径为 $r_1=30$ cm，$r_2=75$ cm，$r_3=40$ cm。轮Ⅰ的转速 $n=100$ r/min。设皮带与轮之间无相对滑动，求重物 M 上升的速度以及皮带 AB，BC，CD，DA 各段上点的加速度的大小。

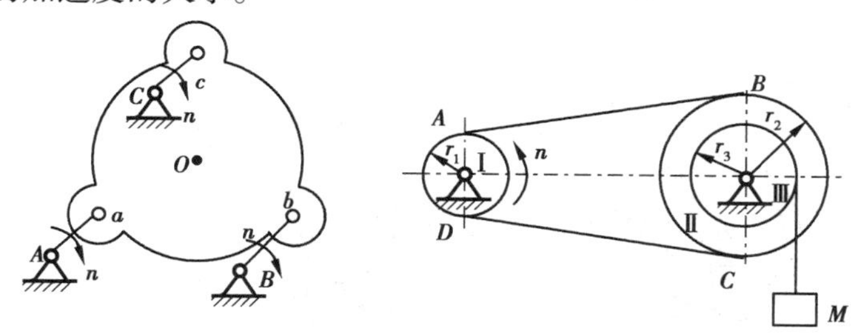

习题7.3图　　习题7.4图

7.5 轮Ⅰ、Ⅱ半径分别为 $r_1=100$ mm，$r_2=150$ mm，平板 AB 放置在两轮上，如习题7.5图所示。已知轮Ⅰ在某瞬时的角速度 $\omega=2$ rad/s，角加速度 $\alpha=1$ rad/s^2。求此时轮Ⅱ边缘上一点 C 的速度和加速度（设两轮与板接触处均无滑动）。

7.6 升降机装置由半径为 $R=0.2$ m 的鼓轮带动，如习题7.6图所示。被升降物体的运动方程为 $x=2t^2$（t 以 s 计，x 以 m 计）。求鼓轮的角速度和角加速度；并求在任意瞬时，鼓轮轮缘上一点的全加速度的大小。

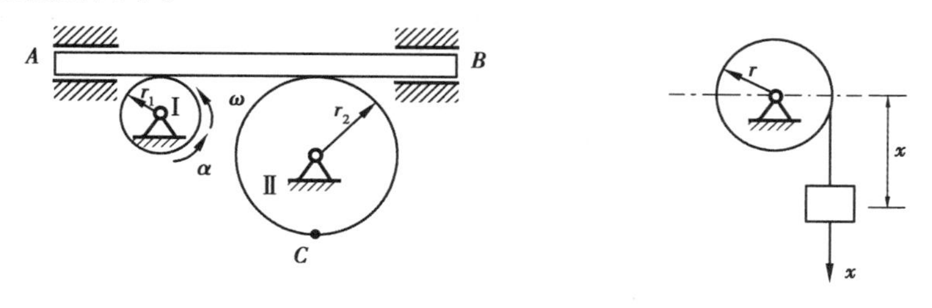

习题7.5图　　习题7.6图

7.7 习题7.7图所示的机构中，杆 AB 以匀速 $\boldsymbol{v}$ 沿铅直导槽向上运动，摇杆 OC 穿过套筒 A，$OC=a$，导槽到 O 的水平距离为 l，初始时 $\varphi=0$。试求当 $\varphi=\pi/4$ 时，摇杆 OC 的角速度和角加速度。

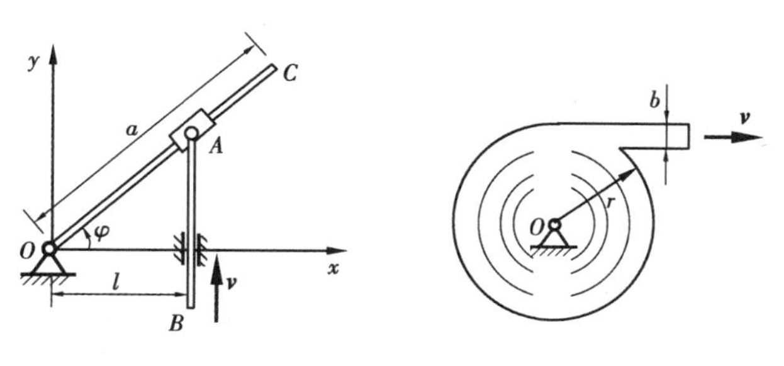

习题7.7图　　习题7.8图

7.8 习题7.8图所示的纸盘由厚度为 b 的纸条卷成。令纸盘的中心不动，纸盘的半径为 r，以匀速 v 拉动，试求纸盘的角加速度。

7.9　某飞轮绕固定轴 O 转动，在转动过程中，轮缘上任一点的加速度与半径的交角恒为60°，如习题7.9图所示。初瞬时，转角 φ_0 等于零，角速度为 ω_0，求飞轮的转动方程以及角速度和转角间的关系。

7.10　如习题7.10图所示，直角坐标系固定不动，已知某瞬时刚体以角速度 $\omega=18$ rad/s 绕过原点的 OA 轴转动，A 点的坐标为(10,40,80)。求此瞬时刚体上另一点 $M(20,-10,10)$ 的速度 v_M。

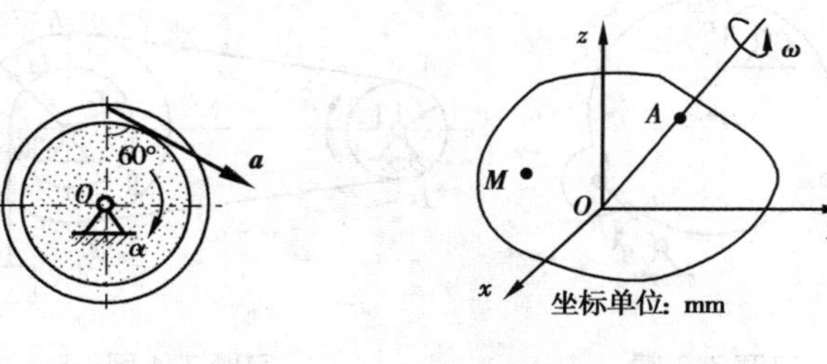

习题7.9图　　　　习题7.10图

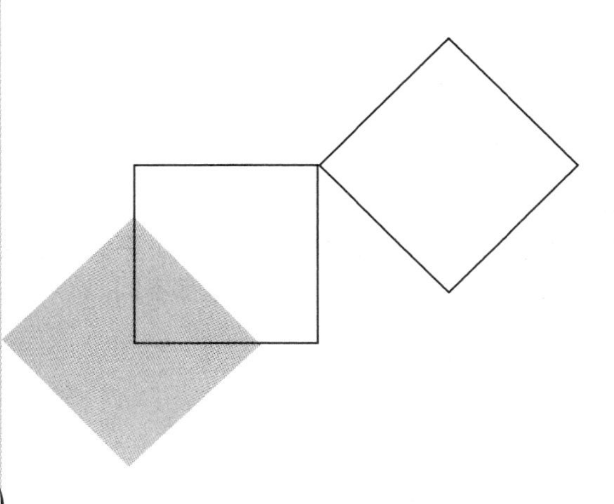

8 点的合成运动

本章导读:

- **基本要求** 理解三种运动、三种速度和三种加速度的定义;理解运动的合成与分解以及运动相对性的概念;掌握动点、动系和定系选择方法;熟练掌握速度合成定理,牵连运动为平动时点的加速度合成定理;掌握牵连运动为定轴转动时点的加速度合成定理;理解科氏加速度的概念。
- **重点** 运动的合成与分解;速度合成定理及其应用;加速度合成定理及其应用。
- **难点** 牵连点、牵连速度、牵连加速度及科氏加速度的概念;动点、动系的选择和相对运动的分析。

前面分析点的运动或刚体的基本运动时,都是以固定在地球表面的固定坐标系作为参考系的,所涉及的问题只需一个固定参考系即可完全描述。

但在很多工程实际问题中,只相对于一个参考系,很难完整的描述物体的运动。这时通常需要用两个不同的参考系来描述同一物体的运动。同一物体相对于不同参考系的运动是不同的。参考系选取得合适,往往使得运动的分析大大简化。研究物体相对于不同参考系的运动,分析物体相对于不同参考系运动之间的关系,称为运动的合成。

本章分析点的合成运动。研究运动中某一瞬时点的速度合成定理和加速度合成定理。

8.1 合成运动的基本概念

物体的运动是相对的,对于不同的参考系,其运动规律是不同的,即物体的运动相对于不同的参考系是不同的。如图 8.1(a)所示为沿 x 轴作纯滚动的圆轮,取 Oxy,$Cx'y'$为参考系(其中 C 为轮心,C 点作直线运动,运动过程中 $Cx' /\!/ Ox$,$Cy' /\!/ Oy$,即 $Cx'y'$相对 Oxy 作平动)。对于 Oxy 参考系而言,动点 M 的运动轨迹曲线为旋轮线;对于 $Cx'y'$参考系而言,动点 M 的运动轨迹曲线为圆周线。又如图8.1(b)所示,直管 OA 以角速度 ω 在水平面内绕 O 轴转动,管内有一小球 M 沿直管向外运动。对于固连于地面的参考系 Oxy,小球 M 作平面曲线运动;对于固连于直管的参考系 $Ox'y'$,小球 M 作直线运动。显然,在两种参考系中,动点 M 的速度和加速度也都不同。

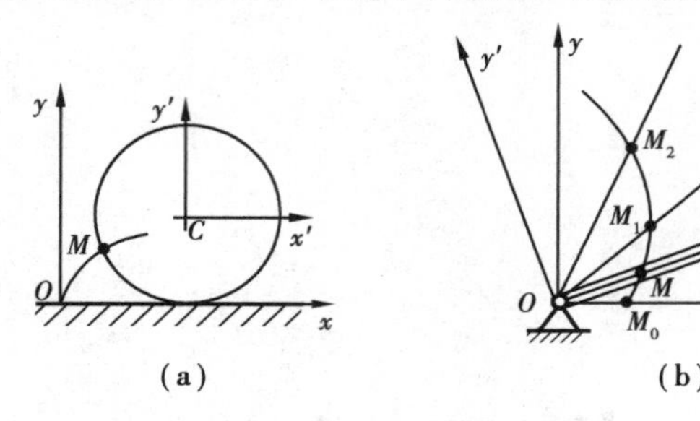

图8.1

从上面两个例子可以看到,同一物体相对于不同参考系表现出不同的运动,但这些不同运动之间是有联系的。图8.1(a)中 M 点沿旋轮线运动,但对于 $Cx'y'$ 参考系,点 M 作圆周运动,$Cx'y'$ 参考系相对 Oxy 作平动。这样点 M 的运动可看成由圆周运动和平动复合而成。又如图8.1(b)中点 M 的运动可看成由直线运动与定轴转动复合而成。这种相对于某一参考系的运动可由相对于其他参考系的几个运动复合而成的运动称为合成运动。在解决合成运动问题时,通常不直接求运动方程,而是通过某一瞬时各运动量(速度、加速度)之间的关系,确定待求的运动量。

为了便于研究,人们习惯上把固定于地球表面的坐标系称为定参考系(Fixed reference system),简称定系,以 $Oxyz$ 表示。而把固定于其他物体上相对于定系运动的参考系称为动参考系(Moving reference system),简称动系,以 $O'x'y'z'$ 表示。并规定,动点相对定系的运动称为绝对运动(Absolute motion);动点相对动系的运动称为相对运动(Relative motion);动系相对定系的运动称为牵连运动(Carrier motion)。从上述定义可知,绝对运动和相对运动都是指动点的运动,它可能是直线运动或曲线运动;而牵连运动则是指动系的运动,动系固连于运动的刚体上,因此,牵连运动实为固连动系的刚体的运动,它可能是平动、定轴转动或其他较复杂的刚体运动。

以图8.1(b)为例,为了描述小球 M 的运动,取小球 M 为动点,取 Oxy 为定系,取 $Ox'y'$ 为动系,这样,点 M(小球)的相对运动是沿直管的直线运动,绝对运动则是曲线运动,而牵连运动则是固结在杆 OA 上的动系绕 O 轴的转动。

动点在绝对运动中的轨迹、速度、加速度分别称为绝对轨迹、绝对速度(Absolute velocity)、绝对加速度(Absolute acceleration)。绝对速度和绝对加速度分别以 $\boldsymbol{v}_a$ 和 $\boldsymbol{a}_a$ 表示。动点在相对运动中的轨迹、速度、加速度分别称为相对轨迹、相对速度(Relative velocity)、相对加速度(Relative acceleration)。相对速度和相对加速度分别以 $\boldsymbol{v}_r$ 和 $\boldsymbol{a}_r$ 表示。某瞬时动系上与动点重合的点称为牵连点。牵连点相对于定系的速度和加速度分别称为牵连速度(Carrier velocity, Transport velocity)和牵连加速度(Carrier acceleration, Transport acceleration)。牵连速度和牵连加速度分别以 $\boldsymbol{v}_e$ 和 $\boldsymbol{a}_e$ 表示。这里应特别注意,在不同的瞬时有不同的牵连点。

某些比较复杂的运动,通过恰当地选择动系,可以看成是比较简单的牵连运动和相对运动的合成,或者说可以把复杂的运动分解为两个比较简单的运动。因此,合成运动无论在理论上还是工程应用上都具有重要的意义。

8.2 速度合成定理

本节将建立绝对速度、相对速度和牵连速度三者之间的关系。

设动点 M 在动系 $O'x'y'z'$ 中沿曲线 AB 运动(即曲线 AB 是点 M 的相对轨迹),而动系本身又相对于定系 $Oxyz$ 作某种运动,如图 8.2 所示。在瞬时 t,动系及其相对轨迹 AB 在定系中的Ⅰ位置,动点则在曲线 AB 上的 M 点。经过时间间隔 Δt,动系运动到定系中的Ⅱ位置,动点运动到点 M'。如果在动系上观察点 M 的运动,则它沿曲线 AB 运动到点 M_2。显然,动点 M 的绝对轨迹为$\overset{\frown}{MM'}$,绝对位移为$\overline{MM'}$;动点 M 的相对轨迹为$\overset{\frown}{MM_2}$,相对位移为$\overline{MM_2}$;$\overline{MM_1}$为牵连点的位移,$\overset{\frown}{MM_1}$为牵连点的轨迹。由图 8.2 可得:

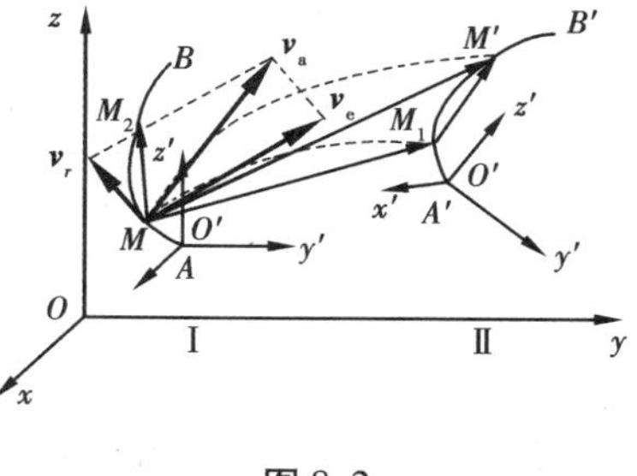

图 8.2

$$\overline{MM'} = \overline{MM_1} + \overline{M_1M'}$$

上式两边除以 Δt,并取 $\Delta t \to 0$ 的极限,得:

$$\lim_{\Delta t \to 0} \frac{\overline{MM'}}{\Delta t} = \lim_{\Delta t \to 0} \frac{\overline{MM_1}}{\Delta t} + \lim_{\Delta t \to 0} \frac{\overline{M_1M'}}{\Delta t}$$

其中:

$\lim\limits_{\Delta t \to 0} \dfrac{\overline{MM'}}{\Delta t} = \boldsymbol{v}_a$ 是点 M 在瞬时 t 的绝对速度,其方向沿$\overset{\frown}{MM'}$在 M 点的切线方向。

$\lim\limits_{\Delta t \to 0} \dfrac{\overline{MM_1}}{\Delta t} = \boldsymbol{v}_e$ 是在瞬时 t 的牵连速度,其方向沿$\overset{\frown}{MM_1}$在 M 点的切线方向。

$\lim\limits_{\Delta t \to 0} \dfrac{\overline{M_1M'}}{\Delta t} = \lim\limits_{\Delta t \to 0} \dfrac{\overline{MM_2}}{\Delta t} = \boldsymbol{v}_r$ 是点 M 在瞬时 t 的相对速度,其方向沿$\overset{\frown}{MM_2}$在 M 点的切线方向。

(因为$\overline{M_1M'}$和$\overline{MM_2}$两矢量的模相等,且随 $\Delta t \to 0$ 而趋于同一方向)

故可得:

$$\boldsymbol{v}_a = \boldsymbol{v}_e + \boldsymbol{v}_r \tag{8.1}$$

即某瞬时动点的绝对速度等于它在该瞬时的牵连速度与相对速度的矢量和,这就是速度合成定理。若以某瞬时牵连速度和相对速度的矢量为邻边作平行四边形,则其对角线就是该瞬时的绝对速度矢量,如图 8.2 所示。式(8.1)中包含有 $\boldsymbol{v}_a$、$\boldsymbol{v}_e$ 和 $\boldsymbol{v}_r$ 三者的大小和方向共 6 个要素,只有知道其中 4 个要素才能求解其余两个要素。

应用式(8.1)求解时,关于动点和动系的选择应注意三点:一是动点和动系不能选在同一刚体上,否则,动点对动系无相对运动;二是动点对动系的相对运动轨迹要简单明了,如为直线运动或圆周运动;三是在推导速度合成定理时,并未限制动系作什么样的运动,因此,该定理适用于牵连运动是任何运动的情况。

在应用速度合成定理解题时,建议按以下步骤进行:

①恰当地选择动点和动系,如无特殊说明,定系一般固连于地面上;

②分析三种运动,进而确定三种速度的大小和方向,哪些是已知的,哪些是未知的;

③按速度合成定理作出速度平行四边形,利用三角关系或矢量投影定理求解。

下面举例说明点的速度合成定理的应用。

【例 8.1】 汽车以速度 $\boldsymbol{v}_1$ 沿直线的道路行驶，雨滴以速度 $\boldsymbol{v}_2$ 铅直下落，如图 8.3 所示。试求雨滴相对于汽车的速度。

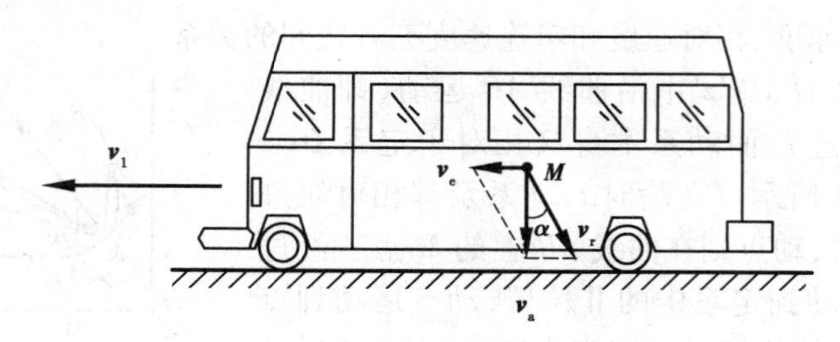

图 8.3

【解】 因为雨滴相对运动的汽车有运动，所以本题为点的合成运动问题，可应用点的速度合成定理求解。

(1) 选择动点及动系：取雨滴为动点，动系固定在汽车上。

(2) 分析三种运动：绝对运动为雨滴的铅直直线运动，牵连运动为汽车的水平平动。

(3) 分析三种速度：由速度合成定理知：

$$\boldsymbol{v}_a = \boldsymbol{v}_e + \boldsymbol{v}_r$$

速　度	$\boldsymbol{v}_a$	$\boldsymbol{v}_e$	$\boldsymbol{v}_r$
大　小	v_2	v_1	?
方　向	铅直向下	水平向左	?

作速度平行四边形，如图 8.3 所示。求得相对速度为：

$$v_r = \sqrt{v_a^2 + v_e^2} = \sqrt{v_2^2 + v_1^2}$$

雨滴相对于汽车的速度 $\boldsymbol{v}_r$ 与铅垂线的夹角满足：

$$\tan\alpha = \frac{v_1}{v_2}$$

【例 8.2】 如图 8.4 所示机构中，曲柄 OA 可绕固定轴 O 转动，滑块用销钉 A 与曲柄相连，并可在滑道 DE 中滑动。曲柄转动时通过滑块带动滑道连杆 $BCDE$ 沿导槽运动。已知曲柄长 $OA=r$，角速度为 ω。试求当 OA 杆与水平线成 φ 角时 BC 杆的速度。

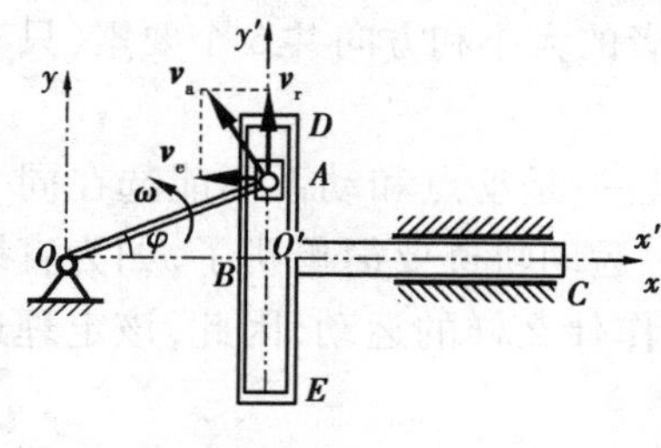

图 8.4

【解】 因为滑块 A 沿运动着的滑道 DE 运动，所以本题为点的合成运动问题，可应用点的速度合成定理求解。

(1) 选择动点及动系：动点取滑块 A，动系固连在滑道连杆 $BCDE$ 上。

(2) 分析三种运动：绝对运动是滑块 A 以 O 为圆心，OA 长为半径的圆周运动，相对运动是滑块 A 沿滑道 DE 的直线运动，牵连运动为滑道连杆的水平平动。

(3) 分析三种速度：由速度合成定理知：

$$\boldsymbol{v}_a = \boldsymbol{v}_e + \boldsymbol{v}_r$$

速　度	$\boldsymbol{v}_a$	$\boldsymbol{v}_e$	$\boldsymbol{v}_r$
大　小	$r\omega$	?	?
方　向	垂直 OA	水平方向	铅直方向

作速度平行四边形,如图 8.4 所示。求得牵连速度的大小为:

$$v_e = v_a \sin\varphi = r\omega \sin\varphi$$

牵连速度就是滑道 DE 及 BC 杆的速度,即:

$$v_{BC} = v_e = r\omega \sin\varphi$$

【例 8.3】 如图 8.5 所示为曲柄滑道机构,T 字形杆 BC 部分处于水平位置,DE 部分处于铅直位置并放在套筒 A 中。已知曲柄 OA 以匀角速度 $\omega = 20$ rad/s 绕 O 轴转动,$OA = r = 10$ cm。试求当曲柄 OA 与水平线的夹角 $\varphi = 0°, 30°, 60°, 90°$时,T 形杆的速度。

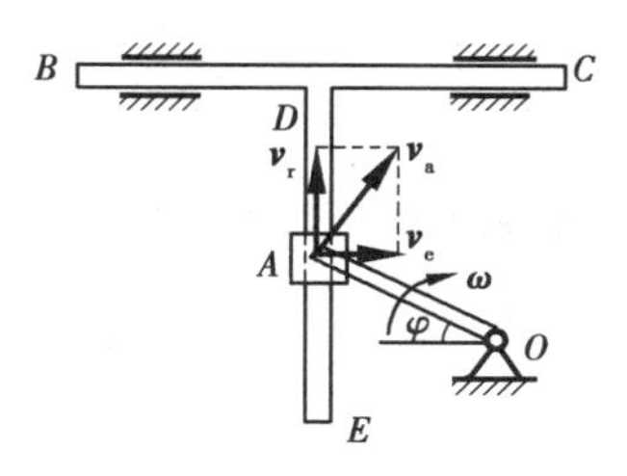

图 8.5

【解】 先求出 φ 角为任意值时 T 形杆的速度,再代入 φ 角的各瞬时值,即得该瞬时 T 形杆的速度。

(1)选择动点及动系:选套筒 A 为动点,动系固连于 T 字形杆上。

(2)分析三种运动:绝对运动为套筒 A 绕 O 点的圆周运动,相对运动为套筒 A 沿 DE 的直线运动,牵连运动为 T 字形杆的平动。

(3)分析三种速度:由速度合成定理知:

$$\boldsymbol{v}_a = \boldsymbol{v}_e + \boldsymbol{v}_r$$

速　度	$\boldsymbol{v}_a$	$\boldsymbol{v}_e$	$\boldsymbol{v}_r$
大　小	$r\omega$	?	?
方 向	垂直 OA	水平方向	铅直方向

作速度平行四边形,如图 8.5 所示。求得牵连速度的大小为:

$$v_e = v_a \sin\varphi = r\omega \sin\varphi$$

故 T 字形杆的速度为:

$$v_T = v_e = r\omega \sin\varphi$$

将已知条件代入得:

$$\varphi = 0° \qquad v_T = r\omega \sin\varphi = 200 \times \sin 0° = 0$$

$$\varphi = 30° \qquad v_T = r\omega \sin\varphi = 200 \times \sin 30° \text{ cm/s} = 100 \text{ cm/s}$$

$$\varphi = 60° \qquad v_T = r\omega \sin\varphi = 200 \times \sin 60° \text{ cm/s} = 173.2 \text{ cm/s}$$

$$\varphi = 90° \qquad v_T = r\omega \sin\varphi = 200 \times \sin 90° \text{ cm/s} = 200 \text{ cm/s}$$

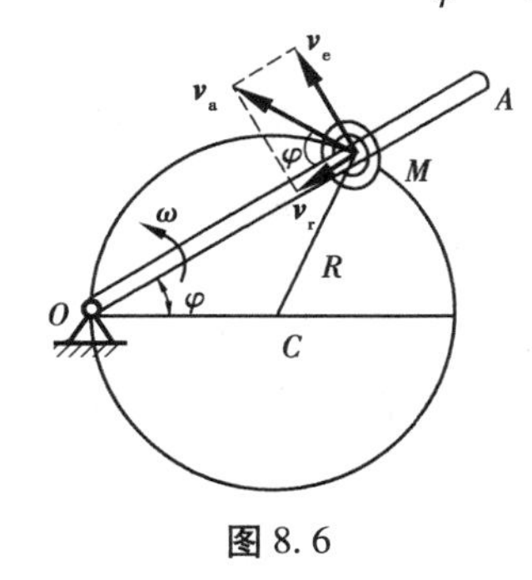

图 8.6

【例 8.4】 曲柄 OA 以匀角速度 ω 绕 O 轴转动,其上套有小环 M,而小环 M 又在固定的大圆环上运动,大圆环的半径为 R,如图 8.6 所示。试求当曲柄与水平线所成的角 $\varphi = \omega t$ 时,小环 M 的绝对速度和相对曲柄 OA 的相对速度。

【解】 (1)选择动点及动系:选小环 M 为动点,动系固连在 OA 上。

(2)分析三种运动:绝对运动为小环 M 绕 C 点的圆周运动,

相对运动为小环 M 沿 OA 的直线运动，牵连运动为 OA 杆的定轴转动。

(3)分析三种速度：由速度合成定理知：

$$\boldsymbol{v}_a = \boldsymbol{v}_e + \boldsymbol{v}_r$$

速　度	$\boldsymbol{v}_a$	$\boldsymbol{v}_e$	$\boldsymbol{v}_r$
大　小	?	$OM\omega$	?
方　向	垂直 CM	水平方向	沿 OA

作速度平行四边形，如图 8.6 所示。求得绝对速度和相对速度的大小分别为：

$$v_a = \frac{v_e}{\cos\varphi} = \frac{2R\omega\cos\varphi}{\cos\varphi} = 2R\omega$$

$$v_r = v_e\tan\varphi = 2R\omega\cos\varphi\tan\varphi = 2R\omega\sin\varphi = 2R\omega\sin\omega t$$

【例 8.5】 如图 8.7(a)所示，半径为 R，偏心距为 e 的凸轮，以匀角速度 ω 绕 O 轴转动，并使滑槽内的直杆 AB 上下移动，设 OAB 在一条直线上。当轮心 C 与 O 轴在图示的水平位置时，试求该瞬时杆 AB 的速度。

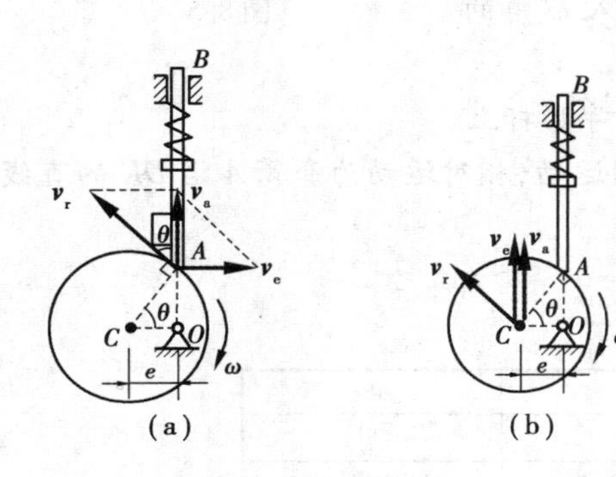

图 8.7

【解】 (1)选择动点及动系：选杆 AB 上的 A 点为动点，动系固连在凸轮上。

(2)分析三种运动：绝对运动为直线运动，相对运动为 A 点绕 C 点的圆周运动，牵连运动为凸轮绕 O 轴的定轴转动。

(3)分析三种速度：由速度合成定理知：

$$\boldsymbol{v}_a = \boldsymbol{v}_e + \boldsymbol{v}_r$$

速　度	$\boldsymbol{v}_a$	$\boldsymbol{v}_e$	$\boldsymbol{v}_r$
大　小	?	$OA\omega$	?
方　向	铅垂	垂直 OA	垂直 CA

作速度平行四边形，如图 8.7(a)所示。求得绝对速度的大小为：

$$v_a = v_e\cot\theta = \omega\cdot OA\frac{e}{OA} = \omega e$$

讨论：本题的另一种解法是：选轮心 C 为动点，动系固连在杆 AB 上。

动点 C 的绝对运动是以 O 为圆心的圆周运动，绝对速度的方向垂直于 OC；相对运动是以 A 为圆心的圆周运动，相对速度垂直于 CA；牵连运动为 OA 杆的铅直平动，牵连速度平行于 AB。作速度矢量图如图 8.7(b)所示。杆 AB 的速度为：

$$v_e = v_a = \omega\cdot OC = \omega e$$

【例 8.6】 如图 8.8 所示机构中，半径为 r 的半圆柱凸轮水平向左运动，且推动杆 OA 绕 O 轴作定轴转动。在图示位置时，凸轮的速度为 $\boldsymbol{u}$，$\varphi = 30°$。试求该瞬时 OA 杆转动的角速度。

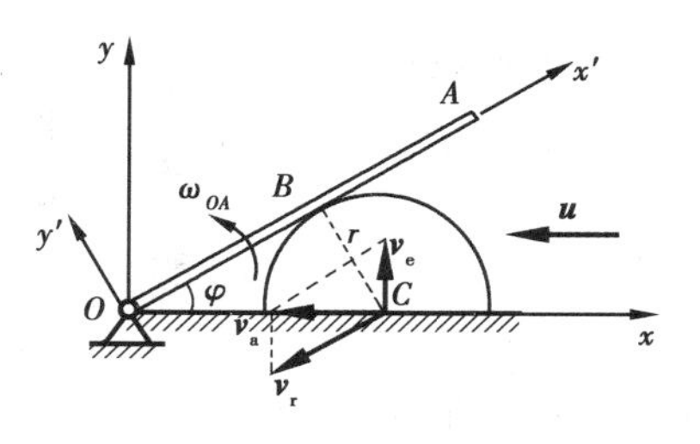

图 8.8

【解】 本例中涉及半圆柱凸轮和作定轴转动的杆 OA。凸轮水平向左平动，通过凸轮与杆在 B 点的接触传递运动。且接触点(无论是凸轮上还是杆上)在不同的时刻对应着不同的点，即接触点随时间而变。因此不能选接触点作为动点，否则相对运动轨迹难以确定。但运动过程中，杆 OA 始终与凸轮相切，轮心 C 至杆 OA 的距离始终不变，因此可选点 C 为动点。

(1)选择动点及动系：选点 C 为动点，动系固连于杆 OA 上。

(2)分析三种运动：绝对运动为水平向左的直线运动，点 C 距杆 OA 的距离始终不变，故相对运动是平行于杆 OA 的直线运动，牵连运动为 OA 杆绕 O 轴的定轴转动。

(3)分析三种速度：牵连速度为牵连点的速度，而本题中牵连点为动系平面上与 C 点重合的点，由于动系绕 O 轴转动，所以牵连速度垂直该点与转轴的连线，即垂直于 OC。由速度合成定理知：

$$\boldsymbol{v}_a = \boldsymbol{v}_e + \boldsymbol{v}_r$$

速　度	$\boldsymbol{v}_a$	$\boldsymbol{v}_e$	$\boldsymbol{v}_r$
大　小	u	?	?
方　向	水平向左	垂直 OC	平行 OA

作速度平行四边形，如图 8.8 所示。求得牵连速度为：

$$v_e = v_a \tan 30° = \frac{\sqrt{3}}{3}u$$

故，OA 杆转动的角速度为：

$$\omega_{OA} = \frac{v_e}{OC} = \frac{v_e}{2r} = \frac{\sqrt{3}u}{6r}$$

8.3 牵连运动是平动时点的加速度合成定理

在点的合成运动中，一旦定系、动系、动点确定，则动点的绝对速度 $\boldsymbol{v}_a$、相对速度 $\boldsymbol{v}_r$ 和牵连速度 $\boldsymbol{v}_e$ 之间满足速度合成定理式(8.1)。而加速度之间的关系比较复杂，因此，我们按牵连运动为平动和牵连运动为定轴转动两种情况进行研究。本节将分析牵连运动为平动的情况。

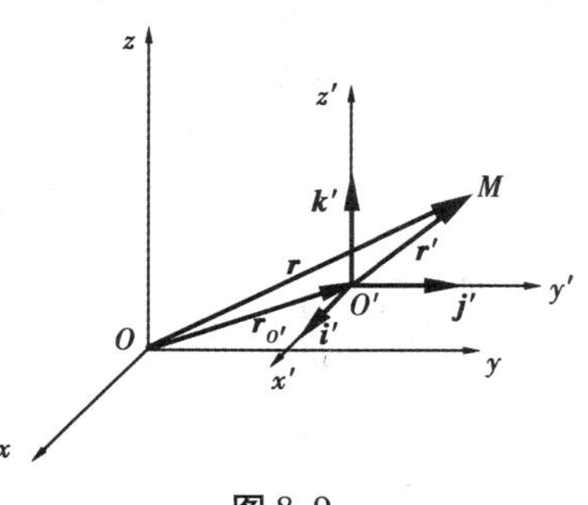

图 8.9

在图 8.9 中，设 $Oxyz$ 为定系，$O'x'y'z'$ 为动系且作平动，M 为动点。动点 M 在动系中的坐标为 x', y', z'，而动系坐标的单位矢量为 $\boldsymbol{i}', \boldsymbol{j}', \boldsymbol{k}'$。由于动系平动，因此，$\boldsymbol{i}', \boldsymbol{j}', \boldsymbol{k}'$ 的方向不变。则动点 M 的相对速度为：

$$\boldsymbol{v}_r = \frac{\mathrm{d}\boldsymbol{r}'}{\mathrm{d}t} = \frac{\mathrm{d}x'}{\mathrm{d}t}\boldsymbol{i}' + \frac{\mathrm{d}y'}{\mathrm{d}t}\boldsymbol{j}' + \frac{\mathrm{d}z'}{\mathrm{d}t}\boldsymbol{k}' \tag{8.2}$$

动点 M 的相对加速度为：

$$\boldsymbol{a}_{\mathrm{r}}=\frac{\mathrm{d}\boldsymbol{v}_{\mathrm{r}}}{\mathrm{d}t}=\frac{\mathrm{d}^2\boldsymbol{r}'}{\mathrm{d}t^2}=\frac{\mathrm{d}^2x'}{\mathrm{d}t^2}\boldsymbol{i}'+\frac{\mathrm{d}^2y'}{\mathrm{d}t^2}\boldsymbol{j}'+\frac{\mathrm{d}^2z'}{\mathrm{d}t^2}\boldsymbol{k}' \tag{8.3}$$

动点 M 相对于 O 点的矢径为：

$$\boldsymbol{r}=\boldsymbol{r}_{O'}+\boldsymbol{r}'=\boldsymbol{r}_{O'}+(x'\boldsymbol{i}'+y'\boldsymbol{j}'+z'\boldsymbol{k}')$$

对上式求二阶导数，得：

$$\boldsymbol{a}_{\mathrm{a}}=\frac{\mathrm{d}^2\boldsymbol{r}}{\mathrm{d}t^2}=\frac{\mathrm{d}^2\boldsymbol{r}_{O'}}{\mathrm{d}t^2}+\frac{\mathrm{d}^2\boldsymbol{r}'}{\mathrm{d}t^2}=\frac{\mathrm{d}^2\boldsymbol{r}_{O'}}{\mathrm{d}t^2}+\left(\frac{\mathrm{d}^2x'}{\mathrm{d}t^2}\boldsymbol{i}'+\frac{\mathrm{d}^2y'}{\mathrm{d}t^2}\boldsymbol{j}'+\frac{\mathrm{d}^2z'}{\mathrm{d}t^2}\boldsymbol{k}'\right)$$

由于牵连运动是平动，动系上各点加速度相等，即牵连点的加速度与动系上原点 O' 的加速度相等，因此有：

$$\boldsymbol{a}_{O'}=\frac{\mathrm{d}^2\boldsymbol{r}_{O'}}{\mathrm{d}t^2}=\boldsymbol{a}_{\mathrm{e}}$$

故有：

$$\boldsymbol{a}_{\mathrm{a}}=\boldsymbol{a}_{\mathrm{e}}+\boldsymbol{a}_{\mathrm{r}} \tag{8.4}$$

式(8.4)即为牵连运动为平动时点的加速度合成定理。当牵连运动为平动时，某瞬时动点的绝对加速度等于它的牵连加速度和相对加速度的矢量和。

当动点的绝对轨迹、相对轨迹为曲线，牵连运动为曲线平动时，式(8.4)可写成更普遍的形式：

$$\boldsymbol{a}_{\mathrm{a}}^n+\boldsymbol{a}_{\mathrm{a}}^\tau=\boldsymbol{a}_{\mathrm{e}}^n+\boldsymbol{a}_{\mathrm{e}}^\tau+\boldsymbol{a}_{\mathrm{r}}^n+\boldsymbol{a}_{\mathrm{r}}^\tau \tag{8.5}$$

其中：

$$a_{\mathrm{a}}^n=\frac{v_{\mathrm{a}}^2}{\rho_{\mathrm{a}}},a_{\mathrm{r}}^n=\frac{v_{\mathrm{r}}^2}{\rho_{\mathrm{r}}},a_{\mathrm{e}}^n=\frac{v_{\mathrm{e}}^2}{\rho_{\mathrm{e}}}$$

而 $v_{\mathrm{a}},v_{\mathrm{r}},v_{\mathrm{e}}$ 分别为绝对速度、相对速度、牵连速度，$\rho_{\mathrm{a}},\rho_{\mathrm{r}}$ 和 ρ_{e} 分别为绝对轨迹、相对轨迹和牵连点轨迹在该点的曲率半径。因此，一般情况下，在进行加速度分析时先要进行速度分析。

应用加速度合成定理解题的步骤，与应用速度合成定理解题时基本相同：首先恰当地选择动点和动系，接着即可分析三种运动、三种速度及三种加速度的各个要素，并作出加速度矢量图，最后应用矢量投影定理求解。

下面举例说明牵连运动是平动时点的加速度合成定理的应用。

【例8.7】 如图8.10(a)所示，半圆柱凸轮在水平面内向右作减速运动。若已知凸轮半径为 R。图示瞬时时，凸轮的速度为 $\boldsymbol{u}$，加速度为 $\boldsymbol{a}$。试求该瞬时导杆 AB 的加速度。

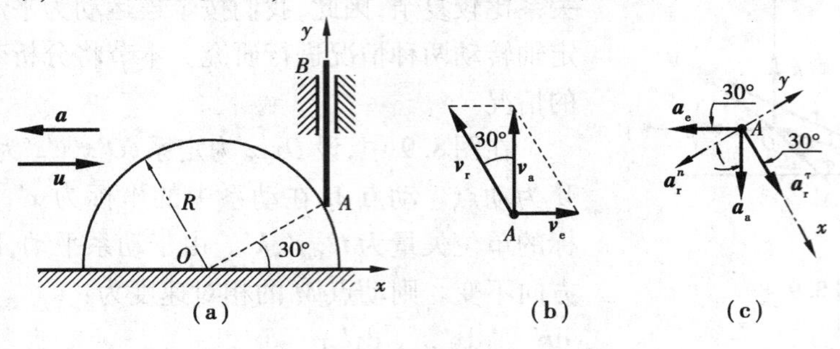

图8.10

【解】 (1)选择动点及动系:动点取导杆 AB 上的 A 点,动系固连在凸轮上。

(2)分析三种运动:动点 A 的绝对运动为沿 AB 的直线运动,相对运动为绕 O 点的圆周运动,牵连运动为凸轮的平动。

(3)分析速度:由速度合成定理知:

$$\boldsymbol{v}_a = \boldsymbol{v}_e + \boldsymbol{v}_r$$

速　度	$\boldsymbol{v}_a$	$\boldsymbol{v}_e$	$\boldsymbol{v}_r$
大　小	?	u	?
方　向	铅直方向	水平向右	垂直 OA

作速度平行四边形,如图 8.10(b)所示。求得相对速度的大小为:

$$v_r = \frac{v_e}{\sin 30°} = 2u$$

(4)分析加速度:由牵连运动为平动时点的加速度合成定理知:

$$\boldsymbol{a}_a = \boldsymbol{a}_e + \boldsymbol{a}_r^n + \boldsymbol{a}_r^\tau \tag{1}$$

加速度	$\boldsymbol{a}_a$	$\boldsymbol{a}_e$	$\boldsymbol{a}_r^n$	$\boldsymbol{a}_r^\tau$
大　小	?	a	$\dfrac{v_r^2}{R}$	?
方　向	铅直方向	水平向左	指向点 O	垂直 OA

作加速度矢量图,如图 8.10(c)所示。应用矢量投影定理,按图示矢量方向将式(1)向 y 轴投影,得:

$$-a_a\cos 60° = -a_e\cos 30° - a_r^n$$

$$a_a = \sqrt{3}a + 8\frac{u^2}{R}$$

另外,还可按图示矢量方向将式(1)向 x 轴投影求得 a_r^τ,请读者自己求解。

【例 8.8】 如图 8.11 所示机构中,曲柄 OA 可绕固定轴 O 转动,滑块用销钉 A 与曲柄相连,并可在滑道 DE 中滑动。曲柄转动时,通过滑块带动滑道连杆 $BCDE$ 沿导槽运动。已知曲柄长 $OA=10$ cm。当 $\varphi=30°$时,曲柄的角速度为 $\omega=1$ rad/s,角加速度 $\alpha=1$ rad/s^2。试求图示位置时 BC 杆的加速度。

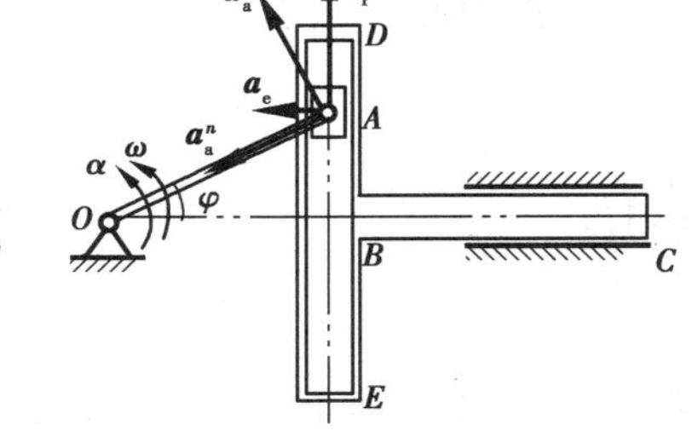

图 8.11

【解】 (1)选择动点及动系:动点取滑块 A,动系固连在滑道连杆 $BCDE$ 上。

(2)分析三种运动:绝对运动是滑块 A 以 O 为圆心、OA 长为半径的圆周运动,相对运动是滑块 A 沿滑道 DE 的直线运动,牵连运动为连杆 $BCDE$ 的水平平动。

(3)分析加速度:由牵连运动为平动时点的加速度合成定理知:

$$\boldsymbol{a}_a^n + \boldsymbol{a}_a^\tau = \boldsymbol{a}_e + \boldsymbol{a}_r$$

加速度	$\boldsymbol{a}_a^n$	$\boldsymbol{a}_a^\tau$	$\boldsymbol{a}_e$	$\boldsymbol{a}_r$
大　小	$OA \cdot \omega^2$	$OA \cdot \alpha$	?	?
方　向	指向点 O	垂直 OA	水平	铅直方向

作加速度矢量图,如图 8.11 所示。应用矢量投影定理,按图示矢量方向将上式向水平轴投影,得:

$$-a_a^n \cos\varphi - a_a^\tau \sin\varphi = -a_e$$

解得:

$$a_e = 13.66 \ \mathrm{cm/s^2}$$

牵连加速度就是 BC 杆的加速度,即:

$$a_{BC} = a_e = 13.66 \ \mathrm{cm/s^2}$$

8.4　牵连运动是定轴转动时点的加速度合成定理

当牵连运动是定轴转动时,动系 $O'x'y'z'$ 坐标的单位矢量 $\boldsymbol{i}', \boldsymbol{j}', \boldsymbol{k}'$ 的方向随时间不断变化,是时间 t 的函数。因此,我们先来分析单位矢量 $\boldsymbol{i}', \boldsymbol{j}', \boldsymbol{k}'$ 对时间的导数。

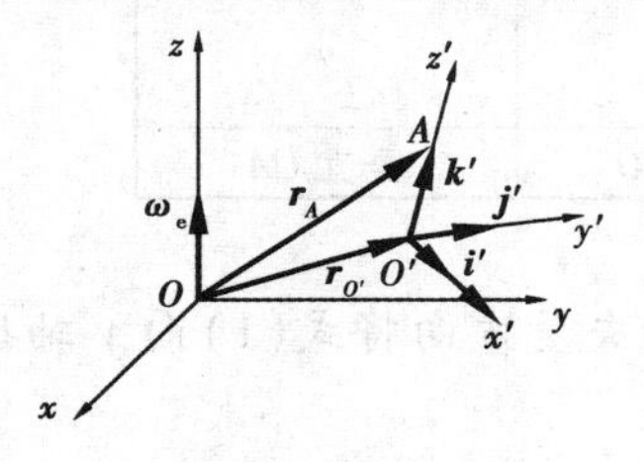

图 8.12

设动系 $O'x'y'z'$ 以角速度 $\boldsymbol{\omega}_e$ 绕定轴 z 转动,如图 8.12 所示。先分析 $\boldsymbol{k}'$ 对时间的导数。设 $\boldsymbol{k}'$ 的端点 A 的矢径为 $\boldsymbol{r}_A$,则由式(6.3)及式(7.19)可得点 A 的速度为:

$$\boldsymbol{v}_a = \frac{\mathrm{d}\boldsymbol{r}_A}{\mathrm{d}t} = \boldsymbol{\omega}_e \times \boldsymbol{r}_A \tag{8.6}$$

设动系原点 O' 的矢径为 $\boldsymbol{r}_{O'}$(见图 8.12),则有:

$$\boldsymbol{r}_A = \boldsymbol{r}_{O'} + \boldsymbol{k}'$$

将上式代入式(8.6)得:

$$\frac{\mathrm{d}\boldsymbol{r}_{O'}}{\mathrm{d}t} + \frac{\mathrm{d}\boldsymbol{k}'}{\mathrm{d}t} = \boldsymbol{\omega}_e \times (\boldsymbol{r}_{O'} + \boldsymbol{k}')$$

而动系原点 O' 的速度为:

$$\boldsymbol{v}_{O'} = \frac{\mathrm{d}\boldsymbol{r}_{O'}}{\mathrm{d}t} = \boldsymbol{\omega}_e \times \boldsymbol{r}_{O'}$$

所以有:

$$\frac{\mathrm{d}\boldsymbol{k}'}{\mathrm{d}t} = \boldsymbol{\omega}_e \times \boldsymbol{k}'$$

同理可得 $\boldsymbol{i}', \boldsymbol{j}'$ 对时间的导数。合写为:

$$\frac{\mathrm{d}\boldsymbol{i}'}{\mathrm{d}t} = \boldsymbol{\omega}_e \times \boldsymbol{i}', \frac{\mathrm{d}\boldsymbol{j}'}{\mathrm{d}t} = \boldsymbol{\omega}_e \times \boldsymbol{j}', \frac{\mathrm{d}\boldsymbol{k}'}{\mathrm{d}t} = \boldsymbol{\omega}_e \times \boldsymbol{k}' \tag{8.7}$$

下面推导牵连运动是定轴转动时点的加速度合成定理。无论动系作何种运动,点的速度合成定理及其对时间的一阶导数都是成立的,即:

$$\frac{\mathrm{d}\boldsymbol{v}_a}{\mathrm{d}t} = \frac{\mathrm{d}\boldsymbol{v}_e}{\mathrm{d}t} + \frac{\mathrm{d}\boldsymbol{v}_r}{\mathrm{d}t} \tag{8.8}$$

其中$\frac{\mathrm{d}\boldsymbol{v}_a}{\mathrm{d}t}$为绝对加速度$\boldsymbol{a}_a$。现分别研究等式右边的两项。

先研究右边第一项$\frac{\mathrm{d}\boldsymbol{v}_e}{\mathrm{d}t}$，牵连速度为牵连点的速度。设动点$M$的矢径为$\boldsymbol{r}$，如图8.13所示。当$O'x'y'z'$绕定轴$z$以角速度$\boldsymbol{\omega}_e$转动时，牵连速度为：

$$\boldsymbol{v}_e = \boldsymbol{\omega}_e \times \boldsymbol{r}$$

因此有：

$$\frac{\mathrm{d}\boldsymbol{v}_e}{\mathrm{d}t} = \frac{\mathrm{d}\boldsymbol{\omega}_e}{\mathrm{d}t} \times \boldsymbol{r} + \boldsymbol{\omega}_e \times \frac{\mathrm{d}\boldsymbol{r}}{\mathrm{d}t} \tag{8.9}$$

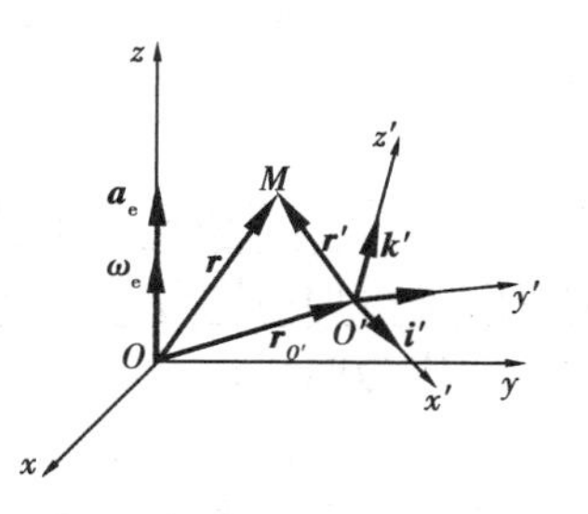

图8.13

式中$\frac{\mathrm{d}\boldsymbol{\omega}_e}{\mathrm{d}t}=\boldsymbol{\alpha}_e$，为动系绕定轴$z$转动的角加速度。而动点$M$的矢径为$\boldsymbol{r}$对时间的一阶导数$\frac{\mathrm{d}\boldsymbol{r}}{\mathrm{d}t}$为绝对速度，即：

$$\frac{\mathrm{d}\boldsymbol{r}}{\mathrm{d}t} = \boldsymbol{v}_a = \boldsymbol{v}_e + \boldsymbol{v}_r$$

代入式(8.9)有：

$$\frac{\mathrm{d}\boldsymbol{v}_e}{\mathrm{d}t} = \alpha_e \times \boldsymbol{r} + \boldsymbol{\omega}_e \times (\boldsymbol{v}_e + \boldsymbol{v}_r)$$

由式(7.20)可知式中$\boldsymbol{\alpha}_e \times \boldsymbol{r} + \boldsymbol{\omega}_e \times \boldsymbol{v}_e$为牵连点的加速度，即牵连加速度。于是得：

$$\frac{\mathrm{d}\boldsymbol{v}_e}{\mathrm{d}t} = \boldsymbol{a}_e + \boldsymbol{\omega}_e \times \boldsymbol{v}_r \tag{8.10}$$

再研究第二项$\frac{\mathrm{d}\boldsymbol{v}_r}{\mathrm{d}t}$，动点的相对速度为：

$$\boldsymbol{v}_r = \frac{\mathrm{d}x'}{\mathrm{d}t}\boldsymbol{i}' + \frac{\mathrm{d}y'}{\mathrm{d}t}\boldsymbol{j}' + \frac{\mathrm{d}z'}{\mathrm{d}t}\boldsymbol{k}'$$

由于单位矢量$\boldsymbol{i}'$，$\boldsymbol{j}'$，$\boldsymbol{k}'$的方向随时间不断变化，所以有：

$$\frac{\mathrm{d}\boldsymbol{v}_r}{\mathrm{d}t} = \frac{\mathrm{d}^2x'}{\mathrm{d}t^2}\boldsymbol{i}' + \frac{\mathrm{d}^2y'}{\mathrm{d}t^2}\boldsymbol{j}' + \frac{\mathrm{d}^2z'}{\mathrm{d}t^2}\boldsymbol{k}' + \frac{\mathrm{d}x'}{\mathrm{d}t}\frac{\mathrm{d}\boldsymbol{i}'}{\mathrm{d}t} + \frac{\mathrm{d}y'}{\mathrm{d}t}\frac{\mathrm{d}\boldsymbol{j}'}{\mathrm{d}t} + \frac{\mathrm{d}z'}{\mathrm{d}t}\frac{\mathrm{d}\boldsymbol{k}'}{\mathrm{d}t} \tag{8.11}$$

式(8.11)右边的前三项为：

$$\frac{\mathrm{d}^2x'}{\mathrm{d}t^2}\boldsymbol{i}' + \frac{\mathrm{d}^2y'}{\mathrm{d}t^2}\boldsymbol{j}' + \frac{\mathrm{d}^2z'}{\mathrm{d}t^2}\boldsymbol{k}' = \boldsymbol{a}_r$$

将上式及式(8.7)代入式(8.11)有：

$$\frac{\mathrm{d}\boldsymbol{v}_r}{\mathrm{d}t} = \boldsymbol{a}_r + \frac{\mathrm{d}x'}{\mathrm{d}t}(\boldsymbol{\omega}_e \times \boldsymbol{i}') + \frac{\mathrm{d}y'}{\mathrm{d}t}(\boldsymbol{\omega}_e \times \boldsymbol{j}') + \frac{\mathrm{d}z'}{\mathrm{d}t}(\boldsymbol{\omega}_e \times \boldsymbol{k}') \tag{8.12}$$

将式(8.12)右边后三项的$\boldsymbol{\omega}_e$提出来，有：

$$\frac{\mathrm{d}\boldsymbol{v}_r}{\mathrm{d}t} = \boldsymbol{a}_r + \boldsymbol{\omega}_e \times \left(\frac{\mathrm{d}x'}{\mathrm{d}t}\boldsymbol{i}' + \frac{\mathrm{d}y'}{\mathrm{d}t}\boldsymbol{j}' + \frac{\mathrm{d}z'}{\mathrm{d}t}\boldsymbol{k}'\right) = \boldsymbol{a}_r + \boldsymbol{\omega}_e \times \boldsymbol{v}_r \tag{8.13}$$

将式(8.10)、式(8.13)代入式(8.8)，得：

$$\boldsymbol{a}_a = \boldsymbol{a}_e + \boldsymbol{a}_r + 2\boldsymbol{\omega}_e \times \boldsymbol{v}_r \tag{8.14}$$

令：

$$\boldsymbol{a}_{\mathrm{c}} = 2\boldsymbol{\omega}_{\mathrm{e}} \times \boldsymbol{v}_{\mathrm{r}} \tag{8.15}$$

$\boldsymbol{a}_{\mathrm{c}}$ 称为科氏加速度(Coriolis acceleration),它等于动系角速度矢与点的相对速度矢积的2倍。于是有:

$$\boldsymbol{a}_{\mathrm{a}} = \boldsymbol{a}_{\mathrm{e}} + \boldsymbol{a}_{\mathrm{r}} + \boldsymbol{a}_{\mathrm{c}} \tag{8.16}$$

式(8.16)为牵连运动为定轴转动时点的加速度合成定理,即当牵连运动为定轴转动时,某瞬时动点的绝对加速度等于它的牵连加速度、相对加速度与科氏加速度的矢量和。当绝对运动和相对运动均为曲线运动时,式(8.16)还可以写成:

$$\boldsymbol{a}_{\mathrm{a}}^{n} + \boldsymbol{a}_{\mathrm{a}}^{\tau} = \boldsymbol{a}_{\mathrm{e}}^{n} + \boldsymbol{a}_{\mathrm{e}}^{\tau} + \boldsymbol{a}_{\mathrm{r}}^{n} + \boldsymbol{a}_{\mathrm{r}}^{\tau} + \boldsymbol{a}_{\mathrm{c}} \tag{8.17}$$

式(8.16)虽然是在牵连运动为定轴转动的情况下导出的,但对牵连运动为任意运动的情况也适用,它是点的加速度合成定理的普遍形式。当动系作平动时,其角速度矢量为 $\boldsymbol{\omega}_{\mathrm{e}} = \boldsymbol{o}$,科氏加速度 $\boldsymbol{a}_{\mathrm{c}} = \boldsymbol{o}$,式(8.16)就简化为式(8.4)。

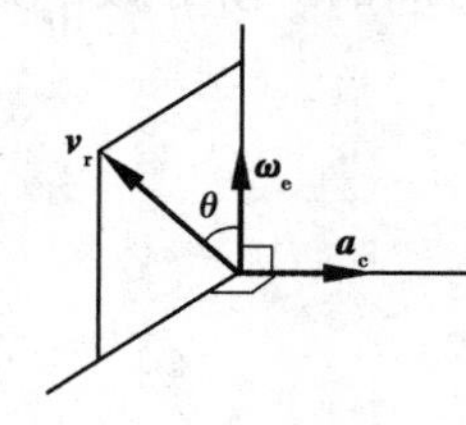

图 8.14

根据矢积运算规则,$\boldsymbol{a}_{\mathrm{c}}$ 的大小为:

$$a_{\mathrm{c}} = 2\omega_{\mathrm{e}} v_{\mathrm{r}} \sin\theta$$

式中,θ 为 $\boldsymbol{\omega}_{\mathrm{e}}$ 与 $\boldsymbol{v}_{\mathrm{r}}$ 两矢量间的最小夹角。矢量 $\boldsymbol{a}_{\mathrm{c}}$ 垂直于 $\boldsymbol{\omega}_{\mathrm{e}}$ 和 $\boldsymbol{v}_{\mathrm{r}}$,指向按右手法则确定,如图 8.14 所示。

科氏加速度在自然界中是有所表现的。例如,在北半球,河水向北流动时,河水的科氏加速度向西,即指向左侧。由动力学可知,有向左的加速度,河水必受到右岸对水的向左的作用力。根据作用与反作用定律,河水对右岸有反作用力。因此在北半球南北走向的江河的右岸都受到较明显的冲刷。

下面举例说明牵连运动是定轴转动时点的加速度合成定理的应用。

【例 8.9】 如图 8.15(a)所示机构中,O_1A 杆以角速度 ω 做定轴转动运动。图示位置时,$\angle AO_2O_1 = 30°$,$\angle AO_1O_2 = 90°$,O_1A 杆长为 L。试求该位置时 O_2B 杆的角速度和角加速度。

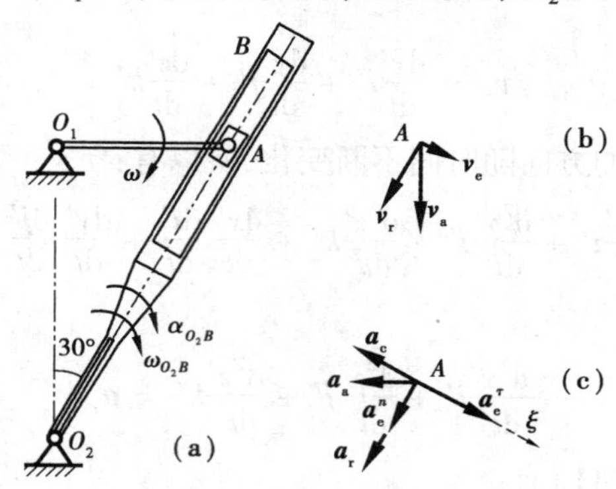

图 8.15

【解】 (1)选择动点及动系:动点取滑块 A,动系固连在 O_2B 杆上。

(2)分析三种运动:绝对运动是滑块 A 以 O_1 为圆心、O_1A 长为半径的圆周运动,相对运动是滑块 A 沿 O_2B 的直线运动,牵连运动为 O_2B 杆绕 O_2 的定轴转动。

(3)分析速度:由速度合成定理知:

$$\boldsymbol{v}_{\mathrm{a}} = \boldsymbol{v}_{\mathrm{e}} + \boldsymbol{v}_{\mathrm{r}}$$

速　度	$\boldsymbol{v}_a$	$\boldsymbol{v}_e$	$\boldsymbol{v}_r$
大　小	$L\cdot\omega$	?	?
方　向	垂直 O_1A	垂直 O_2B	平行 O_2B

作速度平行四边形，如图 8.15(b)所示。求得牵连速度和相对速度的大小分别为：

$$v_e = v_a\sin 30° = \frac{1}{2}L\omega$$

$$v_r = v_a\cos 30° = \frac{\sqrt{3}}{2}L\omega$$

所以，O_2B 杆的角速度为：

$$\omega_{O_2B} = \frac{v_e}{O_2A} = \frac{1}{4}\omega$$

(4)分析加速度：由牵连运动为定轴转动时点的加速度合成定理知：

$$\boldsymbol{a}_a = \boldsymbol{a}_e^n + \boldsymbol{a}_e^\tau + \boldsymbol{a}_r + \boldsymbol{a}_c$$

加速度	$\boldsymbol{a}_a$	$\boldsymbol{a}_e^n$	$\boldsymbol{a}_e^\tau$	$\boldsymbol{a}_r$	$\boldsymbol{a}_c$
大　小	$L\omega^2$	$\lvert O_2A\rvert\omega_{O_2B}^2$	?	?	$2\omega_{O_2B}v_r$
方　向	指向 O_1	指向 O_2	垂直 O_2A	平行 O_2A	垂直 O_2A

作加速度矢量图，如图 8.15(c)所示。应用矢量投影定理，按图示矢量方向将上式向 ξ 轴投影，得：

$$-a_a\cos 30° = a_e^\tau - a_c$$

即：

$$a_e^\tau = a_c - a_a\cos 30° = -\frac{\sqrt{3}}{4}\omega^2 L$$

所以，O_2B 杆的角加速度为：

$$\alpha_{O_2B} = \frac{a_e^\tau}{O_2A} = -\frac{\sqrt{3}}{8}\omega^2$$

式中，负号表示 $\boldsymbol{a}_e^\tau$ 的真实方向与图中假设相反，即表示 α_{O_2B} 为逆时针转向。

【例 8.10】　求例 8.5 中杆 AB 的加速度。

【解】　(1)选择动点及动系：选杆 AB 上的 A 点为动点，动系固连在凸轮上。

(2)分析三种运动：绝对运动是直线运动，相对运动是沿凸轮边缘的圆周运动，牵连运动为绕 O 的定轴转动。

(3)分析速度：由速度合成定理知：

$$\boldsymbol{v}_a = \boldsymbol{v}_e + \boldsymbol{v}_r$$

作速度平行四边形，如图 8.7(a)所示。求得相对速度的大小为：

$$v_r = \frac{v_e}{\sin\theta} = \omega R$$

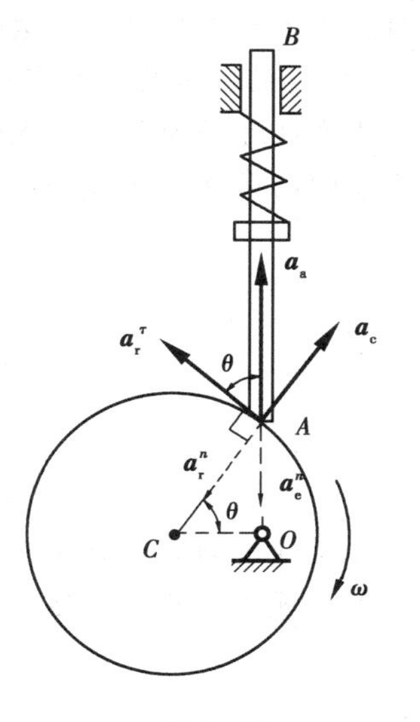

图 8.16

(4)分析加速度：由牵连运动为定轴转动时点的加速度合成定理知：

$$\boldsymbol{a}_a = \boldsymbol{a}_e^n + \boldsymbol{a}_r^n + \boldsymbol{a}_r^\tau + \boldsymbol{a}_c$$

加速度	$\boldsymbol{a}_a$	$\boldsymbol{a}_e^n$	$\boldsymbol{a}_r^n$	$\boldsymbol{a}_r^\tau$	$\boldsymbol{a}_c$
大　小	?	$\lvert OA\rvert\omega^2$	v_r^2/R	?	$2\omega v_r$
方　向	铅垂	指向 O 点	指向 C 点	垂直 AC	沿 CA

作加速度矢量图，如图 8.16 所示。应用矢量投影定理，按图示矢量方向将上式向 CA 轴投影，得：

$$a_a \sin\theta = -a_e^n \sin\theta - a_r^n + a_c$$

故，杆 AB 的加速度为：

$$a_a = \frac{1}{\sin\theta}(-a_e^n \sin\theta - a_r^n + a_c) = \frac{e^2\omega^2}{\sqrt{R^2 - e^2}}$$

本章小结

(1)两种参考系

定系：固定于地球表面的参考系。

动系：固定于其他物体上相对于定系运动的参考系。

(2)三种运动

绝对运动：动点相对于定系的运动。

相对运动：动点相对于动系的运动。

牵连运动：动系相对于定系的运动。

(3)点的速度合成定理

某瞬时动点的绝对速度等于它的牵连速度和相对速度的矢量和。即：

$$\boldsymbol{v}_a = \boldsymbol{v}_e + \boldsymbol{v}_r$$

绝对速度位于速度平行四边形的对角线上。

(4)点的加速度合成定理

①牵连运动为平动时点的加速度合成定理。当牵连运动为平动时，某瞬时动点的绝对加速度等于它的牵连加速度和相对加速度的矢量和。即：

$$\boldsymbol{a}_a = \boldsymbol{a}_e + \boldsymbol{a}_r$$

或

$$\boldsymbol{a}_a^n + \boldsymbol{a}_a^\tau = \boldsymbol{a}_e^n + \boldsymbol{a}_e^\tau + \boldsymbol{a}_r^n + \boldsymbol{a}_r^\tau$$

其中：

$$a_a^n = \frac{v_a^2}{\rho_a}, a_r^n = \frac{v_r^2}{\rho_r}, a_e^n = \frac{v_e^2}{\rho_e}$$

②牵连运动为定轴转动时点的加速度合成定理。当牵连运动为定轴转动时，某瞬时动点的绝对加速度等于它的牵连加速度、相对加速度和科氏加速度的矢量和。即：

$$\boldsymbol{a}_a = \boldsymbol{a}_e + \boldsymbol{a}_r + \boldsymbol{a}_c$$

或

$$\boldsymbol{a}_a^n + \boldsymbol{a}_a^\tau = \boldsymbol{a}_e^n + \boldsymbol{a}_e^\tau + \boldsymbol{a}_r^n + \boldsymbol{a}_r^\tau + \boldsymbol{a}_c$$

应用加速度合成定理时，一般采用投影法求解。

思考题

8.1　牵连运动和牵连速度有何不同?

8.2　一般情况下,如何选择动点和动系?

8.3　相对加速度是否等于相对速度 $\boldsymbol{v}_r$ 对时间的一阶导数? 为什么?

8.4　牵连加速度是否等于牵连速度 $\boldsymbol{v}_e$ 对时间的一阶导数? 为什么?

8.5　加速度合成定理与牵连运动的类型有何关系?

8.6　如果考虑地球自转,则在地球上的任何地方运动的物体(视为质点)是否都有科氏加速度?

习　题

8.1　推杆 BCD 推动杆 OA 在平面内绕点 O 转动。已知推杆的速度为 u,$BC=b$,$OA=l$,如习题 8.1 图所示。求当 $OC=x$ 时,杆端 A 的速度大小(表示为距离 x 的函数)。

8.2　如习题 8.2 图所示的三角板 B 以匀速 $u=30\sqrt{3}$ cm/s 沿水平面向右运动,通过杆端 A 使 OA 杆绕 O 轴转动,$OA=30$ cm。在图示位置时,试求 OA 杆的角速度。

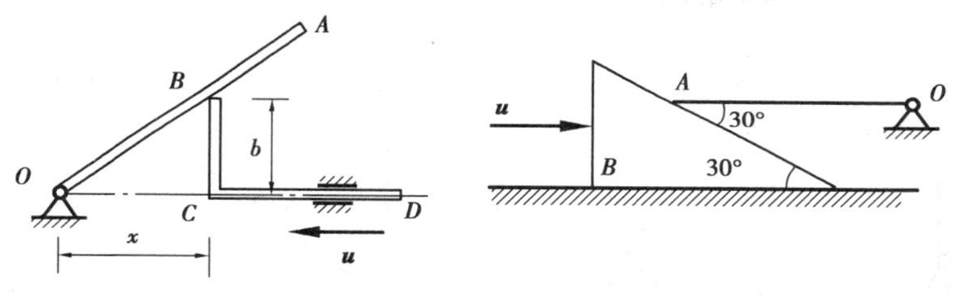

习题 8.1 图　　　　习题 8.2 图

8.3　直角曲杆 OCD 在习题 8.3 图所示瞬时以角速度 ω_0(rad/s)绕 O 轴转动,使 AB 杆作铅垂运动。已知 $OC=L$(cm),试求 $\varphi=45°$时,从动杆 AB 的速度。

8.4　如习题 8.4 图所示的滑套 B 可沿 OC 杆滑动,与滑套 B 铰接的滑块可在水平滑道内运动。$L=60$ cm。设在图示瞬时,$\varphi=30°$,$\omega=2$ rad/s,试用合成运动的方法求滑块的速度以及滑套相对 OC 的速度。

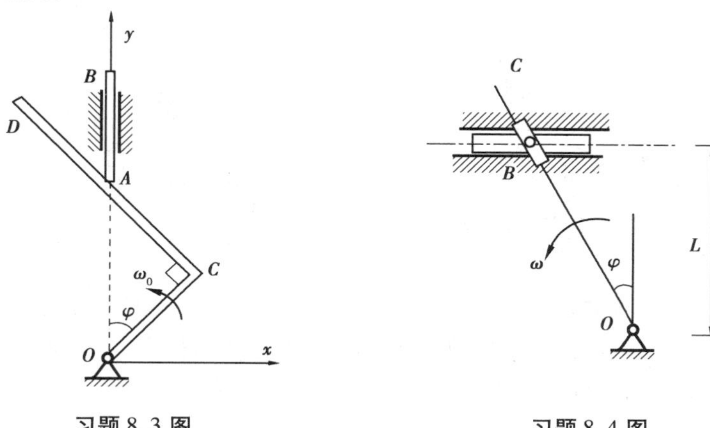

习题 8.3 图　　　　习题 8.4 图

8.5　习题8.5图所示机构中，O_1A 杆与套筒铰接，套筒可沿 OB 杆滑动。已知 $OO_1=O_1A=r$，O_1A 杆的角速度为 ω_0，当 $\omega_0t=30°$时，试求 OB 杆的角速度。

8.6　习题8.6图所示机构中，OA 杆与套筒铰接，套筒可沿 O_1B 杆滑动。已知 $OO_1=r$，O_1B 杆的角速度为 ω_0。当 $\omega_0t=30°$，$O_1A=r$ 时，试求 OA 杆的角速度。

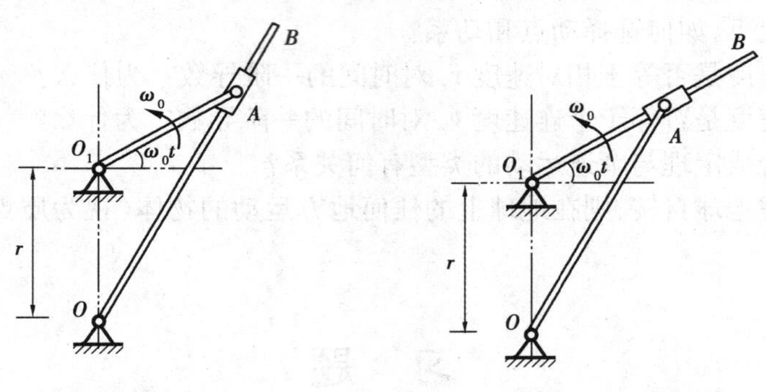

习题8.5图　　　　习题8.6图

8.7　直角曲杆 O_1AB 以匀角速度 ω_1 绕 O_1 轴转动，试求在如习题8.7图所示位置（AO_1 垂直 O_1O_2）时，摇杆 O_2C 的角速度。

8.8　习题8.8图所示机构中，水平杆 CD 与杆 AB 铰接，杆 AB 插入绕点 O 转动的导管内，已知杆 CD 的速度为 $\boldsymbol{v}$。求图示瞬时导管的角速度及杆 AB 相对导管的速度。

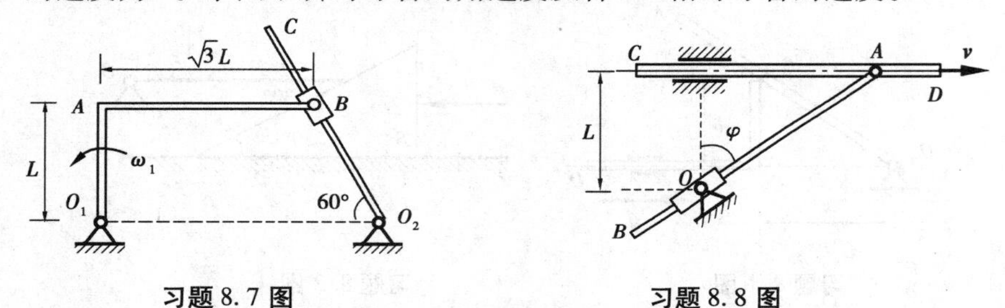

习题8.7图　　　　习题8.8图

8.9　半圆形凸轮半径为 R，A 沿水平方向向右移动，在习题8.9图所示位置时，凸轮有速度 $\boldsymbol{v}$ 和加速度 $\boldsymbol{a}$。求该瞬时杆 AB 的速度和加速度。

8.10　习题8.10图所示机构中，杆件 AB 以匀速 u 向上运动，开始时 $\varphi=0$，求当 $\varphi=45°$时，摇杆 OC 的角速度和角加速度。

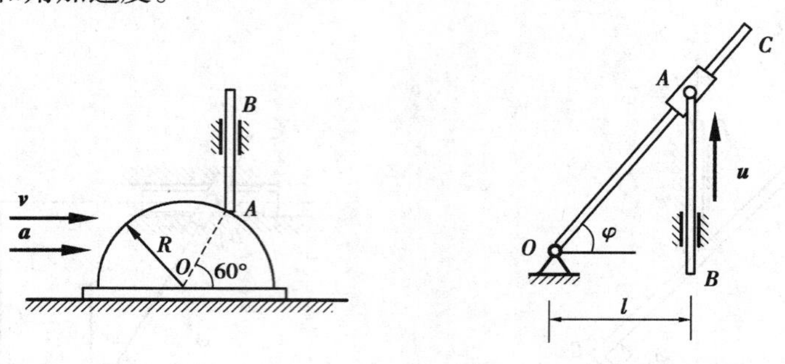

习题8.9图　　　　习题8.10图

8.11　AB 杆两端固定，OC 杆绕 O 轴转动，小环 M 套在两杆上，在习题8.1图所示的 $\varphi=45°$位置时，角速度为 ω，角加速度为 α。试用合成运动的方法求该位置小环 M 的速度和加速度。

8.12　直角曲杆 OBC 绕 O 轴转动，使套在其上的小环 M 沿固定直杆 OA 滑动，如习题 8.12 图所示。已知：$OB = 10$ cm，曲杆以匀角速度 $\omega = 0.5$ rad/s 转动。求当 $\varphi = 60°$ 时，小环 M 的速度和加速度。

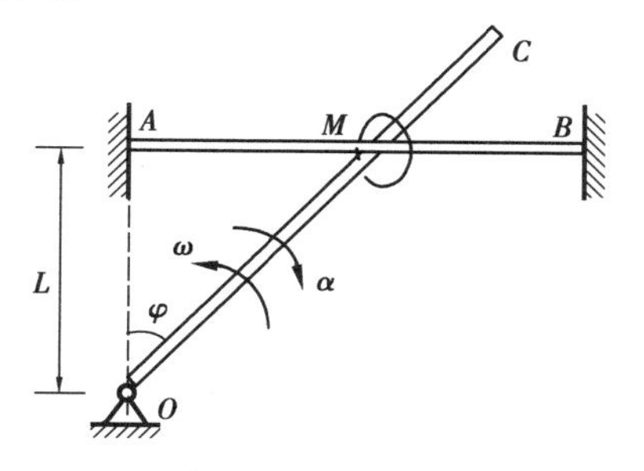

习题 8.11 图

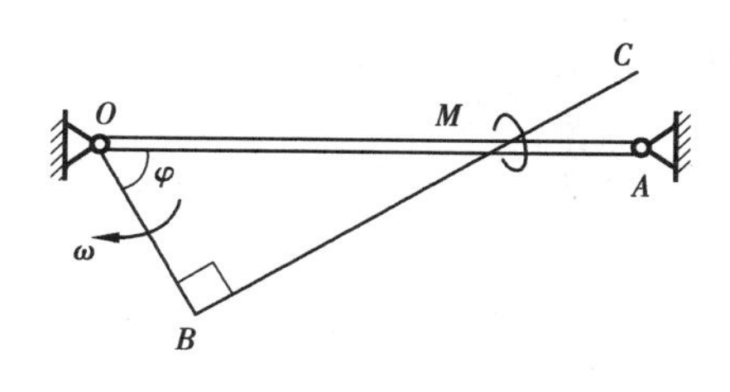

习题 8.12 图

8.13　习题 8.13 图所示机构中，已知 $O_1O_2 = AB$，$O_1A = O_2B = 20$ cm，$r = 16$ cm。杆 O_1A 按规律 $\varphi = \dfrac{5\pi}{48}t^3$ 绕轴 O_1 转动。点 M 沿半圆环按 $AM = S_r = \pi t^2$ (cm) 的规律运动。试求在 $t = 2$ s 时，点 M 的绝对加速度的大小。

8.14　习题 8.14 图所示机构中，曲柄 O_1A 以匀角速度 ω 转动，已知 $O_1A = r$，$O_2B = 4r$，求图示位置杆 CD 的速度、加速度。

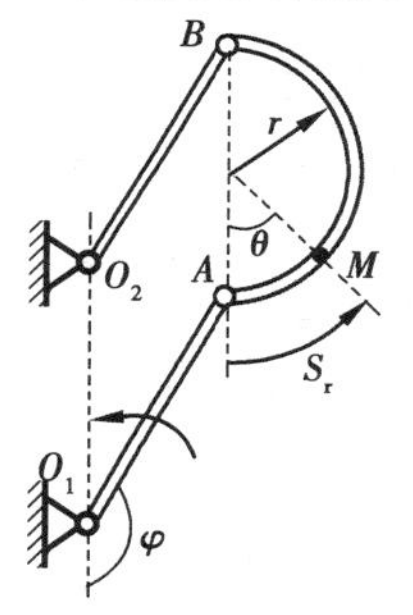

习题 8.13 图

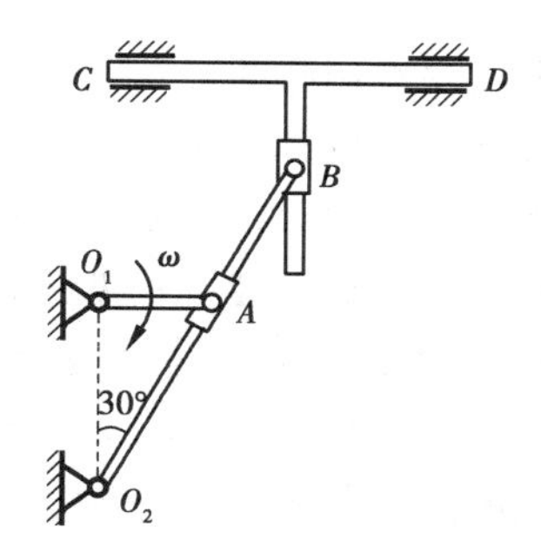

习题 8.14 图

8.15　转轴以匀角速度 ω 转动，转动一圈时，在与之连接的半径为 r 的圆环上做匀速运动的动点 M 沿圆环也转过一圈，如习题 8.15 图所示。试求(a)，(b)两种情况下，动点经过圆环上 A，B 两点时的绝对加速度。

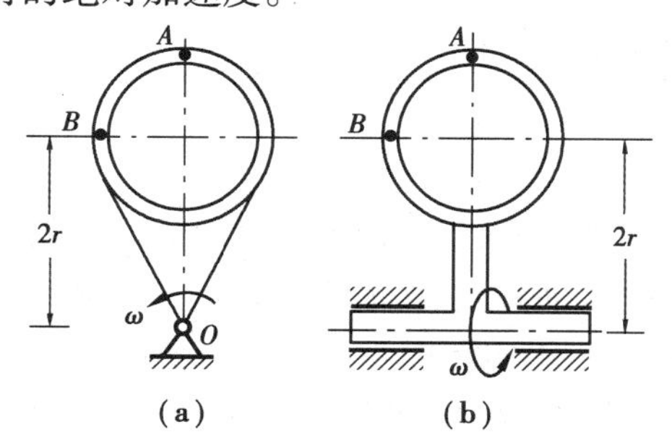

习题 8.15 图

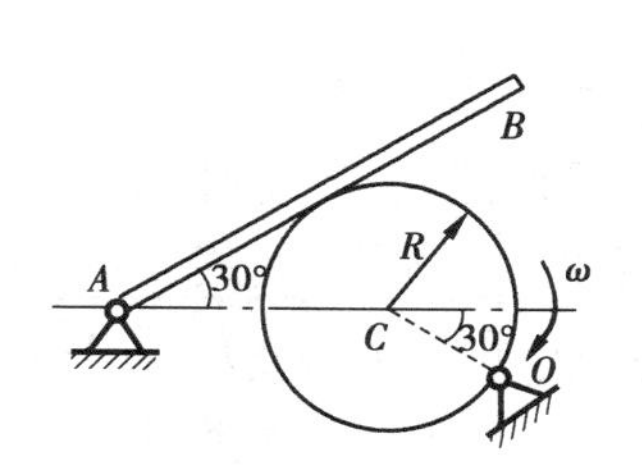

习题 8.16 图

8.16　半径为 R 的圆轮，以角速度 ω 绕 O 轴顺时针转动。试求习题 8.16 图所示位置时杆 AB 的角速度和角加速度。

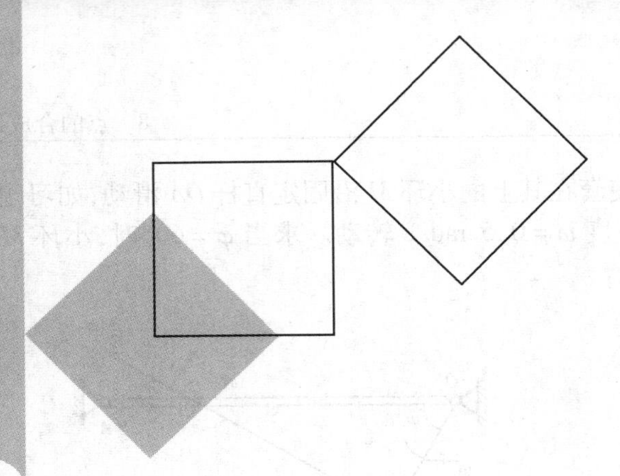

9 刚体的平面运动

本章导读：

- **基本要求** 明确刚体平面运动的特征，掌握研究平面运动的方法，能够正确判断机构中作平面运动的刚体；能熟练地应用各种方法——基点法、瞬心法和速度投影法求平面图形上任一点的速度；会应用基点法求平面图形上任一点的加速度。
- **重点** 点的速度和加速度的基点法，点的速度投影法与瞬心法。
- **难点** 基点的选取，刚体相对基点转动的运动特征；速度瞬心的概念。

第7章讨论的刚体的平动和定轴转动是最简单的刚体运动形式，刚体的平面运动可以视为随基点的平动（牵连运动）与绕基点的转动（相对运动）的合成，是刚体的一种较复杂的运动。本章将研究刚体平面运动的描述方法，以及平面运动的刚体内各点的速度和加速度。刚体的平面运动是机构中常见的一种运动，研究刚体的平面运动具有重要的意义。

9.1 刚体平面运动的运动方程

1）刚体平面运动的定义

刚体的平面运动是一种比平动和定轴转动更为复杂的运动形式。刚体运动时，如其上各点到某一固定平面的距离始终保持不变，则这种运动称为刚体的平面运动（简称平面运动）（Planar motion of rigid body）。刚体的平面运动在工程实际中是常见的，例如，沿直线轨道滚动的轮子，如图9.1（a）所示；曲柄连杆机构中连杆 AB 的运动，如图9.1（b）所示；行星齿轮机构中行星轮 B 的运动，如图9.1（c）所示。

2）刚体平面运动的简化

设刚体作平面运动，某一固定平面为 P_0，则刚体上 M 点到固定平面 P_0 的距离始终保持不

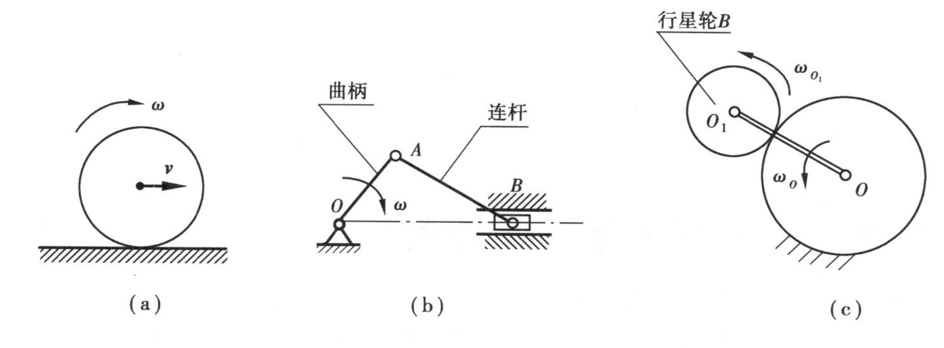

图 9.1

变,如图 9.2 所示。过 M 点作一个与固定平面 P_0 相平行的平面 P,则平面 P 在刚体上截出一个平面图形 S。按照平面运动的定义,刚体运动时平面图形 S 始终保持在平面 P 内运动。若再过 M 点作与固定平面 P_0 相垂直的直线 M_1M_2,当刚体运动时,直线 M_1M_2 的运动显然为平动。于是,M 点的运动就可以代表直线 M_1M_2 的运动,平面图形 S 的运动也就可以代表整个刚体的平面运动。这就是说:刚体的平面运动可以简化成平面图形在其自身平面内的运动来研究。

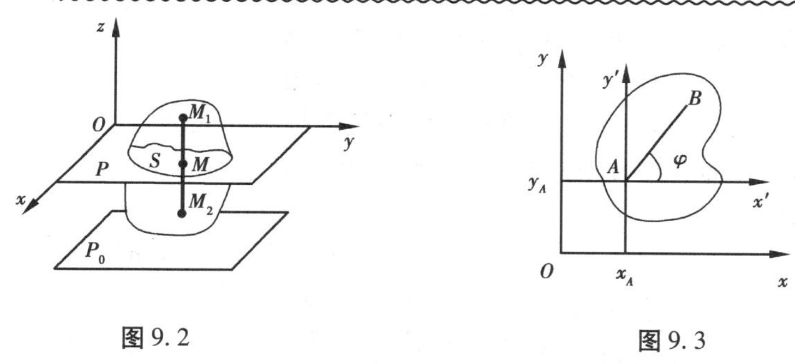

图 9.2　　　　图 9.3

3)刚体的平面运动方程

如图 9.3 所示,在平面图形 S 内建立平面直角坐标系 Oxy,用以确定平面图形 S 的位置。为确定平面图形 S 在任意瞬时 t 的位置,只需确定其上任意线段 AB 的位置,而线段 AB 的位置可由点 A 的坐标 x_A,y_A 和线段 AB 与 x 轴(或者 y 轴)的夹角 φ 来确定。点 A 称为基点(Base point),一般选运动量为已知的点。当图形 S 作平面运动时,基点 A 的坐标 x_A,y_A 和夹角 φ 都随时间而变化,即有:

$$\begin{cases} x_A = f_1(t) \\ y_A = f_2(t) \\ \varphi = f_3(t) \end{cases} \tag{9.1}$$

式(9.1)称为平面图形 S 的运动方程,即刚体平面运动的运动方程(Equations of planar motion of rigid bodies)。若已知刚体的运动方程,刚体在任一瞬时的位置和运动规律就可以确定了。

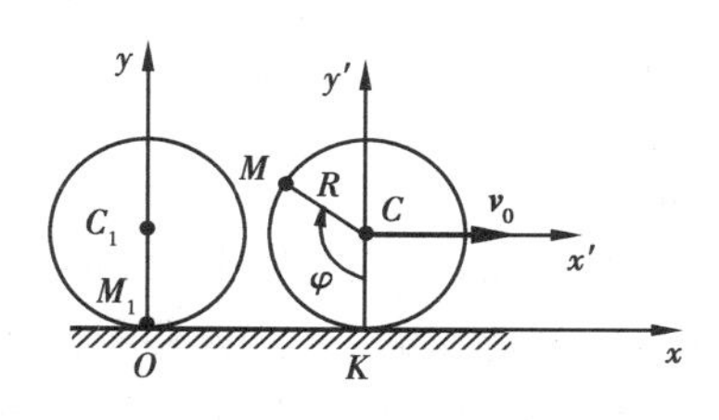

图 9.4

例如沿平直轨道作直线滚动的车轮,如图 9.4 所示。设车轮的轮心 C 以速度 $\boldsymbol{v}_0$ 做匀速运动,选点 C 为基点,初始时 C 点在 y 轴上,任一瞬时 CM 与 y 轴的夹角为 φ,则车轮的运动方程为：

$$x_C = v_0 t,\quad y_C = R,\quad \varphi = \frac{v_0 t}{R}$$

式中 R 为轮的半径。

9.2　平面运动分解为平动和转动

由刚体平面运动的运动方程(9.1)知：

①若基点 A 不动，其坐标 x_A，y_A 均为常数，则平面图形 S 绕基点 A 作定轴转动；

②若 φ 为常数，平面图形 S 无转动，则平面图形 S 以方位不变的 φ 角作平动。

由此可见，当两者都变化时，平面图形 S 的运动可以看成是随着基点的平动和绕基点的转动的合成。或者说，平面图形 S 的运动可以分解为平动和转动。

一般情况下，在基点 A 处建立平动坐标系 $Ax'y'$，使动系只在点 A 处与图形相固连，而动坐标轴 x'，y'的方向分别与固定坐标轴 x，y 保持平行，如图 9.3 所示。于是，图形 S 的绝对运动(对于定系 Oxy 的运动)是所研究的平面运动，它的相对运动(对于动系 $Ax'y'$的运动)是绕基点 A 的转动，牵连运动(动系 $Ax'y'$对于静系 Oxy 的运动)为随基点 A 的平动。

由于基点的选择是任意的，而平面图形 S 上各点的运动情况又是不相同的。因此，选择不同的基点，则平面图形 S 随同基点平动的速度和加速度是不相同的，即平面图形随着基点平动的速度和加速度与基点的选择有关。但平面图形 S 绕基点转动的角速度和角加速度与基点的选择无关。此结论证明如下：

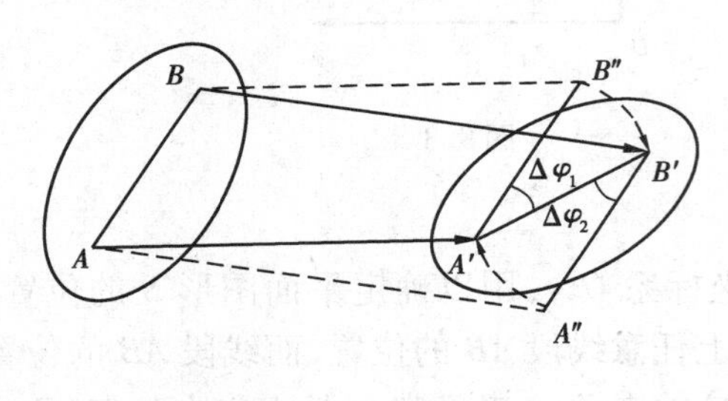

图 9.5

设平面图形 S 在 Δt 时间内从Ⅰ位置运动到Ⅱ位置，如图 9.5 所示。图形 S 中的直线 AB 运动到 $A'B'$位置，若选点 A 为基点，则直线 AB 的运动可看成先随基点 A 平动到 $A'B''$位置，然后再绕 A'点转到 $A'B'$位置，其角位移为 $\Delta\varphi_1$。若选点 B 为基点，则直线 AB 的运动可看成先随基点 B 平动到 $A''B'$位置，然后再绕 B'点转到 $A'B'$位置，其角位移为 $\Delta\varphi_2$。因为 $A'B''/\!/AB$，$A''B'/\!/AB$，所以 $\Delta\varphi_1 = \Delta\varphi_2$，且转向相同，于是：

$$\lim_{\Delta t\to 0}\frac{\Delta\varphi_1}{\Delta t} = \lim_{\Delta t\to 0}\frac{\Delta\varphi_2}{\Delta t}$$

即

$$\omega_A = \omega_B$$

又

$$\frac{\mathrm{d}\omega_A}{\mathrm{d}t} = \frac{\mathrm{d}\omega_B}{\mathrm{d}t}$$

故：

$$\alpha_A = \alpha_B$$

由此可见，在同一瞬时，图形 S 绕 A，B 两点转动的角速度相等，角加速度亦相等。由于 A，B 两点是任意选取的，这就证明了图形 S 绕基点转动的角速度和角加速度与基点的选择无关。以后，就把它称为平面图形的角速度和角加速度，而不必指明其基点。

综上所述，平面运动可取任一基点而分解为平动和转动，其中平动的速度和加速度与基点的选择有关，而平面图形绕基点转动的角速度和角加速度与基点的选择无关。

9.3 求平面图形内各点速度的基点法

1）基点法

平面图形 S 的运动可以看成是随着基点的平动和绕基点的转动的合成。因此，运用速度合成定理就可以求平面图形内各点的速度。

设在某瞬时，平面图形 S 上 A 点的速度为 $\boldsymbol{v}_A$，平面图形 S 的角速度为 ω，如图 9.6 所示。先取 A 为基点，分析平面图形内任意点 B 的速度。

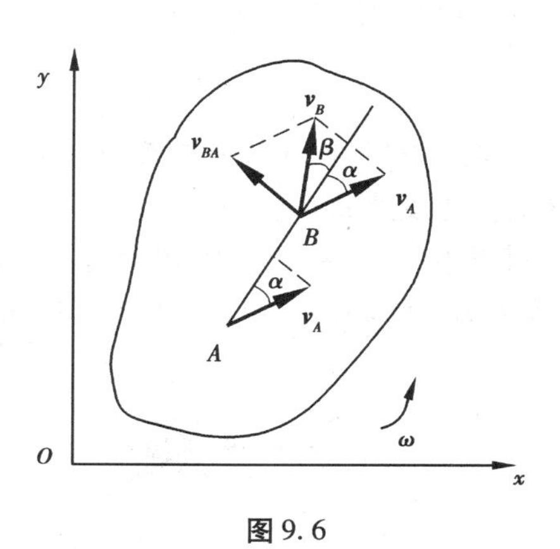

图 9.6

点 B 作合成运动，牵连运动是以基点 A 的速度 $\boldsymbol{v}_A$ 进行平动。因此点 B 的牵连速度等于：

$$\boldsymbol{v}_e = \boldsymbol{v}_A$$

相对运动是点 B 绕基点 A 的圆周运动。点 B 的相对速度以 $\boldsymbol{v}_{BA}$ 表示，即：

$$\boldsymbol{v}_r = \boldsymbol{v}_{BA}$$

$\boldsymbol{v}_{BA}$ 称为点 B 绕基点 A 转动的速度，它的大小等于：

$$v_{BA} = \omega \cdot AB$$

方向垂直于转动半径 AB，指向平面图形的转动方向。

于是，由速度合成定理可得：

$$\boldsymbol{v}_B = \boldsymbol{v}_A + \boldsymbol{v}_{BA} \tag{9.2}$$

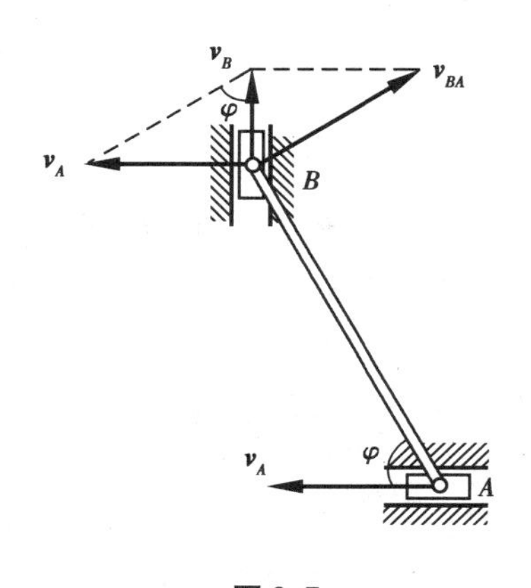

图 9.7

式(9.2)表明：平面图形内任一点的速度等于基点的速度与该点随图形绕基点转动的速度的矢量和。这种求平面图形内任一点速度的方法称为基点法(Method of base point)。式(9.2)中 $\boldsymbol{v}_B, \boldsymbol{v}_A, \boldsymbol{v}_{BA}$ 各有大小和方向两个要素，共计 6 个要素。要使问题可解应有 4 个要素是已知的。而 $\boldsymbol{v}_{BA}$ 的方位是已知的，它垂直于线段 AB，于是，只需知道任何其他 3 个要素便可以作出速度平行四边形。

【例 9.1】 椭圆规尺 A 端以速度 $\boldsymbol{v}_A$ 沿水平向左运动，如图 9.7 所示。已知 $AB=l$，求杆 AB 与水平线夹角为 φ 时，B 端的速度以及杆 AB 的角速度。

【解】 (1) 运动分析：杆 AB 作平面运动，其两端 A, B 分别沿水平和铅直方向作直线运动。其速度 $\boldsymbol{v}_A, \boldsymbol{v}_B$ 方位如图所示。

(2) 选择基点并求解：通常选择速度已知的点为基点。本题选择点 A 为基点，依据公式 $\boldsymbol{v}_B = \boldsymbol{v}_A + \boldsymbol{v}_{BA}$，其中：

速　度	$\boldsymbol{v}_B$	$\boldsymbol{v}_A$	$\boldsymbol{v}_{BA}$
大　小	?	已知	?
方　向	竖直向上	水平向左	垂直 AB

作出速度平行四边形，作图时应注意一定要使 v_B 位于速度平行四边形的对角线上。由图中几何关系可得：

$$v_B = v_A \cot \varphi$$

$$v_{BA} = \frac{v_A}{\sin \varphi}$$

而

$$v_{BA} = l\omega_{AB}$$

ω_{AB} 为杆 AB 的角速度，则得：

$$\omega_{AB} = \frac{v_{BA}}{l} = \frac{v_A}{l \sin \varphi}$$

【例9.2】 图9.8所示平面机构中，$AB = BD = DE = l = 30$ cm，在图示位置时，$BD \parallel AE$，杆 AB 的角速度为 $\omega = 5$ rad/s。试求此瞬时杆 DE 的角速度和杆 BD 中点 C 的速度。

【解】 (1)运动分析：图示机构中，杆 AB 和 DE 作定轴转动，B，D 两点的速度 $\boldsymbol{v}_B$，$\boldsymbol{v}_D$ 分别垂直于杆 AB 和 DE。$v_B = \omega \cdot AB = 150$ cm/s。杆 BD 作平面运动。

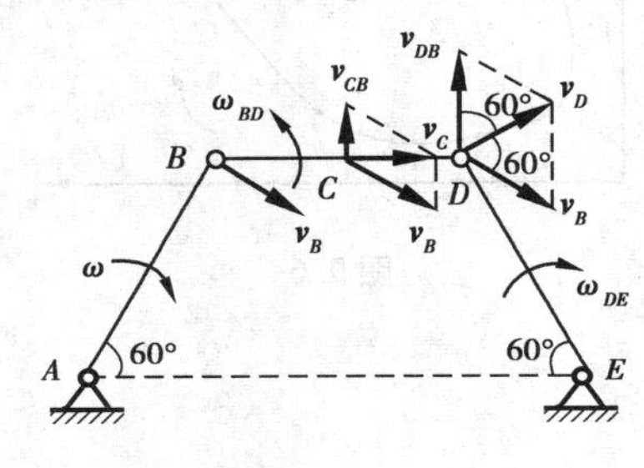

图9.8

(2)选择基点并求解：选点 B 为基点，依据公式 $\boldsymbol{v}_D = \boldsymbol{v}_B + \boldsymbol{v}_{DB}$，作出速度平行四边形，由图中几何关系可得：

$$v_D = v_B = 150 \text{ cm/s}$$

于是，可求出此瞬时杆 DE 的角速度为：

$$\omega_{DE} = \frac{v_D}{DE} = \frac{v_D}{l} = 5 \text{ rad/s}$$

由图中几何关系，还可求得：

$$v_{DB} = v_B = 150 \text{ cm/s}$$

此瞬时，杆 BD 的角速度为：

$$\omega_{DB} = \frac{v_{DB}}{DB} = 5 \text{ rad/s}$$

再以 B 为基点，依据公式 $\boldsymbol{v}_C = \boldsymbol{v}_B + \boldsymbol{v}_{CB}$，作出速度平行四边形，其中 $\boldsymbol{v}_{CB}$ 垂直于杆 BD，其大小为 $v_{CB} = \omega_{BD} \cdot BC = 75$ cm/s，由图中几何关系可求得此瞬时 C 点的速度为：

$$v_C = v_B \cos 30° = 129.9 \text{ cm/s}$$

【例9.3】 半径为 R 的圆轮，沿直线轨道作无滑动的滚动，如图9.9所示。已知轮心 O 以速度 $\boldsymbol{v}_O$ 运动，试求图示位置时，轮缘上点 A，B，C，D 的速度。

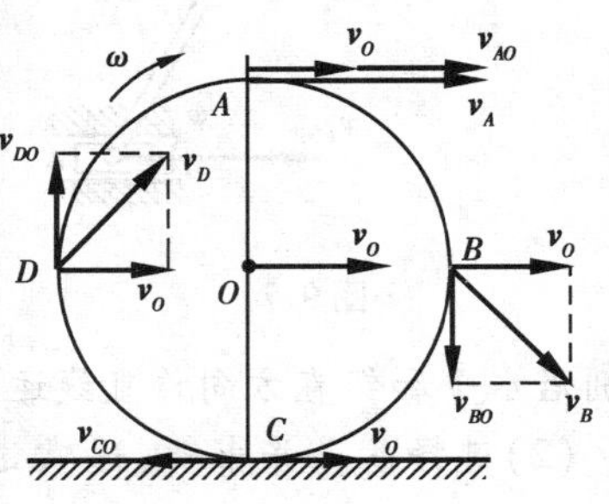

图9.9

【解】 选轮心 O 为基点，先研究点 C 的速度。由于圆轮沿直线轨道作无滑动的滚动，故点 C 的速度为：

$$v_C = 0$$

如图9.9所示，则有：

$$v_C = v_O - v_{CO} = 0$$

圆轮的角速度为：

$$\omega = \frac{v_{CO}}{R} = \frac{v_O}{R}$$

各点相对基点的速度为：

$$v_{AO} = v_{BO} = v_{DO} = \omega R = v_O$$

A 的速度为：

$$v_A = v_O + v_{AO} = 2v_O$$

B,D 的速度为：

$$v_B = \sqrt{v_O^{\ 2} + v_{BO}^{\ 2}} = \sqrt{2}v_O$$

同理可得 D 的速度为：

$$v_D = \sqrt{2}v_O$$

各速度方向如图 9.9 所示。

2)速度投影法

前面已经得到平面图形上任意两点速度的关系式(9.2)：

$$\boldsymbol{v}_B = \boldsymbol{v}_A + \boldsymbol{v}_{BA}$$

应用矢量投影定理，将该矢量式向 AB 连线投影，如图 9.6 所示。由于 $\boldsymbol{v}_{BA}$ 垂直于 AB 连线，投影为零，而 A,B 两点的距离恒定不变，说明 A,B 两点沿 AB 连线方向的分速度相等，即 $\boldsymbol{v}_A,\boldsymbol{v}_B$ 在 AB 连线上的投影相等。故可得：

$$\boldsymbol{v}_A\cos\alpha = \boldsymbol{v}_B\cos\beta$$

即

$$[\boldsymbol{v}_B]_{AB} = [\boldsymbol{v}_A]_{AB} \tag{9.3}$$

式(9.3)称为速度投影定理，即平面图形上任意两点的速度在这两点连线上的投影相等。速度投影定理是刚体上任意两点间的距离保持不变的必然结果。因此，速度投影定理对刚体作任何形式的运动都适用。应用此定理求速度的方法称为速度投影法。

【例 9.4】 用速度投影法求例 9.1 中点 B 的速度。

【解】 运动分析见例 9.1，依据 $[\boldsymbol{v}_B]_{AB}=[\boldsymbol{v}_A]_{AB}$，得：

$$v_B\cos(90° - \varphi) = v_A\cos\varphi$$

故

$$v_B = v_A\cot\varphi$$

讨论：比较基点法和速度投影法可知，当已知平面图形上一点速度的大小和方向以及另一点速度的方向时，应用速度投影法求该点速度的大小和指向是很方便的，但用速度投影法不能求出平面图形的角速度。

【例 9.5】 图 9.10 所示机构中，已知曲柄 $OA=10$ cm，$CD=3\ CB$。曲柄以角速度 $\omega=2$ rad/s转动，在图示位置时，A,B,E 三点恰在同一水平线上，且 $CD\perp ED$。试求此瞬时点 E 的速度。

【解】 (1)运动分析：图示机构中，杆 OA,CD 作定轴转动，杆 AB,DE 以及轮 E 作平面运动。A,B,D,E 各点速度方向如图所示，其中点 A 速度的大小为：

$$v_A = \omega \cdot OA = 20\ \text{cm/s}$$

(2)AB 杆作平面运动，应用速度投影法求解，由 $[\boldsymbol{v}_B]_{AB}=[\boldsymbol{v}_A]_{AB}$，得：

$$v_B\cos 30° = v_A$$

解出：

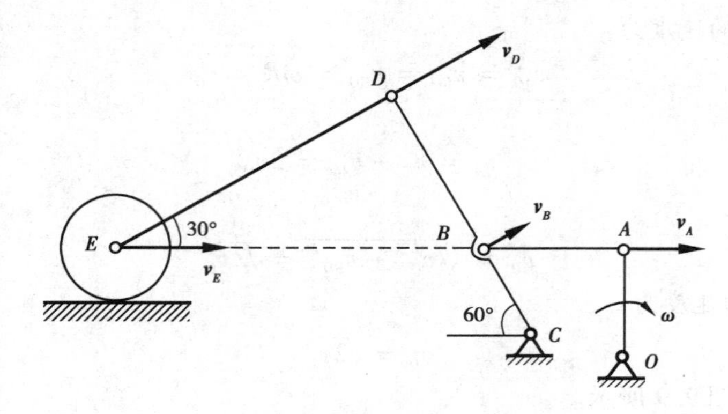

图 9.10

$$v_B = \frac{v_A}{\cos 30^\circ} = 23.1 \text{ cm/s}$$

(3)摇杆 CD 作定轴转动,有:

$$v_D = \frac{v_B}{CB} \cdot DC = 3v_B = 69.3 \text{ cm/s}$$

(4)DE 杆作平面运动,由速度投影定理,可得 D,E 两点的速度关系为:

$$v_E \cos 30^\circ = v_D$$

解出:

$$v_E = \frac{v_D}{\cos 30^\circ} = 80 \text{ cm/s}$$

9.4 求平面图形内各点速度的瞬心法

研究平面图形上各点的速度,除基点法和投影法外,更常用的还有瞬心法。本节介绍求平面运动图形内各点速度的瞬心法。

1)平面图形的速度瞬心

在某一瞬时,平面图形(或其延伸部分)上速度等于零的点称为平面图形的瞬时速度中心(Instantaneous center of velocity),简称为速度瞬心。

定理:一般情况,在每一瞬时,平面图形(或其延伸部分)上都唯一地存在一个速度为零的点。

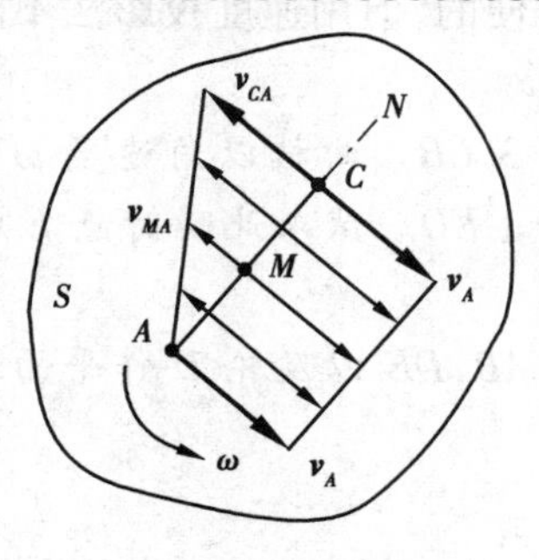

图 9.11

证明:设某瞬时,平面图形 S 上点 A 的速度为 $\boldsymbol{v}_A$,图形的角速度为 ω,如图 9.11 所示。若取点 A 为基点,则图形上任一点 M 的速度可按下式计算:

$$\boldsymbol{v}_M = \boldsymbol{v}_A + \boldsymbol{v}_{MA}$$

如果点 M 位于 $\boldsymbol{v}_A$ 的垂线 AN 上(由 $\boldsymbol{v}_A$ 到 AN 的转向与平面图形角速度的转向一致),从图中可以看出,$\boldsymbol{v}_A$ 和 $\boldsymbol{v}_{MA}$ 在同一直线上,而方向相反,故 $\boldsymbol{v}_M$ 的大小为:

$$v_M = v_A - \omega \cdot AM$$

由上式可知，随着点 M 在垂线 AN 上的位置不同，$\boldsymbol{v}_M$ 的大小也不同，因此总可以找到一点 C，这点的瞬时速度等于零。而点 C 的位置可由下式求得：

$$v_C = v_A - \omega \cdot AC = 0$$

即

$$AC = \frac{v_A}{\omega}$$

于是定理得到证明。

应该强调指出，一般情况下，刚体作平面运动时，在每一瞬时，图形内（或其延伸部分）必有一点为速度瞬心。速度瞬心是随时间而变化的，在不同瞬时，平面图形有不同位置的速度瞬心。

2）平面运动图形内各点的速度及其分布

根据上述定理，每一瞬时在平面运动的图形内都存在速度瞬心 C。选速度瞬心 C 作为基点，图 9.12（a）中 A，B，D 点的速度可表示为：

$$\boldsymbol{v}_A = \boldsymbol{v}_C + \boldsymbol{v}_{AC} = \boldsymbol{v}_{AC}$$

$$\boldsymbol{v}_B = \boldsymbol{v}_C + \boldsymbol{v}_{BC} = \boldsymbol{v}_{BC}$$

$$\boldsymbol{v}_D = \boldsymbol{v}_C + \boldsymbol{v}_{DC} = \boldsymbol{v}_{DC}$$

由此得到结论：平面图形内任一点的速度等于该点随图形绕瞬时速度中心（速度瞬心）转动的速度。

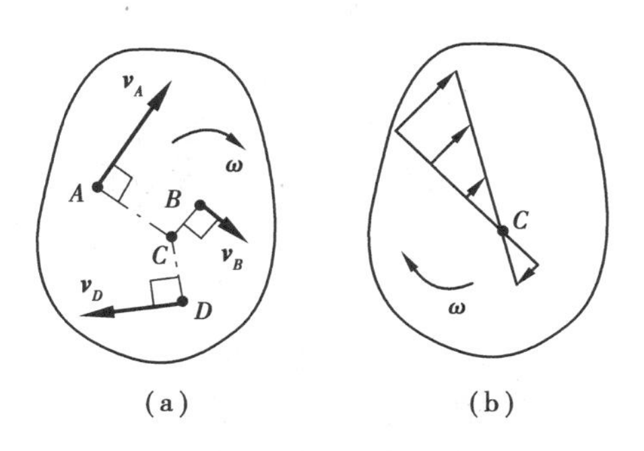

图 9.12

由于平面图形绕任意点转动的角速度都相等，因此平面图形绕速度瞬心 C 转动的角速度等于图形绕任一基点转动的角速度。以 ω 表示这个角速度，于是有：

$$v_A = v_{AC} = \omega \cdot AC$$

$$v_B = v_{BC} = \omega \cdot BC$$

$$v_D = v_{DC} = \omega \cdot DC$$

由此可见，平面图形内各点速度的大小与该点到速度瞬心的距离成正比。速度的方向垂直于该点到速度瞬心的连线，指向图形转动的一方，如图 9.12 所示。

平面图形上各点速度在某瞬时的分布情况，与图形绕定轴转动时各点速度的分布情况类似，如图 9.12（b）所示。因此，平面图形的运动可看成为绕速度瞬心的瞬时转动。

综上所述可知，如果求出平面图形在某一瞬时的速度瞬心位置和角速度，就可以很容易地确定该瞬时图形内各点的速度。这种求速度的方法称为速度瞬心法（Method of instantaneous center of velocity）。

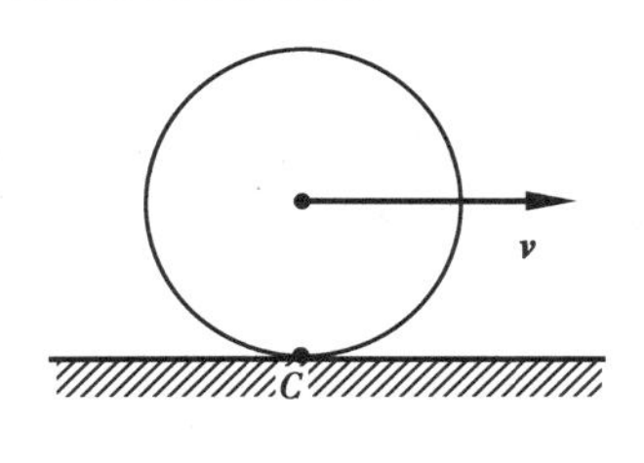

图 9.13

在解题时，根据机构的几何条件，确定速度瞬心位置的方法有下列几种：

①当平面图形沿一固定面作无滑动的滚动（纯滚动）时，如图 9.13 所示。平面图形与固定面的接触点 C 就是图形的速度瞬心，因为在这一瞬时，点 C 相对于固定面的速度为零，所以它的绝对速度也等于零。车轮在纯滚动的过程中，轮缘上的各点相继与地面接触而成为车轮在不同时刻的速度瞬心。

②已知图形内任意两点 A 和 B 的速度的方向，如图 9.14 所示。速度瞬心 C 的位置必在每一点速度的垂线上。因此在图 9.14 中，通过点 A 作垂直于 $\boldsymbol{v}_A$ 方向的直线 Aa，再通过点 B 作垂直于 $\boldsymbol{v}_B$ 方向的直线 Bb。设两条直线交于点 C，则点 C 就是平面图形的速度瞬心。

③若平面图形上两点 A 和 B 的速度相互平行，并且速度方向垂直于两点的连线 AB，如图 9.15 所示。则速度瞬心必定在 A，B 两点连线 AB 与速度 $\boldsymbol{v}_A$ 和 $\boldsymbol{v}_B$ 端点连线的交点 C 上，参看图 9.12(b)。因此，欲确定图 9.15 所示的速度瞬心 C 的位置，不仅需要知道 $\boldsymbol{v}_A$ 和 $\boldsymbol{v}_B$ 的方向，而且还需要知道它们的大小。当 $\boldsymbol{v}_A$ 和 $\boldsymbol{v}_B$ 同向时，图形的速度瞬心在 AB 的延长线上，如图 9.15(a) 所示；当 $\boldsymbol{v}_A$ 和 $\boldsymbol{v}_B$ 反向时，图形的速度瞬心 C 在 A，B 两点之间，如图 9.15(b) 所示。

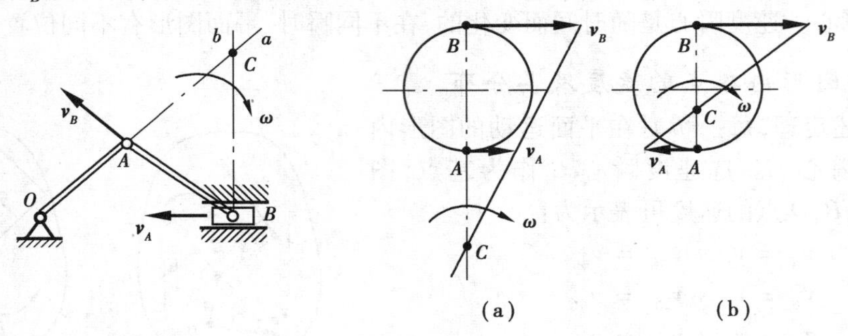

图 9.14　　图 9.15

④某一瞬时，平面运动图形上 A，B 两点的速度相等，即 $\boldsymbol{v}_A=\boldsymbol{v}_B$ 时，如图 9.16 所示，这种情况下平面运动图形的速度瞬心在无限远处。在该瞬时，图形上各点的速度分布如同平面图形作平动的情形一样，因此称瞬时平动（Instantaneous translation）。必须注意，此瞬时各点的速度虽然相同，但加速度不同。

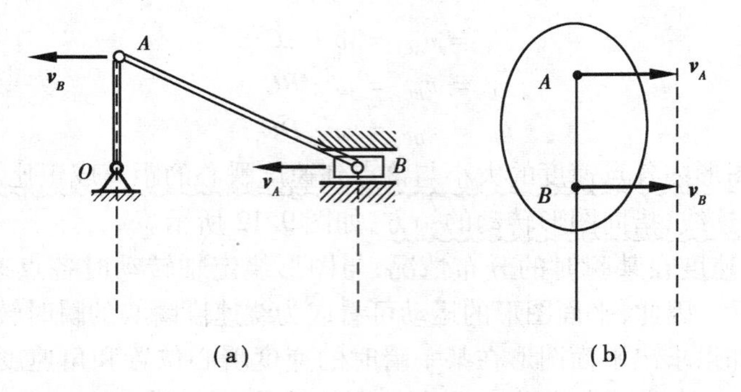

图 9.16

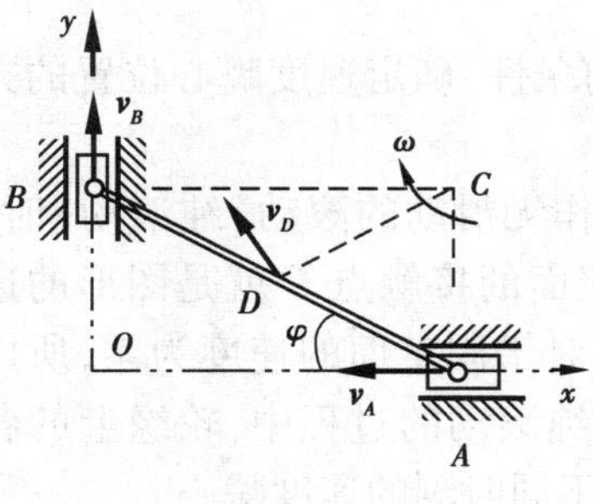

【例 9.6】　如图 9.17 所示机构。已知 A 点速度为 $\boldsymbol{v}_A$。试用速度瞬心法求 B 点速度 $\boldsymbol{v}_B$。

【解】　分别作 A 和 B 两点速度的垂线，两条垂线的交点 C 就是平面图形 AB 的速度瞬心，如图 9.17 所示。于是平面图形 AB 的角速度为：

$$\omega=\frac{v_A}{AC}=\frac{v_A}{l\sin\varphi}$$

B 点的速度为：

图 9.17

$$v_B = BC \cdot \omega = \frac{BC}{AC} v_A = v_A \cot\varphi$$

用速度瞬心法也可以求平面运动图形内任一点的速度。例如杆 AB 中点 D 的速度为：

$$v_D = DC \cdot \omega = \frac{l}{2} \cdot \frac{v_A}{l\sin\varphi} = \frac{v_A}{2\sin\varphi}$$

D 点速度的方向垂直于 DC，且指向平面图形转动的方向。

【例 9.7】 用速度瞬心法求例 9.3 各点的速度。

【解】 由于圆轮沿直线轨道作无滑动的滚动，圆轮与轨道接触点的速度为零，故点 C 为速度瞬心，即 $v_C = 0$。

圆轮的角速度为：

$$\omega = \frac{v_O}{R}$$

圆轮上各点速度为：

$$v_A = \omega AC = \frac{v_O}{R} 2R = 2v_O$$

$$v_B = v_D = \omega\sqrt{2}R = \sqrt{2}v_O$$

各点速度的方向如图 9.18 所示。

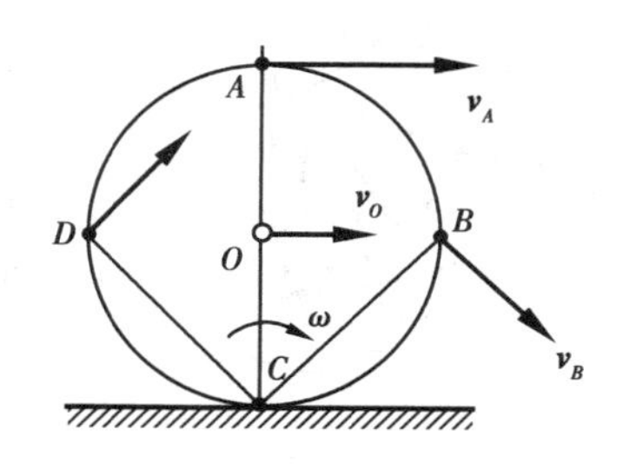

图 9.18

【例 9.8】 平面机构如图 9.19 所示，曲柄 OA 以角速度 $\omega = 2$ rad/s 绕轴 O 转动。已知：$OA = CD = 10$ cm，$AB = 20$ cm，$BC = 30$ cm，在图示位置时，曲柄 OA 处于水平位置，曲柄 CD 与水平线夹角 $\varphi = 45°$，连杆 BC 与竖直线夹角也为 $\varphi = 45°$。试求该瞬时连杆 AB，BC 和曲柄 CD 的角速度。

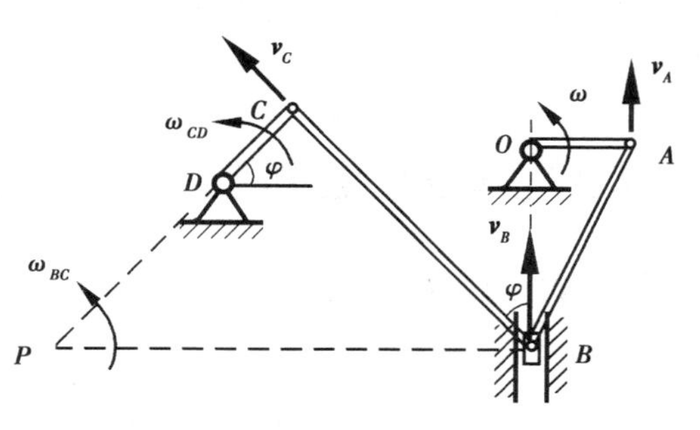

图 9.19

【解】 速度分析如图 9.19 所示。点 A 的速度为：

$$v_A = \omega OA = 10 \times 2 \text{ cm/s} = 20 \text{ cm/s}$$

由于 B 点的速度沿铅直方位，故连杆 AB 作瞬时平动，其角速度为：

$$\omega_{AB} = 0$$

则 B 点的速度为：

$$v_B = v_A = 20 \text{ cm/s}$$

C 点的速度方位垂直于 CD，连杆 BC 速度瞬心为 B、C 速度矢量垂线的交点 P。则连杆 BC 的角速度为：

$$\omega_{BC} = \frac{v_B}{PB} = \frac{v_B}{\sqrt{2}BC} = \frac{20}{30\sqrt{2}} \text{ rad/s} = 0.471 \text{ rad/s}$$

C 点的速度大小为：

$$v_C = \omega_{BC} PC = 0.471 \times 30 \text{ cm/s} = 14.14 \text{ cm/s}$$

曲柄 CD 的角速度为：

$$\omega_{CD} = \frac{v_C}{CD} = \frac{14.14}{10} \text{rad/s} = 1.414 \text{ rad/s}$$

对于由几个平面运动图形组成的平面机构,则可依次对每一平面运动图形,按上述步骤进行,直到求出所需的全部未知量为止。应该注意,每一个平面运动图形有它自己的速度瞬心和角速度。因此,每求出一个瞬心和角速度,应明确标出它是哪一个平面运动图形的瞬心和角速度,决不可混淆。

9.5 用基点法求平面图形内各点的加速度

现在讨论平面运动图形内各点的加速度。

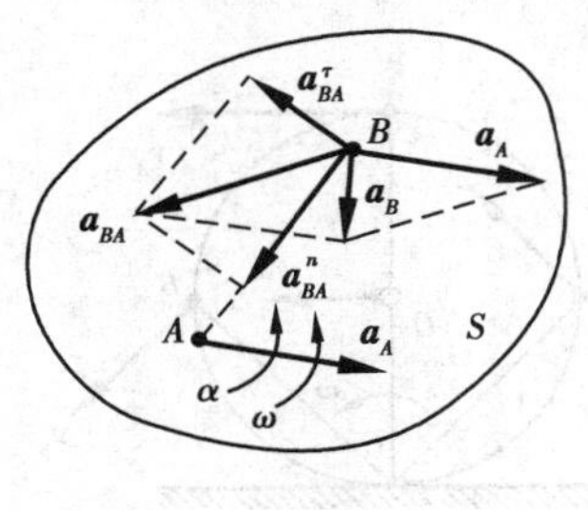

图 9.20

根据 9.2 节所述,如图 9.20 所示平面图形 S 的运动可分解为两部分:随同基点 A 的平动(牵连运动);绕基点 A 的转动(相对运动)。于是,平面图形内任一点 B 的绝对运动也由这两种运动合成,其加速度可以用加速度合成定理求出。因为牵连运动为平动,点 B 的牵连加速度等于基点 A 的加速度 $\boldsymbol{a}_A$,点 B 的绝对加速度等于它的牵连加速度与相对加速度的矢量和,即:

$$\boldsymbol{a}_B = \boldsymbol{a}_A + \boldsymbol{a}_{BA} \tag{9.4}$$

而点 B 的相对加速度 $\boldsymbol{a}_{BA}$ 是该点随图形绕基点 A 转动的加速度,可分为切向加速度与法向加速度两部分。于是用基点法求点的加速度合成公式为:

$$\boldsymbol{a}_B = \boldsymbol{a}_A + \boldsymbol{a}_{BA}^{\tau} + \boldsymbol{a}_{BA}^{n} \tag{9.5}$$

其中 $\boldsymbol{a}_{BA}^{\tau}$ 为点 B 绕基点 A 转动的切向加速度,方向与 AB 垂直,大小为:

$$a_{BA}^{\tau} = AB \cdot \alpha$$

α 为平面图形的角加速度;$\boldsymbol{a}_{BA}^{n}$ 为 B 点绕基点 A 转动的法向加速度,指向基点 A,大小为:

$$a_{BA}^{n} = AB \cdot \omega^2$$

ω 为平面图形的角速度。

式(9.5)表明:平面图形内任一点的加速度等于基点的加速度与该点随图形绕基点转动的切向速度和法向加速度的矢量和。

式(9.5)为平面图形内任意点的各加速度的矢量等式,通常可向两个正交的坐标轴投影,得到两个投影方程,用以求解两个未知量。

【例 9.9】 如图 9.21 所示。在外啮合行星齿轮机构中,系杆 $O_1O = l$,以匀角速度 ω_1 绕 O_1 转动。大齿轮Ⅱ固定,行星轮Ⅰ半径为 r,在轮Ⅱ上只滚不滑。设 A 和 B 是轮缘上的两点,点 A 在 O_1O 的延长线上,而点 B 则在垂直于 O_1O 的半径上。试求点 A 和 B 的加速度。

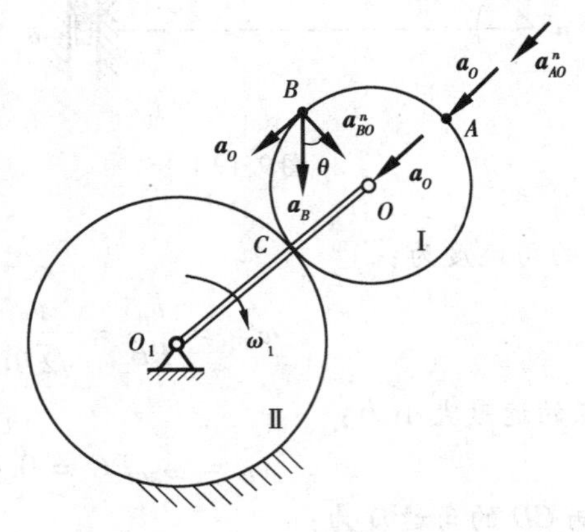

图 9.21

【解】 轮Ⅰ作平面运动,其轮心 O 的速度和加速度分别为:

$$v_O = l\omega_1, \quad a_O = l\omega_1^2$$

选点 O 作为基点,由题意知,轮Ⅰ的速度瞬心在两轮的接触点 C 处。设轮Ⅰ的角速度为 ω,则:

$$\omega = \frac{v_O}{r} = \frac{l}{r}\omega_1$$

因为 ω_1 为不变的恒量，所以 ω 也是恒量，因此轮Ⅰ的角加速度等于零。即：

$$a_{AO}^{\tau} = a_{BO}^{\tau} = 0$$

A，B 两点相对于基点 O 的法向加速度分别沿半径 OA 和 OB，指向中心 O，它们的大小为：

$$a_{AO}^{n} = a_{BO}^{n} = r\omega^2 = \frac{l^2}{r}\omega_1^2$$

由式(9.5)可确定 A 点的绝对加速度为：

$$a_A = a_O + a_{AO}^{n} = l\omega_1^2 + \frac{l^2}{r}\omega_1^2$$

其方向沿 OA，指向 O。

B 点的加速度大小为：

$$a_B = \sqrt{a_O^2 + (a_{BO}^{n})^2} = l\omega_1^2\sqrt{1 + \left(\frac{l}{r}\right)^2}$$

其与半径 OB 间的夹角为：

$$\theta = \arctan\frac{a_O}{a_{BO}^{n}} = \arctan\frac{l\omega_1^2}{\frac{l^2}{r}\omega_1^2} = \arctan\frac{r}{l}$$

【例9.10】　如图9.22所示，在椭圆规机构中，曲柄 OD 以匀角速度 ω 绕 O 轴转动，$OD = AD = BD = l$。求当 $\varphi = 60°$ 时，杆 AB 的角加速度和点 A 的加速度。

【解】　曲柄 OD 绕 O 轴转动，杆 AB 作平面运动，则有：

$$v_D = \omega l,\quad a_D = \omega^2 l$$

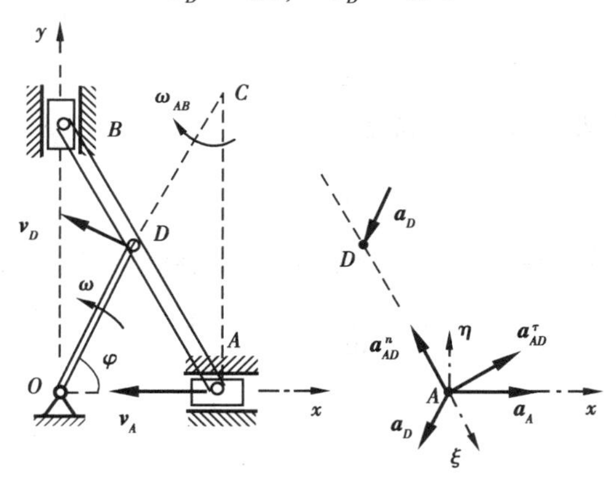

图9.22

由速度瞬心法求得杆 AB 的角速度 ω_{AB}：

$$\omega_{AB} = \frac{v_D}{CD} = \omega$$

取杆 AB 上的点 D 为基点，则点 A 的加速度为：

$$\boldsymbol{a}_A = \boldsymbol{a}_D + \boldsymbol{a}_{AD}^{\tau} + \boldsymbol{a}_{AD}^{n}$$

其中 $\boldsymbol{a}_D$ 的大小和方向以及 $\boldsymbol{a}_{AD}^{n}$ 的大小和方向都是已知的。由于点 A 作直线运动，设 $\boldsymbol{a}_A$ 的方向

如图所示。$\boldsymbol{a}_{AD}^{\tau}$垂直于$AD$，其指向假设为图9.22所示。$\boldsymbol{a}_{AD}^{n}$沿$AD$指向点$D$，其大小为：

$$a_{AD}^{n} = \omega_{AB}^{2} \cdot AD = \omega^{2} l$$

为确定$\boldsymbol{a}_A$和$\boldsymbol{a}_{AD}^{\tau}$的大小。取$\xi$轴垂直于$\boldsymbol{a}_{AD}^{\tau}$，$\eta$轴垂直于$\boldsymbol{a}_A$。$\eta$和$\xi$的正方向如图9.22所示。将$\boldsymbol{a}_A$的矢量式分别在$\xi$轴和$\eta$轴上投影得：

$$a_A \cos\varphi = a_D \cos(\pi - 2\varphi) - a_{AD}^{n}$$
$$0 = -a_D \sin\varphi + a_{AD}^{\tau}\cos\varphi + a_{AD}^{n}\sin\varphi$$

解之得：

$$a_A = \frac{a_D\cos(\pi - 2\varphi) - a_{AD}^{n}}{\cos\varphi} = \frac{\omega^2 l\cos 60° - \omega^2 l}{\cos 60°} = -\omega^2 l$$

$$a_{AD}^{\tau} = \frac{a_D\sin\varphi - a_{AD}^{n}\sin\varphi}{\cos\varphi} = \frac{(\omega^2 l - \omega^2 l)\sin\varphi}{\cos\varphi} = 0$$

$$\alpha_{AB} = \frac{a_{AB}^{\tau}}{AD} = 0$$

由于a_A为负值，故$\boldsymbol{a}_A$的实际指向与假设相反。

【例9.11】 如图9.23(a)所示，车轮在地面沿直线纯滚动。已知车轮半径为R，中心O的速度v_O，加速度为$\boldsymbol{a}_O$。设车轮与地面接触时无相对滑动，求车轮上速度瞬心的加速度。

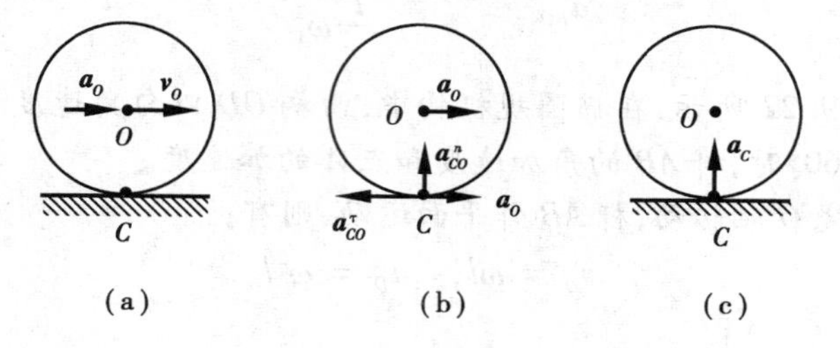

图9.23

【解】 由轮子纯滚动条件，车轮的角速度为：

$$\omega = \frac{v_O}{R}$$

车轮的角加速度α等于角速度对时间的一阶导数。上式对任何瞬时均成立，故对时间求导得：

$$\alpha = \frac{\mathrm{d}\omega}{\mathrm{d}t} = \frac{\mathrm{d}}{\mathrm{d}t}\left(\frac{v_O}{R}\right)$$

因为R是常量，则：

$$\alpha = \frac{1}{R}\frac{\mathrm{d}v_O}{\mathrm{d}t}$$

由于轮心O作直线运动，其速度v_O对时间的一阶导数等于该点的加速度a_O。于是：

$$\alpha = \frac{a_O}{R}$$

车轮作平面运动，取中心O为基点，按照式(9.5)求得点C的加速度为：

$$\boldsymbol{a}_C = \boldsymbol{a}_O + \boldsymbol{a}_{CO}^{\tau} + \boldsymbol{a}_{CO}^{n}$$

式中：

$$a_{CO}^{\tau} = \alpha R = a_O \qquad a_{CO}^{n} = \omega^2 R = \frac{v_O^2}{R}$$

其方向如图 9.23(b)所示。

由于 $\boldsymbol{a}_O$ 与 $\boldsymbol{a}_{CO}^{\tau}$ 的大小相等、方向相反，故：

$$a_C = a_{CO}^{n}$$

由此可知，速度瞬心 C 的加速度不等于零。当车轮在地面上只滚动不滑动（纯滚动）时，速度瞬心 C 的加速度指向轮心 O，如图 9.23(c)所示。

由以上各例可见，用基点法求平面图形上点的加速度的步骤与用基点法求点的速度的步骤基本相同。但由于公式 $\boldsymbol{a}_B = \boldsymbol{a}_A + \boldsymbol{a}_{BA}^{\tau} + \boldsymbol{a}_{BA}^{n}$ 中有 8 个要素，所以必须其中已知 6 个要素，才能通过两个投影方程确定另外两个要素。

9.6　运动学综合应用举例

平面运动理论可用来分析同一平面运动刚体上两个不同点的速度和加速度的联系。当两个刚体相接触而有相对滑动时，则需用合成运动的理论分析这两个不同刚体上相重合点的速度和加速度的联系。两物体间有相互运动，虽不接触，其重合点的运动也符合合成运动的规律。

在复杂的机构中，可能同时有平面运动和点的合成运动问题。应注意分别分析，综合应用有关理论。

下面通过几个例题说明平面运动和点的合成运动的综合应用。

【例 9.12】　如图 9.24 所示的平面机构中，滑块 B 可沿杆 OA 滑动，杆 BE 与 BD 分别与滑块 B 铰接，BD 杆可沿水平导轨运动，滑块 E 以匀速度 v 沿铅直导轨向上运动。杆 BE 长为 $\sqrt{2}l$。在图示瞬时，杆 OA 铅直，且与杆 BE 夹角为 45°。试求该瞬时杆 OA 的角速度与角加速度。

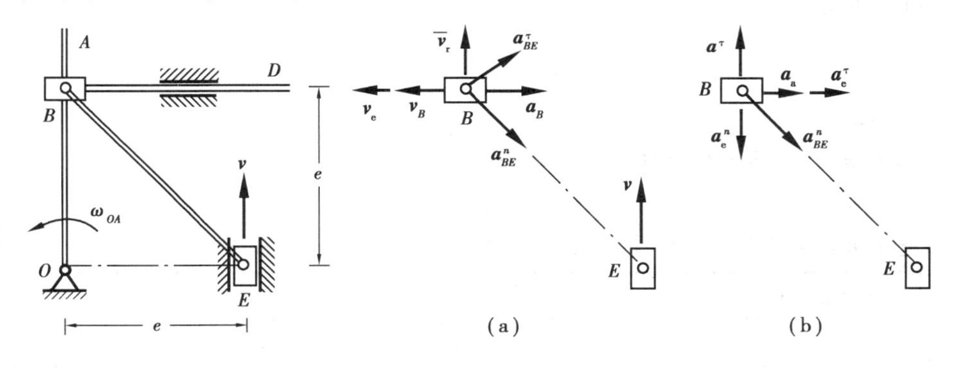

图 9.24

【分析】　BE 杆作平面运动。首先确定杆 BE 上 B 点的速度和加速度。B 点连同滑块在 OA 杆上滑动，并带动杆 OA 转动，可利用合成运动方法求解杆 OA 上 B 点的速度和加速度，再求解杆 OA 的角速度和角加速度。

【解】　BE 杆作平面运动，在图 9.24 中，由 $\boldsymbol{v}$ 及 $\boldsymbol{v}_B$ 方向可知此瞬时 O 点为 BE 的速度瞬心，因此 BE 杆的角速度为：

$$\omega_{BE} = \frac{v}{OE} = \frac{v}{l}$$

滑块 B 的速度为：

$$v_B = \omega_{BE} \cdot OB = v$$

以 E 为基点，B 点的加速度为：

$$\boldsymbol{a}_B = \boldsymbol{a}_E + \boldsymbol{a}_{BE}^{\tau} + \boldsymbol{a}_{BE}^{n} \tag{1}$$

加速度	$\boldsymbol{a}_B$	$\boldsymbol{a}_E$	$\boldsymbol{a}_{BE}^{\tau}$	$\boldsymbol{a}_{BE}^{n}$
大　小	?	0	?	$BE \cdot \omega_{BE}^2$
方　向	水平		垂直 BE	指向点 E

作出 B 点加速度矢量图，如图 9.24(a)所示。

将式(1)沿 BE 方向投影得：

$$a_B \cos 45° = a_{BE}^n$$

$$a_B = \frac{a_{BE}^n}{\cos 45°} = \frac{2v^2}{l}$$

以上利用刚体平面运动分析方法求得了滑块 B 的速度和加速度。由于滑块 B 可以沿杆 OA 滑动，利用点的合成运动分析方法可确定杆 OA 的角速度及角加速度。

取滑块 B 为动点，动系固结在杆 OA 上，点的速度合成定理为：

$$\boldsymbol{v}_a = \boldsymbol{v}_e + \boldsymbol{v}_r$$

式中：$\boldsymbol{v}_a = \boldsymbol{v}_B$；牵连速度 $\boldsymbol{v}_e$ 是 OA 杆上与滑块 B 重合那一点的速度，其方向垂直于 OA，因此与 $\boldsymbol{v}_a$ 同方位；相对速度 $\boldsymbol{v}_r$ 沿 OA 杆，即垂直于 $\boldsymbol{v}_a$。显然有：

$$\boldsymbol{v}_a = \boldsymbol{v}_e, \boldsymbol{v}_r = \boldsymbol{o}$$

即

$$v_e = v_B = v$$

于是得杆 OA 的角速度：

$$\omega_{OA} = \frac{v_e}{OB} = \frac{v}{l}$$

其转向如图 9.24 所示。

根据牵连运动为转动的加速度合成定理知：

$$\boldsymbol{a}_a = \boldsymbol{a}_e^{\tau} + \boldsymbol{a}_e^{n} + \boldsymbol{a}_r + \boldsymbol{a}_c \tag{2}$$

可求出 $\boldsymbol{a}_e^{\tau}$，进而求出杆 OA 的角加速度，式中各加速度大小和方向如下：

加速度	$\boldsymbol{a}_a$	$\boldsymbol{a}_e^{\tau}$	$\boldsymbol{a}_e^{n}$	$\boldsymbol{a}_r$	$\boldsymbol{a}_c$
大　小	a_B	?	$\omega_{OA}^2 \cdot OB$	?	0
方　向	水平向右	垂直 OB	指向 O 点	沿 OA	

作出点的加速度矢量图，如图 9.24(2)所示。将式(2)投影到与 $\boldsymbol{a}_r$ 垂直的 BD 线上，得：

$$a_a = a_e^{\tau}$$

故：

$$a_e^{\tau} = a_B = \frac{2v^2}{l}$$

OA 杆的角加速度为：

$$\alpha_{OA} = \frac{a_e^{\tau}}{OB} = \frac{2v^2}{l^2}(\text{顺时针})$$

上面的求解方法是依次应用刚体平面运动及点的合成运动分析方法求解，这是机构运动分析中较常用的方法之一。

【例 9.13】 如图 9.25(a)所示机构中，曲柄 OA 长为 $2r$，绕 O 顺时针转动。曲柄 O_1B 长为 r，绕 O_1 顺时针转动。套筒 B 和滑块 D 分别沿 AD 和水平滑道运动。在图示瞬时，曲柄 OA 的角速度为 ω_0，角加速度为 $\alpha_0=0$，$\varphi=30°$，B 点位于 AB 中点。求该瞬时曲柄 O_1B 的角速度 ω_1 和角加速度 α_1。

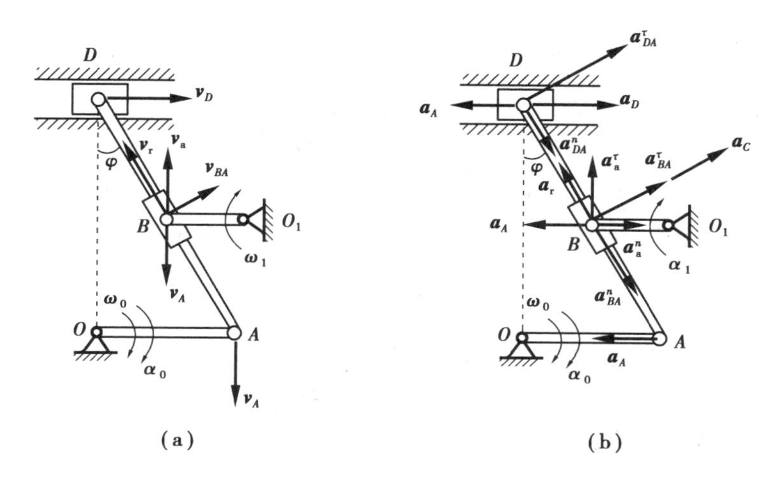

图 9.25

【解】 图示机构中，套筒 B 相对于杆 AD 作直线运动，可用速度合成定理与加速度合成定理求出套筒 B 的速度和切向加速度，然后求出曲柄 O_1B 的角速度和角加速度。

(1)求曲柄 O_1B 的角速度。以套筒 B 为动点，动系固定于杆 AD 上，则套筒 B 的绝对运动为以 O_1 为圆心，以 O_1B 为半径的圆周运动；相对运动为沿 AD 的直线运动；牵连运动是平面运动。由速度合成定理，可得套筒 B 的绝对速度为

$$\boldsymbol{v}_a=\boldsymbol{v}_e+\boldsymbol{v}_r \tag{1}$$

要求牵连速度，先求出铰结点 A 的速度及杆 AD 的角速度

$$v_A=OA\cdot\omega_0=2r\omega_0$$

由图 9.25(a)中点 A 和点 D 的速度方向，可确定出杆 AD 的速度瞬心位于点 O，可得杆 AD 的角速度为

$$\omega_{AD}=\frac{v_A}{OA}=\omega_0 \qquad (\text{顺时针})$$

以点 A 为基点，牵连速度为

$$\boldsymbol{v}_e=\boldsymbol{v}_A+\boldsymbol{v}_{BA}$$

因此式(1)可写成

$$\boldsymbol{v}_a=\boldsymbol{v}_A+\boldsymbol{v}_{BA}+\boldsymbol{v}_r \tag{2}$$

上式中的各速度大小和方向如下：

速　度	$\boldsymbol{v}_a$	$\boldsymbol{v}_A$	$\boldsymbol{v}_{BA}$	$\boldsymbol{v}_r$
大　小	?	$2r\omega_0$	$AB\cdot\omega_{AD}$	?
方　向	垂直于 O_1B	铅垂向下	垂直于 AB	沿 AD 方向

作出点 B 的速度矢量图，如图 9.25(a) 所示。将式(2)向垂直于 AD 的方向投影，得

$$v_a \sin 30^\circ = -v_A \sin 30^\circ + v_{BA}$$
$$v_a = 2(-r\omega_0 + 2r\omega_0) = 2r\omega_0$$
$$v_B = v_a = 2r\omega_0$$

由此可得曲柄 O_1B 的角速度

$$\omega_1 = \frac{v_B}{O_1B} = 2\omega_0 \qquad (\text{顺时针})$$

将式(2)沿 AD 的方向投影，可求得相对速度

$$v_a \cos 30^\circ = -v_A \cos 30^\circ + v_r$$
$$v_r = (v_a + v_A)\cos 30^\circ = (2r\omega_0 + 2r\omega_0)\cos 30^\circ = 2\sqrt{3}\, r\omega_0$$

(2)求曲柄 O_1B 的角加速度。求曲柄 O_1B 的角加速度，需先求出杆 AD 的角加速度。为此，以点 A 为基点，可得

$$\boldsymbol{a}_D = \boldsymbol{a}_A + \boldsymbol{a}_{DA}^{\tau} + \boldsymbol{a}_{DA}^{n} \tag{3}$$

作点 D 加速度矢量图如图 9.25(b) 所示，其中

$$a_{DA}^{n} = AD \cdot \omega_{AD}^{2} = 4r\omega_0^2$$

将式(3)沿铅垂方向投影，得

$$0 = a_{DA}^{\tau} \sin \varphi - a_{DA}^{n} \cos \varphi$$
$$a_{DA}^{\tau} = 4\sqrt{3}\, r\omega_0^2$$

由此可得杆 AD 的角加速度

$$\alpha_{AD} = \frac{a_{AD}^{\tau}}{AD} = \sqrt{3}\,\omega_0^2 \qquad (\text{顺时针})$$

为了求曲柄 O_1B 的角加速度，仍选套筒 B 为动点，动系固连于杆 AD 上，则套筒 B 的绝对加速度为

$$\boldsymbol{a}_a^{\tau} + \boldsymbol{a}_a^{n} = \boldsymbol{a}_e + \boldsymbol{a}_r + \boldsymbol{a}_c = \boldsymbol{a}_A + \boldsymbol{a}_{BA}^{\tau} + \boldsymbol{a}_{BA}^{n} + \boldsymbol{a}_r + \boldsymbol{a}_C \tag{4}$$

上式中的各加速度大小和方向如下：

加速度	$\boldsymbol{a}_a^{\tau}$	$\boldsymbol{a}_a^{n}$	$\boldsymbol{a}_A$	$\boldsymbol{a}_{BA}^{\tau}$	$\boldsymbol{a}_{BA}^{n}$	$\boldsymbol{a}_r$	$\boldsymbol{a}_C$
大　小	?	$r\omega_1^2$	$2r\omega_0^2$	$AB \cdot \alpha_{AD}$	$AB \cdot \omega_{AD}^2$	?	$2v_r\omega_{AD}$
方　向	垂直 O_1B	指向点 O_1	水平向左	垂直 AB	沿 BA	沿 AD	垂直 AD

作出点 B 的加速度矢量图，如图 9.25(b) 所示。将式(4)向垂直于 AD 的方向投影，得

$$a_a^{\tau} \sin 30^\circ + a_a^{n} \cos 30^\circ = -a_A \cos 30^\circ + a_{BA}^{\tau} + a_C$$
$$a_a^{\tau} = 2a_{BA}^{\tau} + 2a_C - \sqrt{3}\, a_A - \sqrt{3}\, a_a^{n}$$
$$a_a^{\tau} = 6\sqrt{3}\, r\omega_0^2$$

故曲柄 O_1B 的角加速度为

$$\alpha_1 = \frac{a_a^{\tau}}{O_1B} = 6\sqrt{3}\,\omega_0^2 \qquad (\text{顺时针})$$

本章小结

(1)平面运动

平面运动:刚体在运动过程中,其上任意一点与某一固定平面的距离始终保持不变。

刚体的平面运动可简化为平面图形在其自身平面内的运动。

平面运动可分解为随着基点的平动和绕基点的转动。

平面图形的运动方程:

$$\begin{cases} x_A = f_1(t) \\ y_A = f_2(t) \\ \varphi = f_3(t) \end{cases}$$

(2)求平面图形内各点速度的3种方法

①基点法:在任一瞬时,平面图形内任一点的速度等于基点的速度和绕基点转动速度的矢量和。

$$\boldsymbol{v}_B = \boldsymbol{v}_A + \boldsymbol{v}_{BA}$$

②速度投影法。平面图形内任意两点的速度在两点连线上投影相等。

$$[\boldsymbol{v}_A]_{AB} = [\boldsymbol{v}_B]_{AB}$$

③速度瞬心法。平面图形内任一点的速度等于该点随图形绕瞬时速度中心(速度瞬心)转动的速度。

$$v_M = \omega \cdot MC$$

平面图形内各点速度的大小与该点到速度瞬心的距离成正比。

(3)求平面图形内各点加速度的基点法

在任一瞬时,平面图形内任一点的加速度等于基点的加速度和相对于基点转动的加速度的矢量和。

$$\boldsymbol{a}_B = \boldsymbol{a}_A + \boldsymbol{a}_{BA}^{\tau} + \boldsymbol{a}_{BA}^{n}$$

其中: $a_{BA}^{\tau} = AB \cdot \alpha$, $a_{BA}^{n} = AB \cdot \omega^2$

思考题

9.1 刚体的平动和定轴转动是否均为刚体平面运动的特例?为什么?

9.2 刚体作瞬时平动时,刚体的角速度和角加速度在该瞬时是否均等于零?

9.3 试分析什么情况下平面图形上任意两点的加速度在其连线上的投影相等?

9.4 求平面运动刚体上点的加速度时,是否需要考虑科氏加速度?为什么?

9.5 长为l的AB杆作平面运动。某瞬时其两端点的速度$\boldsymbol{v}_A$和$\boldsymbol{v}_B$与AB分别成θ_1和θ_2的夹角,如图9.26所示。试证明该瞬时AB杆的角速度$\omega_{AB} = v_A \sin\theta_1/l + v_B \sin\theta_2/l$。

9.6 图9.27中两滑块的速度分别为$\boldsymbol{v}_A$和$\boldsymbol{v}_B$。当求C点速度时,因为C点为两速度$\boldsymbol{v}_A$,$\boldsymbol{v}_B$垂线的交点,则C为速度瞬心,故$v_C = 0$。这种说法对吗?

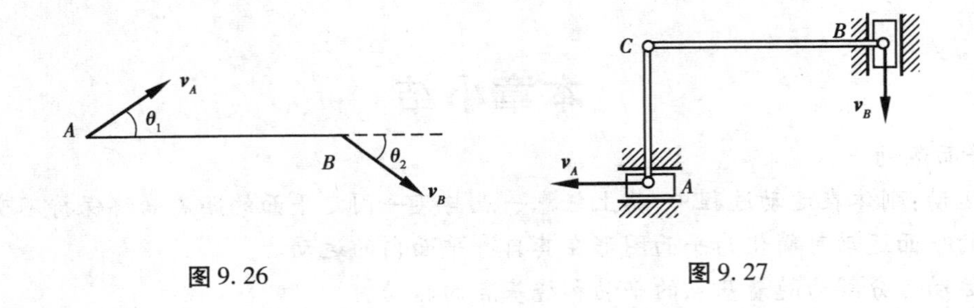

图 9.26　　　　图 9.27

习　题

9.1　习题 9.1 图所示机构中，曲柄 OA 以匀角速度 ω_0 绕 O 轴转动，通过齿条 AB 带动齿轮 O_1。已知 $OA=R$，齿轮 O_1 半径 $r=0.5\ R$。求当 $\theta=60°$时，齿轮 O_1 的角速度 ω_1。

9.2　习题 9.2 图所示的四连杆机构中，$O_1B=O_2A=0.5\ AB=l$，$\omega=3$ rad/s，当杆 O_2A 在水平位置时，杆 O_1B 恰在铅直位置。试求在此瞬时杆 AB 和 O_1B 的角速度。

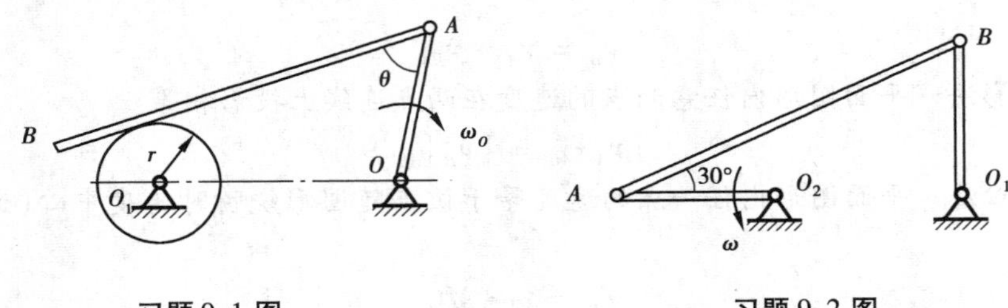

习题 9.1 图　　　　习题 9.2 图

9.3　习题 9.3 图所示机构中，已知 $OA=12$ cm，$n=60$ r/min，$AB=34$ cm，齿轮半径 $r=6$ cm。在图所示位置时，$\varphi=30°$，AB 杆水平，试求该瞬时连杆 AB 的角速度与齿条 DE 的速度。

9.4　习题 9.4 图所示机构中，曲柄 OA 匀转速绕 O 轴转动，圆柱沿水平地面作无滑动的滚动，圆柱与 DE 间也没有相对滑动，$n=60$ r/min，$OA=100$ mm，$AB=300$ mm，圆柱半径 $R=100$ mm。求该曲柄 OA 处于铅直位置瞬时物体 DE 的速度 $\boldsymbol{v}_{DE}$ 和加速度 $\boldsymbol{a}_{DE}$。

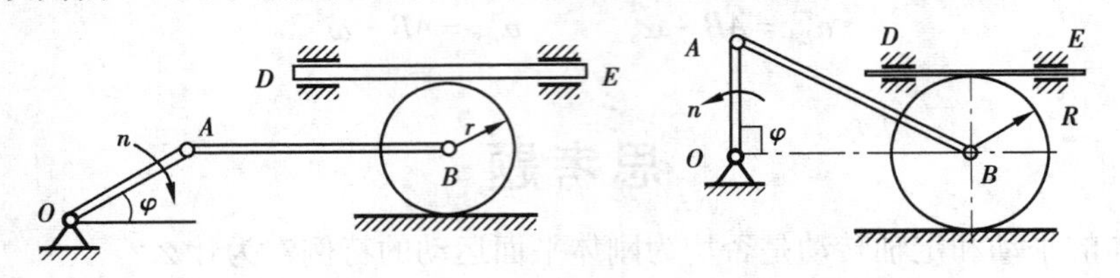

习题 9.3 图　　　　习题 9.4 图

9.5　习题 9.5 图所示机构中，齿轮Ⅱ与连杆 AB 连为一体，已知齿轮Ⅰ，Ⅱ的半径为 $r_1=r_2=30\sqrt{3}$ cm，$O_1A=75$ cm，$AB=150$ cm，杆 O_1A 的角速度 $\omega_{O_1}=6$ rad/s。求当 $\theta=60°$，$\beta=90°$时，曲柄 OB 及齿轮Ⅰ的角速度。

9.6　习题 9.6 图所示机构中，$OA=0.2$ m，$O_1B=1$ m，$AB=1.2$ m。在图示瞬时，杆 OA 与 O_1B 均为铅直方向，$\omega_0=10$ rad/s，$\alpha_0=5$ rad/s^2。试求该瞬时点 B 的速度和加速度。

9.7　习题 9.7 图所示的曲柄连杆机构中，曲柄 OA 的角速度为 ω_0，角加速度为 α_0。在某瞬时曲柄与水平线间成 60°角，而连杆 AB 与曲柄垂直，滑块 B 在圆形槽内滑动，此时滑槽半径 O_1B

与连杆 AB 间成 30°角。如 $OA=r$ ，$AB=2\sqrt{3}r$，$O_1B=2r$，求在该瞬时滑块 B 的切向和法向加速度。

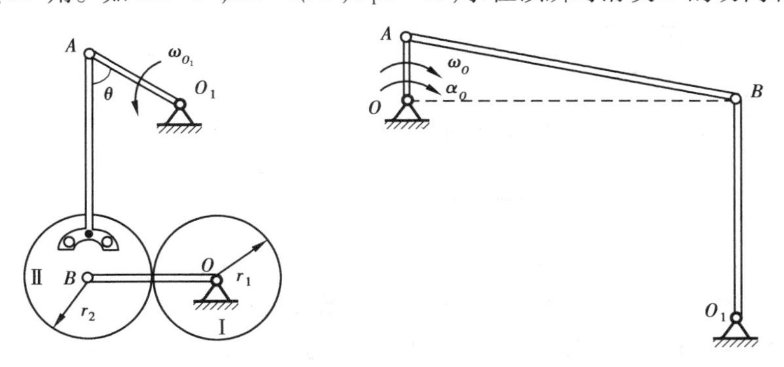

习题 9.5 图　　　　习题 9.6 图

9.8　已知习题 9.8 图所示机构中，滑块 A 的速度 $v_A=0.2$ m/s，$AB=0.4$ m。求当 $AC=CB$，$\theta=30°$时，杆 CD 的速度和加速度。

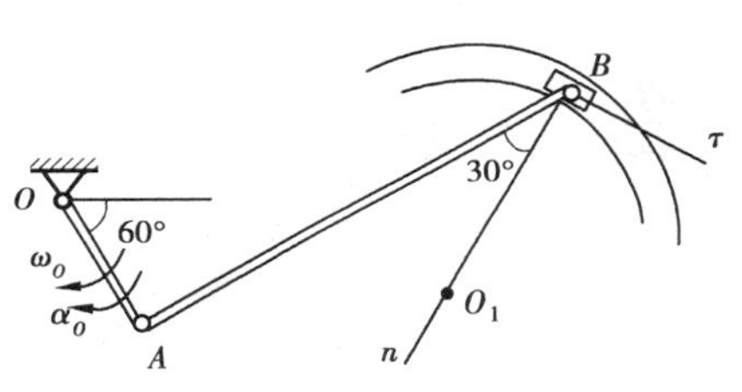

习题 9.7 图

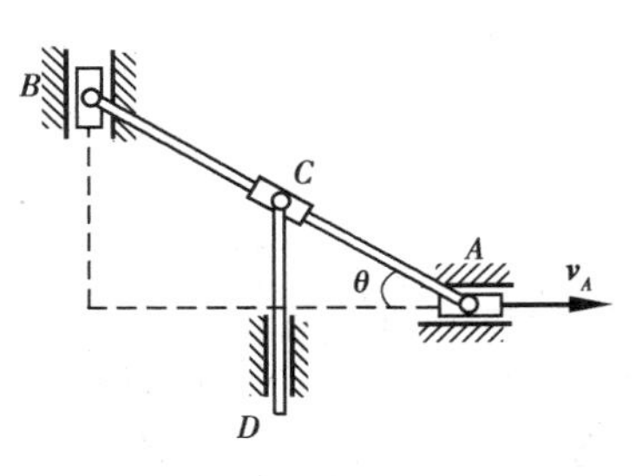

习题 9.8 图

9.9　四连杆机构如习题 9.9 图所示，已知：匀角速度 $\omega=2$ rad/s，$AC=20$ cm，$BD=40$ cm。在图示位置时，AC 及 BD 杆处于水平位置，$\phi=30°$。试求此瞬时 BD 杆的角速度及角加速度。

9.10　在习题 9.10 图所示平面机构中，已知：OA 杆以匀角速度 ω_0 绕 O 轴转动，$OA=AC=r$，$O_1B=2r$，$\beta=30°$。在图示位置 OA，CB 水平，O_1B，AC 铅垂。试求此瞬时：①板上 C 点的速度 $\boldsymbol{v}_C$；②O_1B 杆的角速度 ω_1；③O_1B 杆的角加速度 α_1。

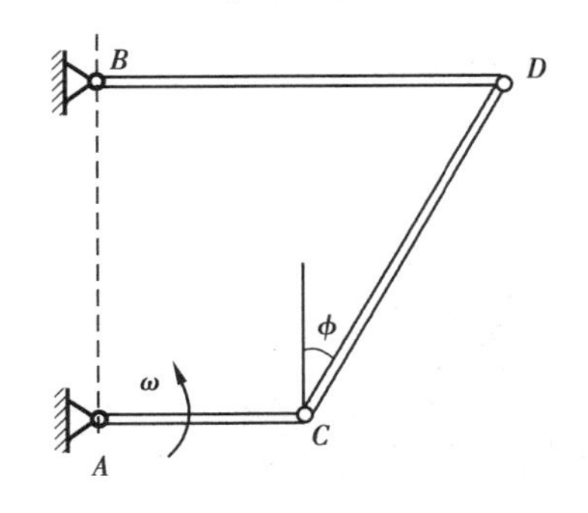

习题 9.9 图

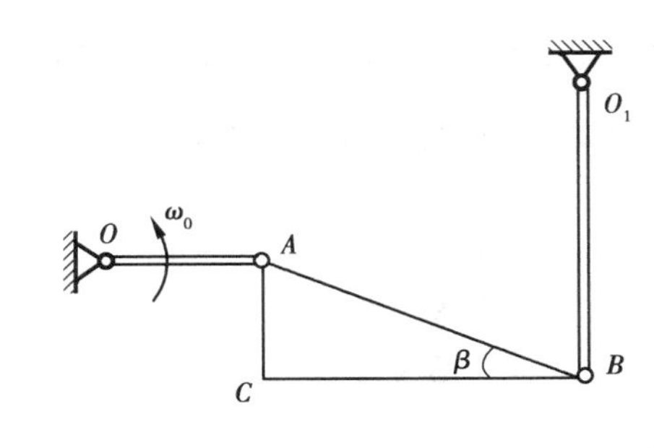

习题 9.10 图

9.11　在习题 9.11 图所示平面机构中，已知：OA 杆以匀角速度 $\omega_0=1$ rad/s 绕 O 轴转动，$r=5$ cm，杆 $OA=2r$，$AB=4r$，圆盘作纯滚动。试求 $\phi=30°$时，圆盘边缘上 C 点的速度和加速度的大小。

9.12　在习题 9.12 图所示平面机构中，已知：OA 以匀角速度 ω_0绕 O 轴转动，B 轮半径为 R，$OA=\sqrt{3}R$，$AB=2R$。在图示位置时，曲柄 OA 处于铅垂位置，试求该瞬时 B 轮的角速度及角加速度。

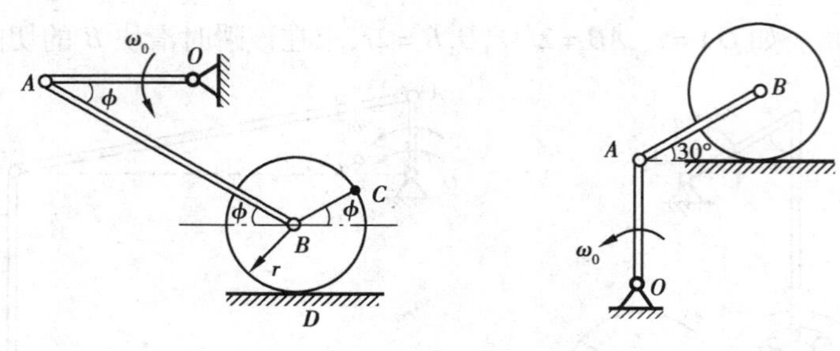

习题 9.11 图　　习题 9.12 图

9.13　半径为 R 的圆轮沿固定水平直线轨道作纯滚动。杆 AB 的 A 端与圆轮铰接，B 端搁置于斜面上。已知：$AB=2R$，斜面的倾角 $\theta=60°$。在习题 9.13 图所示位置时，杆 AB 处于水平位置，轮心 O 的速度为 $\boldsymbol{v}_O$，角速度为 $\boldsymbol{a}_O$，$\phi=60°$。试求该瞬时：①杆 AB 的角速度；②B 端的加速度；③杆 AB 的角加速度。

9.14　机构如习题 9.14 图所示，已知：OA 杆以角速度 ω 绕 O 轴转动，$OA=AC=CB=L$，在图示位置时，$\beta=\theta=30°$。试求此瞬时 AB 杆、CE 杆、O_1D 杆的角速度。

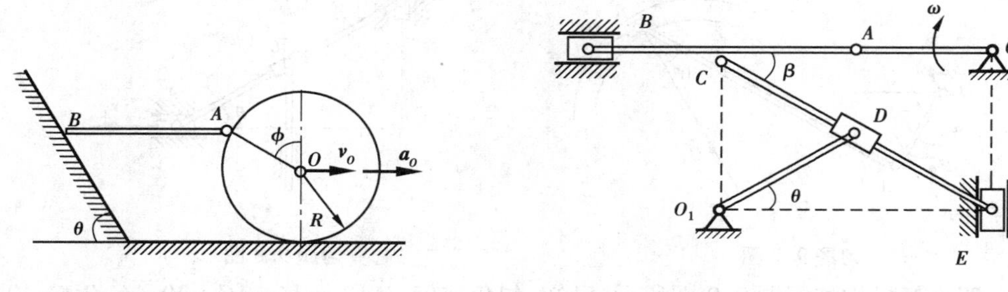

习题 9.13 图　　习题 9.14 图

9.15　平面机构如习题 9.15 图所示，圆轮 A 沿水平面纯滚动，滑块 B 上铰链直杆 AB 和 BD，BD 穿过作定轴转动的套筒 C，$R=15$ cm，$v_A=45$ cm/s，$a_A=0$。在图示瞬时，$\theta=45°$，$\phi=30°$，$l=30$ cm。试求该瞬时：①AB，BD 杆的角速度 ω_{AB}，ω_{BD}；②点 B 的加速度 $\boldsymbol{a}_B$；③BD 杆的角加速度 α_{BD}。

9.16　习题 9.16 图所示的圆轮半径为 R，在水平面上作纯滚动，轮心 O 以匀速度 $\boldsymbol{v}$ 向左运动，$OA=\dfrac{1}{2}R$。图示瞬时，$\angle BCA=30°$，摇杆 O_1E 与水平线夹角为 $60°$，$O_1C=O_1D$，连杆 ACD 长为 $6R$，求此时摇杆 O_1E 的角速度和角加速度。

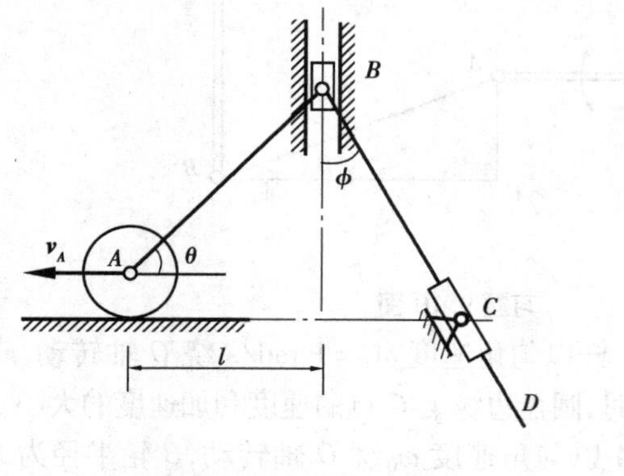

习题 9.15 图

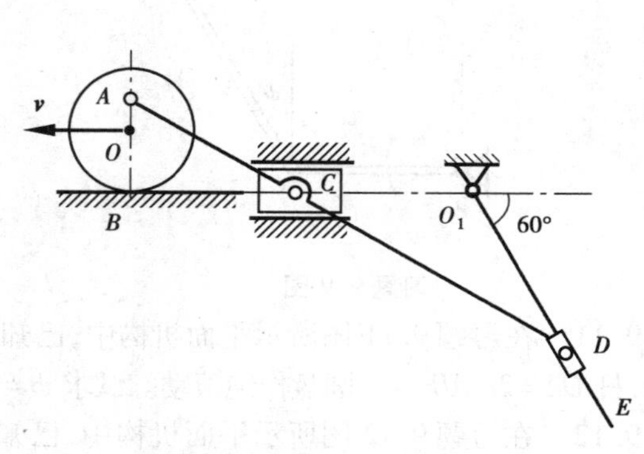

习题 9.16 图

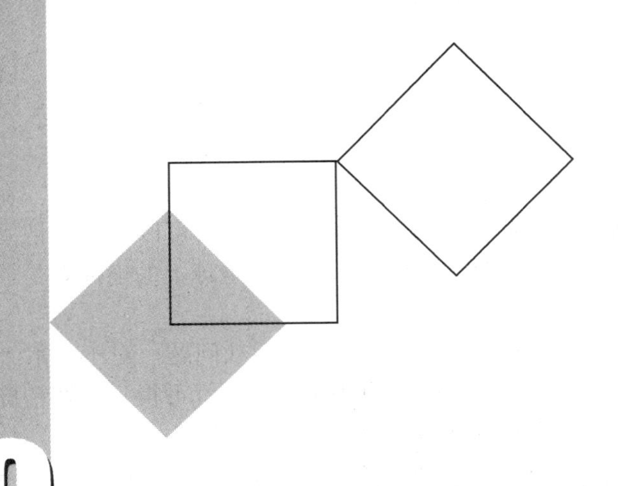

10 质点运动微分方程

本章导读：

- **基本要求** 掌握建立质点运动微分方程的方法，以及质点动力学两类基本问题的求解方法。
- **重点** 利用牛顿定理建立质点运动微分方程的方法。
- **难点** 建立质点运动微分方程。

静力学研究了力系的简化和平衡问题，而没有涉及不平衡力系作用下物体将如何运动。运动学仅从几何学的角度描述了物体的运动规律及其特征量，并未考虑物体本身的质量(Mass)及其所受到的力。动力学(Dynamics)则将对物体的机械运动进行全面分析，研究物体的运动变化与作用在物体上的力之间的关系。因此，在动力学中不仅要分析物体的受力和物体运动的变化，而且将通过动力学原理，建立物体机械运动的普遍规律。

质点是物体最简单、最基本的抽象模型，是构成复杂物体系统的基础。质点动力学基本方程给出了质点受力与其运动变化之间的联系。

本章根据动力学基本定律得出质点动力学的基本方程，运用微积分方法，求解一个质点的动力学问题。

10.1 动力学基本概念

动力学研究物体的机械运动与作用力之间的关系，即研究物体的运动变化与作用在物体上的力之间的关系。

动力学的理论基础是由牛顿总结的关于质点运动的牛顿三定律，即第一定律(惯性定律)、第二定律(力与加速度之间的关系定律)、第三定律(作用与反作用定律)。以牛顿运动定律为基础的动力学称为牛顿力学(Newtonian mechanics)或经典力学。凡是对牛顿运动定律都能适用的参考系称为惯性参考系。相对于静止或做匀速直线运动的参考系都是惯性参考系。在一般工程技术问题中,如果忽略地球的自转和公转而不致带来很大的误差时,可以近似地把固结于地球上的参考系视为惯性参考系。以后若无特殊说明,则认为固结于地球上的坐标系是惯性参考系。

牛顿力学只能适用于研究宏观物体和速度远低于光速的物体的运动问题。对于一般工程问题,大多是宏观物体的机械运动,而且其速度远小于光速,应用牛顿力学都可得到足够精确的结果。因而,牛顿力学在现代工程技术中仍占有重要地位。

动力学中所研究的物体可抽象为质点(Particle)、刚体和质点系(System of particles)。所谓**质点**是指具有一定质量而几何形状和尺寸大小可以忽略不计的物体。例如,在研究人造地球卫星的轨道时,卫星的形状和大小对所研究的问题不起主要作用,可以忽略不计,因此,可将卫星抽象为一个质量集中于质心(Center of mass)的质点。所谓**质点系**,是指有限个或无限个质点的集合,其中各质点的位置或运动都与其他质点的位置或运动相联系。任何物体(包括固体、液体、气体以及由几个物体组成的机构)都可看作质点系。**刚体**则是各质点之间距离保持不变的特殊质点系。刚体平动时,因刚体内各点的运动情况完全相同,也可以不考虑这个刚体的形状和大小,而将它抽象为一个质点。如果物体的形状和大小在所研究的问题中不可忽略,但可略去变形的影响时,可将该物体抽象为刚体。

动力学可分为质点动力学和质点系动力学,前者是后者的基础。我们将着重研究质点系的动力学问题。

10.2 质点运动微分方程

牛顿第二定律,建立了质点的加速度与作用于质点上的力之间的关系。牛顿第二定律可表示为

$$m\boldsymbol{a} = \boldsymbol{F} \tag{10.1}$$

这是一个瞬时的关系式,右端的力 $\boldsymbol{F}$ 应理解为作用于该质点上力的合力。

为了求出质点的运动,可应用运动学中确定质点位置的三种方法,将加速度表示为位置参数的导数形式,则可得到各种形式的运动微分方程,称为质点的运动微分方程或质点的运动基本方程。

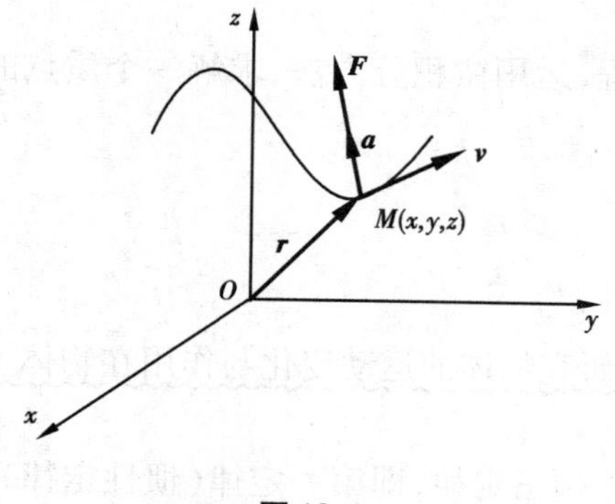

图 10.1

1)质点运动微分方程的矢量形式

设质点 M 的质量为 m,作用于其上的合力为 $\boldsymbol{F}$,矢径为 $\boldsymbol{r}$,加速度为 $\boldsymbol{a}$,如图 10.1 所示。在运动学中,质点的加速度可表示为其矢径对时间的二阶导数,即:

$$\boldsymbol{a} = \frac{\mathrm{d}^2\boldsymbol{r}}{\mathrm{d}t^2}$$

代入牛顿第二定律可得:

$$m\frac{\mathrm{d}^2\boldsymbol{r}}{\mathrm{d}t^2} = \boldsymbol{F} \tag{10.2}$$

式(10.2)即为质点运动微分方程的矢量形式。

2）质点运动微分方程的直角坐标形式

建立 $Oxyz$ 直角坐标系，如图 10.1 所示。将加速度 $\boldsymbol{a}$ 投影到各坐标轴上，并注意到 $a_x=\dfrac{d^2x}{dt^2}=\ddot{x}$，$a_y=\dfrac{d^2y}{dt^2}=\ddot{y}$，$a_z=\dfrac{d^2z}{dt^2}=\ddot{z}$。$F_x,F_y,F_z$ 为 $\boldsymbol{F}$ 在三个直角坐标轴上的投影，则得到质点运动微分方程的直角坐标形式：

$$\left.\begin{aligned} m\ddot{x} &= F_x \\ m\ddot{y} &= F_y \\ m\ddot{z} &= F_z \end{aligned}\right\} \tag{10.3}$$

3）质点运动微分方程的自然坐标形式

设已知质点 M 的轨迹曲线如图 10.2 所示，以轨迹曲线上质点所在处为坐标原点，建立自然轴系，并将牛顿第二定律 $m\boldsymbol{a}=\boldsymbol{F}$ 向各轴投影，由运动学知：

$$a_\tau=\frac{d^2s}{dt^2},a_n=\frac{v^2}{\rho},a_b=0$$

F_τ,F_n,F_b 分别表示 $\boldsymbol{F}$ 在自然轴系上的投影，于是可得：

$$\left.\begin{aligned} ma_\tau &= m\frac{d^2s}{dt^2}=F_\tau \\ ma_n &= m\frac{v^2}{\rho}=F_n \\ ma_b &= 0=F_b \end{aligned}\right\} \tag{10.4}$$

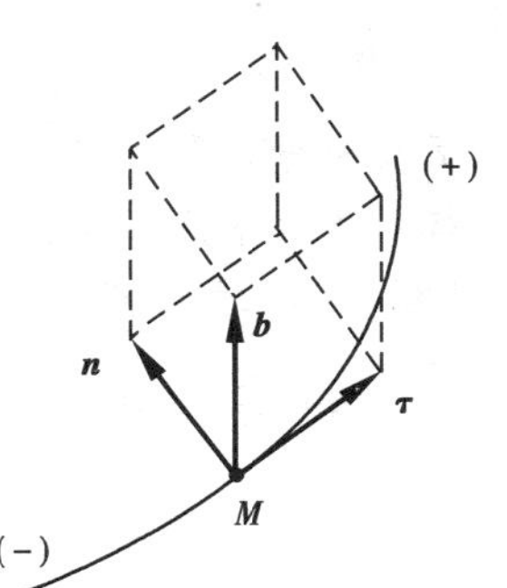

图 10.2

式(10.4)称为质点运动微分方程的自然坐标形式。在运动轨迹已知的情况下，采用自然形式的运动方程往往是方便的。

10.3 质点动力学的两类基本问题

应用质点运动微分方程可以求解质点动力学的两类基本问题：

第一类问题——已知质点的运动，求作用于质点上的力。

这类问题一般比较简单。若已知质点运动的加速度，将其代入相应的微分方程式，就可求出作用于质点上的力；若已知质点的运动轨迹，选择相应坐标系，列出质点的运动方程，运用微分运算，便可求得加速度在坐标轴上的投影，由质点运动微分方程求出要求的力。因此，求解第一类问题可归结为微分问题。

第二类问题——已知作用在质点上的力，求质点的运动。

求解第二类问题，是积分过程。如果作用于质点上的力是常力，或力为时间、位置坐标、速度的简单函数，积分一般不会有困难；如果该函数关系比较复杂，会使积分计算遇到困难，甚至有时只能求得近似解。此外，在求解第二类问题时，将出现积分常数，为了完全确定质点的运动，还必须根据质点运动的初始条件（质点在 $t=0$ 时的初始位置、初始速度等）确定这些积分常数。因此,求解第二类问题可归结为积分问题。

下面举例说明这两类问题的求解方法和步骤。

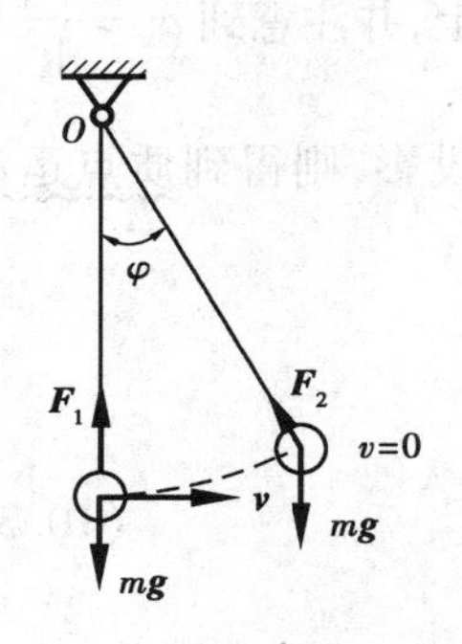

图 10.3

【例 10.1】 小球质量为 m,悬挂于长为 l 的细绳上(绳重不计)。小球在铅垂面内摆动时,在最低处时速度的大小为 v;摆到最高处时,绳与铅垂线夹角为 φ,如图 10.3 所示,此时小球速度为零。试分别计算小球在最低与最高位置时绳的拉力。

【分析】 本题已知质点的运动规律,求作用于质点上的力,因此属于第一类基本问题。对于该类问题,只要选择合理的坐标系,求得加速度在坐标轴上的投影,由相应的质点运动微分方程就可求出要求的力。矢量形式的质点运动微分方程适于进行理论推导;在质点运动轨迹未知的情况下,直角坐标形式的质点运动微分方程是求解质点动力学问题的常用方法;而在质点运动轨迹已知的情况下,采用自然坐标形式的质点运动微分方程则较为简便。本题已知质点的运动轨迹为半径等于 l 的圆弧,因此宜应用自然坐标形式的质点运动微分方程进行求解。

【解】 小球作圆周运动,受有重力 $\boldsymbol{G}=m\boldsymbol{g}$ 和绳的拉力 $\boldsymbol{F}$ 作用,在最低处有法向加速度 $a_n=\frac{v^2}{l}$。由质点运动微分方程的法向投影式有:

$$F_1 - mg = ma_n = m\frac{v^2}{l}$$

绳的拉力

$$F_1 = mg + m\frac{v^2}{l} = m\left(g + \frac{v^2}{l}\right)$$

小球在最高处 φ 角时,速度为零,法向加速度为零。则其运动微分方程的法向投影式为:

$$F_2 - mg\cos\varphi = ma_n = 0$$

绳的拉力为:

$$F_2 = mg\cos\varphi$$

【例 10.2】 设质点 M 在固定水平平面内运动,如图 10.4 所示。已知质点 M 的质量是 m,运动方程是:

$$x = a\cos\omega t \qquad y = b\sin\omega t$$

其中 a,b 和 ω 都是常量。试求作用于质点 M 上的力 $\boldsymbol{F}$。

【分析】 这是一个自由质点的平面运动问题,小球只有在某一特殊规律变化的主动力作用下和特定的初始条件下,才能实现题设的运动。本题亦属于第一类基本问题,可采用直角坐标形式的质点运动微分方程进行求解。

【解】 小球在任一瞬时所受主动力 $\boldsymbol{F}$ 的大小和方向未知,可假设它在图 10.4 所示坐标轴上的投影为 F_x 和 F_y。对小球的运动方程求导,求出 M 点的加速度在坐标轴上的投影:

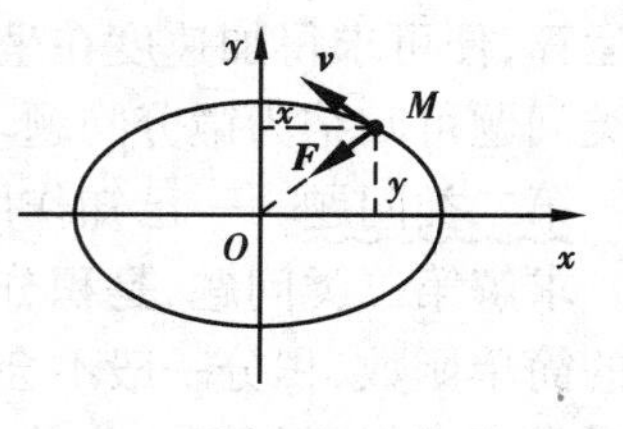

图 10.4

$$\ddot{x} = -a\omega^2\cos\omega t = -\omega^2 x$$

$$\ddot{y} = -b\omega^2\sin\omega t = -\omega^2 y$$

再由式(10.3)求得作用力 $\boldsymbol{F}$ 在坐标轴上的投影:

$$F_x = m\ddot{x} = -\omega^2 mx$$

$$F_y = m\ddot{y} = -\omega^2 my$$

故，力 $\boldsymbol{F}$ 的大小为：

$$F = \sqrt{F_x^2 + F_y^2} = \omega^2 m\sqrt{x^2 + y^2} = \omega^2 mr$$

式中 r 是质点 M 到原点 O 的距离（称为极距）。$\boldsymbol{F}$ 的余弦方向是：

$$\cos(\boldsymbol{F},\boldsymbol{i}) = \frac{F_x}{F} = -\frac{x}{r}, \quad \cos(\boldsymbol{F},\boldsymbol{j}) = \frac{F_y}{F} = -\frac{y}{r}$$

最后作用力 $\boldsymbol{F}$ 可表示成：

$$\boldsymbol{F} = F_x\boldsymbol{i} + F_y\boldsymbol{j} = -\omega^2 m(x\boldsymbol{i} + y\boldsymbol{j}) = -\omega^2 m\boldsymbol{r}$$

可见，力 $\boldsymbol{F}$ 与 M 点的矢径 $\boldsymbol{r}$ 的方向相反，也就是说 $\boldsymbol{F}$ 指向原点 O。这种作用线恒通过固定点的力称为有心力，而这个固定点则称为力心。

以上两例都是动力学的第一类基本问题，由此可归纳出求解第一类问题的步骤如下：

①取研究对象并视为质点；

②分析质点在任一瞬时的受力，并画出受力图；

③分析质点的运动，求质点的加速度；

④列质点的运动微分方程并求解。

质点动力学第二类问题的解题步骤基本上与上述步骤相似，但是由于作用于质点的力可能是常力，也可能是时间、速度、距离等的函数，在求解时要注意积分的方法，以及利用初始条件确定积分常数。

【例 10.3】 以初速 $\boldsymbol{v}_0$ 自地球表面竖直向上发射一质量为 m 的火箭，如图 10.5 所示。若不计空气阻力，火箭所受引力 $\boldsymbol{F}$ 之大小与它到地心距离的平方成反比。求火箭所能到达的最大高度。

【分析】 本题已知质点的受力，求质点的运动，属于质点动力学第二类基本问题。采用直角坐标形式的质点运动微分方程进行求解。

【解】 取火箭为研究对象并视为质点。火箭在任意位置 x 处（见图 10.5）仅受地球引力 $\boldsymbol{F}$ 作用。由题意知，$\boldsymbol{F}$ 的大小与 x^2 成反比，设 u 为比例系数，则有：

$$F = \frac{u}{x^2} \tag{1}$$

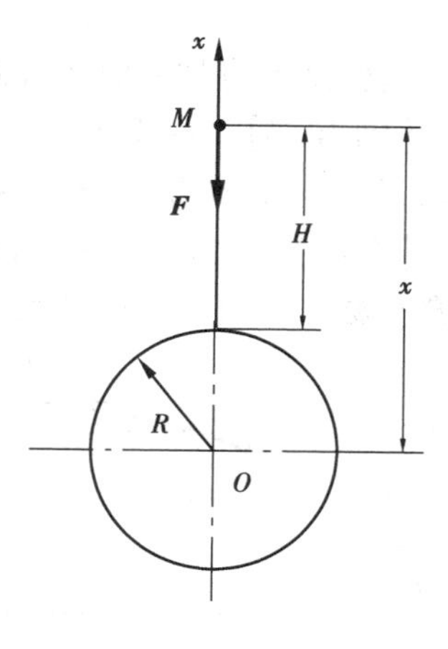

图 10.5

当火箭处于地面时，即 $x = R$ 时，$F = mg$，由式（1）可得 $u = mgR^2$，于是火箭在任意位置 x 处所受地球引力 $\boldsymbol{F}$ 是坐标 x 的函数，其大小为：

$$F = \frac{mgR^2}{x^2} \tag{2}$$

由于火箭作直线运动，火箭的直线运动微分方程式为：

$$m\frac{\mathrm{d}^2 x}{\mathrm{d}t^2} = \frac{-mgR^2}{x^2} \tag{3}$$

注意到：

$$\frac{d^2x}{dt^2} = \frac{dv}{dt} = \frac{dv}{dx}\frac{dx}{dt} = v\frac{dv}{dx}$$

式(3)写成：

$$mv\frac{dv}{dx} = \frac{-mgR^2}{x^2}$$

分离积分变量，即：

$$vdv = -gR^2\frac{dx}{x^2} \tag{4}$$

根据题意及所选坐标轴，初始条件为：当 $t=0$ 时，$x=R$，$v=v_0$；当火箭到最大高度 H 时，$x_{max}=R+H$，$v=0$。对式(4)积分：

$$\int_{v_0}^{0} vdv = \int_{R}^{R+H} -gR^2\frac{dx}{x^2}$$

即：

$$\frac{1}{2}v_0^2 = gR^2\left(\frac{1}{R}-\frac{1}{R+H}\right)$$

于是，解出火箭能达到的高度 H 为：

$$H = \frac{v_0^2R}{2gR - v_0^2} \tag{5}$$

讨论：欲使火箭脱离地球引力，所需的初速度 v_0 应多大？欲使火箭不受地球引力作用，必须要求 $x=R+H\to\infty$，由于 R 为常量，由式(5)知，即要求：

$$2gR - v_0^2 = 0$$

即：

$$v_0 = \sqrt{2gR} \tag{6}$$

将 $g=9.8\times10^{-3}\ \text{km/s}^2$ 及 $R=6\ 370\ \text{km}$ 代入式(6)得：

$$v_0 = 11.2\ \text{km/s}$$

这就是火箭脱离地球引力所需的最小发射速度，称为第二宇宙速度或逃逸速度。

【例 10.4】 在重力作用下以仰角 α，初速 v_0 抛射一质点。假设空气阻力与速度一次方成正比，与速度方向相反（$\boldsymbol{F}=-\gamma\boldsymbol{v}$，$\gamma$ 为阻力系数）。求质点的运动方程。

【分析】 这是两个自由度的平面曲线运动。求质点的运动方程，属于第二类问题。应用直角坐标形式的质点运动微分方程进行求解。

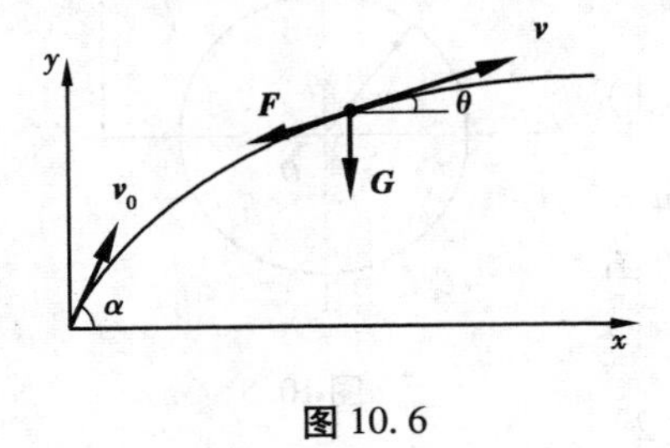

图 10.6

【解】 以质点作为研究对象，质点在任意位置处（见图 10.6），受重力 $\boldsymbol{G}$ 和阻力 $\boldsymbol{F}$ 作用。取图示直角坐标系，质点的运动微分方程为：

$$m\ddot{x} = -F\cos\theta = -\gamma v\cos\theta = -\gamma\dot{x}$$

$$m\ddot{y} = -F\sin\theta - G = -\gamma v\sin\theta - mg = -\gamma\dot{y} - mg$$

令 $\beta=\dfrac{\gamma}{m}$，得：

$$\left.\begin{aligned}\ddot{x}+\beta\dot{x} &= 0\\ \ddot{y}+\beta\dot{y} &= -g\end{aligned}\right\} \tag{1}$$

其一般解为：

$$\left.\begin{aligned} x &= C_1 + C_2 e^{-\beta t} \\ y &= D_1 + D_2 e^{-\beta t} - \frac{g}{\beta} t \end{aligned}\right\} \tag{2}$$

由初始条件确定积分常数：当 $t=0$ 时，有 $x=0, y=0, \dot{x}=v_0\cos\alpha, \dot{y}=v_0\sin\alpha$，代入式(2)得：

$$\left.\begin{aligned} 0 &= C_1 + C_2 \\ 0 &= D_1 + D_2 \\ -\beta C_2 &= v_0\cos\alpha \\ -\beta D_2 - \frac{g}{\beta} &= v_0\sin\alpha \end{aligned}\right\} \tag{3}$$

联解式(3)得：

$$C_1 = -C_2 = \frac{v_0\cos\alpha}{\beta}, \quad D_1 = -D_2 = \frac{v_0\sin\alpha + \frac{g}{\beta}}{\beta} \tag{4}$$

将式(4)代入式(2)，得运动方程为：

$$\left.\begin{aligned} x &= \frac{v_0\cos\alpha}{\beta}(1 - e^{-\beta t}) \\ y &= \frac{v_0\sin\alpha + \frac{g}{\beta}}{\beta}(1 - e^{-\beta t}) - \frac{gt}{\beta} \end{aligned}\right\}$$

这就是质点的运动方程，也可看成是以时间 t 为参数的轨迹方程。

【例 10.5】 图 10.7(a)所示一弹性杆，下端固定，上端有一质量为 m 的物块，使其质量块偏离原位置 a 后释放。质量块在杆的弹性恢复力下开始振动，杆的质量不计，试求质量块的运动规律。

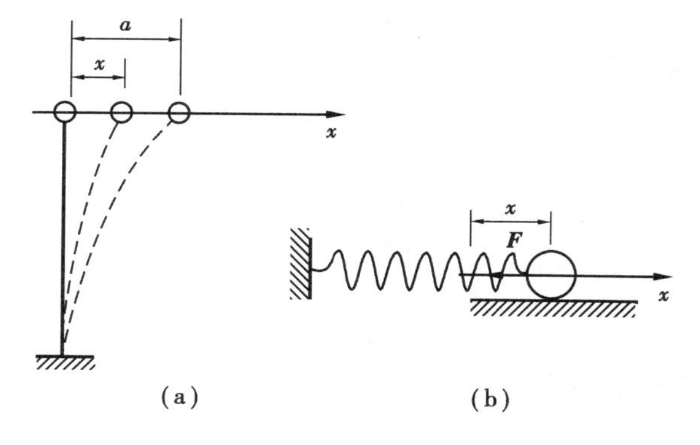

图 10.7

【解】 取质量块为研究对象，并视其为质点。质量块沿 x 方向作直线运动，弹性杆对质量块的作用相当于一弹簧，图 10.7(b)是该系统的计算模型。

当质量块偏离平衡位置时，受到的弹性力恒与质量块的运动方向相反，且与位移成正比。设弹簧刚度系数为 k，任意位置时弹性力的大小为：

$$F = -kx$$

由式(10.3)得：

$$m\frac{d^2x}{dt^2} = -kx \tag{1}$$

作如下变换：

$$\frac{d^2x}{dt^2} = \frac{dv_x}{dx}\frac{dx}{dt} = v_x\frac{dv_x}{dx}$$

并记：

$$\omega^2 = \frac{k}{m}$$

代入式(1)后分离变量得：

$$v_x dv_x = -\omega^2 x dx$$

作定积分，注意到初始条件 $t=0, v_0=0, x_0=a$，得到：

$$v_x = \omega\sqrt{a^2 - x^2} \tag{2}$$

再用 $v_x = \frac{dx}{dt}$ 代入式(2)并分离变量得：

$$\frac{1}{\sqrt{a^2 - x^2}}dx = \omega dt$$

作定积分得：

$$x = a\cos\omega t \tag{3}$$

式(3)就是质量块的运动方程，可见质量块的运动为简谐振动。

本章小结

(1)质点运动微分方程

①质点运动微分方程的矢量形式：

$$m\frac{d^2\boldsymbol{r}}{dt^2} = \boldsymbol{F}$$

②质点运动微分方程的直角坐标形式：

$$\left.\begin{aligned} m\frac{d^2x}{dt^2} &= F_x \\ m\frac{d^2y}{dt^2} &= F_y \\ m\frac{d^2z}{dt^2} &= F_z \end{aligned}\right\}$$

③质点运动微分方程的自然形式：

$$\left.\begin{aligned} m\frac{d^2s}{dt^2} &= \sum F_\tau \\ m\frac{v^2}{\rho} &= \sum F_n \\ 0 &= \sum F_b \end{aligned}\right\}$$

(2)质点动力学两类基本问题

第一类基本问题：已知作用于质点的力，求质点的运动。这类问题的实质是微分运算，比较简单。

第二类基本问题:已知质点的运动,求作用于质点的力。这类问题的实质是积分运算,积分常数通过运动的初始条件来确定。

应注意动力学问题中的约束反力不仅与质点所受的主动力有关,而且还与该质点的运动有关。

思考题

10.1 两质量相同的质点,在相同的力 $\boldsymbol{F}$ 作用下,任一瞬时两质点的速度、加速度是否相等?

10.2 质量相同的两物块 A 和 B,初速度的大小均为 v_0。今在两物块上分别作用一力 $\boldsymbol{F}_A$ 和 $\boldsymbol{F}_B$。若 $F_A > F_B$,试问经过相同的时间间隔 t 后,是否 v_A 必大于 v_B?

10.3 作匀速曲线运动的质点能否不受任何力的作用?

10.4 分析以下论述是否正确:

①一个运动的质点必定受到力的作用;质点运动的方向总是与所受的力的方向一致。

②质点运动时,速度大则受力也大,速度小则受力也小,速度等于零则不受力。

③两质量相同的质点,在相同的力 $\boldsymbol{F}$ 作用下,任一瞬时的速度、加速度均相等。

10.5 质点的运动方程和运动微分方程有何区别?

11.6 已知质点的运动方程,是否就可以求出作用于质点上的力?已知作用于质点上的力,是否就可以确定质点的运动方程?

习 题

10.1 如习题 10.1 图所示,质量为 m 的球 M,为两根各长 l 的杆所支持,此机构以不变的角速度 ω 绕铅直轴 AB 转动。如 $AB = 2b$,两杆的各端均为铰接,且杆重忽略不计,求杆的内力。

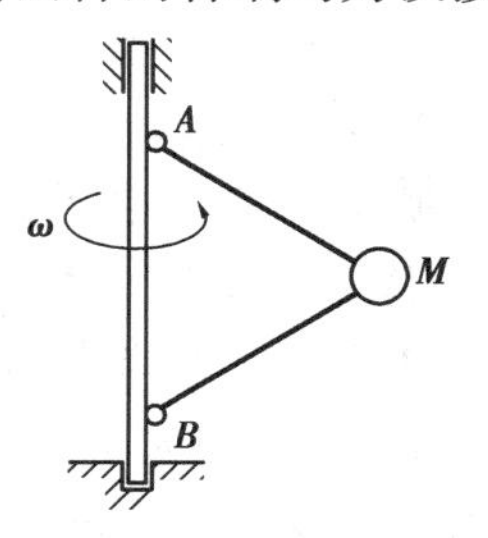

习题 10.1 图

10.2 一质量为 m 的物体放在匀速转动的水平转台上,它与转轴的距离为 r,如习题 10.2 图所示。设物体与转台的摩擦因数为 f_S,当物体不致因转台旋转而滑出时,求转台的最大转速。

10.3 质量为 m 的质点 M 沿圆上的弦运动,如习题 10.3 图所示。此质点受一指向圆心 O 的引力作用,引力的大小与质点到 O 的距离成反比,比例常数为 k。开始时,质点处于位置 M_0,初速为零,已知圆半径为 R,点 O 到弦的垂直距离为 h。求质点经过弦中点 O_1 时的速度。

10.4 一物体质量 $m = 10$ kg,在变力 $F = 100(1 - t)$(F 的单位为 N)作用下运动。设物体的初速度为 $v_0 = 20$ cm/s,开始时,力的方向与速度方向相同。问经过多少时间后物体停止运动?停止前走了多少路程?

10.5　物 A 重 100 N，放在重为 200 N 的小车 B 上，小车 B 又放在光滑轨道上，如习题 10.5 图所示。已知 A 与 B 之间的摩擦因数 $f_S=0.40$，今在 A 上作用一水平力 $\boldsymbol{F}$。求当 A 与 B 之间不发生相对滑动时 $\boldsymbol{F}$ 的最大值以及此时的加速度。

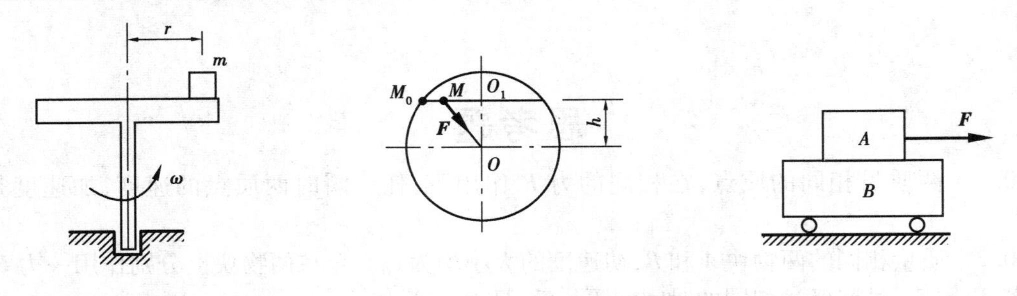

习题 10.2 图　　习题 10.3 图　　习题 10.5 图

10.6　一物体自离地面 $h=3\ 200$ km 的高处无初速地下落，不计空气阻力，但要考虑地球对物体引力的变化，求物体到达地面时的速度以及所需时间（地球的半径约 6 400 km）。

10.7　两个重均为 $\boldsymbol{G}$ 的相同质点 M_1 和 M_2 处于同一铅直线上。质点 M_1 在地球表面，质点 M_2 在高度为 H 处。设 M_1 有铅直向上的初速度 v_0，而 M_2 则无初速地降落。两质点同时开始运动，试求两质点相遇的时间。假设重力不变，空气阻力与速度成正比，比例系数为 k，又问为使两质点相遇，M_1 的初速度 v_0 的范围应是多少？

10.8　质量均为 10 kg 的物块 A，B 放置在水平面上，并用滑轮联系如习题 10.8 图所示。设两物块与水平面的摩擦因数 $f_S=0.20$，滑轮质量略去不计。在物块 A 上作用一大小为 50 N 的水平力 $\boldsymbol{F}$，求 A，B 的加速度。

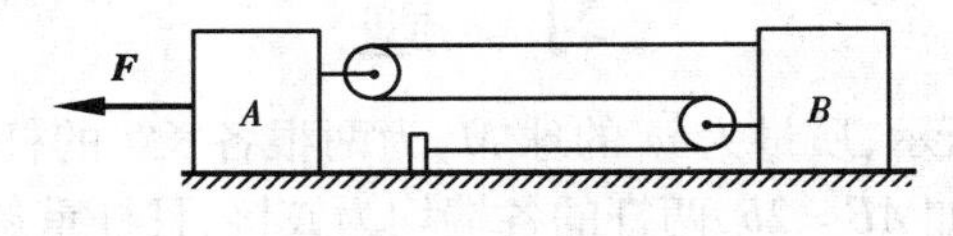

习题 10.8 图

10.9　质量为 m 的小球，从斜面上 A 点开始运动，初速度 $v_0=5$ m/s，方向与 CD 平行，不计摩擦。斜面的倾角 $\alpha=30°$，如习题 10.9 图所示。试求：①小球运动到 C 点所需的时间；②距离 d。

10.10　质量为 2 kg 的套筒在力 F 作用下沿杆 AB 运动，杆 AB 在铅直平面内绕 A 转动，如习题 10.10 图所示。已知 $S=0.4\ t$，$\varphi=0.5\ t$（S 的单位为 m，φ 的单位为 rad，t 的单位为 s），套筒与杆 AB 的摩擦因数为 0.1，求 $t=2$ s 时力 F 的大小。

10.11　一飞机水平飞行，空气阻力与速度平方成正比，当速度为 1 m/s 时，其阻力等于 0.5 N，推进力为恒量，等于 30.8 kN，且与飞行方向往上呈 10°角，求飞机的最大速度。

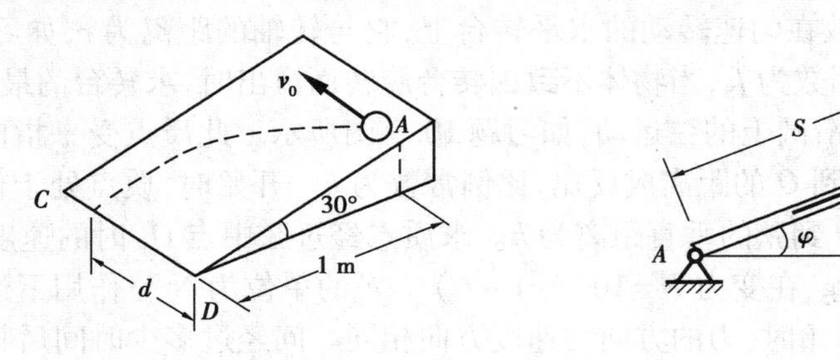

习题 10.9 图　　习题 10.10 图

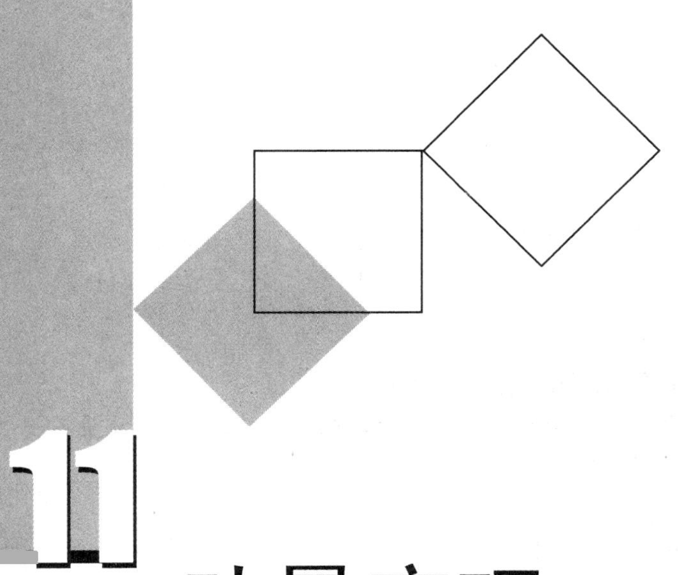

11 动量定理

本章导读：

- **基本要求** 理解动量和冲量的概念；熟练掌握动量和冲量的计算；掌握质点系动量定理、质心运动定理及相应的守恒定律并能熟练应用。
- **重点** 质点系动量定理、质心运动定理及相应的守恒定律的应用。
- **难点** 质点系的动量和冲量的概念。

对于质点系，可以逐个质点列出其动力学基本方程，但是很难联立求解。动量、动量矩和动能定理从不同的侧面揭示了质点和质点系总体的运动变化与其受力之间的关系，可用以求解质点系动力学问题。动量、动量矩和动能定理统称为动力学普遍定理。本章将阐明动量定理及其应用。

11.1 动量与冲量

1）*动量*

物体运动的强弱，不仅与它的速度有关，而且还与它的质量有关。例如：一颗高速飞行的子弹，虽然它的质量很小，但是却具有很大的冲击力，当遇到障碍物时，足以穿入甚至穿透该障碍物；轮船靠岸时速度虽小，但质量很大，如稍有疏忽，就会撞坏船坞。因此，我们用质点的质量与速度矢量的乘积来表征质点的机械运动量，称为质点的动量（Momentum of a particle）。质点的动量是一个矢量，它的方向与质点速度的方向一致，记为 $m\boldsymbol{v}$。

动量的单位：在法定计量单位中是（千克·米）/秒[（kg·m）/s]。

质点系内各质点动量的矢量和称为质点系的动量（Momentum of system of particles），记为 $\boldsymbol{p}$，即：

$$\boldsymbol{p} = m_1\boldsymbol{v}_1 + m_2\boldsymbol{v}_2 + \cdots + m_n\boldsymbol{v}_n = \sum m\boldsymbol{v} \tag{11.1}$$

将式(11.1)投影到固定直角坐标轴上,可得:

$$\left.\begin{aligned} p_x &= m_1 v_{1x} + m_2 v_{2x} + \cdots + m_n v_{nx} = \sum m v_x \\ p_y &= m_1 v_{1y} + m_2 v_{2y} + \cdots + m_n v_{ny} = \sum m v_y \\ p_z &= m_1 v_{1z} + m_2 v_{2z} + \cdots + m_n v_{nz} = \sum m v_z \end{aligned}\right\} \tag{11.2}$$

式中 p_x, p_y, p_z 分别表示质点系的动量在坐标轴 x, y 和 z 轴上的投影。

【例 11.1】 质量均为 m 的物块 A 和 B 由绕过轮 C 的不可伸长的软绳连接,轮 C 的质量不计,物块 A 速度为 $\boldsymbol{v}$,如图 11.1 所示。求此系统的动量。

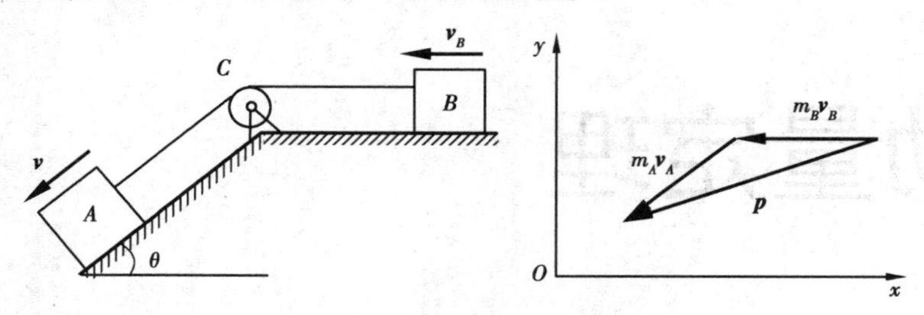

图 11.1

【解】 该系统为物件 A,B 组成的质点系,其动量是各质点动量的矢量和。计算时通常采用式(11.2)求质点系的动量在坐标轴上的投影,再确定质点系动量的大小和方向。把物块 A,B 分别视为质点,其速度大小 $v_A = v_B = v$,系统的动量在 x,y 轴上的投影分别为:

$$p_x = -m_A v_A \cos\theta - m_B v = -mv(1+\cos\theta)$$

$$p_y = -m_A v_A \sin\theta + 0 = -mv\sin\theta$$

系统的动量大小为: $p = \sqrt{p_x^2 + p_y^2} = mv\sqrt{2(1+\cos\theta)}$

其方向可由方向余弦来确定:

$$\cos\alpha = \frac{p_x}{p} = -\frac{1+\cos\theta}{\sqrt{2(1+\cos\theta)}}, \quad \sin\beta = \frac{p_y}{p} = -\frac{\sin\theta}{\sqrt{2(1+\cos\theta)}}$$

应注意,质点的动量是其质量和它运动的绝对速度矢量的乘积。由于质点系的动量为质点系内各质点动量的矢量和。因此,可能存在质点的动量大于质点系的动量,甚至质点系内的质点具有动量,而质点系的动量等于零。

质点系的运动不仅与作用在质点系上的力有关,而且与质量的大小及其分布情况有关。质心就是对质点系质量分布特征的一种描述,它是质点系的质量中心。设某一质点系由 n 个质点组成,其中第 i 个质点的质量为 m_i,相对固定直角坐标系 $Oxyz$ 坐标原点的矢径为 $\boldsymbol{r}_i$,则质心 C 的位置矢 $\boldsymbol{r}_C$ 由式(11.3)确定:

$$\boldsymbol{r}_C = \frac{\sum m_i \boldsymbol{r}_i}{\sum m_i} = \frac{\sum m\boldsymbol{r}}{M} \tag{11.3}$$

式中:$M = \sum m_i$ 为质点系总质量。

质心在该直角坐标系中的坐标可表示为:

$$x_C = \frac{\sum mx}{M} \quad y_C = \frac{\sum my}{M} \quad z_C = \frac{\sum mz}{M} \tag{11.4}$$

质心的位置反映了质点系各质点的分布情况。若质点系在地球附近受重力作用,则第 i 个质点的重力为 $m_i g$,质点系总重力为 Mg。只要对式(11.4)分子分母同乘以 g,即得到静力学中的重心坐标公式。可见,在重力场中,质心与重心相重合。但应注意,重心只在重力场中才有意义,而质心在宇宙间始终存在。

当质点系运动时,它的质心也随着运动。质心运动的速度为:

$$\boldsymbol{v}_C = \frac{\mathrm{d}\boldsymbol{r}_C}{\mathrm{d}t} = \frac{\mathrm{d}}{\mathrm{d}t}\left(\frac{\sum m\boldsymbol{r}}{M}\right) = \frac{\sum m\boldsymbol{v}}{M}$$

于是,得:

$$\sum m\boldsymbol{v} = M\boldsymbol{v}_C$$

所以:

$$\boldsymbol{p} = M\boldsymbol{v}_C \tag{11.5}$$

即质点系的动量等于质点系的质量与质心速度的乘积。也就是质点系动量的大小等于质点系的质量与质心速度大小的乘积,方向与质心速度方向相同。

对于质量均匀分布的刚体,质心也就是几何中心。用式(11.5)计算刚体的动量是非常方便的。例如,长为 l、质量为 m 的均质细杆 OA 绕 O 轴转动,角速度为 ω,如图 11.2(a)所示。将细杆 OA 视为质点系,质心 C 位于杆 OA 的中心,由运动学易知,质心 C 的速度为 $v_C = \frac{1}{2}l\omega$。则杆 OA 的动量大小 $p = mv_C = \frac{1}{2}ml\omega$,方向与 $\boldsymbol{v}_C$ 方向相同,即垂直于杆 OA。又如图 11.2(b)所示的均质滚轮,质量为 m,质心 C 的速度为 $\boldsymbol{v}_O$,则其动量大小 $p = mv_O$,方向与 $\boldsymbol{v}_O$ 方向相同。而如图 11.2(c)所示的绕其中心转动的均质轮,无论有多大的角速度和质量,由于其质心 C 的速度大小为零,其动量总是零。

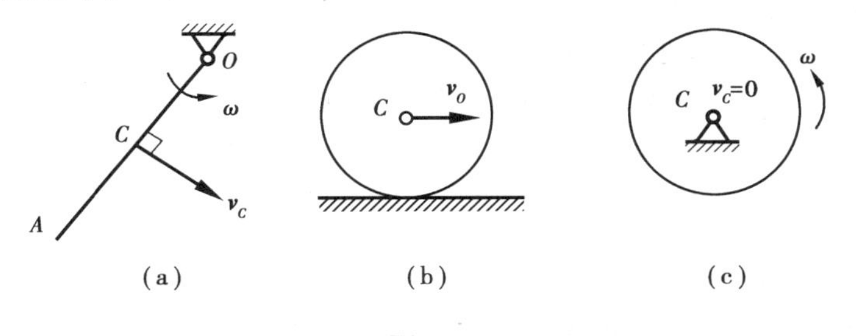

图 11.2

2)冲量

冲量(Impulse)是表示作用于物体上的力在一段时间内对物体作用效果的累积。推动小车时,用较大的力可在较短时间内达到一定的速度;若是用较小的力,但作用时间长一些,也可达到同样的效果。因此,物体运动状态的改变,不仅与作用于物体上的力的大小和方向有关,而且与力作用的时间长短有关。为了度量力在一段时间内的作用效果,我们把力与其作用时间的乘积称为该**力的冲量**,用 $\boldsymbol{I}$ 表示。冲量是一个矢量,它的方向与力的方向一致。在法定计量单位中,冲量的单位是牛·秒(N·s)。

当力 $\boldsymbol{F}$ 是常矢量时,冲量为: $\boldsymbol{I} = \boldsymbol{F}t$

当力 $\boldsymbol{F}$ 是变矢量时,在 $\mathrm{d}t$ 时间内,力 $\boldsymbol{F}$ 可以近似地认为不变,因而力 $\boldsymbol{F}$ 在 $\mathrm{d}t$ 时间内的冲量

（称为元冲量）为：

$$\mathrm{d}\boldsymbol{I} = \boldsymbol{F}\mathrm{d}t$$

设力的作用时间是由 t_1 到 t_2，则力 $\boldsymbol{F}$ 在 $(t_2 - t_1)$ 时间间隔内的冲量 $\boldsymbol{I}$ 等于在这段时间内元冲量的矢量和。即：

$$\boldsymbol{I} = \int_{t_1}^{t_2} \boldsymbol{F}\mathrm{d}t \tag{11.6}$$

将式(11.6)投影到固定直角坐标轴上，得到冲量 $\boldsymbol{I}$ 在三个直角坐标轴上的投影分别为：

$$I_x = \int_{t_1}^{t_2} F_x \mathrm{d}t,\quad I_y = \int_{t_1}^{t_2} F_y \mathrm{d}t,\quad I_z = \int_{t_1}^{t_2} F_z \mathrm{d}t \tag{11.7}$$

设作用在某一质点上的 n 个力 $\boldsymbol{F}_1, \boldsymbol{F}_2, \cdots, \boldsymbol{F}_n$，它们的合力为 $\boldsymbol{F}_{\mathrm{R}}$，合力 $\boldsymbol{F}_{\mathrm{R}}$ 在 $(t_2 - t_1)$ 时间间隔内的冲量为 $\boldsymbol{I}$，则：

$$\begin{aligned}\boldsymbol{I} &= \int_{t_1}^{t_2} \boldsymbol{F}_{\mathrm{R}}\mathrm{d}t = \int_{t_1}^{t_2} (\boldsymbol{F}_1 + \boldsymbol{F}_2 + \cdots + \boldsymbol{F}_n)\mathrm{d}t \\ &= \int_{t_1}^{t_2} \boldsymbol{F}_1\mathrm{d}t + \int_{t_1}^{t_2} \boldsymbol{F}_2\mathrm{d}t + \cdots + \int_{t_1}^{t_2} \boldsymbol{F}_n\mathrm{d}t \\ &= \boldsymbol{I}_1 + \boldsymbol{I}_2 + \cdots + \boldsymbol{I}_n\end{aligned}$$

即：

$$\boldsymbol{I} = \sum \boldsymbol{I} \tag{11.8}$$

式(11.8)说明，合力的冲量等于各分力冲量的矢量和。

同样，可将式(11.8)向直角坐标轴投影得其投影式。

11.2 动量定理

1) 质点的动量定理

设有一质点 M，质量为 m，速度为 $\boldsymbol{v}$，加速度为 $\boldsymbol{a}$，作用在质点 M 上力的合力为 $\boldsymbol{F}$，如图 11.3 所示。由动力学基本方程知：

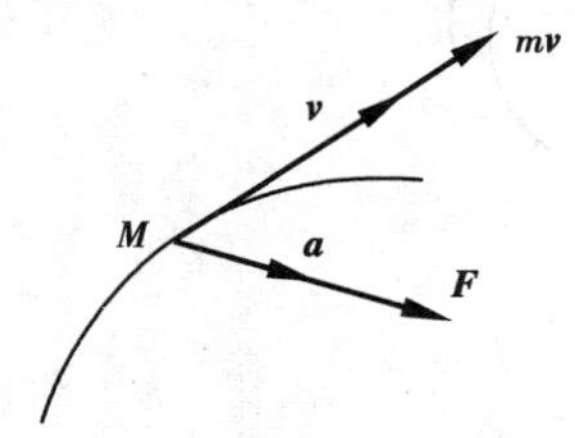

图 11.3

$$m\boldsymbol{a} = \boldsymbol{F}$$

或

$$m\frac{\mathrm{d}\boldsymbol{v}}{\mathrm{d}t} = \boldsymbol{F}$$

当质量为常量时，上式可改写为：

$$\frac{\mathrm{d}(m\boldsymbol{v})}{\mathrm{d}t} = \boldsymbol{F} \tag{11.9}$$

即质点的动量对时间的导数等于作用在该质点上力的合力，这就是微分形式的质点的动量定理。

将式(11.9)改写为：

$$\mathrm{d}(m\boldsymbol{v}) = \boldsymbol{F}\mathrm{d}t$$

然后将上式两边积分，时间 t 从 t_1 到 t_2，速度 $\boldsymbol{v}$ 从 $\boldsymbol{v}_1$ 到 $\boldsymbol{v}_2$，得：

$$m\boldsymbol{v}_2 - m\boldsymbol{v}_1 = \int_{t_1}^{t_2} \boldsymbol{F}\mathrm{d}t = \boldsymbol{I} \tag{11.10}$$

即质点的动量在任一时间内的改变量，等于作用在该质点上力的合力在同一时间内的冲量，这就是积分形式的质点的动量定理(Theorems of momentum of a particle),也称质点的冲量定理(Theorems of impulse of a particle)。

将式(11.10)投影到直角坐标轴上,可得到质点的动量定理的投影式:

$$\left.\begin{aligned} mv_{2x} - mv_{1x} &= \int_{t_1}^{t_2} F_x \mathrm{d}t = I_x \\ mv_{2y} - mv_{1y} &= \int_{t_1}^{t_2} F_y \mathrm{d}t = I_y \\ mv_{2z} - mv_{1z} &= \int_{t_1}^{t_2} F_z \mathrm{d}t = I_z \end{aligned}\right\} \tag{11.11}$$

即在任一时间间隔内,质点的动量在任一轴上投影的改变量,等于作用在该质点上力的合力的冲量在同一轴上的投影。

2)质点系的动量定理

对于 n 个质点组成的某一质点系,系内每一个质点都可以写出类似于式(11.9)的方程:

$$\frac{\mathrm{d}}{\mathrm{d}t}(m\boldsymbol{v}) = \boldsymbol{F}^{\mathrm{e}} + \boldsymbol{F}^{\mathrm{i}}$$

式中,$\boldsymbol{F}^{\mathrm{e}}$ 和 $\boldsymbol{F}^{\mathrm{i}}$ 分别表示作用于该质点上的外力和内力的主矢。这样的方程共有 n 个,将 n 个方程的等号左端、右端分别相加得:

$$\sum \frac{\mathrm{d}}{\mathrm{d}t}(m\boldsymbol{v}) = \sum \boldsymbol{F}^{\mathrm{e}} + \sum \boldsymbol{F}^{\mathrm{i}}$$

交换求和和求导次序,得:

$$\frac{\mathrm{d}}{\mathrm{d}t}\left(\sum m\boldsymbol{v}\right) = \sum \boldsymbol{F}^{\mathrm{e}} + \sum \boldsymbol{F}^{\mathrm{i}}$$

式中 $\sum m\boldsymbol{v}$ 为质点系的动量 $\boldsymbol{p}$。

因为质点系的内力总是大小相等、方向相反地成对出现,所以内力的矢量和必为零,即 $\sum \boldsymbol{F}^{\mathrm{i}} = \boldsymbol{0}$。上式可写成:

$$\frac{\mathrm{d}}{\mathrm{d}t}\boldsymbol{p} = \sum \boldsymbol{F}^{\mathrm{e}} = \boldsymbol{F}_{\mathrm{R}}^{\mathrm{e}} \tag{11.12}$$

即质点系的动量对时间的变化率,等于作用在质点系上所有外力的矢量和(外力系的主矢),这就是质点系的动量定理(Theorems of momentum of system of particles)的微分形式。将式(11.12)投影到直角坐标轴上,可得:

$$\left.\begin{aligned} \frac{\mathrm{d}}{\mathrm{d}t}p_x &= \sum F_x^{\mathrm{e}} = F_{\mathrm{R}x}^{\mathrm{e}} \\ \frac{\mathrm{d}}{\mathrm{d}t}p_y &= \sum F_y^{\mathrm{e}} = F_{\mathrm{R}y}^{\mathrm{e}} \\ \frac{\mathrm{d}}{\mathrm{d}t}p_z &= \sum F_z^{\mathrm{e}} = F_{\mathrm{R}z}^{\mathrm{e}} \end{aligned}\right\} \tag{11.13}$$

式(11.13)表明质点系的动量在任一轴上的投影对时间的导数,等于作用于质点系上的所有外力在同一轴上投影的代数和。

将式(11.12)改写成:

$$\mathrm{d}\boldsymbol{p} = \sum \boldsymbol{F}^{\mathrm{e}}\mathrm{d}t$$

将上式两边求对应的积分，并交换积分和求和次序，积分上、下限取时间从 t_1 到 t_2，动量从 $\boldsymbol{p}_1$ 到 $\boldsymbol{p}_2$ 得：

$$\boldsymbol{p}_2 - \boldsymbol{p}_1 = \sum \int_{t_1}^{t_2} \boldsymbol{F}^e \mathrm{d}t = \sum \boldsymbol{I}^e \tag{11.14}$$

式中 $\boldsymbol{I}^e$ 表示力 $\boldsymbol{F}^e$ 在 $(t_2 - t_1)$ 时间间隔内的冲量。

式(11.14)表示质点系的动量在任一时间间隔内的改变量，等于作用在该质点系上的所有外力在同一时间间隔内冲量的矢量和。这就是积分形式的质点系的动量定理，也称为质点系的冲量定理。

将式(11.14)投影到直角坐标轴上得：

$$\left.\begin{aligned} p_{2x} - p_{1x} &= \sum I_x^e \\ p_{2y} - p_{1y} &= \sum I_y^e \\ p_{2z} - p_{1z} &= \sum I_z^e \end{aligned}\right\} \tag{11.15}$$

由此可见，质点系动量的改变与内力无关。内力可以改变质点系中单个质点的动量，却不能改变质点系的总动量。

3）动量守恒定律

如果作用于质点系的外力主矢恒等于零。根据式(11.12)，质点系的动量保持不变，即：

$$\boldsymbol{p}_1 = \boldsymbol{p}_2 = \text{恒矢量}$$

如果作用于质点系的外力主矢在某一坐标轴上的投影恒等于零，则质点系的动量在该坐标轴上投影保持不变。例如 $\sum F_x^e = 0$，则：

$$p_{1x} = p_{2x} = \text{恒量}$$

以上结论称为质点系的动量守恒定律(Theorems of conservation of momentum of system particles)。

4）举例

【例11.2】 水平面上两物块 A 与 B，且 $m_A = 2\ \mathrm{kg}$，$m_B = 1\ \mathrm{kg}$。物块 A 以某一速度运动而撞击原来静止的 B 块，如图11.4所示。撞击后，A 与 B 一起向前运动，历时 2 s 而停止。设 A，B 与平面的摩擦因数 $f_S = 0.25$，求撞击前 A 的速度；撞击时 A，B 相互作用的冲量。

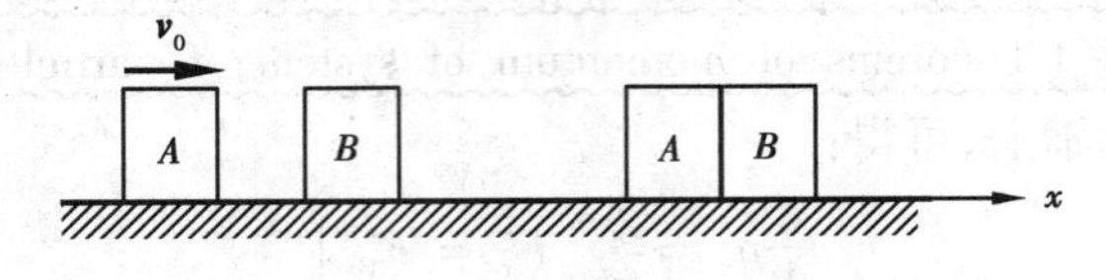

图11.4

【解】 撞击时 A，B 相互作用的冲量，是 A，B 相互作用力的冲量，而 A，B 相互作用力是 A 与 B 组成的质点系的内力，质点系的动量定理不反映内力的冲量。因此，不能用质点系的动量定理确定 A，B 相互作用的冲量，而需采用质点的动量定理进行求解。

(1) 运动分析：A 与 B 均作直线运动。设撞击前 A 的速度为 $\boldsymbol{v}_0$，从撞击开始到停止运动的 2 s 内，A 的速度从 v_0 到 0；而 B 开始是静止的，最后仍处于静止。

(2) 应用质点动量定理求解：从撞击开始到停止运动这一过程中，在水平方向上，A 上有两个冲量作用：一个是 B 对它的撞击冲量，设其大小为 I；一个是平面对 A 块作用的动滑动摩擦力的冲量，其大小为 F_At，其中 $F_A = f_S F_{NA} = f_S m_A g$。这两个冲量的方向都与运动方向相反。取 x 轴的水平指向与运动方向相同，于是根据动量定理有：

$$0 - m_A v_0 = -I - F_A t \tag{a}$$

B 块起始是静止，结束时也是静止，所以它的动量变化为零。在这个过程中，作用于 B 上水平方向的冲量也有两个：一个是 A 对 B 撞击时作用的冲量，它与 B 作用于 A 上的撞击量是互为作用与反作用，大小相等而方向相反；另一个是动滑动摩擦力的冲量，其大小为 F_Bt，而 $F_B = f_S F_{NB} = f_S m_B g$，方向与运动方向相反。于是有：

$$0 = I - F_B t \tag{b}$$

联解式(a)与式(b)得：

$$v_0 = \frac{f_S(m_A + m_B)gt}{m_A} = \frac{0.25 \times (2+1) \times 9.8 \times 2}{2}\text{m/s} = 7.35\ \text{m/s}$$

$$I = F_B t = f_S m_B g t = 0.25 \times 1 \times 9.8 \times 2\ \text{N} \cdot \text{s} = 4.9\ \text{N} \cdot \text{s}$$

【例 11.3】 电动机的外壳固定在水平基础上，定子质量为 m_1，转子质量为 m_2，如图 11.5 所示。设定子的质心位于转轴的中心 O_1，但由于制造误差，转子的质心 O_2 到 O_1 的距离为 e。已知转子以匀角速度 ω 转动，求基础的支反力。

【解】 电动机的定子和转子组成质点系，基础的支反力是质点系的外力，质点系的动量定理反映了质点系的动量与外力之间的关系，因此，采用质点系的动量定理的微分形式进行求解。

(1)取电动机定子与转子组成质点系。

(2)受力分析：外力有重力 $m_1\boldsymbol{g}, m_2\boldsymbol{g}$，基础的反力 $\boldsymbol{F}_x$，$\boldsymbol{F}_y$ 和反力偶 M_O。

(3)运动分析：定子不动，质点系的动量就是转子的动量，其大小为：

$$p = m_2 \omega e$$

方向如图 11.5 所示。设 $t=0$ 时，O_1O_2 铅垂，则某一瞬时时 $\varphi = \omega t$。由动量定理的投影式得：

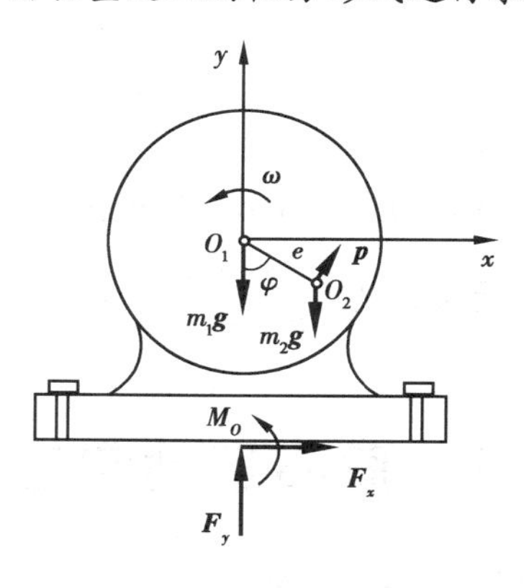

图 11.5

$$\frac{\mathrm{d}p_x}{\mathrm{d}t} = F_x$$

$$\frac{\mathrm{d}p_y}{\mathrm{d}t} = F_y - m_1 g - m_2 g$$

而

$$p_x = m_2 e\omega \cos \omega t$$

$$p_y = m_2 e\omega \sin \omega t$$

代入上式，解出基础反力为：

$$F_x = -m_2\omega^2 e \sin \omega t$$

$$F_y = (m_1 + m_2)g + m_2 e\omega^2 \cos \omega t$$

电机不转时，基础只有向上的反力 $(m_1 + m_2)g$，称为静反力(Static reaction)；电机转动时的基础反力可称为动反力(Dynamic reaction)。动反力与静反力的差值是由于系统运动而产生的，可称为附加动反力(Complementary dynamic reaction)。

【例 11.4】 物块 A(其质量为 m_A)可沿光滑水平面自由滑动，小球 B(其质量为 m_B)以细杆

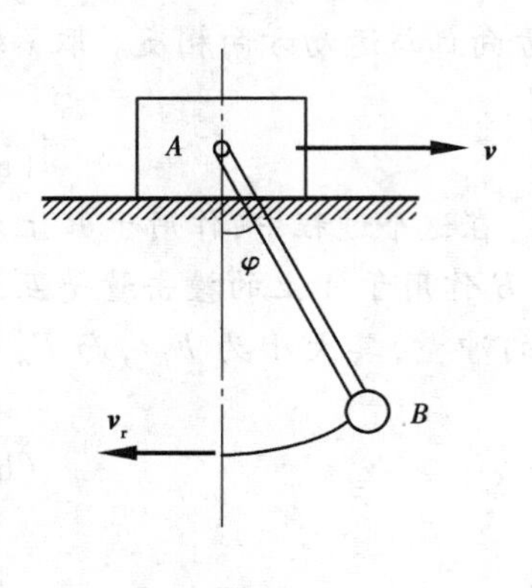

图 11.6

与物块 A 铰接,如图 11.6 所示。设杆长为 l,质量不计。初始时刻系统静止,并具有初始摆动角 φ_0;释放后,细杆以 $\varphi=\varphi_0\cos kt$ 规律摆动(k 为已知常量)。求物块 A 的最大速度。

【解】 物块 A 和小球 B 组成质点系,该质点系所受到的外力在水平方向投影的代数和恒为零。因此,质点系的动量在水平方向投影保持不变,可采用质点系的动量守恒定律求解。

(1)取物块 A 和小球 B 为研究对象。

(2)受力分析:系统只受重力作用,所以恒有 $\sum F_x^e=0$,则动量在水平方向守恒。

(3)运动分析:细杆角速度为 $\omega=\dot{\varphi}=-k\varphi_0\sin kt$。当 $\sin kt=1$ 时,其绝对值为最大,此时应有 $\cos kt=0$,即 $\varphi=0$。由此,当细杆铅垂时,小球相对于物块有最大的水平速度,其值为:

$$v_r = l\omega_{max} = k\varphi_0 l$$

当此速度 $\boldsymbol{v}_r$ 向左时,物块应有向右的绝对速度,设为 $\boldsymbol{v}$,而小球向左的绝对速度值为 $v_a=v_r-v$。

(4)由动量守恒定理,得:

$$m_A v - m_B(v_r - v) = 0$$

所以:

$$v=\frac{m_B v_r}{m_A+m_B}=\frac{k m_B \varphi_0 l}{m_A+m_B}$$

当 $\sin kt=-1$ 时,也有 $\varphi=0$,此时小球相对物体向右的最大速度为 $k\varphi_0 l$,可求得物块有向左的最大速度为 $\dfrac{k m_B \varphi_0 l}{m_A+m_B}$。

11.3 质心运动定理

1)质心运动定理

质点系的运动不仅与所受的力有关,而且与质点系的质量分布情况有关,而质量分布的特征之一可用质量中心(质心)来描述。因此有必要研究质心的运动规律。为此,只需把式(11.5)确定的质点系的动量表达式 $\boldsymbol{p}=M\boldsymbol{v}_C$ 代入质点系的动量定理的表达式(11.12)可得:

$$\frac{\mathrm{d}}{\mathrm{d}t}(M\boldsymbol{v}_C) = \sum \boldsymbol{F}^e = \boldsymbol{F}_R^e$$

引入质心的加速度 $\boldsymbol{a}_C=\dfrac{\mathrm{d}\boldsymbol{v}_C}{\mathrm{d}t}$,则上式改写成:

$$M\boldsymbol{a}_C = \sum \boldsymbol{F}^e = \boldsymbol{F}_R^e \tag{11.16}$$

即,质点系的总质量与其质心加速度的乘积,等于作用于该质点系上所有外力的矢量和,这就是质心运动定理(Theorems of motion of center of mass)。把式(11.16)和牛顿第二定律的表达式 $m\boldsymbol{a}=\boldsymbol{F}$ 相比较,可见质点系质心的运动与一个质点的运动相同。即设想质心具有质点系的总质量,而外力主矢也作用在质心上。

将式(11.16)投影到直角坐标轴上,得:

$$\left.\begin{aligned} M\ddot{x}_C &= \sum F_x^e = F_{Rx}^e \\ M\ddot{y}_C &= \sum F_y^e = F_{Ry}^e \\ M\ddot{z}_C &= \sum F_z^e = F_{Rz}^e \end{aligned}\right\} \tag{11.17}$$

2)质心运动守恒定律

①下面讨论质心运动守恒的情形:

a. 如果 $\sum \boldsymbol{F}^e = \boldsymbol{0}$,由式(11.16)可知 $\boldsymbol{a}_C = \boldsymbol{0}$,从而有 $\boldsymbol{v}_C =$ 恒矢量。即,如果作用于质点系的所有外力的矢量和(主矢)始终等于零,则质心保持静止或匀速直线运动。也就是在这样的系统中,每一质点的运动可能很复杂,其速度的大小和方向都可能随时改变,但质心却作惯性运动。

b. 如果 $\sum F_x^e = \boldsymbol{0}$,由式(11.17)可知 $\ddot{x}_C = 0$,从而有 $\dot{x}_C = v_{Cx} =$ 常量。即,如果作用于质点系的所有外力在某固定轴上的投影的代数和等于零,则质心速度在该轴上投影是常量。

如果初瞬时质心的速度在该固定轴上的投影也等于零,即:

$$\dot{x}_C\big|_{t=0} = 0, \qquad \text{则 } x_C = \text{常量} = x_C\big|_{t=0}$$

可见,如果质点系中有一部分质量沿 x 轴运动,则必定引起其他部分质量向相反方向运动,使整个质点系的质心坐标 x_C 保持不变。

以上两种情况说明了质点系的质心运动守恒的条件,称为质心运动守恒定律(Theorems of conservation of motion of center of mass)。

若以 x_{C0} 表示质点系的质心 C 在 $t=0$ 时的坐标,则:

$$x_{C0} = \frac{\sum m_j x_{j0}}{M}$$

用 x_C 表示质点系的质心 C 在任意瞬时 t 的坐标,则:

$$x_C = \frac{\sum m_j x_j}{M}$$

因为整个质点系的质心坐标 x_C 保持不变,即 $x_{C0} = x_C$,所以:

$$\sum m_j x_j - \sum m_j x_{j0} = 0$$

即:

$$\sum m_j (x_j - x_{j0}) = 0$$

令 $\Delta x_j = x_j - x_{j0}$,表示质点的坐标 x_j 的绝对改变量。于是得到:

$$\sum m_j (\Delta x_j) = 0 \tag{11.18}$$

此式称为质心守恒定律的位移形式。

②根据质心运动定理可知,质心的运动仅取决于外力的主矢量,而与质点系的内力无关,内力仅能影响各个质点的运动。下面举几个常见的实例加以说明。

a. 站在光滑水平面上的人,只能向上跳起,而不可能前后或左右运动。如果向后抛物体,人就会向前运动,这是由于人受到物体对人的反作用力,使人的质心产生向前的加速度。

b. 汽车开动时,汽缸内的燃气压力对汽车整体来说是内力,仅靠它是不能使汽车前进,只能

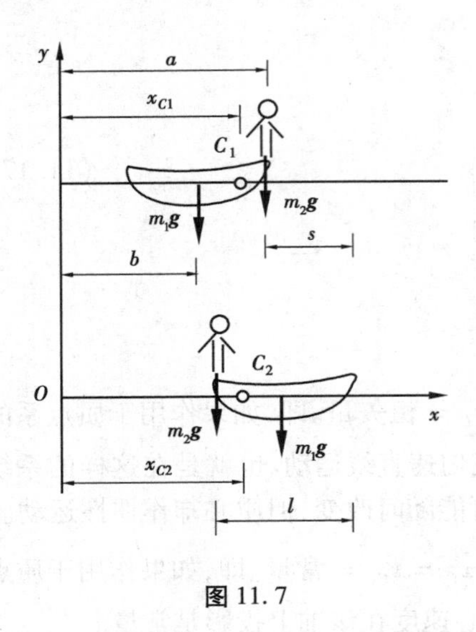

图 11.7

是当燃气推动活塞，通过传动机构带动主动轮转动，地面对主动轮作用了向前的摩擦力，而且这个摩擦力大于总的阻力时，汽车才能前进。在下雪天汽车开动时有打滑现象，正是由于摩擦力很小的缘故。

【例 11.5】 如图 11.7 所示，在静止的小船上，一人自船头走到船尾，设人质量为 m_2，船的质量为 m_1，船长 l，水的阻力不计。求船的位移。

【解】 人与船组成的质点系所受到的外力在水平方向投影的代数和为零，质点系质心的速度在水平方向的投影为常量。又因在人走动前，质点系质心的速度为零，所以质点系质心的坐标在水平方向保持不变。

(1)取人与船组成的质点系为研究对象。

(2)受力分析：因不计水的阻力，故外力在水平轴上的投影等于零。因此质心在水平轴上的坐标保持不变。取坐标轴如图 11.7 所示。在人走动前，质心坐标为：

$$x_{C1} = \frac{m_2 a + m_1 b}{m_2 + m_1}$$

人走到船尾时，船移动的距离为 s，则质心的坐标为：

$$x_{C2} = \frac{m_2(a - l + s) + m_1(b + s)}{m_2 + m_1}$$

由于质心在 x 轴上的坐标不变，即 $x_{C1} = x_{C2}$，解得：

$$s = \frac{m_2 l}{m_1 + m_2}$$

【例 11.6】 如图 11.8 所示，质量为 30 kg 的小车 B 上有一质量为 20 kg 的重物 A。已知小车上有一 120 N 的水平力作用使系统由静止开始运动，在 2 s内小车移过 5 m，不计轨道阻力。试计算 A 在 B 上移过的距离。

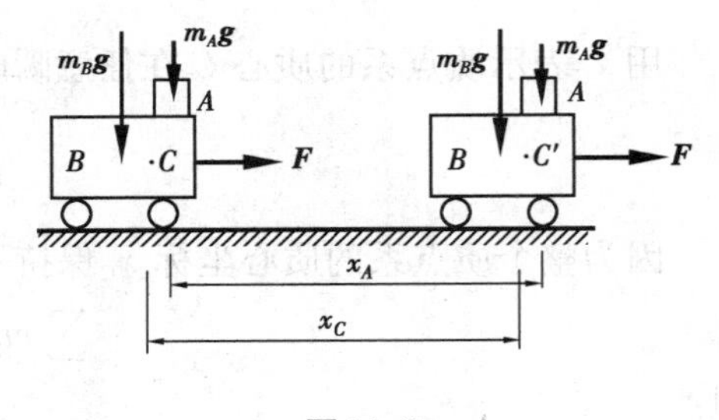

图 11.8

【解】 (1)根据质心运动定律，有：

$$(m_A + m_B)a_C = F$$

$$a_C = \frac{F}{m_A + m_B} = \frac{120}{20 + 30}\ \text{m/s}^2 = 2.4\ \text{m/s}^2$$

质心作匀加速直线运动，其移动过的距离 s 为：

$$s = \frac{1}{2}a_C t^2 = \frac{1}{2} \times 2.4 \times 2^2\ \text{m} = 4.8\ \text{m}$$

(2)根据质点系的质心坐标，有：

$$(m_A + m_B)x_C = m_A x_A + m_B x_B$$

将 $x_C = 5$ m 代入上式，得：

$$x_A = \frac{50 \times 4.8 - 30 \times 5}{20}\ \text{m} = 4.5\ \text{m}$$

(3)物块 A 在小车 B 上的位移为：

$$x = (5 - 4.5)\text{m} = 0.5\ \text{m}$$

【例 11.7】 如图 11.9 所示，设例 11.3 中的电动机没用螺栓固定，各处摩擦不计，初始时电动机静止。求转子以匀角速度 ω 转动时电动机外壳的运动。

【分析】 定子与转子组成的质点系所受到的外力在水平方向投影的代数和为零，质点系质心的速度在水平方向的投影为常量。又因电动机初始静止，质点系质心的速度为零，所以质点系质心的坐标在水平方向保持不变。

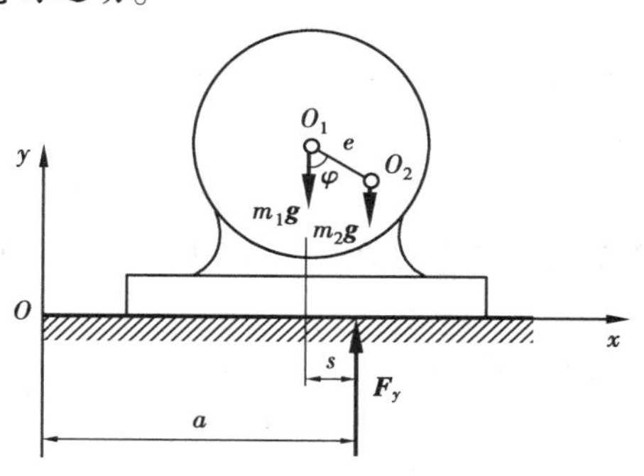

图 11.9

【解】 (1) 受力分析：电机受重力作用和法向反力作用，$\sum F_x^e = 0$，且初始为静止，所以 x_C 保持不变。

(2)设转子静止时 $x_{C1} = a$，当转子转过角度 φ 时，定子应向左移动，设移动距离为 s，则质心坐标为：

$$x_{C2} = \frac{m_1(a - s) + m_2(a + e\sin\varphi - s)}{m_1 + m_2}$$

因为在水平方向质心守恒，所以有 $x_{C1} = x_{C2}$，解得：

$$s = \frac{m_2}{m_1 + m_2} e\sin\varphi$$

由此可见，当转子偏心的电动机未用螺栓固定时，将在水平面上作往复运动。

顺便指出，支承面的法向反力的最小值由例 11.3 求得为：

$$F_{y\min} = (m_1 + m_2)g - m_2 e\omega^2$$

当 $\omega > \sqrt{\dfrac{m_1 + m_2}{m_2 e}g}$ 时，有 $F_{y\min} < 0$。如果电动机未用螺栓固定，将会离地跳起来。

综合以上各例可知，应用质心运动定理解题的步骤如下：

①分析质点系所受的全部外力，包括主动力和约束反力。

②根据外力情况确定质心运动是否守恒。

③如果外力主矢等于零，且初始时质点系为静止，则质心坐标保持不变。计算在两个时刻质心的坐标(用各质点坐标表示)，令其相等，即可求得所要求的质点的位移。

④如果外力主矢不等于零，计算质心坐标，求质心的加速度，然后应用质心运动定理求未知力。若质点系上作用的未知力在某一方向有两个以上，则应用质心运动定理只能求出它们在这一方向投影的代数和。

⑤在已知外力条件下，欲求质心的运动规律，与求质点的运动规律相同。

本章小结

(1)动量

①质点的动量：质点的质量与速度的乘积，方向与质点速度的方向一致，即 $m\boldsymbol{v}$。

②质点系的动量：质点系内各质点动量的矢量和，即：

$$\boldsymbol{p} = m_1\boldsymbol{v}_1 + m_2\boldsymbol{v}_2 + \cdots + m_n\boldsymbol{v}_n = \sum m\boldsymbol{v}$$

质心是质点系的质量中心。质心 C 的位置矢为:

$$\boldsymbol{r}_C = \frac{\sum m\boldsymbol{r}}{M}$$

质心在直角坐标系中的坐标可表示为:

$$x_C = \frac{\sum mx}{M} \quad y_C = \frac{\sum my}{M} \quad z_C = \frac{\sum mz}{M}$$

质点系的动量等于质点系的质量与质心速度的乘积,即:

$$\boldsymbol{p} = M\boldsymbol{v}_C$$

(2)冲量

当力 $\boldsymbol{F}$ 是常矢量时,$\boldsymbol{I}=\boldsymbol{F}t$。

当力 $\boldsymbol{F}$ 是变矢量时,$\boldsymbol{I} = \int_{t_1}^{t_2}\boldsymbol{F}\mathrm{d}t$ 。

合力 $\boldsymbol{F}_R$ 的冲量等于各分力冲量的矢量和,即:

$$\boldsymbol{I} = \sum \boldsymbol{I}$$

(3)动量定理

①质点的动量定理。

微分形式的质点动量定理:

$$\frac{\mathrm{d}(m\boldsymbol{v})}{\mathrm{d}t} = \boldsymbol{F}$$

积分形式的质点动量定理:

$$m\boldsymbol{v}_2 - m\boldsymbol{v}_1 = \int_{t_1}^{t_2}\boldsymbol{F}\mathrm{d}t = \boldsymbol{I}$$

投影到直角坐标轴上,可得到质点动量定理的投影式:

$$\left.\begin{aligned} mv_{2x} - mv_{1x} &= \int_{t_1}^{t_2}F_x\mathrm{d}t = I_x \\ mv_{2y} - mv_{1y} &= \int_{t_1}^{t_2}F_y\mathrm{d}t = I_y \\ mv_{2z} - mv_{1z} &= \int_{t_1}^{t_2}F_z\mathrm{d}t = I_z \end{aligned}\right\}$$

②质点系的动量定理。

质点系的动量定理的微分形式:

$$\frac{\mathrm{d}}{\mathrm{d}t}\boldsymbol{p} = \sum \boldsymbol{F}^{\mathrm{e}} = \boldsymbol{F}_{\mathrm{R}}^{\mathrm{e}}$$

投影到直角坐标轴上,可得:

$$\left.\begin{aligned} \frac{\mathrm{d}}{\mathrm{d}t}p_x &= \sum F_x^{\mathrm{e}} = F_{\mathrm{R}x}^{\mathrm{e}} \\ \frac{\mathrm{d}}{\mathrm{d}t}p_y &= \sum F_y^{\mathrm{e}} = F_{\mathrm{R}y}^{\mathrm{e}} \\ \frac{\mathrm{d}}{\mathrm{d}t}p_z &= \sum F_z^{\mathrm{e}} = F_{\mathrm{R}z}^{\mathrm{e}} \end{aligned}\right\}$$

质点系的动量定理的积分形式：

$$\boldsymbol{p}_2 - \boldsymbol{p}_1 = \sum \boldsymbol{I}^{e}$$

投影到直角坐标轴上，得：

$$\left.\begin{aligned} p_{2x} - p_{1x} &= \sum I_x^{e} \\ p_{2y} - p_{1y} &= \sum I_y^{e} \\ p_{2z} - p_{1z} &= \sum I_z^{e} \end{aligned}\right\}$$

质点系的动量的改变与内力无关。内力可以改变质点系中单个质点的动量，却不能改变质点系的总动量。

(4)质点系的动量守恒定律

如果作用于质点系上的外力主矢恒等于零，质点系的动量保持不变。即：

$$\boldsymbol{p}_1 = \boldsymbol{p}_2 = \text{恒矢量}$$

如果作用于质点系上的外力主矢在某一坐标轴上的投影恒等于零，则质点系的动量在该坐标轴上投影保持不变。即：

$$p_{1x} = p_{2x} = \text{恒量}$$

(5)质心运动定理

当 $\sum \boldsymbol{F}^{e} = \boldsymbol{0}$ 时，$\boldsymbol{v}_C$ = 常矢量。如果同时又有 $v_{C0} = 0$ 时，$\boldsymbol{r}_C$ = 常矢量，则质心位置不变。

当 $\sum F_x^{e} = 0$ 时，v_{Cx} = 常量。如果同时又有 $v_{C0x} = 0$ 时，x_C = 常量，则质点 x 坐标不变。

以上情况说明了质点系的质心运动守恒的条件，称为质心运动守恒定律。

思考题

11.1　当质点系中每一质点都作高速运动时，该系统的动量是否一定很大？为什么？

11.2　动量有什么物理意义？当质点做匀速直线运动、变速直线运动或匀速曲线运动时，它们的动量是否改变？

11.3　什么是冲量？它与动量有什么关系？动量和冲量都是一个瞬时量吗？

11.4　刚体在一组力作用下运动，在保持各个力的大小和方向不变的情况下，任意改变各力的作用点，问刚体质心的加速度的大小和方向是否发生变化？

11.5　人站在初始静止的车上，由一端慢步走向另一端后快速奔跑返回。问小车最后的状态及其所处的位置如何？

11.6　炮弹在空中飞行时，若不计空气阻力，则质心的轨迹为一抛物线。炮弹在空中爆炸后，其质心轨迹是否改变？又当部分弹片落地后，其质心轨迹是否改变？为什么？

11.7　一端搁置在光滑水平面上的长为 $2l$ 的均质细杆，与水平面成直角。无初速释放后，其质心的运动轨迹是什么？为什么？

习　题

11.1　棒球质量为 0.14 kg，速度 $v_0 = 50$ m/s，方向如习题 11.1 图所示。被棒打击后，速度

降低为 $v=40\ \mathrm{m/s}$,方向如习题 11.1 图所示。试计算打击力的冲量。若棒与球接触的时间为 0.02 s,求打击力的平均值。

11.2 炮弹质量为 $m=100\ \mathrm{kg}$,发射速度 $v_0=500\ \mathrm{m/s}$,发射角 $\alpha_0=60°$,达到最高位置 M 时的速度为 $v_1=200\ \mathrm{m/s}$,如习题 11.2 图所示。求炮弹从最初位置到最高位置 M 的一段时间中,作用其上外力的总冲量。

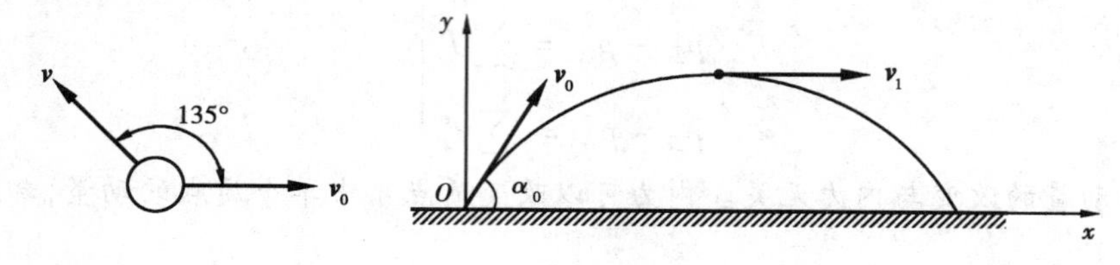

习题 11.1 图　　习题 11.2 图

11.3 计算习题 11.3 图所示情况下系统的动量。

(a)质量为 m 的均质圆盘,圆心具有速度 v_0,沿水平面作纯滚动。

(b)非均质圆盘以角速度 ω 绕 O 轴转动,圆盘质量为 m,质心为 C,$OC=e$。

(c)设胶带及胶带轮的质量都是均匀的。

(d)质量为 m 的均质杆,长度为 l,角速度为 ω。

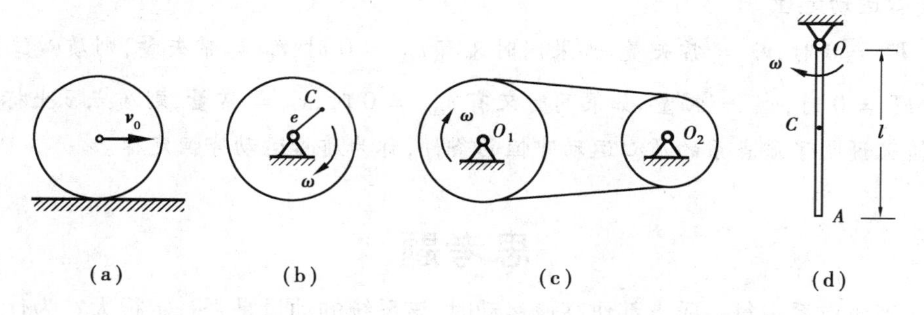

习题 11.3 图

11.4 椭圆规尺 AB 重 $2G_1$,曲柄 OC 重 G_1,滑块 A 和 B 各重 G_2,$OC=AC=BC=l$。曲柄与规尺均为均质杆,如习题 11.4 图所示。设曲柄以匀角速 ω 转动。求此椭圆规机构的动量的大小及方向。

11.5 三个重物的质量分别为 $m_1=20\ \mathrm{kg}$,$m_2=15\ \mathrm{kg}$,$m_3=10\ \mathrm{kg}$,由一绕过定滑轮 M 和 N 的绳子相连接。当重物 m_1 下降时,重物 m_2 在四棱柱 $ABCD$ 的上面向右移动,而重物 m_3 则沿着斜面上升,如习题 11.5 图所示。四棱柱体的质量 $m=100\ \mathrm{kg}$。如略去一切摩擦和绳重,求当物体下降 1 m 时四棱柱体相对于地面的位移。

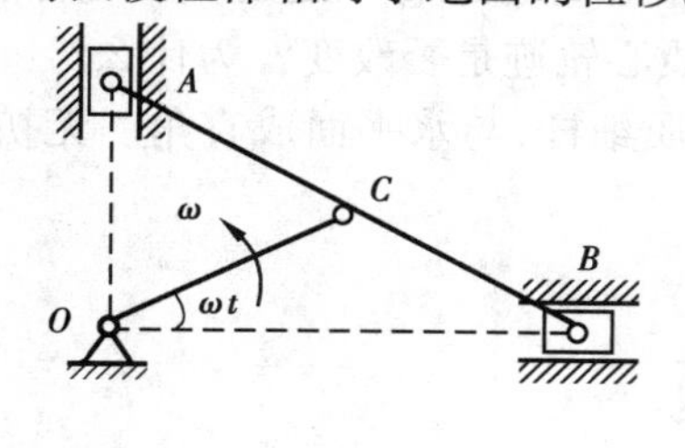

习题 11.4 图

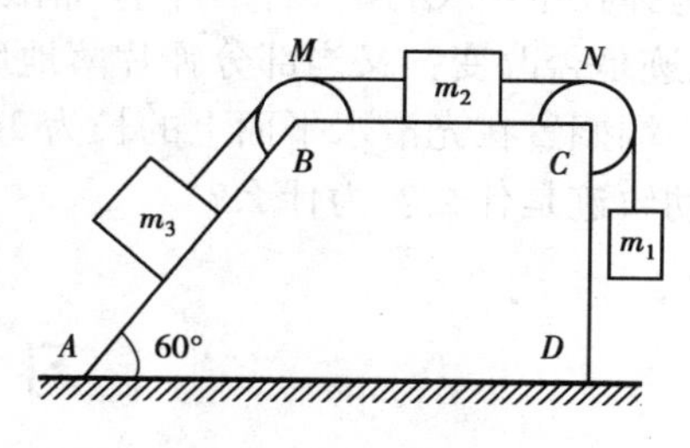

习题 11.5 图

11.6　一重为 G_1、长为 l 的单摆的支点固定在小车 A 上，如习题 11.6 图所示。小车 A 重为 G_2，放在光滑的直线轨道上。开始时，小车 A 与摆均处于静止，而摆与铅垂线的交角为 θ_0。以后，摆即以幅角 θ_0 左右摆动。求小车 A 的位移。

11.7　均质杆 AB 长为 $2l$，其一端 B 搁置在光滑水平面上，并与水平成 θ_0 角，如习题 11.7 图所示。求当杆倒下时点 A 的轨迹方程。

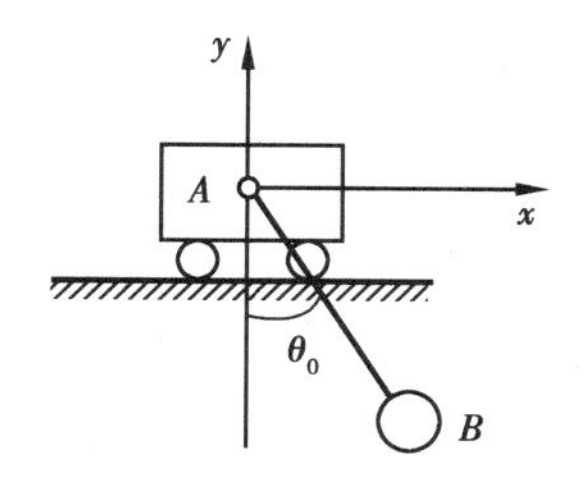

习题 11.6 图

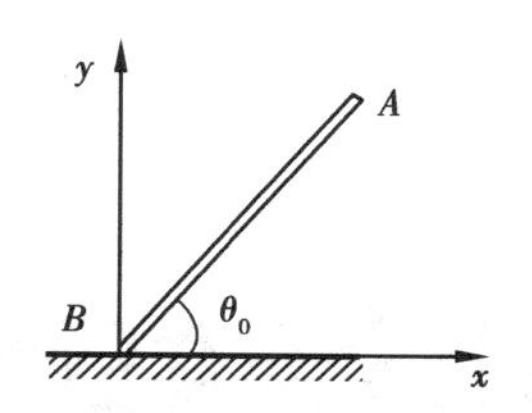

习题 11.7 图

11.8　均质杆 OA，长为 $2l$，重为 G，绕着通过 O 端的水平轴在铅直面内转动，转动到与水平面成 φ 角时，角速度与角加速度分别为 ω 及 α，如习题 11.8 图所示。试求此时 O 端的反力。

11.9　习题 11.9 图所示滑轮中重物 A 和 B 的质量为 m_A 和 m_B，滑轮 D 和 E 的质量分别为 m_D 和 m_E。设重物 B 下降的加速度为 a，求支座 O 处的反力。

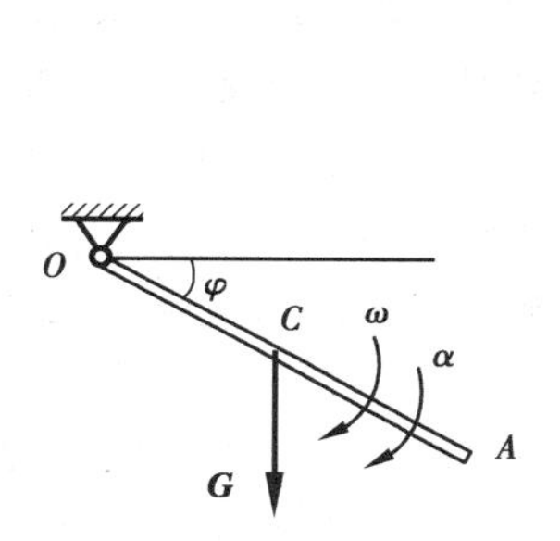

习题 11.8 图

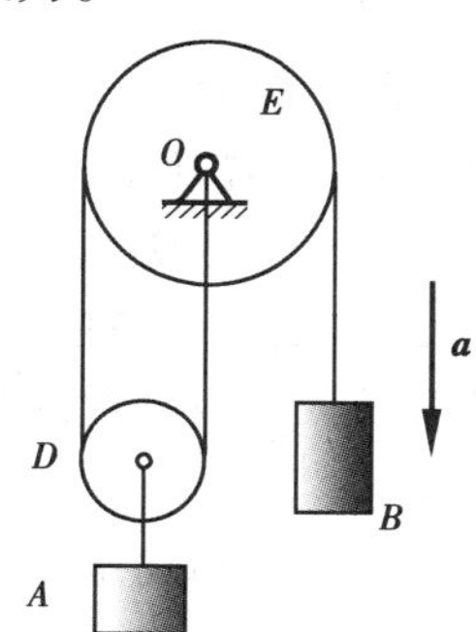

习题 11.9 图

11.10　如习题 11.10 图所示，已知：曲柄 OA 重 G_1，滑块 A 重 G_2，T 形滑杆重心为 E，重为 G_3，$OA=l$，$BE=l/2$，ω 为常数，不计摩擦。求：①机构质量中心的运动方程；②作用在点 O 的最大水平力。

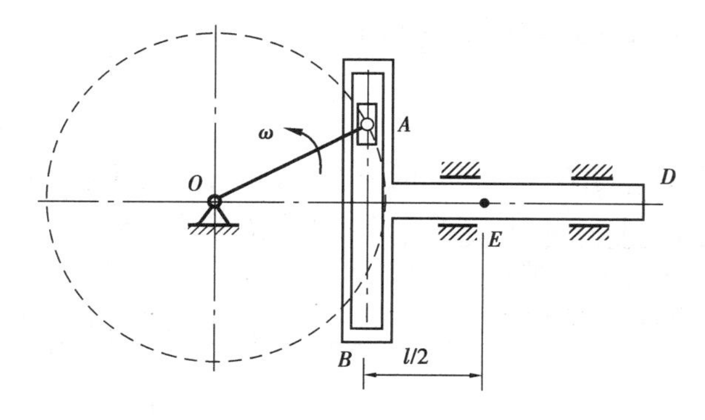

习题 11.10 图

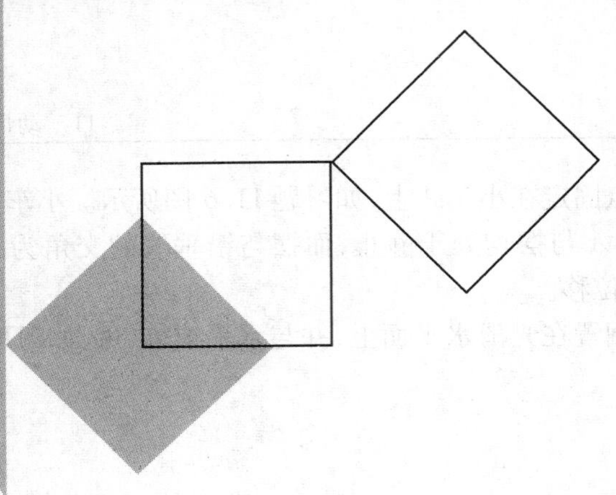

12 动量矩定理

本章导读：

- **基本要求** 掌握刚体转动惯量的计算；理解动量矩的概念，并熟练掌握质点系与刚体的动量矩的计算；掌握动量矩定理、动量矩守恒定律，并能熟练应用；掌握建立刚体平面运动动力学方程的方法，会应用刚体平面运动微分方程求解有关简单问题。
- **重点** 动量矩定理、动量矩守恒定律及其应用；刚体平面运动微分方程的应用。
- **难点** 动量矩的概念；相对质心的动量矩定理；刚体平面运动微分方程的建立。

动量定理建立了作用力与动量变化之间的关系，揭示了质点系机械运动规律的一个侧面，而不是全貌。例如，圆轮绕质心转动时，无论它怎样转动，圆轮的动量始终是零，动量定理不能说明这种运动的规律。动量矩定理则是从另一个侧面，揭示出质点系相对于某一固定点或质心的运动规律。本章将推导动量矩定理并阐明其应用。

12.1 转动惯量·平行轴定理

1）转动惯量

质点系的运动，不仅与作用在质点系上的力有关，还与质点系中各质点的质量及其分布情况有关。质心和转动惯量（Moment of inertia）是描述质点系质量分布的两个特征量。关于质心前面已经介绍过了，下面介绍转动惯量的概念。

刚体对轴 z 的转动惯量，是刚体内各质点的质量 m_i 与它到该轴的垂直距离 r_{zi} 的平方的乘积之和，且记作 J_z，即：

$$J_z = m_1 r_{z1}^2 + m_2 r_{z2}^2 + \cdots + m_n r_{zn}^2 = \sum_{i=1}^{n} m_i r_{zi}^2$$

简记为：

$$J_z = \sum mr^2 \tag{12.1}$$

如果刚体的质量是连续分布的，则可用积分表示：

$$J_z = \int_M r^2 \mathrm{d}m \tag{12.2}$$

式中积分号下标 M 表示积分区域为整个刚体。

由式(12.1)和式(12.2)可见，转动惯量恒为正值，它的大小不仅和整个刚体的质量大小有关，而且还和刚体各部分的质量相对于转轴的分布情况有关。转动惯量是由刚体的质量、质量分布以及转轴位置这三个因素共同决定的，与刚体的运动状态无关。

在法定计量单位中，转动惯量的常用单位是千克·米^2(kg·m^2)。

刚体对某轴 z 的转动惯量 J_z 与其质量 M 的比值的平方根为一个当量长度，称为刚体对该轴的回转半径(Radius of gyration)，即：

$$\rho_z = \sqrt{\frac{J_z}{M}}, J_z = M\rho_z^2 \tag{12.3}$$

必须注意：回转半径不是刚体某一部分的尺寸，它只是在计算刚体的转动惯量时，假想地把刚体的全部质量集中到离转轴距离为回转半径的某一质点上，这样计算刚体对该轴的转动惯量时，就简化为这个质点对该轴的转动惯量。

2)简单形状均质刚体的转动惯量

简单形状的均质刚体对某轴的转动惯量可以利用式(12.2)计算。如：

(1)均质细直杆的转动惯量

如图12.1所示均质细直杆，质量为 M，长为 l，建立坐标系 Oxy。

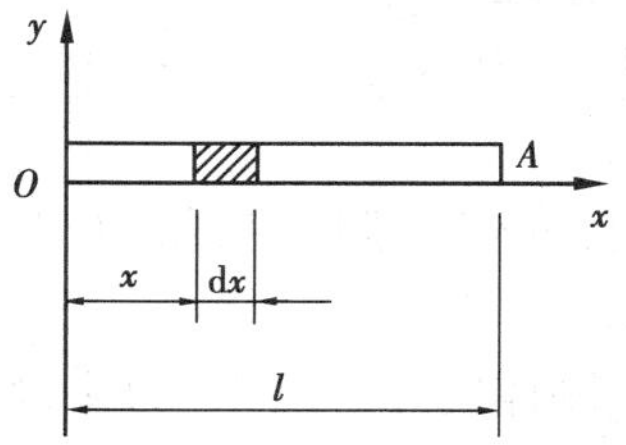

在直杆上取长为 $\mathrm{d}x$ 的微段，视为质点，其质量 $\mathrm{d}m = \frac{M}{l}\mathrm{d}x$，此质点到 z 轴(通过 O 点垂直 xy 平面)的距离为 x。则 OA 杆对 z 轴的转动惯量由式(12.2)可得：

图12.1

$$J_z = \frac{M}{l}\int_0^l x^2 \mathrm{d}x = \frac{1}{3}Ml^2$$

(2)均质矩形薄板的转动惯量

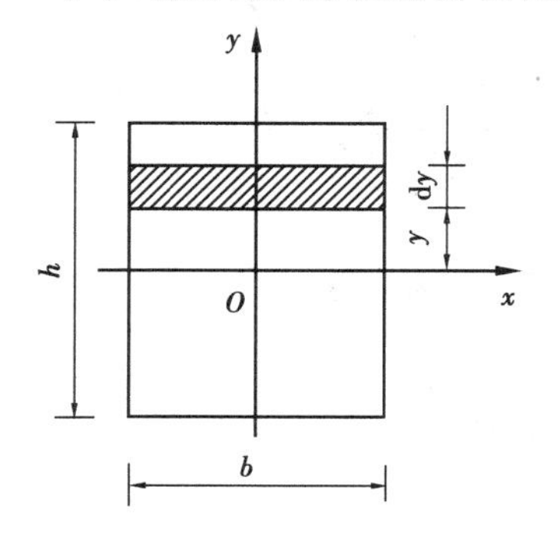

图12.2

质量为 M，边长分别为 b 和 h 的均质矩形薄板，O 为形心，如图12.2所示。取一平行 x 轴的细条，其宽度为 $\mathrm{d}y$。因该细条与 x 轴之距离均为 y，则该细条对 x 轴的转动惯量为：

$$y^2 \cdot \frac{M}{h}\mathrm{d}y$$

所以，均质矩形薄板对 x 轴的转动惯量为：

$$J_x = \int_{-\frac{h}{2}}^{\frac{h}{2}} \frac{M}{h}y^2 \mathrm{d}y = \frac{1}{12}Mh^2$$

类似地，对 y 轴的转动惯量为：

$$J_y = \frac{1}{12}Mb^2$$

(3)均质等厚圆盘的转动惯量

质量为 M,半径为 R 的均质等厚圆盘,如图 12.3 所示。将圆盘分为很多同心细圆环,其中某细圆环的半径为 r,宽度为 $\mathrm{d}r$。令圆盘单位面积的质量为 ρ,则细圆环对过圆心 O 且垂直于圆盘平面的 z 轴的转动惯量为:

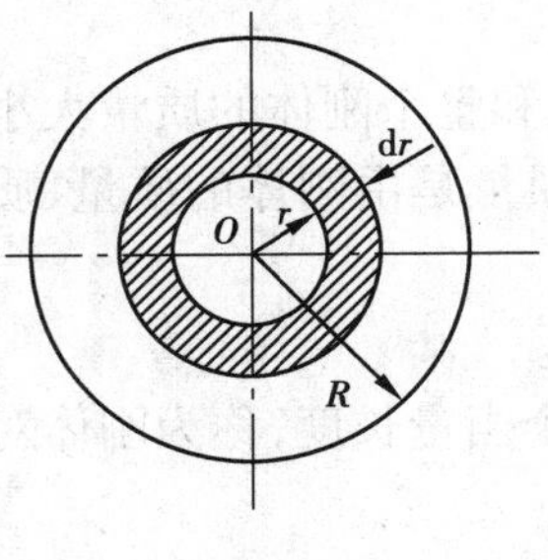

$$(2\pi r\mathrm{d}r\rho)r^2 = 2\pi\rho r^3\mathrm{d}r$$

由此可得圆盘对 z 轴的转动惯量:

$$J_z = J_O = \int_0^R 2\pi\rho r^3\mathrm{d}r = \frac{1}{2}\pi\rho R^4$$

而圆盘质量 $M=\rho\pi R^2$,所以:

$$J_z = J_O = \frac{1}{2}MR^2$$

图 12.3

表 12.1 给出了一些常见均质刚体的转动惯量和回转半径的计算公式,以备查用。

3)平行轴定理

转动惯量与轴的位置有关,但在一般工程手册中所给出的大都只是刚体对质心轴(通过质心 C 的轴)的转动惯量。对于与质心轴平行的轴的转动惯量,可以应用下面的定理——转动惯量的平行轴定理进行计算。

定理 刚体对于任一轴的转动惯量,等于刚体对与该轴平行的质心轴的转动惯量,加上刚体质量与两轴间距离平方的乘积。即:

$$J_{z'} = J_{zC} + Md^2 \tag{12.4}$$

证明:设有一刚体,质量为 M,z 轴通过质心 C,z'轴与 z 轴平行且相距为 d,取 x,y 轴如图 12.4 所示。

刚体内任一点 M_i 的质量 m_i,它到 z 轴和 z'轴的距离分别为 r_i 和 r_i'。由转动惯量的定义可知,刚体对于 z'轴的转动惯量可表示为:

$$\begin{aligned} J_{z'} &= \sum m_i r'^2_i \\ &= \sum m_i[x_i^2 + (y_i - d)^2] \\ &= \sum m_i[x_i^2 + y_i^2 - 2y_i d + d^2] \end{aligned}$$

整理得:

$$J_{z'} = \sum m_i(x_i^2 + y_i^2) - 2d\sum m_i y_i + \sum m_i d^2 \tag{a}$$

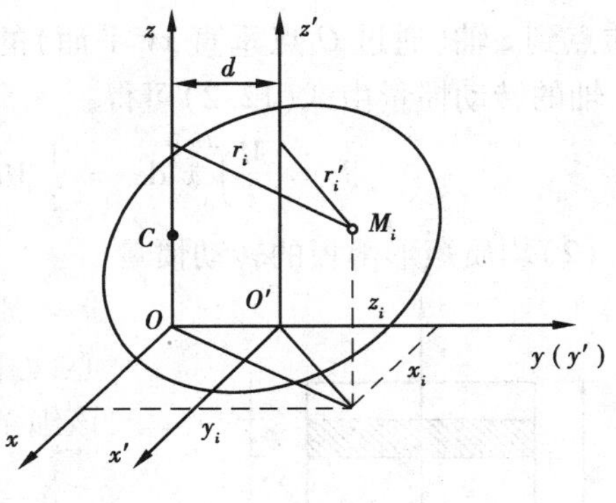

图 12.4

上式中:

$$\sum m_i(x_i^2 + y_i^2) = J_{zC}, \quad \sum m_i d^2 = Md^2$$

表 12.1 转动惯量

均质刚体	简 图	转动惯量	回转半径
细直杆	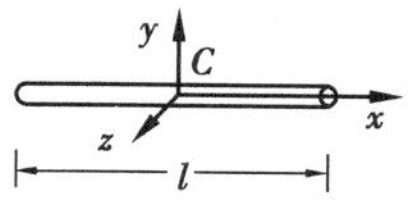	$J_x \approx 0$ $J_y = J_z = \frac{1}{12}Ml^2$	$\rho_x \approx 0$ $\rho_y = \rho_z = \frac{\sqrt{3}}{6}l$
矩形薄板	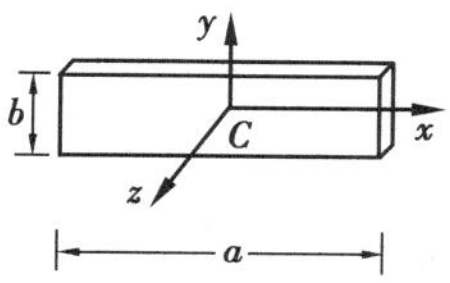	$J_x = \frac{1}{12}Mb^2$ $J_y = \frac{1}{12}Ma^2$ $J_z = \frac{1}{12}M(a^2 + b^2)$	$\rho_x = \frac{\sqrt{3}}{6}b$ $\rho_y = \frac{\sqrt{3}}{6}a$ $\rho_z = \frac{1}{6}\sqrt{3(a^2 + b^2)}$
长方体	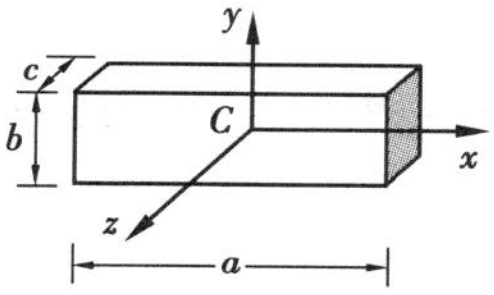	$J_x = \frac{1}{12}M(b^2 + c^2)$ $J_y = \frac{1}{12}M(c^2 + a^2)$ $J_z = \frac{1}{12}M(a^2 + b^2)$	$\rho_x = \frac{1}{6}\sqrt{3(b^2 + c^2)}$ $\rho_y = \frac{1}{6}\sqrt{3(c^2 + a^2)}$ $\rho_z = \frac{1}{6}\sqrt{3(a^2 + b^2)}$
薄圆盘	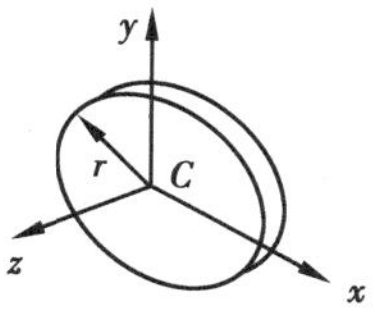	$J_x = J_y = \frac{1}{4}Mr^2$ $J_z = \frac{1}{2}Mr^2$	$\rho_x = \rho_y = \frac{1}{2}r$ $\rho_z = \frac{\sqrt{2}}{2}r$
圆柱	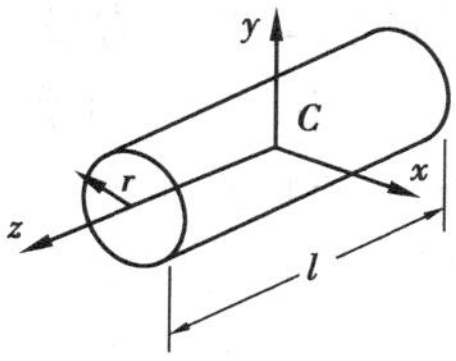	$J_x = J_y = \frac{M}{12}(3r^2 + l^2)$ $J_z = \frac{1}{2}Mr^2$	$\rho_x = \rho_y =$ $\frac{1}{6}\sqrt{3(3r^2 + l^2)}$ $\rho_z = \frac{\sqrt{2}}{2}r$
空心圆柱	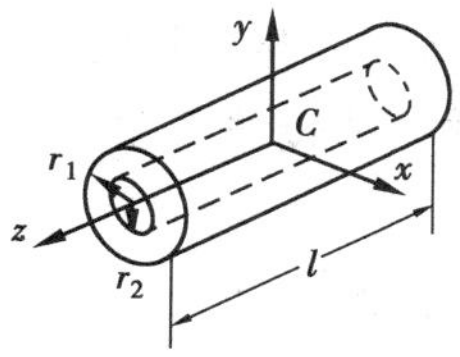	$J_x = J_y = \frac{M}{12}[3(r_1^2 + r_2^2) + l^2]$ $J_z = \frac{1}{2}M(r_1^2 + r_2^2)$ $[M = \rho\pi(r_1^2 - r_2^2)l]$	$\rho_x = \rho_y =$ $\frac{1}{6}\sqrt{9(r_1^2 + r_2^2) + 3l^2}$ $\rho_z = \frac{1}{2}\sqrt{2(r_1^2 + r_2^2)}$

续表

均质刚体	简　图	转动惯量	回转半径
正圆锥体		$J_x = J_y = \frac{M}{20}(3r^2 + 2h^2)$ $J_z = \frac{3}{10}Mr^2$ $\left(M = \frac{1}{3}\rho\pi r^2 h\right)$	$\rho_x = \rho_y =$ $\frac{1}{10}\sqrt{5(3r^2 + 2h^2)}$ $\rho_z = \frac{1}{10}\sqrt{30}\ r$
实心球		$J_x = J_y = J_z = \frac{2}{5}Mr^2$ $\left(M = \frac{4}{3}\rho\pi r^3\right)$	$\rho_x = \rho_y = \rho_z = \frac{1}{5}\sqrt{10}\ r$
球壳		$J_x = J_y = J_z = \frac{2}{3}Mr^2$	$\rho_x = \rho_y = \rho_z = \frac{\sqrt{6}}{3}r$

注：M——刚体的质量，C——质心，ρ——密度。

因为 $y_C = 0$，故根据质心坐标公式可得：

$$\sum m_i y_i = M y_C = 0$$

把上述三式代入式(a)中即得：

$$J_{z'} = J_{zC} + Md^2$$

证毕。

由式(12.4)可知，在所有平行轴中，刚体对通过质心轴的转动惯量为最小。

【例 12.1】 复摆由一均质细杆及一均质圆球刚连而成，如图 12.5 所示。均质细杆质量为 m_1，均质圆球质量为 m_2，半径为 r。试计算复摆对于通过 O 点并垂直于杆的 z 轴的转动惯量。

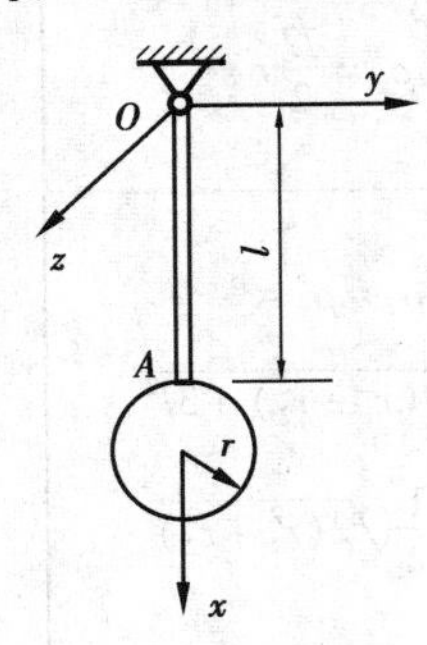

图 12.5

【解】 摆是由均质细杆和均质圆球构成的组合形体，应用分割法，其对 z 轴的转动惯量等于均质细杆和均质圆球两简单形体分别对 z 轴的转动惯量之和。均质圆球对自身质心轴的转动惯量可查表 12.1 得到，然后应用平行轴定理得到均质圆球对 z 轴的转动惯量。

以 J_{z1} 和 J_{z2} 分别表示杆与球对于 z 轴转动惯量。则摆对于 z 轴的转动惯量为两者之和，即：

$$J_z = J_{z1} + J_{z2}$$

而均质细杆对于 z 轴转动惯量为：

$$J_{z1} = \frac{1}{3}m_1 l^2$$

均质圆球对于 z 轴转动惯量为：

$$J_{z2} = J_C + m_2 d^2 = \frac{2}{5}m_2 r^2 + m_2(l+r)^2$$

于是得：

$$J_z = \frac{1}{3}m_1 l^2 + \frac{2}{5}m_2 r^2 + m_2(l+r)^2$$

【例 12.2】 计算均质正圆锥体(见图 12.6)对其底圆直径的转动惯量。已知圆锥体质量为 M，底圆半径为 R，高为 h。

【解】 把圆锥体分成许多厚度为 dz 的薄圆片，这些薄圆片的质量为 $\mathrm{d}m=\rho\pi r^2\mathrm{d}z$(式中 ρ 为圆锥体的密度，r 为薄圆片的半径)。圆锥体的质量为 $M=\rho\pi R^2 h/3$。薄圆片对其自身直径的转动惯量，查表可知为 $r^2\mathrm{d}m/4$。由几何关系可知 $r=R(h-z)/h$。于是薄圆片对 y 轴转动惯量 $\mathrm{d}J_y$ 为：

$$\begin{aligned}\mathrm{d}J_y &= \frac{1}{4}r^2\mathrm{d}m + z^2\mathrm{d}m \\ &= \left(\frac{1}{4}r^2 + z^2\right)\rho\pi r^2\mathrm{d}z \\ &= \rho\pi\left[\frac{1}{4}\frac{R^4}{h^4}(h-z)^4 + \frac{R^2}{h^2}(h-z)^2 z^2\right]\mathrm{d}z\end{aligned}$$

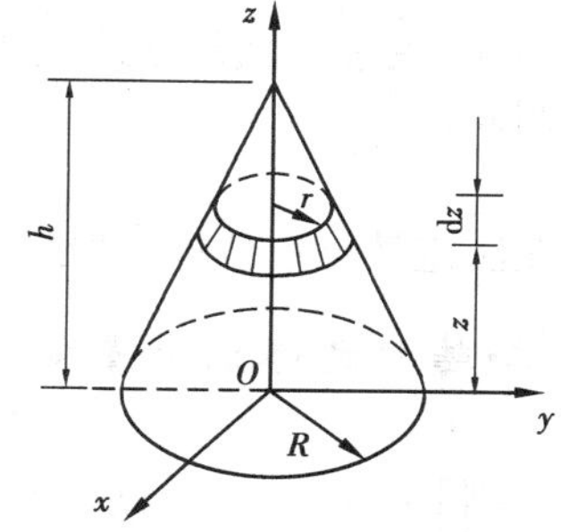

图 12.6

因此，整个圆锥体对于 y 轴的转动惯量为：

$$\begin{aligned}J_y &= \int_0^h \rho\pi\left[\frac{1}{4}\frac{R^4}{h^4}(h-z)^4 + \frac{R^2}{h^2}(h-z)^2 z^2\right]\mathrm{d}z \\ &= \frac{\rho\pi R^2 h}{3}\left(\frac{3}{20}R^2 + \frac{h^2}{10}\right) = \frac{M}{20}(3R^2 + 2h^2)\end{aligned}$$

12.2 质点和质点系的动量矩

1) 质点的动量矩

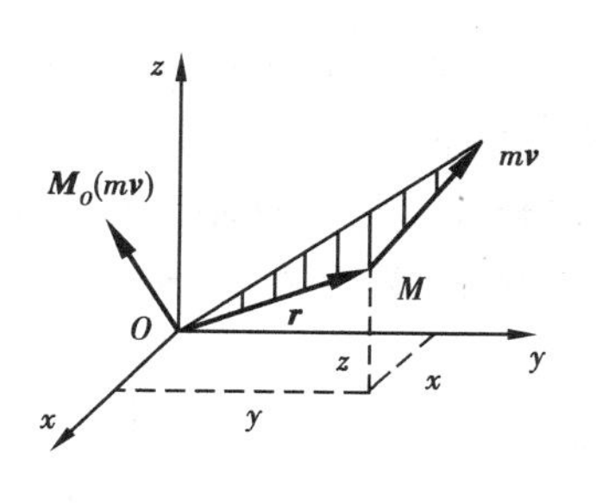

图 12.7

设有一质点 M，某瞬时的动量为 $m\boldsymbol{v}$，对固定点 O 的矢径为 $\boldsymbol{r}$，如图 12.7 所示。质点的动量对固定点 O 的矩为一矢量，定义为质点对固定点 O 的动量矩(Moment of momentum of a particle)，记为 $\boldsymbol{M}_O(m\boldsymbol{v})$。即：

$$\boldsymbol{M}_O(m\boldsymbol{v}) = \boldsymbol{r} \times m\boldsymbol{v} \tag{12.5}$$

类似于静力学中力对轴之矩，可得到动量 $m\boldsymbol{v}$ 对各固定直角坐标轴的动量矩为：

$$\left.\begin{aligned}M_x(m\boldsymbol{v}) &= m(yv_z - zv_y) \\ M_y(m\boldsymbol{v}) &= m(zv_x - xv_z) \\ M_z(m\boldsymbol{v}) &= m(xv_y - yv_x)\end{aligned}\right\} \tag{12.6}$$

类似力矩关系定理,质点对 O 点的动量矩在通过 O 点的任意轴上的投影,等于质点对该轴的动量矩。例如:

$$[\boldsymbol{M}_O(m\boldsymbol{v})]_z = M_z(m\boldsymbol{v}) \tag{12.7}$$

2)质点系的动量矩

质点系内各质点对固定点 O 的动量矩的矢量和称为质点系对固定点 O 的动量矩(Moment of momentum of system of particles),用 $\boldsymbol{L}_O$ 表示。且:

$$\boldsymbol{L}_O = \sum \boldsymbol{M}_O(m\boldsymbol{v}) = \sum \boldsymbol{r} \times (m\boldsymbol{v}) \tag{12.8}$$

类似地也可得到质点系对各固定坐标轴的动量矩的表达式:

$$\left.\begin{aligned} L_x &= \sum M_x(m\boldsymbol{v}) = \sum m(yv_z - zv_y) \\ L_y &= \sum M_y(m\boldsymbol{v}) = \sum m(zv_x - xv_z) \\ L_z &= \sum M_z(m\boldsymbol{v}) = \sum m(xv_y - yv_x) \end{aligned}\right\} \tag{12.9}$$

同样,质点系对 O 点的动量矩在通过 O 点的任意轴上的投影,等于质点系对该轴的动量矩。例如:

$$[\boldsymbol{L}_O]_z = L_z \tag{12.10}$$

在法定计量单位中,动量矩的常用单位是牛·米·秒(N·m·s)。

3)定轴转动刚体的动量矩

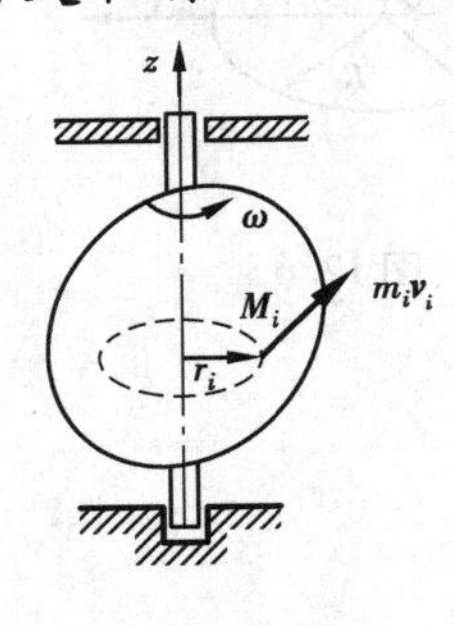

图 12.8

设刚体绕固定轴 z 转动,某瞬时刚体的角速度为 ω,如图 12.8 所示。对于刚体内任一质点 M_i,其质量为 m_i,转动半径为 r_i,速度大小为 $v_i = r_i\omega$,动量 $m_i\boldsymbol{v}_i$。于是质点 M_i 对 z 轴的动量矩为:

$$M_z(m_i\boldsymbol{v}_i) = m_i v_i r_i = m_i r_i^2 \omega$$

而整个刚体对 z 轴的动量矩为:

$$L_z = \sum M_z(m_i\boldsymbol{v}_i) = \sum m_i r_i^2 \omega = \omega \sum m_i r_i^2$$

因为 $\sum m_i r_i^2 = J_z$ 是刚体对 z 轴的转动惯量,故:

$$L_z = J_z\omega \tag{12.11}$$

即,定轴转动刚体对于转轴的动量矩等于刚体对于转轴的转动惯量与角速度之乘积。L_z 的正负号与 ω 的正负号相同,表示转向。

【例 12.3】 如图 12.9 所示的一复摆以角速度 ω 绕 O 轴转动。已知均质杆 OA 长为 l,质量为 m_1;均质圆盘 C_2 的半径为 r,质量为 m_2。试求复摆对 O 轴的动量矩。

【解】 本题先计算复摆对 O 轴的转动惯量 J_O,再由式(12.11)计算复摆对 O 轴的动量矩。

关于 J_O 的计算,可以分别计算 OA 杆和圆盘 C_2 对 O 轴的转动惯量,然后再相加。应用平行轴定理有:

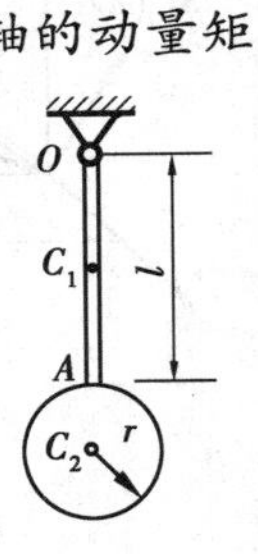

$$\begin{aligned} J_O &= \left[\frac{1}{12}m_1 l^2 + m_1\left(\frac{l}{2}\right)^2\right] + \left[\frac{1}{2}m_2 r^2 + m_2(l + r)^2\right] \\ &= \frac{1}{3}m_1 l^2 + m_2\left(l^2 + 2lr + \frac{3}{2}r^2\right) \end{aligned}$$

$$L_O = \left[\frac{1}{3}m_1 l^2 + m_2\left(l^2 + 2lr + \frac{3}{2}r^2\right)\right]\omega$$

图 12.9

【例 12.4】 图 12.10 系统中，物块 A，B 的质量分别为 m_1，m_2，均质圆轮（视为圆盘）的半径为 r、质量为 m。绳与轮间无相对滑动，不计绳的质量。图示瞬时已知 A 块的速度为 $\boldsymbol{v}$，试求系统对转轴 O 的动量矩。

【解】 物块 A，B 与轮组成一质点系。其中物块 A，B 作平动，它们对转轴 O 的动量矩分别等于各自的动量对转轴 O 的矩，均质圆轮作定轴转动，它对转轴 O 的动量矩等于它对转轴的转动惯量与角速度之乘积。质点系对转轴 O 的动量矩等于质点系内各物体对转轴动量矩的代数和。

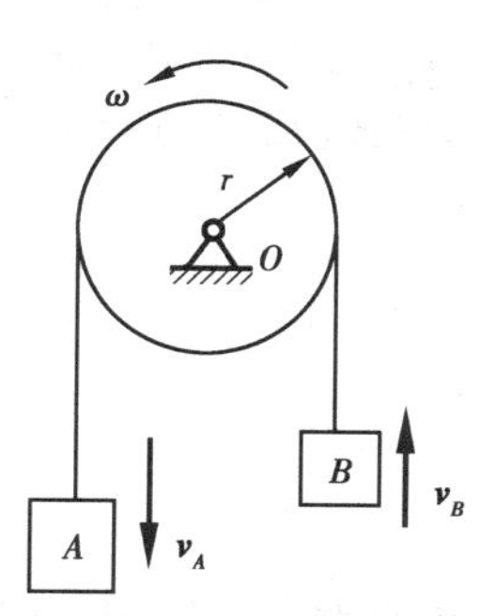

图 12.10

由运动学可知：$v_A = v_B = v$，$\omega = \dfrac{v}{r}$。

取与圆轮角速度转向相同的动量矩为正。物块 A，B 对转轴的动量矩分别为：

$$L_1 = M_O(m\boldsymbol{v}_A) = m_1 vr$$
$$L_2 = M_O(m\boldsymbol{v}_B) = m_2 vr$$

圆轮对转轴的动量矩为：

$$L_3 = J_O\omega = \frac{1}{2}mr^2 \cdot \frac{v}{r} = \frac{1}{2}mvr$$

故：

$$\begin{aligned} L_O &= L_1 + L_2 + L_3 \\ &= m_1 vr + m_2 vr + \frac{1}{2}mvr \\ &= (m_1 + m_2 + \frac{m}{2})vr \end{aligned}$$

12.3 动量矩定理

1）质点的动量矩定理

由质点对固定点 O 的动量矩定义知：

$$\boldsymbol{M}_O(m\boldsymbol{v}) = \boldsymbol{r} \times (m\boldsymbol{v})$$

对时间求导数得：

$$\begin{aligned} \frac{\mathrm{d}}{\mathrm{d}t}[\boldsymbol{M}_O(m\boldsymbol{v})] &= \frac{\mathrm{d}}{\mathrm{d}t}[\boldsymbol{r} \times (m\boldsymbol{v})] \\ &= \frac{\mathrm{d}\boldsymbol{r}}{\mathrm{d}t} \times (m\boldsymbol{v}) + \boldsymbol{r} \times \frac{\mathrm{d}}{\mathrm{d}t}(m\boldsymbol{v}) \\ &= \boldsymbol{v} \times (m\boldsymbol{v}) + \boldsymbol{r} \times \frac{\mathrm{d}}{\mathrm{d}t}(m\boldsymbol{v}) \end{aligned}$$

此式中，速度 v 与动量 mv 方向相同，两者叉积为零。根据动量定理：

$$\frac{\mathrm{d}}{\mathrm{d}t}(m\boldsymbol{v}) = \boldsymbol{F}$$

得：

$$\frac{\mathrm{d}}{\mathrm{d}t}[\boldsymbol{M}_O(m\boldsymbol{v})] = \boldsymbol{r}\times\boldsymbol{F} = \boldsymbol{M}_O(\boldsymbol{F}) \tag{12.12}$$

式(12.12)表明:质点对固定点 O 的动量矩对时间的一阶导数等于作用于质点上的力对同一点的主矩。式(12.12)称为质点的动量矩定理(Theorems of moment of momentum of a partied)。

将式(12.12)投影到固定直角坐标轴上,并考虑到动量矩关系定理和力矩关系定理则得:

$$\left.\begin{aligned}\frac{\mathrm{d}}{\mathrm{d}t}[M_x(m\boldsymbol{v})] &= M_x(\boldsymbol{F})\\ \frac{\mathrm{d}}{\mathrm{d}t}[M_y(m\boldsymbol{v})] &= M_y(\boldsymbol{F})\\ \frac{\mathrm{d}}{\mathrm{d}t}[M_z(m\boldsymbol{v})] &= M_z(\boldsymbol{F})\end{aligned}\right\} \tag{12.13}$$

即:质点对某一固定轴的动量矩对时间的一阶导数等于作用于质点上的力对于同一轴的矩。

2)质点动量矩守恒定律

如果质点所受力对某一固定点 O 的主矩恒为零。则由式(12.12)知,质点对该点的动量矩保持不变。即 $\boldsymbol{M}_O(\boldsymbol{F}) = \boldsymbol{0}$,则:

$$\boldsymbol{M}_O(m\boldsymbol{v}) = \text{恒矢量} \tag{12.14}$$

如果作用于质点的力对于某一固定轴的矩恒为零,则由式(12.13)知,质点对该轴的动量矩保持不变。如 $M_z(\boldsymbol{F}) = 0$,则:

$$M_z(m\boldsymbol{v}) = \text{恒量} \tag{12.15}$$

以上结论称为质点动量矩守恒定律(Theorems of conservation of moment of momentum of a particle)。

3)质点系的动量矩定理

对于 n 个质点组成的质点系,系内每个质点对同一固定点应用动量矩定理,写出其动量矩方程,并把作用于质点的力分解成外力 $\boldsymbol{F}^{\mathrm{e}}$ 和内力 $\boldsymbol{F}^{\mathrm{i}}$,则有:

$$\frac{\mathrm{d}}{\mathrm{d}t}[\boldsymbol{M}_O(m\boldsymbol{v})] = \boldsymbol{M}_O(\boldsymbol{F}^{\mathrm{e}}) + \boldsymbol{M}_O(\boldsymbol{F}^{\mathrm{i}})$$

这样的方程共有 n 个。将 n 个方程等号左、右两端分别相加,得:

$$\sum\frac{\mathrm{d}}{\mathrm{d}t}[\boldsymbol{M}_O(m\boldsymbol{v})] = \sum\boldsymbol{M}_O(\boldsymbol{F}^{\mathrm{e}}) + \sum\boldsymbol{M}_O(\boldsymbol{F}^{\mathrm{i}})$$

由于质点系的内力总是大小相等、方向相反地成对出现,每一对内力对任意点主矩的矢量和恒等于零,即 $\sum\boldsymbol{M}_O(\boldsymbol{F}^{\mathrm{i}}) = \boldsymbol{0}$。设 $\boldsymbol{M}_O^{\mathrm{e}} = \sum\boldsymbol{M}_O(\boldsymbol{F}^{\mathrm{e}})$ 表示全部外力对固定点 O 主矩的矢量和(主矩),并将上式中等号左端交换导数和求和的运算次序,得:

$$\frac{\mathrm{d}}{\mathrm{d}t}\sum\boldsymbol{M}_O(m\boldsymbol{v}) = \sum\boldsymbol{M}_O(\boldsymbol{F}^{\mathrm{e}}) = \boldsymbol{M}_O^{\mathrm{e}}$$

即:

$$\frac{\mathrm{d}\boldsymbol{L}_O}{\mathrm{d}t} = \sum\boldsymbol{M}_O(\boldsymbol{F}^{\mathrm{e}}) = \boldsymbol{M}_O^{\mathrm{e}} \tag{12.16}$$

将上式投影到固定直角坐标轴上,有:

$$\left.\begin{aligned}\frac{\mathrm{d}L_x}{\mathrm{d}t} &= \sum M_x(\boldsymbol{F}^{\mathrm{e}}) = M_x^{\mathrm{e}}\\ \frac{\mathrm{d}L_y}{\mathrm{d}t} &= \sum M_y(\boldsymbol{F}^{\mathrm{e}}) = M_y^{\mathrm{e}}\\ \frac{\mathrm{d}L_z}{\mathrm{d}t} &= \sum M_z(\boldsymbol{F}^{\mathrm{e}}) = M_z^{\mathrm{e}}\end{aligned}\right\} \tag{12.17}$$

可见，质点系对某定点（或某定轴）的动量矩对时间的导数，等于作用于质点系的全部外力对同一点（或同一轴）主矩的矢量和（或代数和）。这就是质点系的动量矩定理（Theorems of moment of momentum of system of particles）。

4）质点系动量矩守恒定律

由质点系动量矩定理可知：质点系的内力不改变质点系的动量矩，只有作用于质点系的外力才能使质点系的动量矩发生变化。当外力对于某定点（或某定轴）的主矩（或力矩的代数和）等于零矢量（或零）时，质点系对于该点（或该轴）的动量矩保持不变。这就是质点系动量矩守恒定律（Theorems of conservation of moment of momentum of system of particles）。

【例 12.5】 高炉运送矿石用的卷扬机如图12.11所示，已知鼓轮的半径为 R，质量为 m_1，轮绕 O 轴转动。小车和矿石总质量为 m_2，作用在鼓轮上的力偶矩为 M，鼓轮对转轴的转动惯量为 J_O，轨道的倾角为 θ。设绳的质量和各处摩擦均忽略不计，求小车的加速度 a。

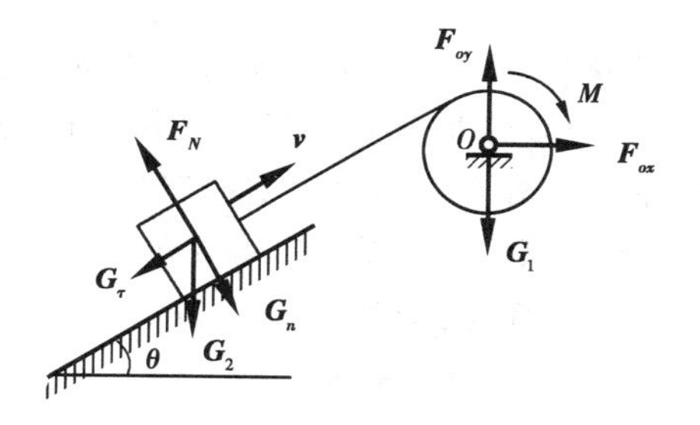

图 12.11

【分析】 小车与鼓轮组成质点系。小车作平动，鼓轮作定轴转动，鼓轮的角速度可用小车的速度来表示。质点系对固定轴 O 的动量矩表示成小车的速度的函数。小车的速度对时间的导数即为小车的加速度。因此，应用质点系对固定轴的动量矩定理，质点系对固定轴 O 的动量矩对时间的导数就等于作用于质点系上的外力对定轴 O 的矩。从而得到小车的加速度。

【解】 视小车为质点，取小车与鼓轮组成质点系。以顺时针为正，此质点系对 O 轴的动量矩为：

$$L_O = J_O\omega + m_2 vR$$

作用于质点系的外力除力偶 M、重力 $\boldsymbol{G}_1$ 和 $\boldsymbol{G}_2$ 外，尚有轴承 O 的反力 $\boldsymbol{F}_{Ox}$ 和 $\boldsymbol{F}_{Oy}$，轨道对车的约束力 $\boldsymbol{F}_N$。其中 $\boldsymbol{G}_1$，$\boldsymbol{F}_{Ox}$，$\boldsymbol{F}_{Oy}$ 对 O 轴力矩为零。将 $\boldsymbol{G}_2$ 沿轨道及其垂直方向分解为 $\boldsymbol{G}_\tau$ 和 $\boldsymbol{G}_n$，$\boldsymbol{G}_n$ 与 $\boldsymbol{F}_N$ 相抵消，而 $G_\tau = G_2\sin\theta = m_2 g\sin\theta$，则系统外力对 O 轴的矩为：

$$M^{(\mathrm{e})} = M - m_2 g\sin\theta\cdot R$$

由质点系对 O 轴的动量矩定理有：

$$\frac{\mathrm{d}}{\mathrm{d}t}[J_O\omega + m_2 vR] = M - m_2 g\sin\theta\cdot R$$

因为 $\omega = \dfrac{v}{R}$，$\dfrac{\mathrm{d}v}{\mathrm{d}t} = a$，于是解得：

$$a = \frac{MR - m_2 gR^2\sin\theta}{J_O + m_2 R^2}$$

若 $M > m_2gR\sin\theta$，则 $a>0$，小车的加速度沿斜坡向上。

【例 12.6】 图 12.12(a) 中，小球 A，B 以细绳相连，质量均为 m，其余构件质量不计，且忽略摩擦。系统绕 z 轴自由转动，初始时系统的角速度为 ω_0。如图 12.12(b) 所示，当细绳拉断后，求各杆与铅垂线成 θ 角时系统的角速度 ω。

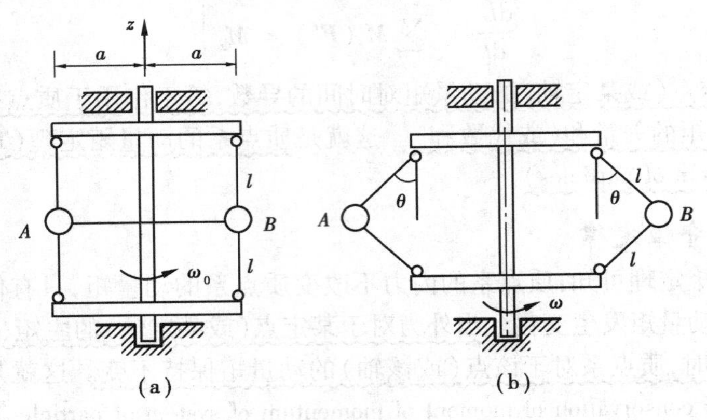

图 12.12

【解】 小球 A，B 组成的质点系在整个运动过程中，所受到的外力为其重力和轴承的约束反力。重力作用线与固定轴 z 轴平行，轴承的约束反力与 z 轴相交，对 z 轴的矩恒等于零。因此，质点系对于转轴的动量矩守恒。

当 $\theta=0$ 时，动量矩 $L_{z1}=2ma\omega_0a=2ma^2\omega_0$；

当 $\theta\neq0$ 时，动量矩 $L_{z2}=2m\,(a+l\sin\theta)^2\omega$。

因为 $L_{z1}=L_{z2}$，故得：

$$\omega=\frac{a^2\omega_0}{(a+l\sin\theta)^2}$$

12.4 刚体绕定轴的转动微分方程

设刚体在主动力 $\boldsymbol{F}_1,\boldsymbol{F}_2,\cdots,\boldsymbol{F}_n$ 作用下绕定轴 AB 转动，如图 12.13 所示。轴承 A，B 处的反力为 $\boldsymbol{F}_{Ax}$，$\boldsymbol{F}_{Ay}$ 和 $\boldsymbol{F}_{Bx}$，$\boldsymbol{F}_{By}$，$\boldsymbol{F}_{Bz}$。设任一瞬时刚体的角速度为 ω，由式(12.11)知，刚体对转轴 z 的动量矩 $L_z=J_z\omega$。根据动量矩定理式(12.17)，可得

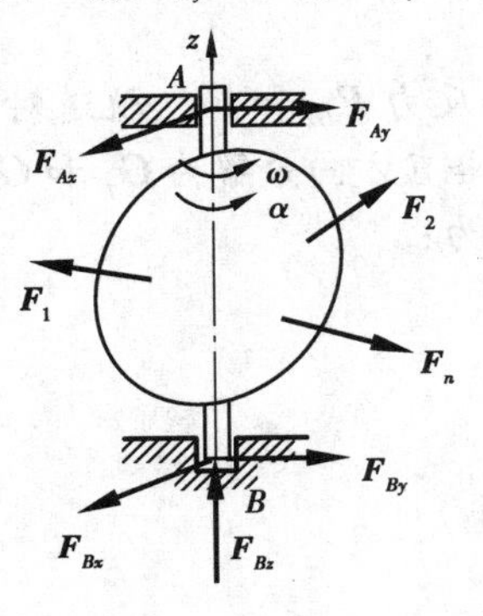

图 12.13

$$J_z\frac{\mathrm{d}\omega}{\mathrm{d}t}=M_z^{\mathrm{e}}=\sum M_z(\boldsymbol{F})$$

考虑到 $\alpha=\dfrac{\mathrm{d}\omega}{\mathrm{d}t}=\dfrac{\mathrm{d}^2\varphi}{\mathrm{d}t^2}$，则上式可写成：

$$J_z\alpha=\sum M_z(\boldsymbol{F})$$

或

$$J_z\ddot{\varphi}=\sum M_z(\boldsymbol{F}) \tag{12.18}$$

式(12.18)为刚体的定轴转动微分方程(Differential equations of rotation of rigid body with a fixed axis)。即刚体对定轴的转动惯量与角加速度的乘积等于作用于刚体的主动力对该轴的矩的代数和。

由上式可知：

①作用于刚体的主动力对转轴的矩使刚体的转动状态发生变化。

②如果作用于刚体的主动力对转轴的矩的代数和等于零，即 $\alpha=0$，则刚体作匀速转动；如果主动力对转轴的矩的代数和为恒量，即 $\alpha=$ 恒量，则刚体作匀变速转动。

③在一定的时间间隔内，当主动力对转轴的矩相同时，刚体的转动惯量越大，转动状态变化越小；转动惯量越小，转动状态变化越大。这就是说，刚体转动惯量的大小表明了刚体转动状态改变的难易程度。因此说，转动惯量是刚体转动时惯性的度量。

若把刚体的转动微分方程 $J_z\alpha=\sum M_z(\boldsymbol{F})$ 与质点的运动微分方程 $m\boldsymbol{a}=\sum \boldsymbol{F}$ 加以对照即可发现，它们的形式是相似的，求解问题的方法与步骤也是相似的。应用刚体的转动微分方程可以求解有关转动刚体的动力学两类问题。

【例 12.7】 如图 12.14 所示，已知滑轮半径为 R，转动惯量为 J，带动滑轮的皮带拉力为 $\boldsymbol{F}_1$ 和 $\boldsymbol{F}_2$。求滑轮的角加速度 α。

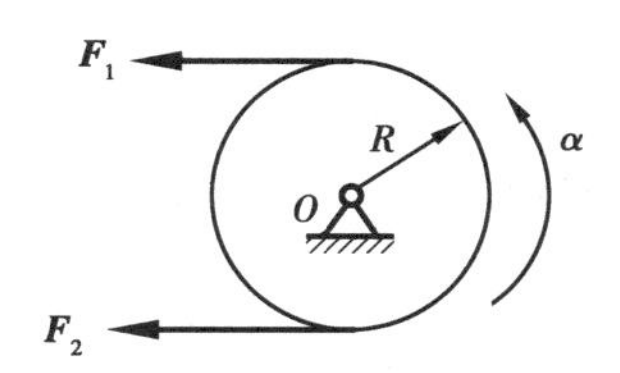

图 12.14

【解】 根据刚体绕定轴的转动微分方程有：

$$J\alpha=R(F_1-F_2)$$

于是得：

$$\alpha=\frac{(F_1-F_2)R}{J}$$

【例 12.8】 图 12.15 中物理摆的质量为 m，C 为其质心，摆对悬挂点的转动惯量为 J_O。求该摆的摆动周期。

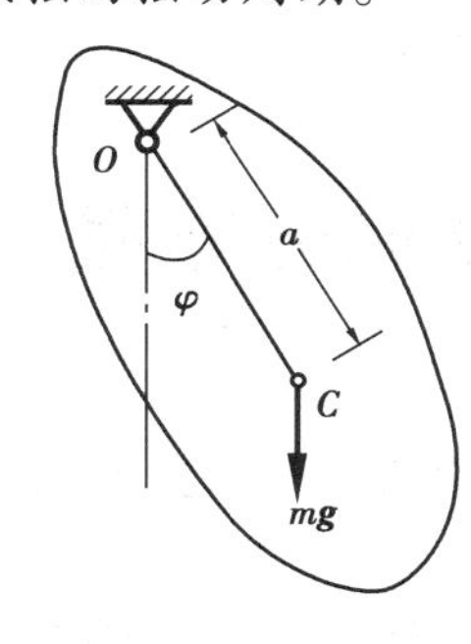

图 12.15

【解】 设 φ 角以逆时针转向为正。当 φ 角为正时，重力对点 O 之矩为负。由此，摆的转动微分方程为：

$$J_O\frac{\mathrm{d}^2\varphi}{\mathrm{d}t^2}=-mga\sin\varphi$$

根据题意，刚体作微幅摆动时，有 $\sin\varphi\approx\varphi$，于是转动微分方程成为：

$$J_O\frac{\mathrm{d}^2\varphi}{\mathrm{d}t^2}=-mga\varphi$$

即：

$$\frac{\mathrm{d}^2\varphi}{\mathrm{d}t^2}+\frac{mga}{J_O}\varphi=0 \tag{1}$$

令

$$\omega_n^2=\frac{mga}{J_O} \tag{2}$$

可得：

$$\frac{\mathrm{d}^2\varphi}{\mathrm{d}t^2}+\omega_n^2\varphi=0 \tag{3}$$

式(3)为一个二阶常系数齐次微分方程的标准形式，其通解为：

$$\varphi=C_1\cos\omega_n t+C_2\sin\omega_n t \tag{4}$$

式(4)中 C_1，C_2 为积分常量，可由运动初始条件确定。

若令

$$C_1=A\sin\theta,\ C_2=A\cos\theta$$

则式(4)可写成：

$$\varphi = \varphi_0 \sin(\omega_n t + \theta) = \varphi_0 \sin\left(\sqrt{\frac{mga}{J_O}}t + \theta\right) \tag{5}$$

式(5)表明该物理摆的运动为简谐振动。其中：φ_0 表示摆偏离振动中心的最大距离，称为振幅(Amplitude)，它反映自由振动的范围和强弱；$\omega_n t + \theta$ 称为振动的相位(Phase)(或相位角)，单位是弧度(rad)，相位决定了物块在某瞬时 t 的位置；而 θ 称为初相位，它决定了物块运动的起始位置。φ_0，θ 也都由运动初始条件确定。

设摆动周期为 T，式(5)中正弦函数的角度周期为 2π，即：

$$\omega_n(T + t) + \theta - (\omega_n t + \theta) = 2\pi$$

由此可得摆动周期：

$$T = \frac{2\pi}{\omega_n} = 2\pi\sqrt{\frac{J_O}{mga}} \tag{6}$$

摆动的频率：

$$f = \frac{1}{T} = \frac{\omega_n}{2\pi} \tag{7}$$

由式(7)可求得：

$$\omega_n = 2\pi f \tag{8}$$

式(8)表示物体在 2π s 内振动的次数，称为圆频率(Circular frequency)。ω_n 只与振动系统本身的固有特性(如质量 m 及弹簧刚度 k)有关，而与运动的初始条件无关，所以称 ω_n 为固有圆频率(一般也称固有频率(Natural frequency))。其单位与频率 f 相同，为赫兹(Hz)。

12.5 相对质心的动量矩定理·刚体平面运动微分方程

1)相对质心的动量矩定理

在本章第三节中所述的动量矩定理，曾强调矩心或矩轴是固定点或固定轴。实际上，若取质点系的质心为矩心，则动量矩定理的形式将保持不变。

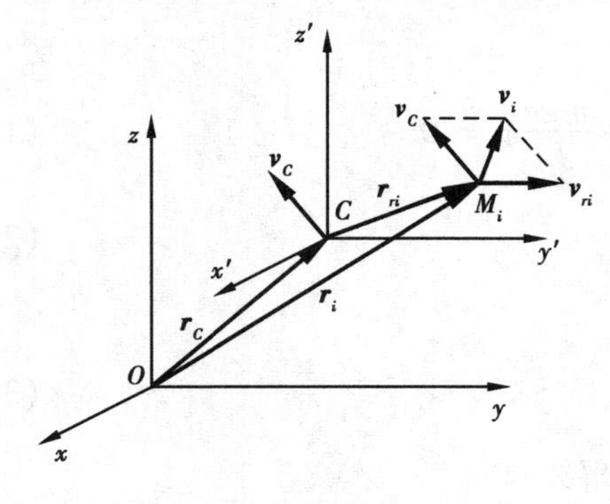

图 12.16

设质点系的质心为 C。取动坐标系 $Cx'y'z'$ 随质心 C 作平动，质点系的运动可分解为随同平动坐标系 $Cx'y'z'$ 的平动和相对于该平动坐标系的转动，如图12.16所示。根据速度合成定理，质点系内任一质点 M_i 的速度 $\boldsymbol{v}_i = \boldsymbol{v}_C + \boldsymbol{v}_{ri}$。设质点系质心 C 相对于静坐标系 $Oxyz$ 坐标原点 O 的矢径为 $\boldsymbol{r}_C$；质点 M_i 相对于静坐标系 $Oxyz$ 坐标原点 O 的矢径为 r_i，相对于动坐标系 $Cx'y'z'$ 坐标原点 C 的矢径为 $\boldsymbol{r}_{ri}$。由图 12.16 可知 $\boldsymbol{r}_i = \boldsymbol{r}_C + \boldsymbol{r}_{ri}$，质点 M_i 对固定点 O 的动量矩为：

$$\boldsymbol{M}_O(m_i\boldsymbol{v}_i) = \boldsymbol{r}_i \times (m_i\boldsymbol{v}_i) = (\boldsymbol{r}_C + \boldsymbol{r}_{ri}) \times m_i(\boldsymbol{v}_C + \boldsymbol{v}_{ri})$$

则质点系对定点 O 的动量矩 $\boldsymbol{L}_O$ 为：

$$\boldsymbol{L}_O = \sum \boldsymbol{M}_O(m_i\boldsymbol{v}_i)$$

$$= \sum [(\boldsymbol{r}_C + \boldsymbol{r}_{ri}) \times m_i(\boldsymbol{v}_C + \boldsymbol{v}_{ri})]$$

$$= \sum \boldsymbol{r}_C \times m_i \boldsymbol{v}_C + \sum \boldsymbol{r}_C \times m_i \boldsymbol{v}_{ri} + \sum \boldsymbol{r}_{ri} \times m_i \boldsymbol{v}_C + \sum \boldsymbol{r}_{ri} \times m_i \boldsymbol{v}_{ri}$$

$$= \boldsymbol{r}_C \times \boldsymbol{v}_C \sum m_i + \boldsymbol{r}_C \times \sum m_i \boldsymbol{v}_{ri} + \sum m_i \boldsymbol{r}_{ri} \times \boldsymbol{v}_C + \sum \boldsymbol{r}_{ri} \times m_i \boldsymbol{v}_{ri}$$

其中：
$$\sum m_i = M, \quad \sum m_i \boldsymbol{v}_{ri} = M\boldsymbol{v}_{rC}, \quad \sum m_i \boldsymbol{r}_{ri} = M\boldsymbol{r}_{rC}$$

而 C 为质心，在平动坐标系中的相对矢径 $\boldsymbol{r}_{rC}$ 和相对速度 $\boldsymbol{v}_{rC}$ 都等于零，因此可得：

$$\boldsymbol{L}_O = \boldsymbol{r}_C \times M\boldsymbol{v}_C + \sum \boldsymbol{r}_{ri} \times m_i \boldsymbol{v}_{ri}$$

令
$$\boldsymbol{L}_C = \sum \boldsymbol{r}_{ri} \times m_i \boldsymbol{v}_{ri}$$

称为质点系相对于质心 $\boldsymbol{C}$ 的相对动量矩。则：

$$\boldsymbol{L}_O = \boldsymbol{r}_C \times M\boldsymbol{v}_C + \boldsymbol{L}_C \tag{12.19}$$

可见，质点系相对于任一固定点 O 的动量矩等于质点系相对于质心的动量矩，以及将质点系的质量集中于质心 C 时相对于 O 点的动量矩的矢量和。

根据质点系对固定点 O 的动量矩定理，将式(12.19)代入，可得：

$$\frac{\mathrm{d}\boldsymbol{L}_O}{\mathrm{d}t} = \frac{\mathrm{d}(\boldsymbol{r}_C \times M\boldsymbol{v}_C)}{\mathrm{d}t} + \frac{\mathrm{d}\boldsymbol{L}_C}{\mathrm{d}t} = \sum \boldsymbol{M}_O(\boldsymbol{F}_i^{\mathrm{e}}) = \sum (\boldsymbol{r}_i \times \boldsymbol{F}_i^{\mathrm{e}}) = \sum [(\boldsymbol{r}_C + \boldsymbol{r}_{ri}) \times \boldsymbol{F}_i^{\mathrm{e}}]$$

即：

$$(\boldsymbol{v}_C \times M\boldsymbol{v}_C) + \boldsymbol{r}_C \times \sum \boldsymbol{F}_i^{\mathrm{e}} + \frac{\mathrm{d}\boldsymbol{L}_C}{\mathrm{d}t} = \boldsymbol{r}_C \times \sum \boldsymbol{F}_i^{\mathrm{e}} + \sum (\boldsymbol{r}_{ri} \times \boldsymbol{F}_i^{\mathrm{e}})$$

式中：$\boldsymbol{v}_C \times M\boldsymbol{v}_C = \boldsymbol{0}$，$\sum (\boldsymbol{r}_{ri} \times \boldsymbol{F}_i^{\mathrm{e}})$ 表示质点系的所有外力对质心 C 的矩的矢量和，记为 $\boldsymbol{M}_C^{\mathrm{e}} = \sum \boldsymbol{M}_C(\boldsymbol{F}_i^{\mathrm{e}})$。于是上式可改写为：

$$\frac{\mathrm{d}\boldsymbol{L}_C}{\mathrm{d}t} = \sum \boldsymbol{M}_C(\boldsymbol{F}_i^{\mathrm{e}}) = \boldsymbol{M}_C^{\mathrm{e}} \tag{12.20}$$

即质点系相对于质心的动量矩对时间的导数，等于作用于质点系上的所有的外力对质心的主矩。式(12.20)称为质点系相对于质心的动量矩定理(Theorems of moment of momentum with respect to a center of mass)。

2) 刚体平面运动微分方程

由运动学知，刚体的平面运动可以分解为随质心 C 的平动和绕质心轴 C_z 的相对转动。前一种运动可由质心运动定理确定，后一种运动则可由相对于质心的动量矩定理确定。于是有：

$$\left.\begin{aligned} m\boldsymbol{a}_C &= \sum \boldsymbol{F}^{\mathrm{e}} \\ \frac{\mathrm{d}\boldsymbol{L}_C}{\mathrm{d}t} &= \sum \boldsymbol{M}_C(\boldsymbol{F}^{\mathrm{e}}) \end{aligned}\right\} \tag{12.21}$$

将前一式投影到 x，y 轴上，后一式投影到质心轴 C_z 上，注意到 $L_{Cz} = J_C\omega = J_C\ddot{\varphi}$，于是有：

$$\left.\begin{aligned} ma_{Cx} &= \sum F_x^{\mathrm{e}} \\ ma_{Cy} &= \sum F_y^{\mathrm{e}} \\ J_C\alpha &= \sum M_C(\boldsymbol{F}^{\mathrm{e}}) \end{aligned}\right\} \tag{12.22}$$

或写成：

$$\left.\begin{aligned} m\ddot{x}_C &= \sum F_x^e \\ m\ddot{y}_C &= \sum F_y^e \\ J_C\ddot{\varphi} &= \sum M_C(\boldsymbol{F}^e) \end{aligned}\right\} \tag{12.23}$$

式中 J_C 表示刚体对其质心轴 C_z 的转动惯量。式(12.23)称为刚体平面运动的微分方程(Differential equation of planar motion of rigid body)。可以应用它求解刚体作平面运动的动力学问题。

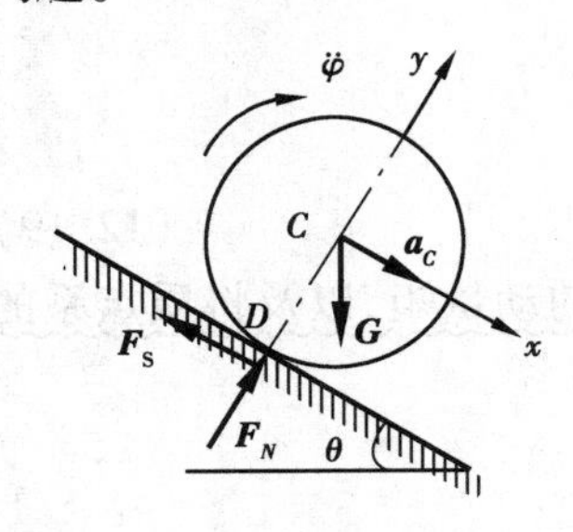

图 12.17

【例 12.9】 如图 12.17 所示一重为 G、半径为 r 的均质圆柱体,无初速地放在倾角为 θ 的斜面上。试确定当圆柱体在斜面上作纯滚动时的摩擦因数的范围;并求作纯滚动时质心 C 的加速度。

【分析】 均质圆柱体作平面运动,它所受到的摩擦力 F_S 为外力。圆柱体作纯滚动的条件是 $F_S \leqslant F_{S\max} = f_S F_N$。因此可应用刚体平面运动的微分方程求摩擦力 F_S。

【解】 (1)取圆柱体为研究对象,并进行受力分析。圆柱体受重力 $\boldsymbol{G}$、斜面的反力 $\boldsymbol{F}_N$ 和摩擦力 $\boldsymbol{F}_S$,如图 12.17 所示。

(2)运动分析。圆柱体作平面运动。设角加速度为 $\ddot{\varphi}$,质心 C 的加速度为 $\boldsymbol{a}_C$。由题设知,圆柱体作纯滚动,接触点 D 为其速度瞬心,则有运动关系:

$$a_C = r\ddot{\varphi} \tag{1}$$

(3)列刚体平面运动微分方程。对图 12.17 所示坐标系,据式(12.23)得:

$$\frac{G}{g}a_C = G\sin\theta - F_S \tag{2}$$

$$0 = F_N - G\cos\theta \tag{3}$$

$$J_C\ddot{\varphi} = F_S r \tag{4}$$

式中 $J_C = \frac{1}{2}\frac{G}{g}r^2$。联立求解式(1)~式(4)得:

$$a_C = \frac{2}{3}g\sin\theta,$$

$$F_S = \frac{1}{3}G\sin\theta, \quad F_N = G\cos\theta$$

圆柱体纯滚动的条件是:$F_S \leqslant f_S F_N$

即
$$\frac{1}{3}G\sin\theta \leqslant f_S G\cos\theta$$

所以有:
$$f_S \geqslant \frac{1}{3}\tan\theta$$

讨论:当 $f_S < \frac{1}{3}\tan\theta$ 时,圆柱体在斜面上将又滚又滑,此时 $a_C \neq r\ddot{\varphi}$。由动滑动摩擦定律 $F_S = f_S F_N = f_S G\cos\theta$,再与原方程组联立,即可解出。

【例 12.10】 均质圆轮半径为 r、质量为 m,受到轻微扰动后,在半径为 R 的圆弧上往复滚动,如图 12.18 所示。设表面足够粗糙,使圆轮在滚动时无滑动。求质心 C 的运动规律。

【分析】 均质圆轮作平面运动，其质心的运动轨迹圆弧，质心 C 的运动规律可用弧坐标 S 表示，质心的切向加速度及圆轮的角加速度用弧坐标 S 的导数表示，应用刚体平面运动的微分方程得到关于弧坐标 S 的二阶微分方程，求解此二阶微分方程即得质心的运动规律。

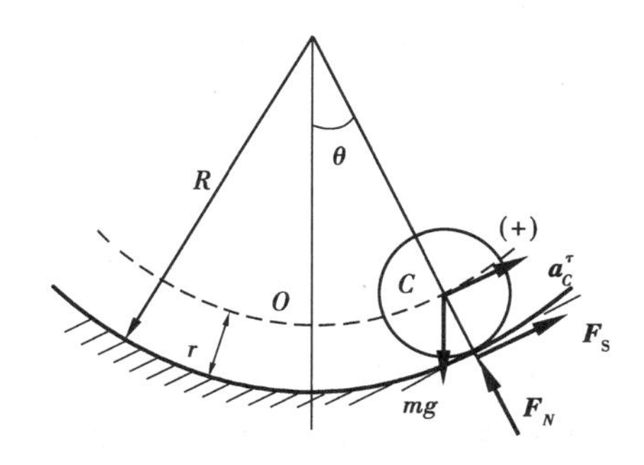

图 12.18

【解】 (1)取圆轮为研究对象，受外力有重力 $m\boldsymbol{g}$、反力 $\boldsymbol{F}_N$ 和摩擦力 $\boldsymbol{F}_S$。

(2)列刚体平面运动微分方程。设 θ 角以逆时针方向为正，取切线轴的正向如图 12.18 所示，并设圆轮以顺时针滚动为正。在自然轴系上平面运动微分方程为：

$$ma_C^\tau = F_S - mg\sin\theta \tag{1}$$

$$m\frac{v_C^2}{R-r} = F_N - mg\cos\theta \tag{2}$$

$$J_C \cdot \alpha = -F_S \cdot r \tag{3}$$

由运动学知，当圆轮只滚不滑时，角加速度的大小为：

$$\alpha = \frac{a_C^\tau}{r} \tag{4}$$

取 S 为质心的弧坐标，O 为弧坐标原点。由图 12.18 知：

$$S = (R-r)\theta$$

注意到：$a_C^\tau = \dfrac{d^2S}{dt^2}, J_C = \dfrac{1}{2}mr^2$。当 θ 很小时，$\sin\theta \approx \theta$，联立式(1)、式(3)和式(4)得：

$$\frac{3}{2}\frac{d^2S}{dt^2} + \frac{g}{R-r}S = 0$$

令 $\omega_n^2 = \dfrac{2g}{3(R-r)}$ 则上式为：

$$\frac{d^2S}{dt^2} + \omega_n^2 S = 0$$

此方程的通解为：

$$S = S_0\sin(\omega_n t + \beta)$$

式中 S_0 和 β 为两个常数，由运动起始条件确定。如 $t=0$ 时，$S=0$，初速度为 v_0。于是有：

$$0 = S_0\sin\beta,\quad v_0 = S_0\omega_n\cos\beta$$

解得：
$$\tan\beta = 0,\quad \beta = 0,\quad S_0 = \frac{v_0}{\omega_n} = v_0\sqrt{\frac{3(R-r)}{2g}}$$

最后得：
$$S = v_0\sqrt{\frac{3(R-r)}{2g}}\sin\left(\sqrt{\frac{2g}{3(R-r)}}t\right)$$

这就是质心沿轨迹的运动方程。

由式(2)可求得圆轮在滚动时对地面的压力 F_N：

$$F_N = m\frac{v_C^2}{R-r} + mg\cos\theta$$

式中右端第一项为附加动压力，其中：

$$v_C = \frac{dS}{dt} = v_0\cos\left(\sqrt{\frac{2g}{3(R-r)}}\,t\right)$$

本章小结

(1)转动惯量

①刚体对轴 z 的转动惯量是刚体内各质点的质量 m_i 与它到该轴的垂直距离 r_{zi} 平方的乘积之和。即：

$$J_z = \sum mr^2$$

②如果刚体的质量是均匀连续分布的，则可用积分表示：

$$J_z = \int_M r^2 dm$$

③刚体对某轴 z 的转动惯量 J_z 与其质量 M 的比值的平方根为一个当量长度，称为刚体对该轴的回转半径，即：

$$\rho_z = \sqrt{\frac{J_z}{M}}, J_z = M\rho_z^2$$

④平行轴定理。刚体对于任一转轴的转动惯量等于刚体对于该轴平行的质心轴的转动惯量加上刚体的质量与两轴间距离平方的乘积，即：

$$J_{z'} = J_{zC} + Md^2$$

(2)质点和质点系的动量矩

①质点的动量矩。质点的动量对固定点 O 的矩，即：

$$\boldsymbol{M}_O(m\boldsymbol{v}) = \boldsymbol{r} \times (m\boldsymbol{v})$$

质点对固定点 O 的动量矩在通过 O 点的任意轴上的投影，等于质点对该轴的动量矩，即：

$$[\boldsymbol{M}_O(m\boldsymbol{v})]_z = M_z(m\boldsymbol{v})$$

②质点系的动量矩。质点系内各质点对固定点 O 的动量矩的矢量和为质点系的动量矩，记为 $\boldsymbol{L}_O$，即：

$$\boldsymbol{L}_O = \sum \boldsymbol{M}_O(m\boldsymbol{v}) = \sum \boldsymbol{r} \times (m\boldsymbol{v})$$

质点系对固定点 O 的动量矩在通过 O 点的任意轴上的投影等于质点系对该轴的动量矩，即：

$$[\boldsymbol{L}_O]_z = L_z$$

③定轴转动刚体的动量矩。刚体对于转轴的转动惯量与角速度之乘积，即：

$$L_z = J_z\omega$$

(3)动量矩定理

①质点的动量矩定理。质点对固定点 O 的动量矩对时间的一阶导数等于作用力对同一点的主矩，即：

$$\frac{d}{dt}[\boldsymbol{M}_O(m\boldsymbol{v})] = \boldsymbol{r} \times \boldsymbol{F} = \boldsymbol{M}_O(\boldsymbol{F})$$

投影到固定直角坐标轴上得：

$$\left.\begin{aligned}\frac{\mathrm{d}}{\mathrm{d}t}[M_x(m\boldsymbol{v})] &= M_x(\boldsymbol{F})\\ \frac{\mathrm{d}}{\mathrm{d}t}[M_y(m\boldsymbol{v})] &= M_y(\boldsymbol{F})\\ \frac{\mathrm{d}}{\mathrm{d}t}[M_z(m\boldsymbol{v})] &= M_z(\boldsymbol{F})\end{aligned}\right\}$$

即:质点对某一固定轴的动量矩对时间的一阶导数等于作用力对于同一轴的矩。

②质点的动量矩守恒定律 。如果质点所受力对某一固定点 O 的主矩恒为零,则质点对该点的动量矩保持不变。即 $\boldsymbol{M}_O(\boldsymbol{F})=\boldsymbol{0}$,则:

$$\boldsymbol{M}_O(m\boldsymbol{v}) = \text{恒矢量}$$

如果作用于质点的力对于某一固定轴的矩恒为零,则质点对该轴的动量矩保持不变。如 $M_z(\boldsymbol{F})=0$,则:

$$M_z(m\boldsymbol{v}) = \text{恒量}$$

以上结论称为质点的动量矩守恒定律。

③质点系的动量矩定理。质点系对某定点(或某定轴)的动量矩对时间的导数,等于作用于质点系的所有外力对同一点(或同一轴)主矩的矢量和(或代数和),即:

$$\frac{\mathrm{d}\boldsymbol{L}_O}{\mathrm{d}t} = \sum \boldsymbol{M}_O(\boldsymbol{F}^{\mathrm{e}}) = \boldsymbol{M}_O^{\mathrm{e}}$$

或

$$\left.\begin{aligned}\frac{\mathrm{d}L_x}{\mathrm{d}t} &= \sum M_x(\boldsymbol{F}^{\mathrm{e}}) = M_x^{\mathrm{e}}\\ \frac{\mathrm{d}L_y}{\mathrm{d}t} &= \sum M_y(\boldsymbol{F}^{\mathrm{e}}) = M_y^{\mathrm{e}}\\ \frac{\mathrm{d}L_z}{\mathrm{d}t} &= \sum M_z(\boldsymbol{F}^{\mathrm{e}}) = M_z^{\mathrm{e}}\end{aligned}\right\}$$

质点系的内力不改变质点系的动量矩,只有作用于质点系上的外力才能使质点系的动量矩发生变化。

④质点系的动量矩守恒定律。当外力对于某定点(或某定轴)的主矩(或力矩的代数和)等于零时,质点系对于该点(或该轴)的动量矩保持不变。这就是质点系的动量矩守恒定律。

(4)刚体定轴转动的微分方程

刚体对转轴的转动惯量与角加速度的乘积,等于作用于刚体上的外力对该轴的矩的代数和,即:

$$J_z\alpha = \sum M_z(\boldsymbol{F}) \qquad \text{或} \qquad J_z\ddot{\varphi} = \sum M_z(\boldsymbol{F})$$

(5)质点系相对于质心的动量矩定理

质点系相对质心的动量矩对时间的导数,等于作用于质点系上的所有外力对质心的主矩,即:

$$\frac{\mathrm{d}\boldsymbol{L}_C}{\mathrm{d}t} = \sum \boldsymbol{M}_C(\boldsymbol{F}^{\mathrm{e}}) = \boldsymbol{M}_C^{\mathrm{e}}$$

(6)刚体平面运动微分方程

$$\left.\begin{aligned} m\ddot{x}_C &= \sum F_x^e \\ m\ddot{y}_C &= \sum F_y^e \\ J_C\ddot{\varphi} &= \sum M_C(\boldsymbol{F}^e) \end{aligned}\right\}$$

思考题

12.1　质点系对某一轴的动量矩是否等于质点系的质心的动量 $m\boldsymbol{v}_C$ 对该轴的矩?

12.2　如果质点系对某点或某轴的动量矩很大,是否该质点系的动量也一定很大?

12.3　花样滑冰运动员利用手臂的伸展和收拢来改变旋转的速度,试说明其原因。

12.4　一根不计质量、不能伸长的绳子绕过不计质量的定滑轮。绳的一端悬挂物块,另一端有一个与物块质量相等的人。人从静止开始沿绳子往上爬,其相对速率为 u。试问物块动还是不动?为什么?

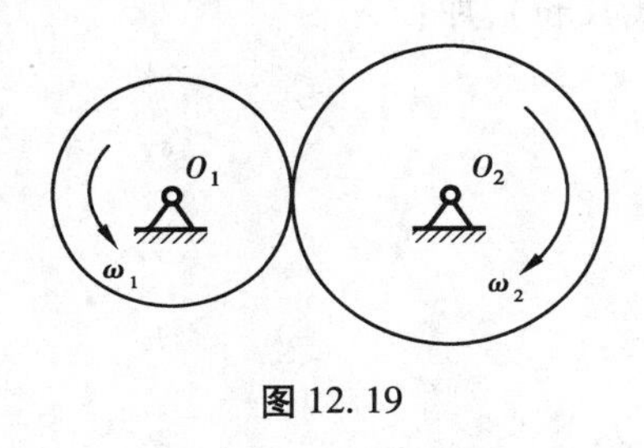

图 12.19

12.5　人坐在转椅上,双脚离地,是否可用双手将转椅转动?为什么?

12.6　某质点系对空间任意固定点的动量矩均相等,且不为零,这种运动情况可能吗?

12.7　定轴传动轮系对其中心轴 O_1,O_2 的转动惯量分别为 J_1 和 J_2,角速度分别为 ω_1 和 ω_2,如图 12.19 所示。试问整个系统对定轴 O_1 的动量矩是否等于 $J_1\omega_1 - J_2\omega_2$?

习　题

12.1　空心半圆球的质量为 m,外半径为 R,内半径为 r。试求其对于圆底面任一直径的转动惯量。

12.2　一均质薄壁容器的质量为 m,由半球壳、高为 h 的圆柱形筒壳及半径为 r 的圆形底板组成,如习题 12.2 图所示。试求该容器对 z 轴的转动惯量。

12.3　计算下列习题 12.3 图所示情况下系统对固定轴 O 的动量矩。

(a)质量为 m,半径为 R 的均质圆盘以匀角速度 ω_0 转动;

(b)质量为 m,长为 l 的均质杆在某瞬时以角速度 ω 绕定轴 O 转动。

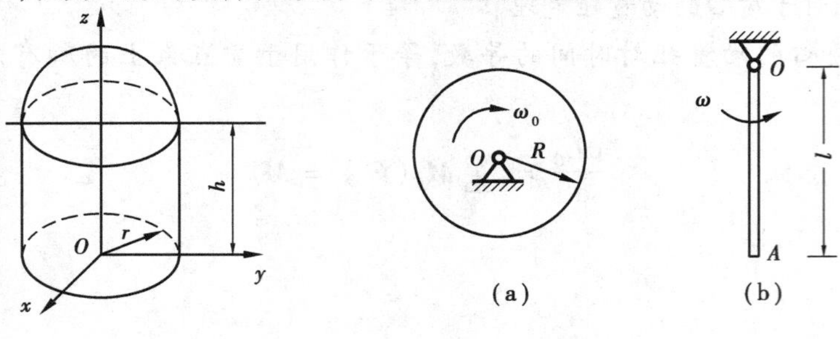

习题 12.2 图　　　　习题 12.3 图

12.4 如习题 12.4 图所示的均质圆盘,半径为 R,质量为 m,细长杆长 l,绕 O 轴转动,角速度为 ω。求下列 3 种情况下圆盘对固定轴 O 的动量矩。

(1)圆盘固结于杆;

(2)圆盘绕 A 轴转动,相对于杆 OA 的角速度为 $-\omega$;

(3)圆盘绕 A 轴转动,相对于杆 OA 的角速度为 ω。

12.5 习题 12.5 图所示的小球重 G,系于绳子一端。绳子的另一端穿过光滑水平面上的一个小孔,并以匀速 u 向下拉动。设开始时,小球与孔的距离为 r,与绳垂直速度分量为 v_0。求经过一段时间 τ 后的小球速度。

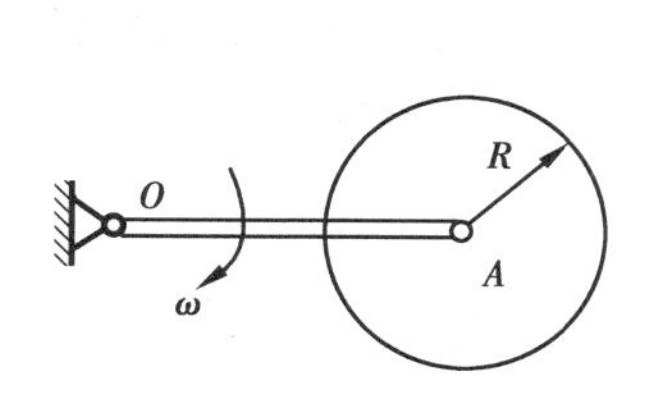

习题 12.4 图

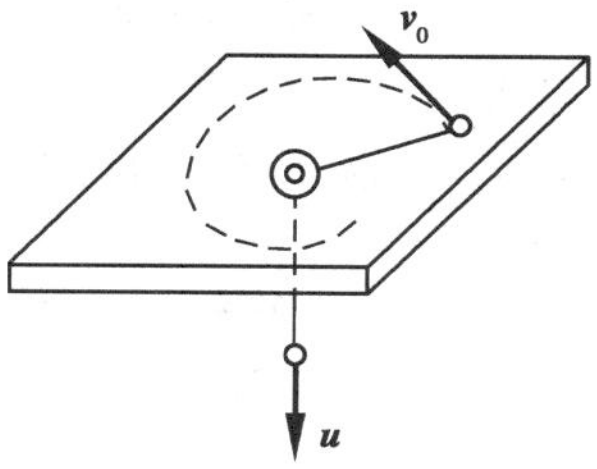

习题 12.5 图

12.6 如习题 12.6 图所示,质量为 m 的质点 M 在有心力 $\boldsymbol{F}$ 作用下的运动。已知 $OA=r_1$,$OB=r_2$,且有 $r_2=5r_1$,M 在最近点 A 的速度为 $v_1=30$ cm/s。求 M 在最远点 B 的速度 v_2。

12.7 如习题 12.7 图所示,滑轮重 G_1,半径为 R,对转轴 O 的回转半径为 ρ,一绳系在滑轮上,另一端系一重为 G_2 的物体 A,滑轮上作用一不变转矩 M。忽略绳的质量,求重物 A 上升的加速度和绳的拉力。

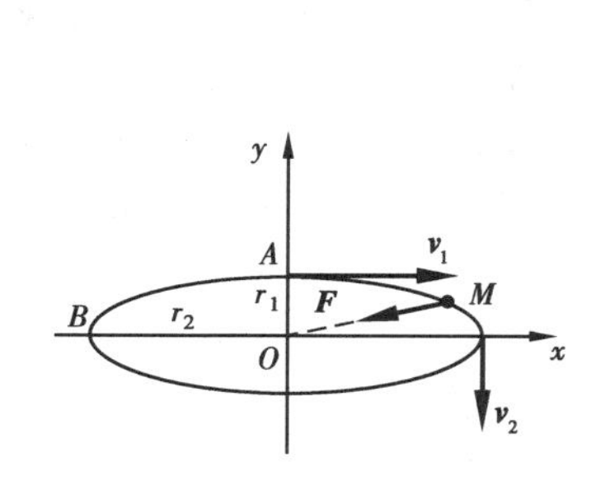

习题 12.6 图

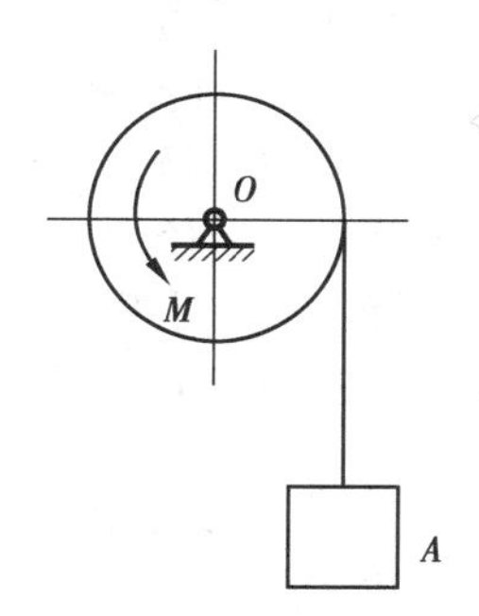

习题 12.7 图

12.8 如习题 12.8 图所示,均质圆轮重 G,半径为 r,对转轴的回转半径为 ρ,以角速度 ω_0 绕水平轴 O 转动。今用闸杆制动,要求在 t s 内停止,问需加多大的铅垂力 $\boldsymbol{F}$? 设动摩擦因数 f_d 是常数,轴承摩擦略去不计。

12.9 如习题 12.9 图所示,两个重物 M_1 和 M_2 各重 G_1 和 G_2,分别系在两条绳上,此两绳又分别围绕在半径为 r_1 和 r_2 并装在同一轴的两鼓轮上。重物受重力的作用而运动,求鼓轮的角加速度 α。鼓轮和绳的质量略去不计。

12.10 如习题 12.10 图所示,均质细杆 AB 长 l,重为 G_1,B 端刚连一重为 G_2 的小球(小球可看作质点),在 O 点连一弹性系数为 k 的弹簧,使杆在水平位置保持平衡。设给小球一微小初位移 δ_0,而 $v_0=0$,试求 AB 杆的运动规律。

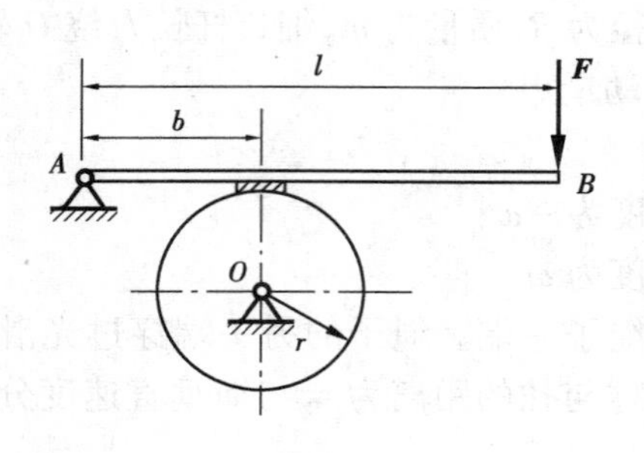

习题 12.8 图

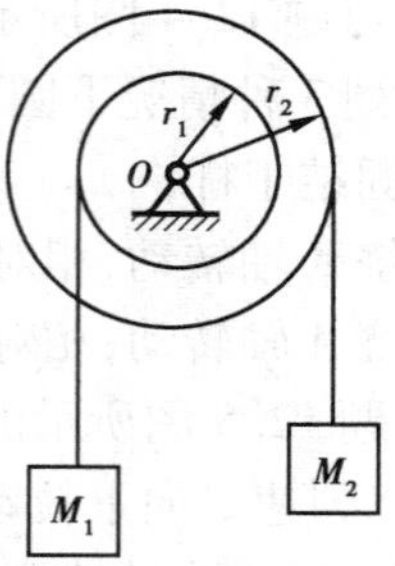

M_1 M_2 r_1 r_2 O

习题 12.9 图

12.11　卷扬机如习题 12.11 图所示，轮 B，C 半径分别为 R 和 r，对转轴的转动惯量为 J_1 和 J_2，重物 A 重为 G。设在 C 轴上作用一不变力矩 M，试求重物 A 上升的加速度。

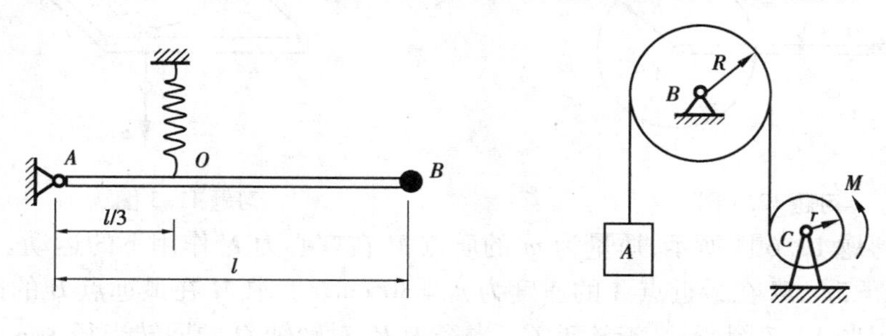

习题 12.10 图　　　　习题 12.11 图

12.12　如习题 12.12 图所示，均质圆柱重 1.96 kN，半径为 30 cm。在垂直中心面上，沿圆周方向挖有狭槽，槽环半径为 15 cm。今在狭槽内绕以绳索，并在绳端施以向右的水平力 $F=100$ N，使圆柱在水平面上纯滚动。如圆柱对其中心的转动惯量可近似地按实心圆柱体计算，并忽略滚动摩擦，试求圆柱自静止开始运动 4 s 后，圆心的加速度和速度。

12.13　小车上放一半径为 r、质量为 M 的钢管（钢管的厚度可以略去不计），钢管与小车平面之间有足够的摩擦力，防止相对滑动，如习题 12.13 图所示。如小车以加速度 $\boldsymbol{a}$ 向右运动，不计滚动摩擦，求钢管中心的加速度。

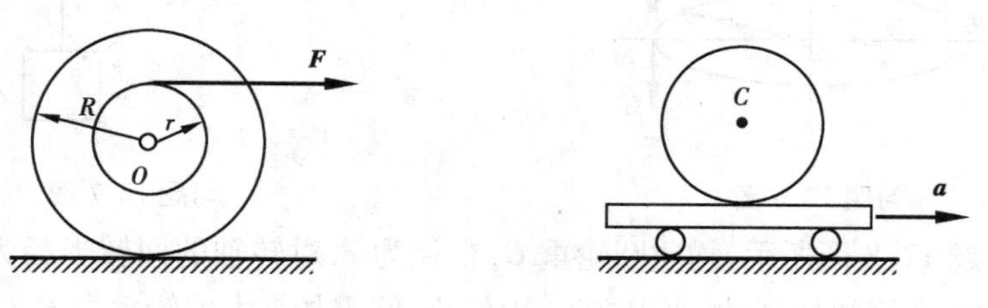

习题 12.12 图　　　　习题 12.13 图

12.14　如习题 12.14 图所示，矩形薄片 $ABCD$，边长分别为 a 和 b，重为 G，绕铅垂轴 AB 以初速度 ω_0 转动。此薄片的每一部分均受到空气阻力，其方向垂直于薄片平面，其大小与面积及角速度平方成正比，比例常数为 k。问经过多少时间后，薄片角速度减为初角速度的 1/2。

12.15　如习题 12.15 图所示，鼓轮的质量 $m_1=100$ kg，半径 $r=0.2$ m，$R=0.5$ m，可在水平面上作纯滚动，鼓轮对中心 C 的回转半径 $\rho=0.25$ m，弹簧的刚度系数 $k=60$ N/m，开始时弹簧为自然长度，弹簧和 EH 段绳与水平面平行，定滑轮的质量不计。若在轮上加一矩为 $M=20$ N · m的常力偶，当质量 $m_2=20$ kg 的物体 D 无初速下降 $S=0.4$ m 时，试求鼓轮的角速度。

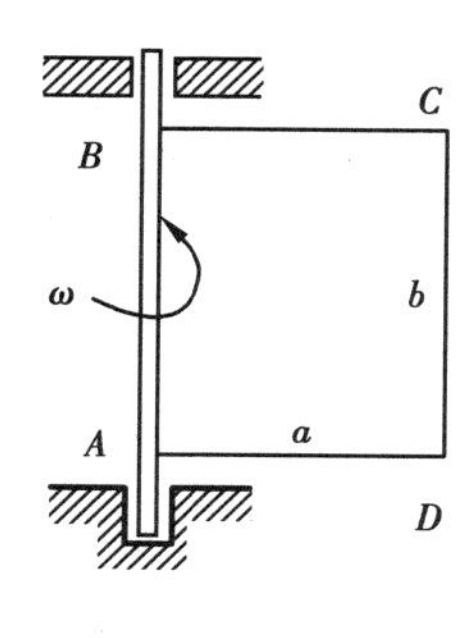

习题 12.14 图

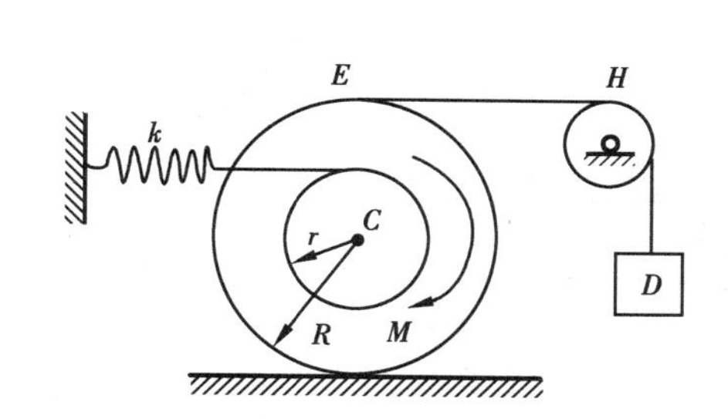

习题 12.15 图

12.16 如习题 12.16 图所示，均质杆 AB 长为 l，放在铅直平面内，在 φ_0 角时杆由静止状态倒下，墙与地面均光滑。求：(1)杆在任意位置时的角加速度和角速度；(2)杆脱离墙时与水平面所夹的角。

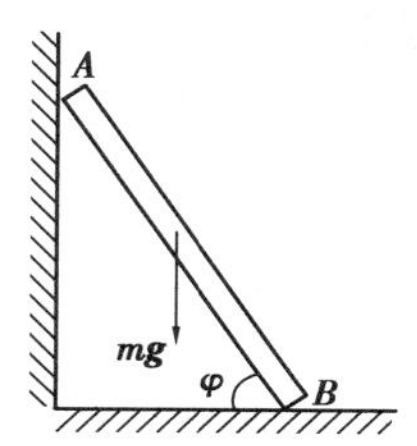

习题 12.16 图

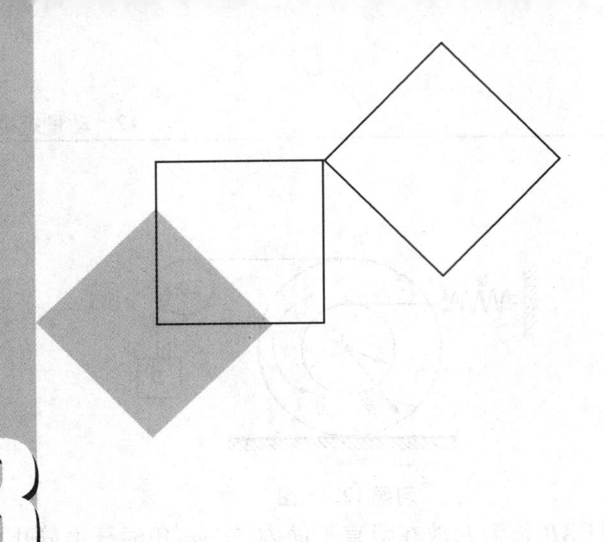

13 动能定理

本章导读：

- **基本要求** 理解动能、势能和功的概念；熟练掌握质点系与刚体的动能和势能计算；熟练掌握功的计算；掌握质点系动能定理、机械能守恒定律并能熟练应用；掌握动力学普遍定理的综合应用。
- **重点** 质点系动能定理、机械能守恒定律及其应用；动力学普遍定理的应用。
- **难点** 动能、势能和功的概念；综合运用动量定理、动量矩定理和动能定理分析较复杂的动力学问题。

能量转换与功之间的关系是自然界中各种形式运动的普遍规律，在机械运动中则表现为动能定理。不同于动量和动量矩定理，动能定理是从能量的角度来分析质点和质点系的动力学问题，有时更为方便和有效。同时，还可以建立机械运动与其他形式运动之间的联系。

本章将讨论功、动能和势能等重要概念，推导动能定理和机械能守恒定律，并将综合运用动量定理、动量矩定理和动能定理分析较复杂的动力学问题。

13.1 力的功·功率

1）功的表达式

力的功(Work)是力在一段路程上对物体作用的累积效果，其结果将导致物体能量的变化。设质量为 m 的质点 M，受力 $\boldsymbol{F}$ 作用，质点在惯性参考系中运动的元位移为 $\mathrm{d}\boldsymbol{r}$，如图 13.1 所示。力 $\boldsymbol{F}$ 在元位移上累积效果称为力的元功。力的元功定义为力与其作用元位移之点积，用 $\mathrm{d}'W$ 表示，则：

$$\mathrm{d}'W = \boldsymbol{F}\cdot\mathrm{d}\boldsymbol{r} \tag{13.1}$$

这里 $\mathrm{d}'W$ 表示无限小的功，以与全微分 $\mathrm{d}W$ 相区别。一般情况下，力的元功不能表示为某一函

数 W 的全微分。观察图 13.1 可知，$|\mathrm{d}\boldsymbol{r}| = |\mathrm{d}s|$。力的元功还可写成：

$$\mathrm{d}'W = F\mathrm{d}s\cos\theta = F_\tau \mathrm{d}s \tag{13.2}$$

其中 F_τ 为力 $\boldsymbol{F}$ 在点 M 轨迹切线方向上的投影。

在如图 13.1 所示的直角坐标系中，力 $\boldsymbol{F}$ 与 $\mathrm{d}\boldsymbol{r}$ 可分别用解析式表示为：

$$\boldsymbol{F} = F_x\boldsymbol{i} + F_y\boldsymbol{j} + F_z\boldsymbol{k}$$

$$\mathrm{d}\boldsymbol{r} = \mathrm{d}x\boldsymbol{i} + \mathrm{d}y\boldsymbol{j} + \mathrm{d}z\boldsymbol{k}$$

将上式代入式(13.1)可得元功的解析式：

$$\mathrm{d}'W = F_x\mathrm{d}x + F_y\mathrm{d}y + F_z\mathrm{d}z \tag{13.3}$$

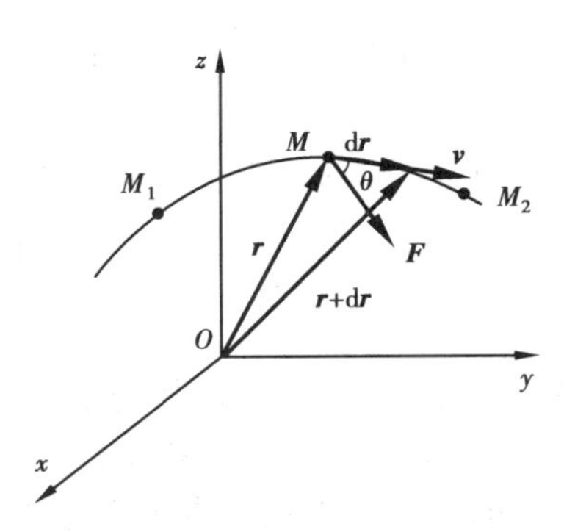

图 13.1

当质点从位置 M_1 运动到 M_2，力在这段路程 $\overset{\frown}{M_1M_2}$ 上所做的功等于力在这段路程上元功之和，可用线积分表示为：

$$W_{12} = \int_{M_1}^{M_2}\boldsymbol{F}\cdot\mathrm{d}\boldsymbol{r} = \int_{M_1}^{M_2}F_\tau\mathrm{d}s \tag{13.4}$$

或

$$W_{12} = \int_{M_1}^{M_2}(F_x\mathrm{d}x + F_y\mathrm{d}y + F_z\mathrm{d}z) \tag{13.5}$$

若 $\boldsymbol{F}_R$ 为作用于该点的汇交力系 $\boldsymbol{F}_1, \boldsymbol{F}_2, \cdots, \boldsymbol{F}_n$ 的合力，合力的功 W_R 由式(13.4)得：

$$W_R = \int_{M_1}^{M_2}\boldsymbol{F}_R\cdot\mathrm{d}\boldsymbol{r} = \int_{M_1}^{M_2}\sum\boldsymbol{F}\cdot\mathrm{d}\boldsymbol{r} = \sum\int_{M_1}^{M_2}\boldsymbol{F}\cdot\mathrm{d}\boldsymbol{r} = \sum W \tag{13.6}$$

可见，合力在某一段路程上的功等于各分力在该段路程上所做功的和，称为合力功定理。

力的功是一代数量，其值可为正，可为负，也可为零。在法定计量单位中，功的基本单位用焦耳(J)表示，即：1 J = 1 N · m。

2)几种常见力的功

(1)常力在直线路程上的功

设质点 M 在常力 $\boldsymbol{F}$ 的作用下，沿 x 轴方向由 M_1 点运动到 M_2 点，路程为 S，如图 13.2 所示。

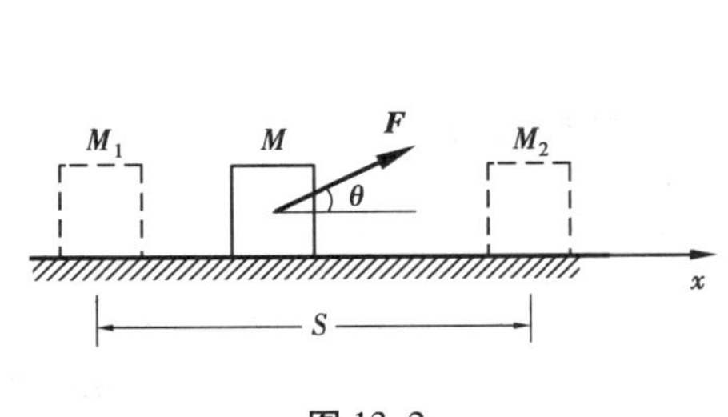

图 13.2

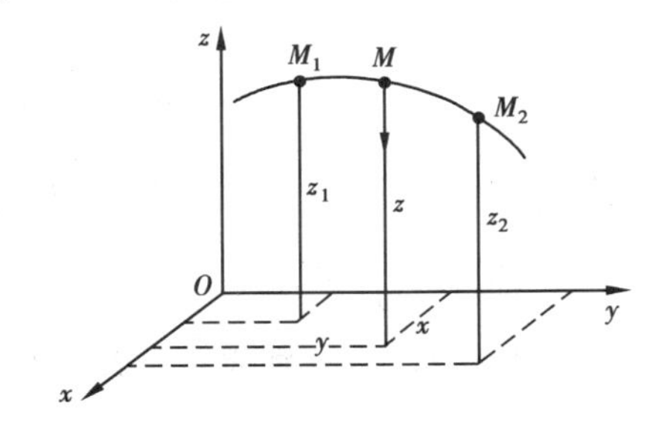

图 13.3

力 $\boldsymbol{F}$ 的功由式(13.5)得：

$$W_{12} = \int_{M_1}^{M_2}F_x\mathrm{d}x$$

$$= \int_0^S F\cos\theta\mathrm{d}x = FS\cos\theta \tag{13.7}$$

(2)重力的功

设重为 G 的质点 M，由 M_1 沿任意曲线 $\overset{\frown}{M_1M_2}$ 运动到 M_2，如图 13.3 所示。对图示坐标系，重

力 $\boldsymbol{G}$ 在各轴上的投影分别为：

$$F_x = 0, \quad F_y = 0, \quad F_z = -G$$

代入式(13.5)得重力在曲线路程M_1M_2上的功为：

$$W_{12} = \int_{z_1}^{z_2} - G\mathrm{d}z = G(z_1 - z_2)$$

或

$$W_{12} = Gh$$

式中 $h = z_1 - z_2$为质点起始与末了位置的高度差。由此可见，重力的功只与质点的质量及起始和末了位置的高度差 h 有关，而与质点所经历的路径无关。

同理，可以求得质点系重力的功。设 n 个质点组成的质点系，其质点系总重为 G，当质点系从位置 1 运动到位置 2 时，第 i 个质点的重力 $\boldsymbol{G}_i$的功为 $G_i(z_{i1} - z_{i2})$，各质点重力的总功即质点系重力的功为：

$$W_{12} = \sum G_i(z_{i1} - z_{i2}) = G(z_{C1} - z_{C2}) = Gh \tag{13.8}$$

其中 $h = z_{C1} - z_{C2}$，为质点系质心 C 始末位置的坐标高度差。

(3)弹性力的功

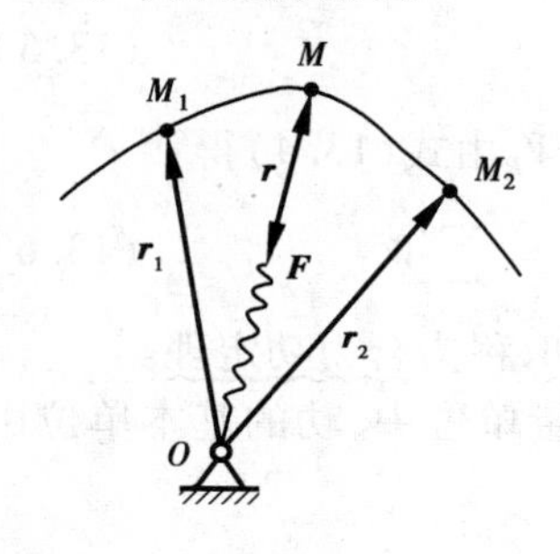

图 13.4

设弹簧原始长度为 l_0，刚度系数为 k，弹簧的一端 O 固定，而另一端与质点 M 相连，如图 13.4 所示，当质点作任意曲线运动时，由于弹簧变形而对质点施加弹性力 $\boldsymbol{F}$。在弹性极限内，弹性力的大小与弹簧的变形 $\delta = (r - l_0)$ 成正比，其方向沿弹簧轴线而指向变形为零的点。以$\dfrac{\boldsymbol{r}}{r}$表示质点 M 矢径方向的单位矢量，弹性力 $\boldsymbol{F}$ 可表示为：

$$\boldsymbol{F} = -k(r - l_0)\frac{\boldsymbol{r}}{r}$$

弹性力的元功，由(13.1)得：

$$\mathrm{d}'W = \boldsymbol{F} \cdot \mathrm{d}\boldsymbol{r} = -k(r - l_0)\frac{\boldsymbol{r} \cdot \mathrm{d}\boldsymbol{r}}{r}$$

考虑到：

$$\boldsymbol{r} \cdot \mathrm{d}\boldsymbol{r} = \frac{1}{2}\mathrm{d}(\boldsymbol{r} \cdot \boldsymbol{r}) = \frac{1}{2}\mathrm{d}(r^2) = r\mathrm{d}r$$

所以有 $\mathrm{d}'W = -k(r - l_0)\mathrm{d}r$。当质点从 M_1运动到 M_2时，弹性力的功为：

$$W_{12} = \int_{M_1}^{M_2} \mathrm{d}'W = \int_{r_1}^{r_2} - k(r - l_0)\mathrm{d}r = \frac{k}{2}[(r_1 - l_0)^2 - (r_2 - l_0)^2]$$

以 $\delta_1 = r_1 - l_0$，$\delta_2 = r_2 - l_0$分别表示弹簧在初始和末了位置时的变形量，弹性力的功可简写为：

$$W_{12} = \frac{k}{2}(\delta_1^2 - \delta_2^2) \tag{13.9}$$

即，弹性力的功等于弹簧的初变形与末变形的平方差与刚度系数的乘积之半，而与质点运动的路径无关。

3)定轴转动刚体上力的功

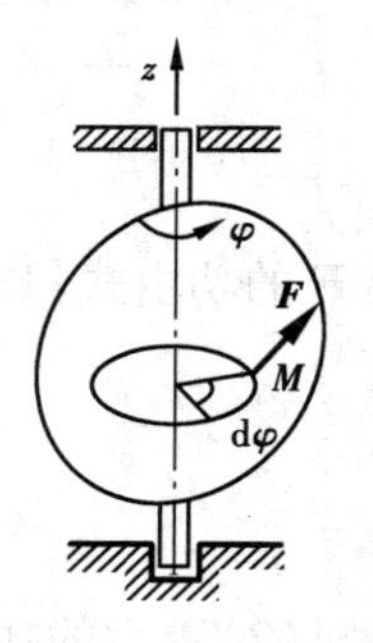

图 13.5

定轴转动刚体上的点 M 受力 $\boldsymbol{F}$ 作用，如图 13.5 所示。当刚体转过微小转角 $\mathrm{d}\varphi$ 时，点 M 的微小路程为 $\mathrm{d}s = r\mathrm{d}\varphi$，此时力 $\boldsymbol{F}$ 的元功由式(13.2)得：

$$d'W = F_\tau ds = F_\tau r d\varphi$$

应注意到,$F_\tau r$ 表示力 $\boldsymbol{F}$ 对转轴 z 之矩,即 $M_z = M_z(\boldsymbol{F}) = F_\tau r$。因而作用在定轴转动刚体上的力的元功写成:

$$d'W = M_z d\varphi \tag{13.10}$$

即作用在转动刚体上的力的元功等于该力对转轴的矩与刚体微小转角之积。

刚体由位置角 φ_1转到 φ_2的过程中,力 $\boldsymbol{F}$ 的功为:

$$W_{12} = \int_{\varphi_1}^{\varphi_2} M_z d\varphi \tag{13.11}$$

若 M_z = 恒量,则有:

$$W_{12} = M_z(\varphi_2 - \varphi_1) = M_z \varphi \tag{13.12}$$

如果在转动刚体上作用有力偶,式(13.11)与式(13.12)仍然成立。但该式中的 M_z应是该力偶矩矢在转轴 z 上的投影,特别是当力偶的作用面垂直于转轴时,M_z就等于该力偶矩 M。

【例 13.1】　一质量为 m 的质点受力 $\boldsymbol{F} = y\boldsymbol{i} + 3x\boldsymbol{j}$ 作用,沿曲线 $\boldsymbol{r} = a\cos t\boldsymbol{i} + a\sin t\boldsymbol{j}$ 运动。试求 $t = 0$ 运动到 $t = 2\pi$ 时力 $\boldsymbol{F}$ 在此曲线上所做的功。

【解】　由于已知力 $\boldsymbol{F}$ 的解析式和运动轨迹曲线方程,可应用功的解析式(13.5)计算。

因为　$x = a\cos t, y = a\sin t$

所以　$dx = -a\sin t dt, dy = a\cos t dt$

$F_x = y = a\sin t, F_y = 3x = 3a\cos t$

于是可得力的功:

$$W_{12} = \int_{M_1}^{M_2}(F_x dx + F_y dy) = \int_0^{2\pi}(-a^2\sin^2 t + 3a^2\cos^2 t)dt = 2\pi a^2$$

【例 13.2】　质量为 $m = 30$ kg 的套筒,套在光滑的铅垂杆上,并与一刚度系数 k = 10 000 N/m的弹簧相连,如图 13.6 所示。已知套筒在 A 处时弹簧无变形,当套筒由 A 下滑到 B 处的过程中,求作用在套筒上力的功。

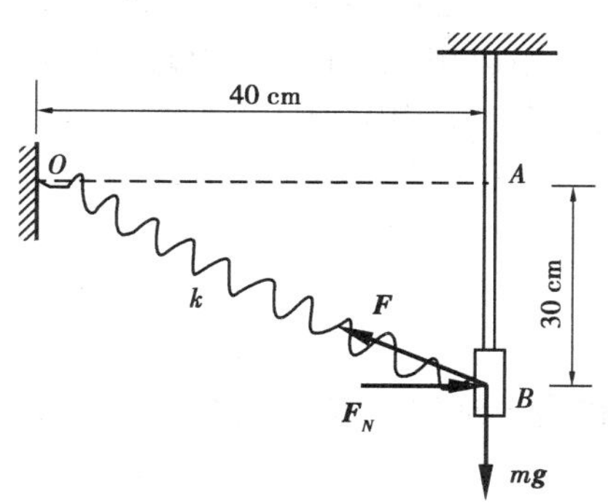

图 13.6

【解】　以套筒为研究对象,作用于其上的力有重力、弹性力和法向反力。显然法向反力的功为零。由式(13.8)可得重力的功:

$$W_1 = mgh = 30\ \text{kg} \times 9.8\ \text{m/s}^2 \times 0.3\ \text{m} = 88.2\ \text{J}$$

弹性力的功与整个弹簧的始末变形有关,应按式(13.9)计算。弹簧的初始与末了位置时的变形量分别为:

$$\delta_1 = 0, \delta_2 = OB - OA = 50\ \text{cm} - 40\ \text{cm} = 10\ \text{cm}$$

于是,弹性力的功为:

$$W_2 = \frac{k}{2}(\delta_1^2 - \delta_2^2) = \frac{10\ 000\ \text{N/m}}{2} \times (0 - 0.1^2)\text{m}^2 = -50\ \text{J}$$

所以,作用于套筒上所有力的功:

$$W = W_1 + W_2 = 88.2\ \text{J} - 50\ \text{J} = 38.2\ \text{J}$$

4)功率与机械效率

(1)功率

在实际工程中,常用功率表示力做功的快慢程度。力在单位时间内所做的功,称为功率(Power),以 P 表示,则有:

$$P = \frac{d'W}{dt} \tag{13.13}$$

由元功的定义式(13.1)可以得作用力表示的功率为:

$$P = \frac{d'W}{dt} = \boldsymbol{F} \cdot \frac{d\boldsymbol{r}}{dt} = \boldsymbol{F} \cdot \boldsymbol{v} \tag{13.14}$$

即力的功率等于力与其作用点速度矢的点积。

由于力矩 M_z(或力偶矩)在 dt 时间内所做元功为 $M_z d\varphi$,所以用力矩(或力偶矩)表示的功率为:

$$P = M_z \frac{d\varphi}{dt} = M_z \omega \tag{13.15}$$

即力矩(或力偶矩)的功率,等于力矩(或力偶矩)与刚体转动角速度的乘积。

功率的法定计量单位为焦/秒(J/s),称为瓦(W),因而:

$$1\ \text{W} = 1\ \text{J/s} = 1(\text{N} \cdot \text{m})/\text{s}$$

(2)机械效率

任何机器在工作时,都必须输入一定的功,除用以克服无用阻力(如摩擦、碰撞等阻力)的功外,并提供为完成预期目标而克服有用阻力(如机床的切削力)的功。若以 $P_{入}$,$P_{出}$,$P_{无}$分别表示输入功率、有用阻力的输出功率和无用阻力的损耗功率,则机器的输入功率等于有用功率与损耗功率之和。当机器稳定运转时,机器的输出功率与输入功率的比值,称为机械效率,用 η 表示,即:

$$\eta = \frac{P_{出}}{P_{入}} \tag{13.16}$$

机械效率表明机器对输入功率的有效利用程度,是评定机器质量好坏的重要指标之一。

13.2 动　能

1)质点的动能

动能(Kinetic energy)是物体机械运动的又一种度量,是物体做功能力的标志。质点的动能定义为质点的质量 m 和质点速度 v 平方的乘积之半,即为 $mv^2/2$。动能是与速度方向无关的恒正标量。在法定计量单位中,动能的单位为$(\text{kg} \cdot \text{m}^2)/\text{s}^2$,与功的单位 J 相同。

应注意到,动能和动量都是表示机械运动的量,是机械运动的两种不同度量。它们虽然与质点的质量和速度有关，但定义不同，各有其适用范围。动量是矢量，而动能是标量；动量是以机械运动形式传递运动时的度量，而动能是机械运动形式转化为其他运动形式（如热、电等）的度量。

2）质点系的动能

质点系内各质点动能的算术和，称为质点系的动能。以 T 表示，则有：

$$T = \frac{1}{2}m_1 v_1^2 + \frac{1}{2}m_2 v_2^2 + \cdots + \frac{1}{2}m_n v_n^2 = \sum \frac{1}{2}mv^2 \tag{13.17}$$

式中，v 为质点系内任一质量为 m 的质点所具有的速度。

3）刚体运动时的动能

对于刚体，按照刚体的不同运动形式，式(13.17)可以写成具体表达式。

（1）平动刚体的动能

当刚体平动时，其上各点的速度都相等，即 $\boldsymbol{v}_i = \boldsymbol{v}_C$，由式(13.17)有：

$$T = \sum \frac{1}{2}m_i v_C^2 = \frac{1}{2}\left(\sum m_i\right) v_C^2 = \frac{1}{2}Mv_C^2 \tag{13.18}$$

式中，$M = \sum m_i$ 为平动刚体的质量。可见，平动刚体的动能等于刚体的质量与质心速度平方的乘积之半。

（2）定轴转动刚体的动能

设刚体以角速度 ω 绕 z 轴转动，如图 13.7 所示。刚体内任一点 M_i 的质量为 m_i，速度为 $\boldsymbol{v}_i$，转动半径为 r_i，则 $v_i = r_i\omega$。有：

$$T = \sum \frac{1}{2}m_i v_i^2 = \sum \frac{1}{2}m_i (r_i\omega)^2 = \frac{1}{2}\omega^2 \sum m_i r_i^2$$

由于 $J_z = \sum m_i r_i^2$，是刚体对 z 轴的转动惯量。故定轴转动刚体的动能为：

$$T = \frac{1}{2}J_z\omega^2 \tag{13.19}$$

即：定轴转动刚体的动能等于刚体对转轴的转动惯量与其角速度平方的乘积之半。

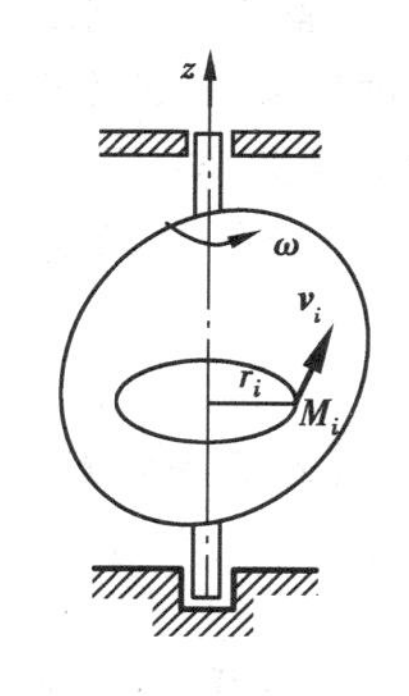

图 13.7

（3）平面运动刚体的动能

取刚体质心 C 所在的平面图形，如图 13.8 所示。设图中点 P 是某瞬时的速度瞬心，ω 是平面图形转动的角速度，刚体内任一点 M_i 的质量为 m_i，速度为 $\boldsymbol{v}_i$，该点与速度瞬心间的距离为 r_i，则 $v_i = r_i\omega$。于是，作平面运动的刚体的动能为：

$$T = \sum \frac{1}{2}m_i v_i^2 = \sum \frac{1}{2}m_i (r_i\omega)^2 = \frac{1}{2}\omega^2 \sum m_i r_i^2$$

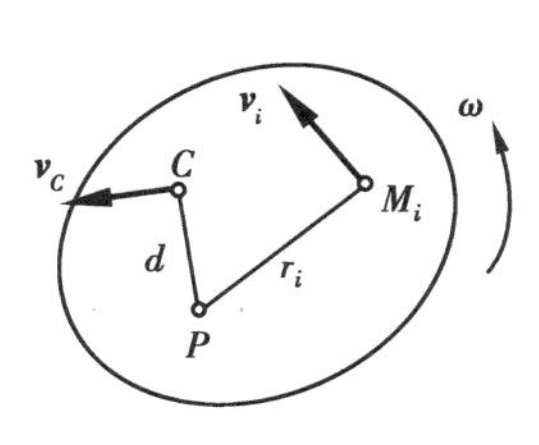

图 13.8

注意到 $J_P = \sum m_i r_i^2$ 是刚体对于瞬心轴（Instantaneous axis of rotation）的转动惯量。于是有：

$$T = \frac{1}{2}J_P\omega^2 \tag{13.20}$$

即：平面运动刚体的动能等于刚体对瞬心轴的转动惯量与其角速度平方的乘积之半。

根据计算转动惯量的平行轴定理有 $J_P = J_C + Md^2$，式中 M 为刚体的质量，$d = PC$，J_C为对于质心轴的转动惯量，代入式(13.20)中得：

$$T = \frac{1}{2}(J_C + Md^2)\omega^2 = \frac{1}{2}J_C\omega^2 + \frac{1}{2}M(\omega d)^2$$

因 $\omega d = v_C$，于是得：

$$T = \frac{1}{2}Mv_C^2 + \frac{1}{2}J_C\omega^2 \tag{13.21}$$

即：作平面运动的刚体的动能等于随质心平动的动能与绕质心转动的动能的和。

【例 13.3】 图 13.9 所示坦克履带单位长度的质量为 m，两轮的质量均为 m_1，可视为均质圆盘，半径为 r，两轮轴间距离为 l。当坦克以速度 v 沿直线行驶时，试求此系统的动能。

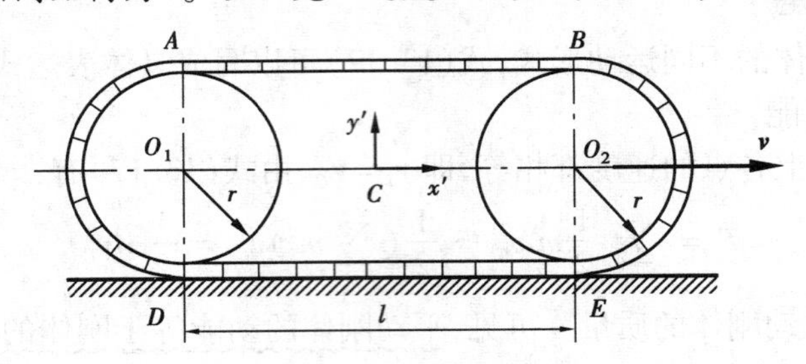

图 13.9

【解】 此系统的动能等于系统内各部分动能之和。两轮及其上履带部分作平面运动，其速度瞬心分别为 D、E，易知轮的角速度 $\omega = v/r$；履带 AB 部分作平动，平动速度为 $2v$；履带 DE 部分速度为零。

(1)轮的动能：

$$T_1 = T_2 = \frac{1}{2}J_D\omega^2 = \frac{1}{2}\left(\frac{m_1 r^2}{2} + m_1 r^2\right)\left(\frac{v}{r}\right)^2 = \frac{3}{4}m_1 v^2$$

(2)履带 AB 部分的动能：

$$T_{AB} = \frac{1}{2}m_{AB}(2v)^2 = \frac{1}{2}ml4v^2 = 2mlv^2$$

(3)两轮上履带(合并为一均质圆环)的动能：

$$T_3 = \frac{1}{2}J_D\omega^2 = \frac{1}{2}(2\pi rmr^2 + 2\pi rmr^2)\left(\frac{v}{r}\right)^2 = 2\pi rmv^2$$

(4)履带 DE 部分的动能：

$$T_{DE} = 0$$

所以，此系统的动能为：

$$\begin{aligned} T &= 2T_1 + T_{AB} + T_3 + T_{ED} \\ &= 2 \times \frac{3}{4}m_1 v^2 + 2mlv^2 + 2\pi rmv^2 + 0 \\ &= \left[\frac{3}{2}m_1 + 2(l + \pi r)m\right]v^2 \end{aligned}$$

13.3 动能定理

动能定理将建立质点及质点系的动能变化与其上作用力的功之间的关系。我们依据牛顿第二定律可导出动能定理。

1)质点的动能定理

设质量 m 的质点 M 在力 $\boldsymbol{F}$ 作用下作曲线运动,在任意位置 M 处(见图 13.10),根据牛顿第二定律有:

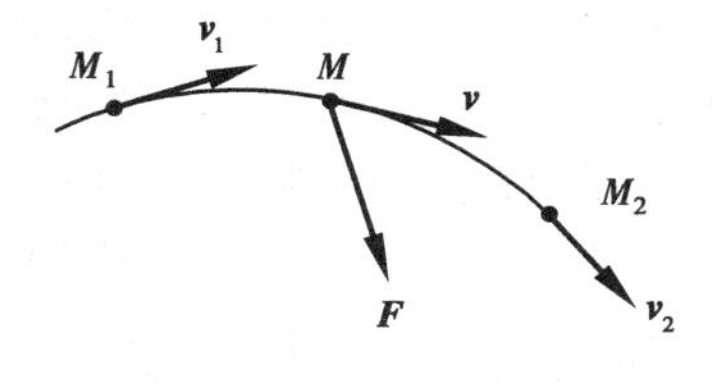

图 13.10

$$m\frac{\mathrm{d}\boldsymbol{v}}{\mathrm{d}t}=\boldsymbol{F}$$

两边同时点乘以元位移 $\mathrm{d}\boldsymbol{r}=\boldsymbol{v}\mathrm{d}t$ 得:

$$m\boldsymbol{v}\cdot\mathrm{d}\boldsymbol{v}=\boldsymbol{F}\cdot\mathrm{d}\boldsymbol{r}$$

注意到:

$$m\boldsymbol{v}\cdot\mathrm{d}\boldsymbol{v}=\frac{1}{2}m\mathrm{d}(\boldsymbol{v}\cdot\boldsymbol{v})=\mathrm{d}\left(\frac{1}{2}mv^2\right)$$

可得:

$$\mathrm{d}\left(\frac{1}{2}mv^2\right)=\mathrm{d}'W \tag{13.22}$$

式(13.22)称为质点的动能定理(Theorems of kinetic energy of a particle)的微分形式。它表明质点动能的微分等于作用质点上的力的元功。

当质点 M 从点 M_1 运动到点 M_2 时,其速度由 $\boldsymbol{v}_1$ 变为 $\boldsymbol{v}_2$。将式(13.22)沿路径积分得:

$$\frac{1}{2}mv_2^2-\frac{1}{2}mv_1^2=W_{12} \tag{13.23}$$

式中 W_{12} 为力 $\boldsymbol{F}$ 在路程 $\overset{\frown}{M_1M_2}$ 上的功。可见,质点的动能在任一路程中的变化量等于作用于质点上的力在该路程上所做的功。式(13.23)称为质点的动能定理的积分形式。显然,作用力做正功时,质点的动能增加;当力做负功时,则质点的动能减少。因此,动能表明由于质点运动而具有的做功能力。

2)质点系的动能定理

对于质点系内的任一质点,设其质量为 m_i,速度为 $\boldsymbol{v}_i$。应用质点动能定理的微分形式(13.22)得:

$$\mathrm{d}\left(\frac{1}{2}m_iv_i^2\right)=\mathrm{d}'W_i$$

将每一个质点所写出的上述方程相加,得:

$$\sum\mathrm{d}\left(\frac{1}{2}m_iv_i^2\right)=\sum\mathrm{d}'W_i$$

因

$$\sum\mathrm{d}\left(\frac{1}{2}m_iv_i^2\right)=\mathrm{d}\left(\sum\frac{1}{2}m_iv_i^2\right)=\mathrm{d}T$$

上式即成为:

$$\mathrm{d}T=\sum\mathrm{d}'W \tag{13.24}$$

即:质点系的动能的微分等于作用于质点系上所有力的元功之和,式(13.24)称为质点系动能定理(Theorems of kinetic energy of system of particles)的微分形式。

若质点系在某运动过程中,起始和末了位置时的动能分别以 T_1 和 T_2 表示,则积分式(13.24)为:

$$T_2-T_1=\sum W_{12} \tag{13.25}$$

即,质点系在某运动过程中,动能的变化量等于作用于质点系的所有力在各相应路程中的做功之和。式(13.25)称为质点系的动能定理的积分形式。

应该注意,虽然质点系内力的主矢和主矩恒为零,但内力做功之和一般并不等于零。因此,在质点系的动能定理中,应包含质点系内力的功。例如,在机器运转中,轴和轴承间的摩擦力对整个机器而言虽属内力,但此内力却做负功而消耗机器的能量。

应用动能定理时,常将作用于质点系的力分为主动力和约束反力,而在许多情况下,约束反力不做功或做功之和等于零。这种约束称为理想约束(Ideal constraints)。因而,在理想约束条件下动能定理将不包含约束反力的功。以$\sum W_A$表示所有主动力做功的代数和,则式(13.25)可写成:

$$T_2 - T_1 = \sum W_A \tag{13.26}$$

若质点系中还有做功不等于零的约束反力,例如摩擦力,此时可视其为主动力,而式(13.26)同样适用。

3)约束反力的功

在本章第一节中,我们研究了主动力和力偶的功。下面进一步研究约束反力的功,以确定哪些约束是理想约束,为应用动能定理提供条件。

(1)质点系和刚体内力的功

设质点系内的任意两质点M_1和M_2,它们相互作用的内力为$\boldsymbol{F}_1$和$\boldsymbol{F}_2$,则$\boldsymbol{F}_1 = -\boldsymbol{F}_2$。当两质点分别发生元位移$\mathrm{d}\boldsymbol{r}_1$和$\mathrm{d}\boldsymbol{r}_2$时(见图13.11),这对内力的元功之和为:

$$\sum \mathrm{d}'W = \boldsymbol{F} \cdot \mathrm{d}\boldsymbol{r}_1 + \boldsymbol{F}_2 \cdot \mathrm{d}\boldsymbol{r}_2 = \boldsymbol{F}_1 \cdot \mathrm{d}(\boldsymbol{r}_1 - \boldsymbol{r}_2) = \boldsymbol{F}_1 \cdot \mathrm{d}\boldsymbol{r}_{21}$$

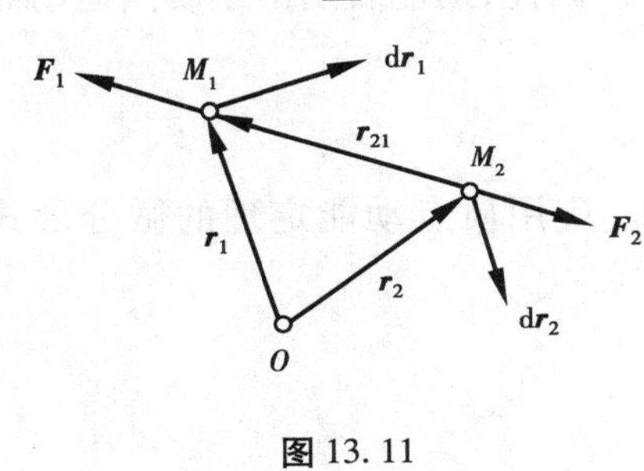

图 13.11

式中,$\mathrm{d}\boldsymbol{r}_{21}$称为质点$M_1$相对$M_2$的元位移。可见,当质点系内两点相互作用的内力连线始终与两点间的相对元位移垂直时,则两内力做功之和为零。当力$\boldsymbol{F}_1$与$\mathrm{d}\boldsymbol{r}_{21}$共线时,则:

$$\boldsymbol{F}_1 \cdot \mathrm{d}\boldsymbol{r}_{21} = F_1 \frac{\boldsymbol{r}_{21}}{r_{21}} \cdot \mathrm{d}\boldsymbol{r}_{21} = F_1 \frac{\mathrm{d}(r_{21}^2)}{2r_{21}} = F_1 \mathrm{d}r_{21}$$

于是,得:

$$\sum \mathrm{d}'W = F_1 \mathrm{d}r_{21} \tag{13.27}$$

这里$\mathrm{d}r_{21}$表示两点间距离的微小变化。在一般质点系中,由于任意两点间的距离可以变化,所以,可变质点系内力做功之和不一定等于零。例如变形体内力做功之和不等于零。而对于刚体,其中任意两点的距离始终保持不变。故刚体在任一运动过程中,所有内力做功之和恒等于零。对于不可伸长的柔索约束,受拉力作用时可视为刚体。故不可伸长的柔索内力做功之和等于零。

(2)光滑接触反力的功

当系统内两刚体的接触处是理想光滑时,接触处相互作用的力始终与相对微小位移垂直。因而,光滑的固定支承面、轴承约束、铰链支座以及光滑的铰链约束,其约束反力做功之和都等于零,这些约束都是理想约束。

(3)滑动摩擦力的功

车轮沿地面作纯滚动,如图13.12所示。以轮为研究对象,支承面的静滑动摩擦力为$\boldsymbol{F}_\mathrm{S}$。

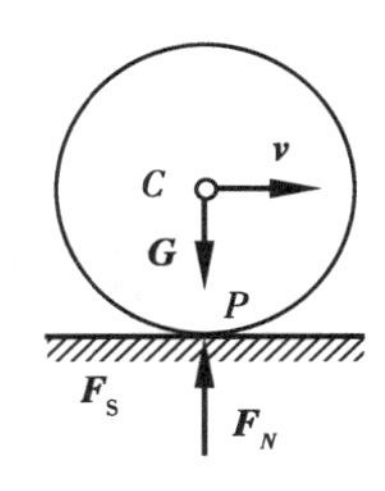

图 13.12

由运动学知，接触点 P 为车轮的速度瞬心，即$v_P=0$。由元功的定义有：

$$d'W = \boldsymbol{F}_S \cdot d\boldsymbol{r}_P = \boldsymbol{F}_S \cdot \boldsymbol{v}_P dt = 0$$

故车轮作纯滚动时的静滑动摩擦力不做功。

皮带轮的传动中，若皮带与轮的接触处无相对滑动发生，则它们之间相互作用的摩擦力都是静摩擦力，这一对摩擦力做功之和为零。同理，在摩擦轮的传动中，若无相对滑动，其相互作用的滑动摩擦力之功也等于零，所以静摩擦力的功恒等于零。当系统内两刚体有相对滑动发生时，每对相互作用的动滑动摩擦力的功不等于零，且为负值。

4）动能定理的应用

动能定理直接建立了速度、力和路程之间的关系，应用动能定理可以求解与这些量有关的动力学问题。对于常见的理想约束系统，动能定理直接给出了主动力与运动量的关系，因而求解有关的运动量特别简便。由于动能定理是一个标量方程，一般只能求解一个未知量。应用动能定理时，解题步骤如下：

①取研究对象。一般情况下，可取整个质点系作为研究对象。

②分析运动，计算动能。应首先明确系统内各刚体的运动形式，再根据相应的动能公式计算其动能。并且应根据各刚体（或质点）的运动学关系，将动能用同一个已知量或待求量表示。质点系的动能是系统内各刚体（或质点）的动能之和。当采用动能定理的积分形式时，应明确系统运动过程的起始和末了的两个瞬时，分别计算两瞬时的动能。

③分析受力，计算力的功。对于常见的理想约束系统，只需计算主动力的功，而且，在受力图上可以只画出做功的力。应特别注意，是否有内力做功。

④应用动能定理求解有关的未知量。

【例 13.4】 刚度系数为 k 的弹簧，A 端固定于位于铅垂平面的大圆环的最高点 A。弹簧 B 端连一质量为 m 的小环，如图 13.13 所示。已知大环的半径及弹簧的自然长度均为 R。当小环于弹簧原长处无初速沿大环滑至点 C 时，不计摩擦，试求小环速度的大小。

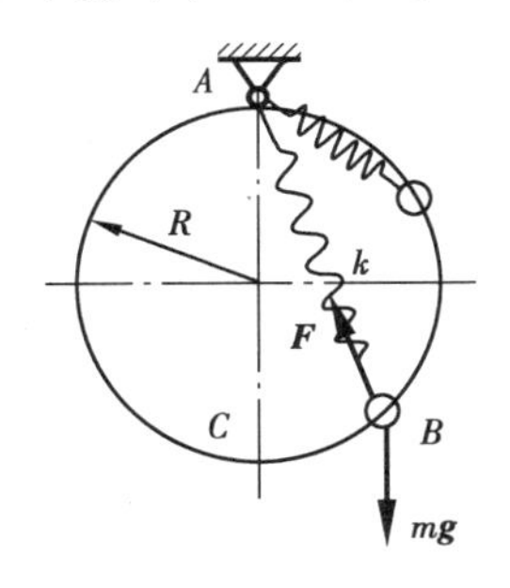

图 13.13

【解】 这是质点动力学问题，应用动能定理的积分形式求解。

(1)取小环为研究对象。

(2)小环沿大环作圆周运动。初瞬时速度为零，则初动能 $T_1=0$。小环在 C 点时为末瞬时，设其速度为 $\boldsymbol{v}_C$，则末动能 $T_2=mv_C^2/2$。

(3)小环在运动过程中，受重力 $m\boldsymbol{g}$、弹性力 $\boldsymbol{F}$ 和反力 $\boldsymbol{F}_N$作用。反力 $\boldsymbol{F}_N$不做功，重力的功 W_1和弹性力的功 W_2分别为：

$$W_1 = mgh = mg(2R - R\cos 60°) = \frac{3}{2}mgR$$

$$W_2 = \frac{k}{2}(0 - R^2) = -\frac{1}{2}kR^2$$

(4)由动能定理的积分形式 $T_2 - T_1 = \sum W_{12}$ 得：

$$\frac{1}{2}mv_C^2 - 0 = \frac{3}{2}mgR - \frac{1}{2}kR^2$$

故：
$$v_C = \sqrt{3gR - \frac{k}{m}R^2}$$

注意：当$\frac{k}{m}R < 3$ g时，上式才成立。

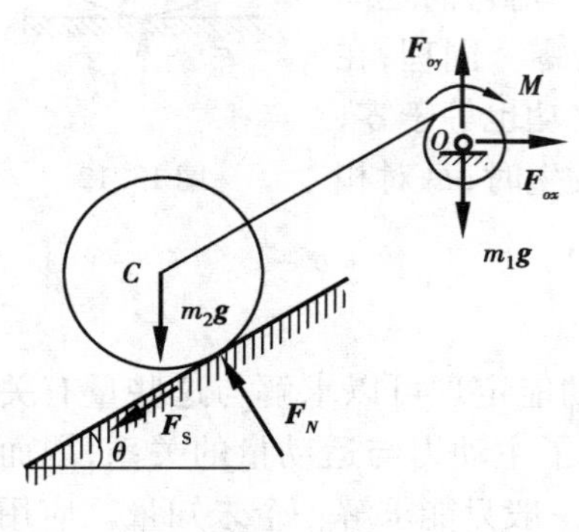

图13.14

【例13.5】 卷扬机如图13.14所示。鼓轮在常力偶M的作用下将圆柱沿斜坡上拉。已知鼓轮的半径为R_1，质量为m_1，质量分布在轮缘上；圆柱的半径为R_2，质量为m_2，质量均匀分布。设斜坡的倾角为θ，圆柱只滚不滑。当系统从静止开始运动，求圆柱中心C经过路程S时的速度。

【分析】 将鼓轮和圆柱分别视为刚体，鼓轮和圆柱组成质点系。已知质点系的受力及运动路程，求圆柱中心的速度，应用积分形式的质点系动能定理求解比较简便。鼓轮作定轴转动，圆柱作平面运动，由运动学可分别确定鼓轮的角速度和圆柱中心的速度、鼓轮的转角和圆柱中心的路程之间的关系，而将系统的动能用圆柱中心的速度来表示，功用圆柱中心的路程来表示。绳子视为不可伸长，与鼓轮间无相对滑动，绳子的内力和摩擦力不做功。鼓轮的转轴为理想约束，其约束反力和圆柱受到的摩擦力、法向反力也不做功。做功的力只有常力偶M和圆柱的重力。

【解】 (1)圆柱和鼓轮一起组成质点系。

(2)作用于该质点系的外力有：重力$m_1\boldsymbol{g}$和$m_2\boldsymbol{g}$、外力偶M、水平轴支反力$\boldsymbol{F}_{Ox}$和$\boldsymbol{F}_{Oy}$、斜面对圆柱的作用力$\boldsymbol{F}_N$和静摩擦力$\boldsymbol{F}_S$。做功的力有$m_2\boldsymbol{g}$和外力矩M，其功为：
$$\sum W_A = M\varphi - m_2 gS\sin\theta$$

(3)计算动能：
$$T_1 = 0$$
$$T_2 = \frac{1}{2}J_1\omega_1^2 + \frac{1}{2}m_2 v_C^2 + \frac{1}{2}J_C\omega_2^2$$

因
$$J_1 = m_1R_1^2, J_C = \frac{1}{2}m_2R_2^2, \omega_1 = \frac{v_C}{R_1}, \omega_2 = \frac{v_C}{R_2}$$

所以
$$T_2 = \frac{v_C^2}{4}(2m_1 + 3m_2)$$

(4)由动能定理 $T_2 - T_1 = \sum W_A$得：
$$\frac{v_C^2}{4}(2m_1 + 3m_2) = M\varphi - m_2 gS\sin\theta$$

将$\varphi = \frac{S}{R_1}$代入，解得：
$$v_C = 2\sqrt{\frac{(M - m_2 gR_1\sin\theta)S}{R_1(2m_1 + 3m_2)}}$$

【例 13.6】 图 13.15(a)所示的提升重物系统中，重物 A 重 $G=980$ N，定滑轮质量为 $m_1=10$ kg，半径 $R=20$ cm，动滑轮质量为 $m_2=6$ kg，半径为 $r=0.5R$。两滑轮均为均质圆盘，现用常力 $F=600$ N 的拉力提升重物，试求重物 A 上升的加速度。

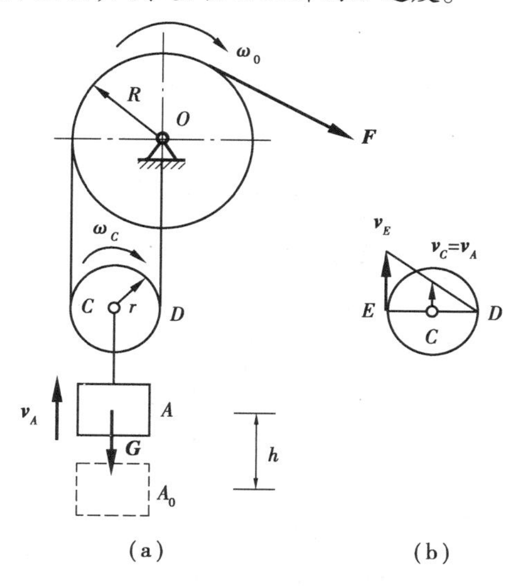

图 13.15

【分析】 将定滑轮、动滑轮和重物分别视为刚体，它们组成质点系。假设系统由静止开始，重物上升至某一高度。已知质点系的受力和重物上升的路程，应用积分形式的质点系动能定理可求解重物上升的速度，求导即得重物上升的加速度。定滑轮作定轴转动，动滑轮作平面运动，重物作平动。由运动学可分别确定该瞬时定滑轮、动滑轮的角速度和重物的速度，以及常力作用点移动的距离和重物上升的路程之间的关系，而将系统的动能用重物上升的速度来表示，功用重物上升的路程来表示。绳子视为不可伸长，与定滑轮、动滑轮间无相对滑动，绳子的内力和摩擦力不做功。定滑轮的转轴为理想约束，质心的位置无变化，其约束反力和重力也不做功。做功的力只有常力、动滑轮和重物的重力。

【解】 应用动能定理的积分形式求解。

(1)取整个系统为研究对象。

(2)设重物 A 在 A_0 处系统由静止开始运动，上升 h 距离时有速度 v_A，系统初瞬时的动能 $T_1=0$。动滑轮的速度瞬心在 D 点(见图 13.15(b))，角速度 $\omega_C=v_C/r=2v_A/R$。定滑轮的角速度 $\omega_0=v_E/R=2v_A/R$。于是，系统在末瞬时的动能可用 v_A 表示为：

$$
\begin{aligned}
T_2 &= \frac{1}{2}m_A v_A^2+\frac{1}{2}J_D\omega_C^2+\frac{1}{2}J_0\omega_0^2 \\
&= \frac{1}{2}\frac{G}{g}v_A^2+\frac{1}{2}\left(\frac{1}{2}m_2r^2+m_2r^2\right)\left(\frac{2v_A}{R}\right)^2+\frac{1}{2}\left(\frac{1}{2}m_1R^2\right)\left(\frac{2v_A}{R}\right)^2 \\
&= \frac{1}{2}\left(\frac{G}{g}+\frac{3}{2}m_2+2m_1\right)v_A^2 = 64.5v_A^2 \qquad (1)
\end{aligned}
$$

(3)受力分析并计算功。系统为理想约束系统，只有拉力和重力做功。当重物 A 上升 h 时，力 $\boldsymbol{F}$ 沿其作用线方向的位移为 $2h$。所以：

$$\sum W_A = 2Fh-Gh-m_2gh=(2F-G-m_2g)h=161.2h$$

(4)由动能定理 $T_2 - T_1 = \sum W_A$ 得：

$$64.5v_A^2 = 161.2h$$

因 $v_A = \dfrac{\mathrm{d}h}{\mathrm{d}t}, a_A = \dfrac{\mathrm{d}v_A}{\mathrm{d}t}$。将上式两边对时间 t 求导，得：

$$64.5 \cdot 2v_A \cdot a_A = 161.2v_A$$

故：

$$a_A = \frac{161.2}{129}\ \mathrm{m/s^2} = 1.25\ \mathrm{m/s^2}$$

讨论：求重物 A 的加速度，也可应用动能定理的微分形式。重物 A 在任意位置 h 处的动能仍如式(1)，可得：

$$\mathrm{d}T = 64.5 \cdot 2v_A\mathrm{d}v_A = 129v_A\mathrm{d}v_A$$

系统主动力的总元功为：

$$\sum \mathrm{d}'W = 2F\mathrm{d}h - G\mathrm{d}h - m_2g\mathrm{d}h = 161.2\mathrm{d}h$$

由动能定理的微分形式(13.24)得：

$$129v_A\mathrm{d}v_A = 161.2\mathrm{d}h$$

将上式两边除以 $\mathrm{d}t$ 即可求得重物 A 的加速度。所以，若求速度(或角速度)，宜采用动能定理的积分形式；若求加速度(或角加速度)，宜采用动能定理的微分形式。

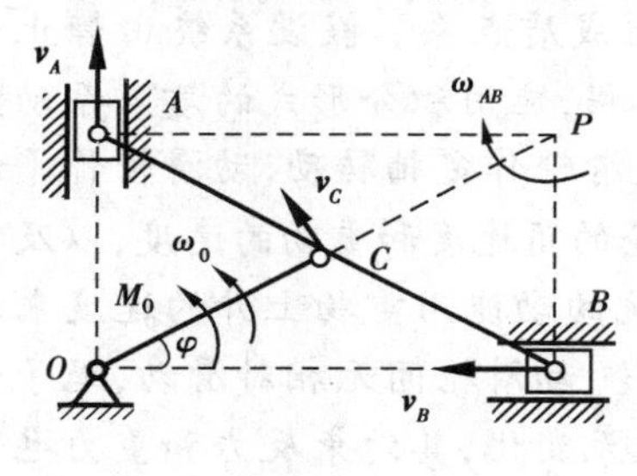

图 13.16

【例 13.7】 置于水平面内的椭圆规尺机构如图 13.16 所示。设曲柄 OC 和规尺 AB 为均质细杆，其质量分别为 m_1 和 $2m_1$，且 $OC = AC = BC = l$，滑块 A 和 B 的质量均为 m。当曲柄上作用常值力偶 M_0 时，不计摩擦，试求曲柄由水平 OB 位置处从静止开始转过一周时的角速度和角加速度。

【分析】 将椭圆规尺机构视为质点系，组成该机构的物体视为刚体。已知机构的受力和转过的角度，应用积分形式和微分形式的质点系动能定理可分别求解曲柄的角速度和角加速度。曲柄作定轴转动，AB 杆作平面运动，滑块 A 和 B 作平动。由运动学可分别确定 AB 杆的角速度、滑块 A 和 B 的速度。

【解】 由于不考虑摩擦，此机构为理想约束系统。应用动能定理的微分形式求曲柄角加速度，应用动能定理的积分形式求曲柄的角速度。

(1)求角加速度 α。以机构为对象，设曲柄 OC 转至任一角度时，角速度为 ω。P 为 AB 杆的速度瞬心，$\omega_{AB} = \dfrac{v_C}{CP} = \dfrac{l\omega}{l} = \omega$，而 $v_A = AP \cdot \omega_{AB} = 2l\omega\cos\varphi$，$v_B = BP \cdot \omega_{AB} = 2l\omega\sin\varphi$。

机构的动能为：

$$\begin{aligned}
T &= \frac{1}{2}m_Av_A^2 + \frac{1}{2}m_Bv_B^2 + \frac{1}{2}J_O\omega^2 + \frac{1}{2}J_P\omega_{AB}^2 \\
&= \frac{1}{2}m(2l\omega\cos\varphi)^2 + \frac{1}{2}m(2l\omega\sin\varphi)^2 + \frac{1}{2}\left(\frac{1}{3}m_1l^2\right)\omega^2 + \frac{1}{2}\left[\frac{1}{12}2m_1(2l)^2 + 2m_1l^2\right]\omega^2 \\
&= \frac{1}{2}(3m_1 + 4m)l^2\omega^2 \qquad (1)
\end{aligned}$$

对动能 T 取微分得：

$$dT = (3m_1 + 4m)l^2\omega d\omega \tag{2}$$

机构在水平面内运动，系统重心的高度无变化，所以重力不做功。理想约束的约束反力不做功。常力偶 M_0 在 φ 角时的元功为 $M_0 d\varphi$，因而有：

$$\sum d'W = M_0 d\varphi \tag{3}$$

将式 (2) 和式(3) 代入动能定理 $dT = \sum d'W$ 得：

$$(3m_1 + 4m)l^2\omega d\omega = M_0 d\varphi$$

所以得：

$$\alpha = \frac{d\omega}{dt} = \frac{M_0}{(3m_1 + 4m)l^2}$$

可见角加速度 α 为一常量，即曲柄作匀加速转动。

(2) 求曲柄的角速度 ω_2。初瞬时系统静止，$T_1 = 0$。$\varphi = 2\pi$ 的瞬时为末瞬时，此时 OC 杆、AB 杆均在 OB 线上。设此时 OC 杆的角速度为 ω_2，$v_C = l\omega_2$，$v_A = 2v_C = 2l\omega_2$，$\omega_{AB} = \frac{v_C}{l} = \omega_2$，则：

$$T_2 = \frac{1}{2}m_A v_A^2 + \frac{1}{2}m_B v_B^2 + \frac{1}{2}J_O\omega_2^2 + \frac{1}{2}J_P\omega_{AB}^2 = \frac{1}{2}(3m_1 + 4m)l^2\omega_2^2$$

此运动过程中，力的功为：

$$\sum W_A = M_0 \cdot 2\pi = 2\pi M_0$$

由动能定理 $T_2 - T_1 = \sum W_A$ 得：

$$\frac{1}{2}(3m_1 + 4m)l^2\omega_2^2 = 2\pi M_0$$

故 $\varphi = 2\pi$ 时曲柄的角速度为：

$$\omega_2 = \frac{2}{l}\sqrt{\frac{\pi M_0}{3m_1 + 4m}}$$

由于角加速度是角速度对时间的一阶导数，因此也可通过对角加速度的积分求得曲柄在任意位置时的角速度。

13.4 机械能守恒定律

1) 势力场与势能

(1) 势力场

若质点在某一空间中所受力的大小和方向完全由质点的位置决定，则称这部分空间为力场。当质点在力场中运动时，若作用于该点力的功只决定于质点的起始和末了位置，而与该质点的运动路径无关，则称该力场为势力场或保守力场。质点所受势力场的力称为有势力(Potential force)或保守力(Conservative force)。例如重力、弹性力、万有引力都是有势力，而重力场、弹性力场、万有引力场都是势力场。

(2) 势能函数

在势力场中，当质点的位置改变时，有势力就要做功。因此，质点在势力场中某位置时，有势力所具有的做功能力,称为质点在该位置时的势能(Potential energy)或位能。我们可在势力场中任选一点 M_0 作为势能零点,即 M_0 点的势能为零。当质点从任一点 M 运动到 M_0 的过程中,作用于该质点的有势力所做的功,定义为质点在点 M 处的势能。以 V 表示质点在点 M 处的势能,则:

$$V = \int_{M}^{M_0} \mathrm{d}'W = \int_{M}^{M_0} \boldsymbol{F} \cdot \mathrm{d}\boldsymbol{r} \tag{13.28}$$

可见,质点的势能在势力场中是一个相对值。在确定势能前,必须先选定势能零点。

因为有势力的功只和质点运动的始末位置有关,质点的势能可表示成质点位置坐标(x,y,z)的单值连续函数,称为势能函数,即:

$$V = V(x,y,z) \tag{13.29}$$

对势能零点 M_0,质点在 M_1、M_2 点处的势能分别为 V_1 和 V_2。根据有势力做功与路径无关的特点,质点从 M_1 至 M_0 时有势力的功与质点由 M_1 经过点 M_2 再到点 M_0 的有势力的功应相等。即:

$$V_1 = \int_{M_1}^{M_2} \mathrm{d}'W + V_2$$

或

$$\int_{M_1}^{M_2} \mathrm{d}'W = V_1 - V_2 \tag{13.30}$$

式(13.30)表明,有势力做的功等于质点在运动始末位置时的势能之差。正因为如此,势能零点可以任意选取,而不影响有势力做的功。

在势力场中,势能相等的各点所组成的平面或曲面,称为等势面。例如,重力场的等势面是一个水平面。由全部势能零点所构成的等势面,称为零势面。

(3)常见势力场中的质点势能

①重力场。取势能零点为 $M_0(x_0,y_0,z_0)$,根据重力功的公式,可得重力为 $\boldsymbol{G}$ 的质点在重力场中点 $M(x,y,z)$ 处的势能为:

$$V = G(z - z_0) \tag{13.31}$$

②弹性力场。取弹簧无变形时的原长末端点对应的点为势能零点,根据弹性力的功的表达式可得质点在弹性力场中弹簧变形为 δ 时的 M 处的势能为:

$$V = \frac{1}{2}k\delta^2 \tag{13.32}$$

2)机械能守恒定律

当质点系在势力场中运动时,设其始末位置的动能分别为 T_1 和 T_2;而势能分别为 V_1 和 V_2。根据动能定理的积分形式有:

$$T_2 - T_1 = \sum W$$

有势力的功等于质点系在始末位置时的势能之差,即:

$$\sum W = V_1 - V_2$$

由此二式可得:

$$T_2 - T_1 = V_1 - V_2$$

即:

$$T_1 + V_1 = T_2 + V_2$$

或
$$T + V = \text{恒量} \tag{13.33}$$

质点系在任一位置处的动能和势能之和，称为机械能(Mechanical energy)。式(13.33)表明，质点系在势力场中运动时，其机械能保持不变，这就是机械能守恒定律(Theorems of conservation of mechanical energy)。这样的质点系通常称为保守系统(Conservative system)。

在势力场中，质点系的动能和势能可以相互转化，但机械能保持不变。若质点系在非保守力作用下运动，则机械能不再守恒。例如摩擦力做功将使机械能减少，而转化为另一种形式的能(如热能等)。但机械能与其他形式能量的总能量仍是守恒的，这就是物理学中众所周知的能量守恒定律。

【例 13.8】 如图 13.17 所示，摆重为 G，点 C 为其重心，O 端为光滑铰支，在点 D 处用弹簧悬挂，摆可在铅直平面内摆动。设摆对水平轴 O 的转动惯量为 J_0，弹簧的刚性系数为 k，摆杆在水平位置时，弹簧的长度恰好等于自然长度 l_0，$OD = CD = b$。求摆从水平位置无初速地释放后作微幅摆动时，摆的角速度与 φ 角的关系。

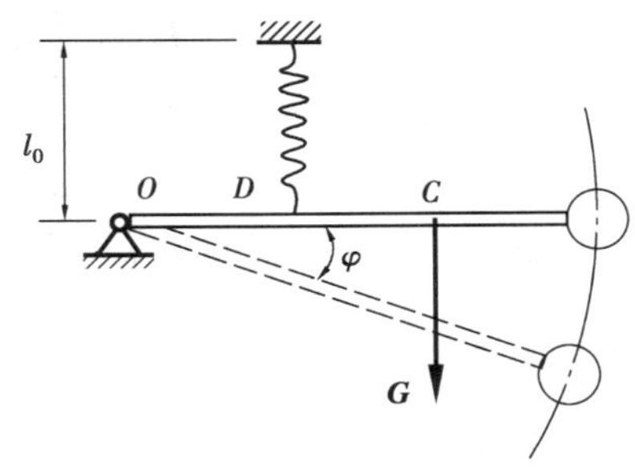

图 13.17

【解】 研究摆的运动。作用于摆的力有弹簧力 $\boldsymbol{F}$，重力 $\boldsymbol{G}$ 及支座约束反力 $\boldsymbol{F}_{Ox}$ 和 $\boldsymbol{F}_{Oy}$。弹簧力和重力为有势力，理想约束的约束反力不做功，因此摆的机械能守恒。

取水平位置为摆的零势能位置。摆从水平位置开始摆动，因此摆在运动过程中机械能恒等于零。又因摆作微幅摆动，φ 角极小，$\sin \varphi \approx \varphi$，于是有：

$$\frac{1}{2}J_0\omega^2 + \frac{k}{2}(b\varphi)^2 - G \cdot 2b\varphi = 0$$

解此方程得：

$$\omega = \sqrt{\frac{4G - kb\varphi}{J_0}b\varphi}$$

【例 13.9】 图 13.18 所示系统中，物块 A 质量为 m_1，定滑轮质量为 m_2，视为均质圆盘；滑块 B 质量为 m_3，置于光滑水平面上，弹簧刚度系数为 k，绳与滑轮间无相对滑动。当系统处于静平衡时，若给 A 块以向下速度 v_0，试求 A 块下降距离为 h 时的速度。

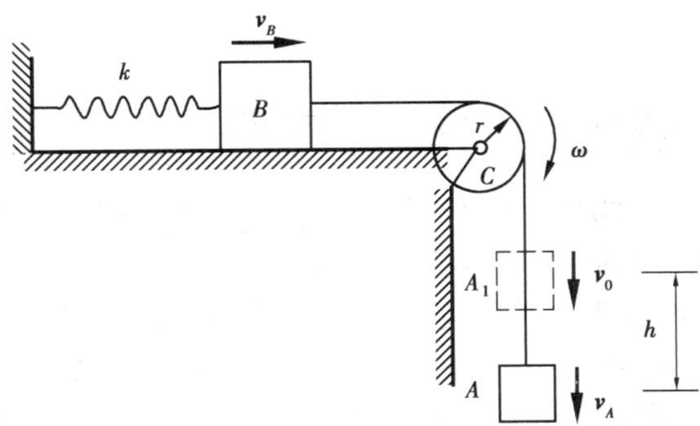

图 13.18

【解】 以整个系统为研究对象。在系统运动过程中，只有重力和弹性力做功，均为有势力，故可应用机械能守恒定律求解。

首先计算动能。取物块 A 的静平衡位置为初位置。当给 A 块初速度 v_0 时，因绳不可伸长，可知 B 块的初速度 $v_{B0}=v_0$，滑轮的初角速度 $\omega_0=v_0/r$。于是系统的初动能为：

$$T_1 = \frac{1}{2}m_A v_0^2 + \frac{1}{2}m_B v_{B0}^2 + \frac{1}{2}J_0\omega_0^2$$

$$= \frac{1}{2}m_1 v_0^2 + \frac{1}{2}m_3 v_0^2 + \frac{1}{2}\left(\frac{1}{2}m_2 r^2\right)\left(\frac{v_0}{r}\right)^2$$

$$= \frac{1}{4}(2m_1 + m_2 + 2m_3)v_0^2$$

取重物 A 下降距离为 h 时作为末位置，设此时 A 块的速度为 v_A，系统的末动能为：

$$T_2 = \frac{1}{2}m_1 v_A^2 + \frac{1}{2}\left(\frac{1}{2}m_2 r^2\right)\left(\frac{v_A}{r}\right)^2 + \frac{1}{2}m_3 v_A^2$$

$$= \frac{1}{4}(2m_1 + m_2 + 2m_3)v_A^2$$

其次计算势能。取弹簧未变形的末端为弹性势能零点，取物块 A 下降 h 的位置为重力势能零点。弹簧的初变形，即静变形 $\delta_{1st}=\dfrac{m_1 g}{k}$，弹簧的末变形 $\delta_2=\delta_{1st}+h=\dfrac{m_1 g}{k}+h$，系统在初末位置时的总势能分别为：

$$V_1 = m_1 g h + \frac{1}{2}k\delta_{1st}^2 = m_1 g\left(h + \frac{\delta_{1st}}{2}\right)$$

$$V_2 = 0 + \frac{1}{2}k(\delta_{1st} + h)^2 = m_1 g\left(h + \frac{\delta_{1st}}{2}\right) + \frac{1}{2}kh^2$$

根据机械能守恒定理 $T_1+V_1=T_2+V_2$ 得：

$$\frac{1}{4}(2m_1 + m_2 + 2m_3)v_0^2 + m_1 g\left(h + \frac{\delta_{1st}}{2}\right)$$

$$= \frac{1}{4}(2m_1 + m_2 + 2m_3)v_A^2 + m_1 g\left(h + \frac{\delta_{1st}}{2}\right) + \frac{1}{2}kh^2$$

所以，重物 A 下降 h 时的速度为：

$$v_A = \sqrt{v_0^2 - \frac{2kh^2}{2m_1 + m_2 + 2m_3}}$$

13.5　动力学普遍定理的综合应用

动量定理、动量矩定理和动能定理统称为动力学普遍定理(General theorems of dynamics)。每个定理都从某一方面反映了质点系的运动特征量与力作用量之间的关系，即它们从不同侧面反映了物体机械运动的一般规律。因此，各个定理既有共性，又有各自的特点和适用范围。例如：动量和动量矩定理为矢量形式，不仅能求出运动量的大小，还能求出它们的方向；对于质点系，动量和动量矩的变化只取决于外力的主矢和主矩，与内力无关。动能定理是标量形式，不反映运动量的方向性；做功的力则包含外力和内力。所以，对每个定理都要有全面深刻地理解，在对比分析中掌握其特点和适用条件，并能熟练地计算有关的基本物理量，例如动量、动量矩、动能、力的冲量和功等。

动力学普遍定理的综合应用是根据给定问题的已知量和待求量,合理地选择其中的某一定理或应用两个以上定理联立求解。若对同一问题,几个定理都可求解时,将出现一题多种解法。这时应经过分析比较,选取最简便的方法求解。

一般情况下,应从给定问题的待求量是力还是运动量着手分析,分析系统的外力特征和约束,有无内力做功的情况,分析各刚体的运动形式及其运动量间的关系,然后选用能将未知量和已知量联系起来的定理求解。若已知主动力求质点系的运动,对于理想约束系统,尤其是多刚体系统,应首选动能定理求解,其次再考虑有无动量守恒、质心运动守恒或动量矩守恒的情况,或选用其他定理求解。若已知质点系的运动求未知力,可选取质心运动定理、动量矩定理或刚体平面运动微分方程。对于既求运动又求力的动力学问题,一般先根据已知力,求出系统的运动量,再根据已求的运动量,求解未知力。

由于动力学问题的复杂性以及多样性,它可以包含静力学及运动学中的内容和方法,且动力学普遍定理概念性强,应用时又特别灵活。因此,只有通过解题实践,举一反三,提高分析问题和综合应用的能力,才能熟练运用动力学普遍定理灵活解题。

下面举例说明动力学普遍定理的综合应用。

【例 13.10】 均质细直杆 OA 重 $G=100$ N,长为 $l=4$ m,O 处为光滑铰链,A 端用刚度系数 $k=20$ N/m 的弹簧连于 B 点,如图 13.19(a)所示,此时弹簧无伸长。当杆在铅垂位置时,施加矩为 $M=20$ N·m 的力偶作用,使杆从静止开始转动,求杆转到水平位置时 O 处的反力。

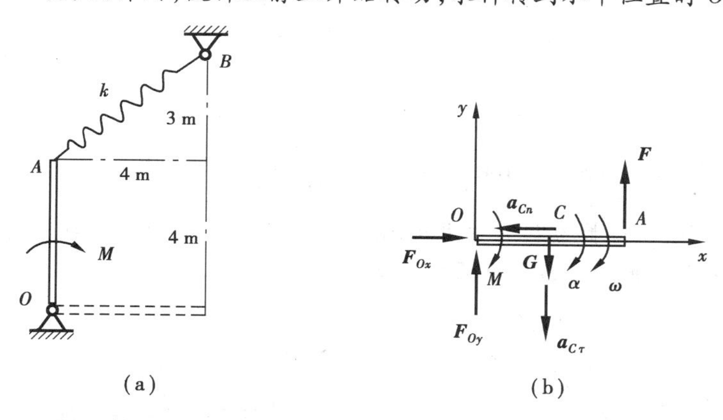

图 13.19

【解】 求杆在水平位置时的约束反力(为系统的外力),可应用质心运动定理求解,但要先求杆在该位置时质心 C 的加速度。由于 OA 杆作定轴转动,质心的加速度可通过杆的角速度与角加速度计算,而角速度可应用动能定理求解,角加速度可由定轴转动微分方程求解。

(1)求 OA 杆的 ω。分别取杆的铅垂和水平位置为杆运动的初瞬态和末瞬态。由题设知,杆运动的初瞬态的动能 $T_1=0$,末瞬时的动能为:

$$T_2 = \frac{1}{2}J_O\omega^2 = \frac{1}{2}\left(\frac{1}{3}ml^2\right)\omega^2 = \frac{1}{6}ml^2\omega^2 = 27.2\omega^2$$

杆在此运动过程中,做功的力有重力、弹性力和力偶。所有力和力偶的功为:

$$\sum W = G\frac{l}{2} + \frac{k}{2}[0-(7-5)^2] + M\frac{\pi}{2} = 191.4 \text{ J}$$

根据动能定理 $T_2 - T_1 = \sum W$,可得:

$$27.2\omega^2 = 191.4$$

解得：

$$\omega = 2.65 \text{ rad/s}$$

(2)求 OA 杆的 α。杆在水平位置时受到弹性力大小 $F = 20 \text{ N/m} \times 2 \text{ m} = 40 \text{ N}$。对于图 13.19(b)，应用刚体转动微分方程得：

$$\frac{1}{3}ml^2\alpha = G\frac{l}{2} + M - Fl$$

所以杆在水平位置时的角加速度为：

$$\alpha = \frac{3\left(G\frac{l}{2} + M - Fl\right)}{ml^2} = 1.1 \text{ rad/s}^2$$

(3)求反力 $\boldsymbol{F}_{Ox}$，$\boldsymbol{F}_{Oy}$。杆在水平位置时，其质心加速度为：

$$a_{C\tau} = \frac{l}{2}\alpha = 2.2 \text{ m/s}^2$$

$$a_{Cn} = \frac{l}{2}\omega^2 = 14.1 \text{ m/s}^2$$

对受力图 13.19(b)，应用质心运动定理得：

$$ma_{Cx} = -ma_{Cn} = F_{Ox}$$

$$ma_{Cy} = -ma_{C\tau} = F_{Oy} - G + F$$

分别解出：

$$F_{Ox} = -ma_{Cn} = -143.9 \text{ N}$$

$$F_{Oy} = G - F - ma_{C\tau} = 100 \text{ N} - 40 \text{ N} - \frac{100 \text{ N}}{9.8 \text{ m/s}^2} \times 2.2 \text{ m/s}^2 = 37.6 \text{ N}$$

【例 13.11】 均质细杆长为 l，质量为 m，静止直立于光滑地面上。当杆受微小干扰而倒下时，求杆刚刚到达地面时的角速度和地面约束力。

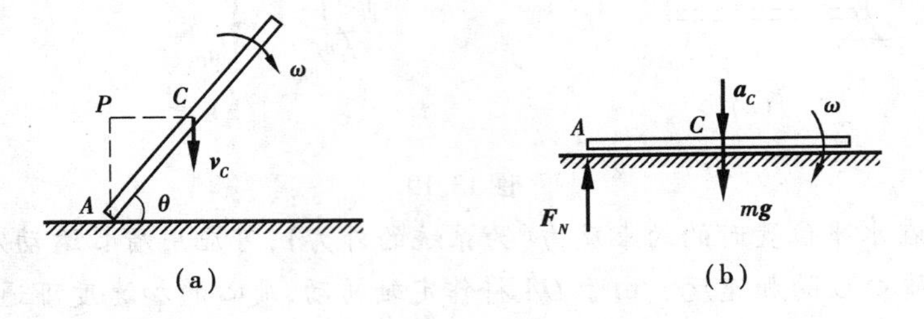

图 13.20

【分析】 杆作平面运动，已知始末两位置的受力，可应用动能定理求解杆刚刚到达地面时的角速度。杆在倒下的过程中，由质心运动守恒可确定质心加速度的方位为铅垂，应用平面运动的微分方程求解约束力。2 个方程，质心 C 的加速度大小、角加速度、约束力 3 个未知量。因此还需从运动学确定质心 C 的加速度和角加速度之间的关系。

【解】 由于地面光滑，直杆沿水平方向不受力，倒下过程中质心将铅直下落。设杆与地面成任一角度 θ 时，如图 13.20(a)所示，P 为杆的瞬心。由运动学知，杆的角速度

$$\omega = \frac{v_C}{CP} = \frac{2v_C}{l\cos\theta}$$

此时杆的动能为：

$$T_2 = \frac{1}{2}mv_C^2 + \frac{1}{2}J_C\omega^2 = \frac{1}{2}m\left(1 + \frac{1}{3\cos^2\theta}\right)v_C^2$$

初始时动能 $T_1 = 0$。此过程中只有重力做功，由动能定理 $T_2 - T_1 = \sum W$，得：

$$\frac{1}{2}m\left(1 + \frac{1}{3\cos^2\theta}\right)v_C^2 = mg\frac{l}{2}(1 - \sin\theta)$$

当 $\theta = 0$ 时解出：

$$v_C = \frac{1}{2}\sqrt{3gl}, \omega = \sqrt{\frac{3g}{l}}$$

杆刚到达地面时受力及加速度如图 13.20(b)所示。由刚体平面运动微分方程得：

$$mg - F_N = ma_C \tag{1}$$

$$F_N\frac{l}{2} = J_C\alpha = \frac{ml^2}{12}\alpha \tag{2}$$

点 A 的加速度 a_A 为水平，由质心运动守恒，a_C 应为铅垂。由运动学知：

$$\boldsymbol{a}_C = \boldsymbol{a}_A + \boldsymbol{a}_{CA}^n + \boldsymbol{a}_{CA}^\tau$$

沿铅垂方向投影，得：

$$a_C = a_{CA}^\tau = \alpha\frac{l}{2} \tag{3}$$

联立求解式(1)、式(2)、式(3)解出：

$$F_N = \frac{mg}{4}$$

由此可见，求解动力学问题，常要按运动学知识分析速度、加速度之间的关系。有时还要判明是否属于动量或动量矩守恒情况。如果守恒，则要利用守恒条件给出结果，才能进一步求解。

本章小结

(1)力的功

当质点从位置 M_1 运动到 M_2，力在这段路程 M_1M_2 上所做的功，等于力在这段路程上元功之和，可用线积分表示为：

$$W_{12} = \int_{M_1}^{M_2}\boldsymbol{F}\cdot\mathrm{d}\boldsymbol{r} = \int_{M_1}^{M_2}(F_x\mathrm{d}x + F_y\mathrm{d}y + F_z\mathrm{d}z)$$

①重力的功：

$$W_{12} = Mg(z_{C1} - z_{C2})$$

②弹性力的功：

$$W_{12} = \frac{k}{2}(\delta_1^2 - \delta_2^2)$$

③定轴转动刚体上力的功：

$$W_{12} = \int_{\varphi_1}^{\varphi_2}M_z\mathrm{d}\varphi$$

④约束反力的功。不可伸长柔索内力功之和等于零。光滑的固定支承面、轴承约束、铰链支座以及光滑的铰链约束，其约束反力做功之和都等于零。车轮作纯滚动时的静滑动摩擦力不

做功。约束反力不做功或做功之和等于零的约束称为理想约束。

⑤合力功定理：

$$W_R = \int_{M_1}^{M_2} \boldsymbol{F}_R \cdot \mathrm{d}\boldsymbol{r} = \int_{M_1}^{M_2} \sum \boldsymbol{F} \cdot \mathrm{d}\boldsymbol{r} = \sum \int_{M_1}^{M_2} \boldsymbol{F} \cdot \mathrm{d}\boldsymbol{r} = \sum W$$

(2)功率

力在单位时间内所做的功,称为功率,即：

$$P = \frac{\mathrm{d}'W}{\mathrm{d}t}$$

①力的功率,等于力与其作用点速度矢的点积,即：

$$P = \boldsymbol{F} \cdot \frac{\mathrm{d}\boldsymbol{r}}{\mathrm{d}t} = \boldsymbol{F} \cdot \boldsymbol{v}$$

②力矩的功率,等于力矩与刚体转动角速度的乘积,即：

$$P = M_z \frac{\mathrm{d}\varphi}{\mathrm{d}t} = M_z \omega$$

③机器的输出功率与输入功率的比值,称为机械效率,即：

$$\eta = \frac{P_{出}}{P_{入}}$$

(3)动能

动能是物体机械运动的一种度量。

①质点的动能:质点的质量 m 和质点速度 v 平方的乘积之半,即$\frac{1}{2}mv^2$。

②质点系的动能:质点系内各质点动能的算术和,即：

$$T = \sum \frac{1}{2}mv^2$$

③平动刚体的动能:刚体的质量与质心速度平方的乘积之半,即：

$$T = \frac{1}{2}mv_C^2$$

④绕定轴转动刚体的动能:刚体对转轴的转动惯量与其角速度平方的乘积之半,即：

$$T = \frac{1}{2}J_z\omega^2$$

⑤平面运动刚体的动能:随质心平动的动能与绕质心转动的动能之和,或刚体对瞬心轴的转动惯量与其角速度平方的乘积之半,即：

$$T = \frac{1}{2}mv_C^2 + \frac{1}{2}J_C\omega^2 = \frac{1}{2}J_P\omega^2$$

(4)质点系的动能定理

质点系的动能定理的微分形式:质点系动能的微分等于作用于质点系上所有力的元功之和,即：

$$\mathrm{d}T = \sum \mathrm{d}'W$$

质点系的动能定理的积分形式:质点系在运动过程中,动能的变化量等于作用于质点系的所有力在各相应路程中的做功之和,即：

$$T_2 - T_1 = \sum W_{12}$$

(5)势能和机械能守恒定律

①势能。质点从任一点 M 运动到 M_0 的过程中，作用于该质点的有势力所做的功定义为质点在 M 处的势能，即：

$$V = \int_M^{M_0} \mathrm{d}'W = \int_M^{M_0} \boldsymbol{F} \cdot \mathrm{d}\boldsymbol{r}$$

- 重力势能：$V = mg(z - z_0)$。
- 弹性势能：若以弹簧自然长度处为零势能点，则 $V = \frac{k}{2}\delta^2$。

有势力的功只与物体运动的始末位置有关，而与物体运动的轨迹的形状无关。

②机械能。质点系在任一位置处的动能和势能之和，即：

$$机械能 = 动能 + 势能 = T + V$$

③机械能守恒定律。如质点或质点系在有势力作用下运动，则机械能保持不变，即：

$$T + V = 常量$$

思考题

13.1 弹性力的功与弹簧的变形有关。当弹簧的变形增加 1 倍时，能否说其功也增大 1 倍？

13.2 摩擦力在什么情况下做功？能否说摩擦力恒做负功？为什么？

13.3 质点系的约束反力是否能改变质点系的动能？

13.4 把两个质量、半径均相同的均质圆柱体放在两个倾角相同的斜坡 A 和 B 上。A 坡表面粗糙，圆柱体纯滚动；B 坡表面绝对光滑。设在相同高度处同时由静止释放两圆柱体，试问哪个圆柱体先到达底部？

13.5 有势力有什么特点？它与势能函数有何关系？

13.6 动能和势能有无区别？在势力场中二者有什么联系？

13.7 动量和动能是机械运动的两种度量，试说明它们的不同。

13.8 设质点系所受外力的主矢量和主矩都等于零。试问该质点系的动量、动量矩、动能、质心的速度和位置会不会改变？质点系中各质点的速度和位置会不会改变？

习　题

13.1 已知质点受力为 $\boldsymbol{F} = y^2\boldsymbol{i} + x^2\boldsymbol{j}$，沿曲线 $\boldsymbol{r} = a\cos t\boldsymbol{i} + b\sin t\boldsymbol{j}$ 运动。求 $t = \pi$ 到 $t = 0$ 时力 $\boldsymbol{F}$ 所做的功。

13.2 质点在常力 $\boldsymbol{F} = 3\boldsymbol{i} + 4\boldsymbol{j} + 5\boldsymbol{k}$ 作用下运动，其运动方程为 $\boldsymbol{r} = (2 + t + 0.75t^2)\boldsymbol{i} + t^2\boldsymbol{j} + (t + 1.25t^2)\boldsymbol{k}$（$F$ 以 N 计，r 以 m 计，t 以 s 计）。求在 $t = 0$ 到 $t = 2$ s 时间内力 $\boldsymbol{F}$ 所做的功。

13.3 弹簧的刚度系数为 k，其一端固连于铅垂平面内的圆环顶点 O，另一端与可沿圆环滑动的小套环 A 相连，如习题 13.3 图所示。设小套环重 G，弹簧的原长等于圆环的半径 r。在小环由 A_1 到 A_2 和由 A_2 到 A_3 的过程中，试分别计算重力和弹性力所做的功。

13.4 如习题 13.4 图所示，绕线轮在常力 $\boldsymbol{F}$ 作用下沿水平面作纯滚动。当轮心移动距离

为 S 时,试求力 $\boldsymbol{F}$ 所做的功。

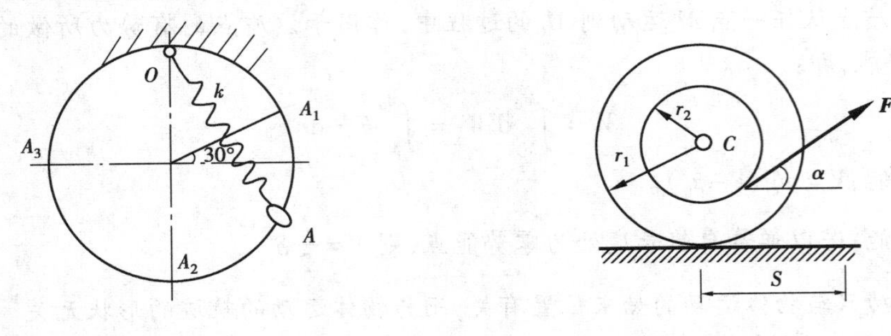

习题 13.3 图　　　　习题 13.4 图

13.5　习题 13.5 图中各均质圆轮的质量为 M,半径为 R,角速度为 ω。试写出该瞬时各轮的动能。图(c)圆轮沿水平面作纯滚动。

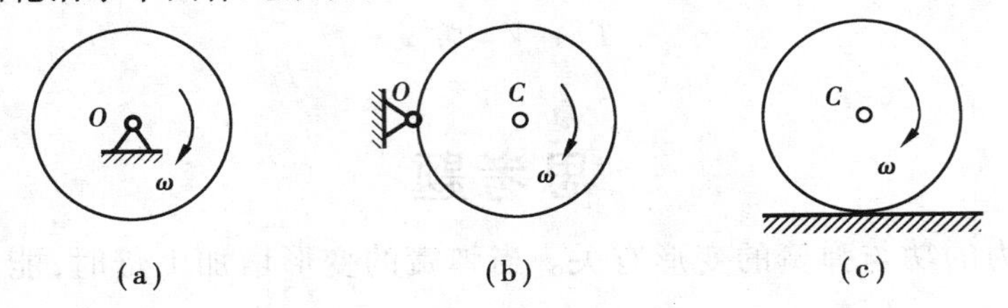

习题 13.5 图

13.6　习题 13.6 图所示各均质杆的质量为 m,且以角速度 ω 绕 O 轴转动,l 为已知。试写出各杆在图示瞬时的动能。

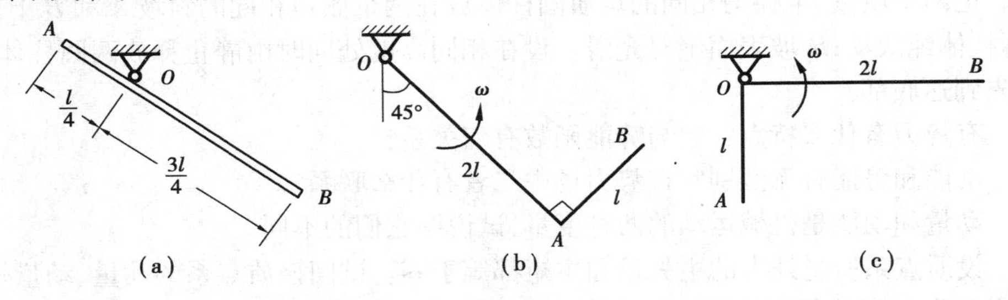

习题 13.6 图

13.7　如习题 13.7 图所示,车身的质量为 m_1,支承在两对相同的车轮上,每对车轮的质量为 m_2,可视为半径 r 的均质圆盘。已知车的速度 v,车轮沿水平面作纯滚动。求整个系统的动能。

13.8　习题 13.8 图所示均质细杆 AB 的质量为 m,长为 l,置于铅垂平面内,杆的两端可沿接触面滑动。当杆与水平面的夹角 $\varphi=60°$时,B 端的速度为 v_B,求此瞬时杆 AB 的动能。

13.9　如习题 13.9 图所示,重为 G_1 的滑块,以速度 v_A 在滑道内滑动。其上铰接均质杆 AB,AB 杆长为 l,重为 G_2,以角速度 ω 绕 A 轴转动。当 AB 杆与铅垂线的夹角为 φ 时,求系统的动能。

13.10　一个重为 1 N 的小球 C,用橡皮弹弓水平弹出,如习题 13.10 图所示。已知 $a=6$ cm,$b=4$ cm,橡皮原长 $l_0=5$ cm,在图示平衡位置时,拉力 $F=2$ N。试求小球被弹离时的速度。

13.11　质量为 m 的重物 A,沿倾角为 α 的斜面由静止开始下滑,经距离 S 后,碰在刚度系数为 k 的弹簧上,致使弹簧压缩了 λ,如习题 13.11 图所示。试求重物与斜面间的动摩擦因数 f 的值。

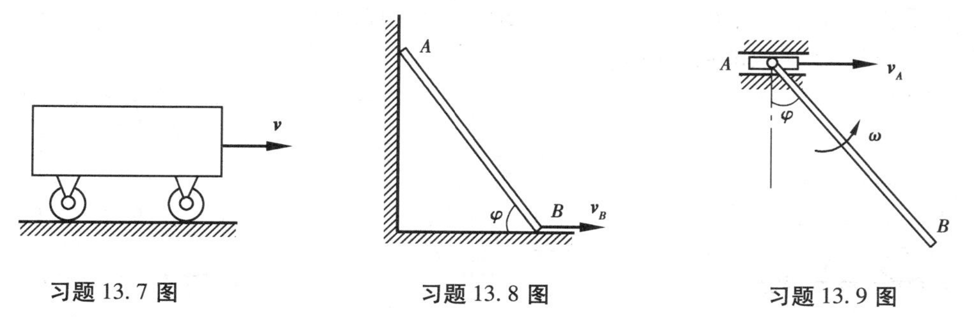

习题 13.7 图　　习题 13.8 图　　习题 13.9 图

13.12　如习题 13.12 图所示，自动弹射器的弹簧原长为 $l_0=20$ cm，欲使弹簧长度改变 1 cm，需力 2 N。若弹射器水平放置，小球 A 质量为 $m=0.03$ kg，当弹簧被压缩到 10 cm 长时，求射出小球 A 的速度。

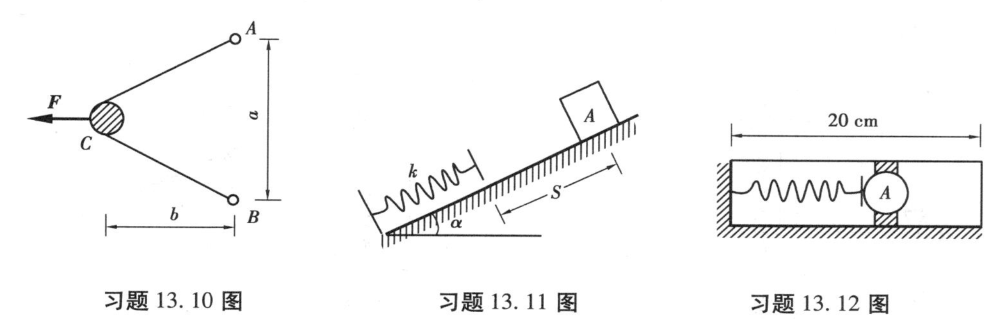

习题 13.10 图　　习题 13.11 图　　习题 13.12 图

13.13　质量 $m=3$ kg 的滑块 M，受拉力 $F=50$ N 的作用，可沿半径为 R 的固定圆形导杆滑动，如习题 13.13 图所示。若滑块从静止位置 A 滑动到位置 B，不计摩擦，试求滑块到达点 B 时的速度。

13.14　习题 13.14 图所示系统中，均质圆盘 A 的半径为 R，重为 G_1，可沿水平面作纯滚动；动滑轮 C 的半径为 r，重为 G_2；重物 B 重为 G_3。系统从静止开始运动，不计绳重，当重物 B 下落的距离为 h 时，试求圆盘中心的速度和加速度。

13.15　如习题 13.15 图所示，质量为 m_1 的平板，放在两个均质滚子上，滚子的质量为 m_2，半径为 R。若在板上施加水平方向的常力 $\boldsymbol{F}$，系统由静止开始运动，求板移动距离为 S 时的速度 v 和加速度 a。设滚子沿地面作纯滚动。

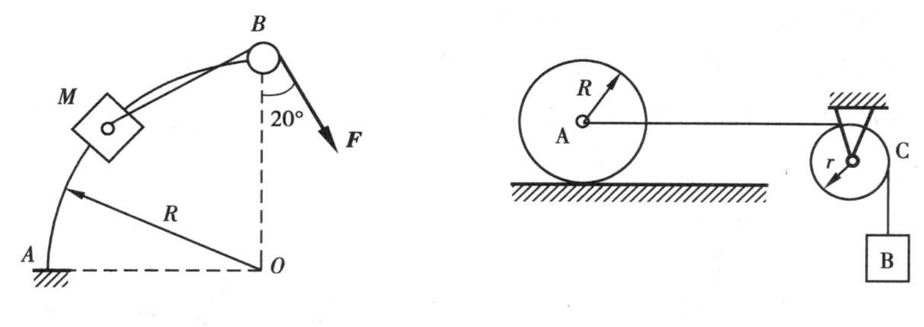

习题 13.13 图　　习题 13.14 图

13.16　如习题 13.16 图所示，均质杆 OA 的质量为 $m=30$ kg，杆在铅垂位置时弹簧处于自然状态。设弹簧的刚度系数为 $k=3$ kN/m，欲使杆由铅垂位置 OA 转到水平位置 OA' 时，求在铅垂位置时杆的初角速度 ω_0。

13.17　习题 13.17 图所示系统中，已知物块 M 和滑轮 A,B 的质量均为 G，且滑轮可视为均质圆盘，弹簧的刚度系数为 k。当 M 离地面的距离为 h 时，系统处于平衡。欲使 M 向下运动恰能到达地面，求应给 M 块的初速度 v_0。

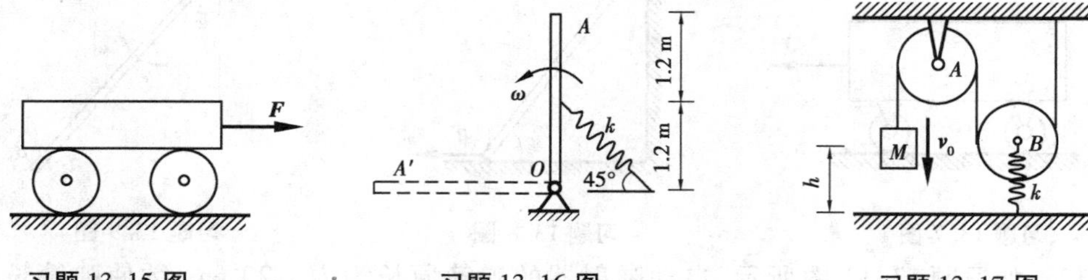

习题 13.15 图　　习题 13.16 图　　习题 13.17 图

13.18　长 $l=1$ m，重为 G 的两根均质杆 AB 和 BD 铰接，如习题 13.18 图所示。若系统在 AB 杆处于水平位置时无初速地释放，试求 BD 杆运动到水平位置时 D 点的速度。不计摩擦和小轮 D 的质量。

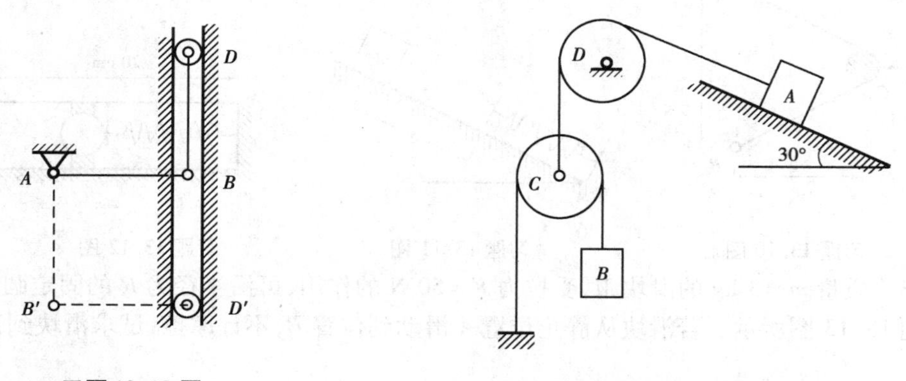

习题 13.18 图　　习题 13.19 图

13.19　如习题 13.19 图所示的系统中，已知物块 A 和 B 的质量分别为 $m_A=5$ kg，$m_B=1$ kg；均质滑轮 C 和 D 的半径均为 r，质量分别为 $m_C=1$ kg，$m_D=2$ kg；物块 A 与斜面间的动摩擦因数 $f=0.1$。绳与轮间无相对滑动，轴承处摩擦不计，试求物块 B 的加速度。

13.20　两均质杆 AC 和 BC 各重 G，长均为 l，在点 C 由铰链相连接，放在光滑的水平面上，如习题 13.20 图所示。由于 A 和 B 端的滑动，杆系在其铅直面内落下，求铰链 C 与地面相碰时的速度 v。点 C 的初始高度为 h，开始时杆系静止。

13.21　均质细杆长 l，重 G_1，上端 B 靠在光滑的墙上，下端 A 以铰链与圆柱的中心相连。圆柱重 G_2，半径为 R，放在粗糙的地面上，自习题 13.21 图所示位置由静止开始滚动而不滑动，杆与水平线的交角 $\theta=45°$。求点 A 在初瞬时的加速度。

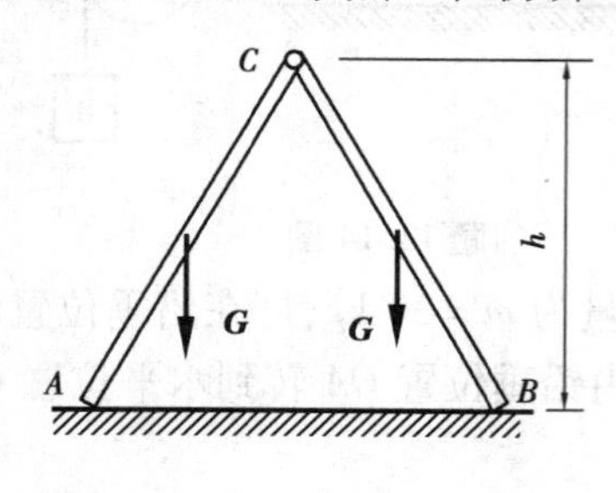

习题 13.20 图

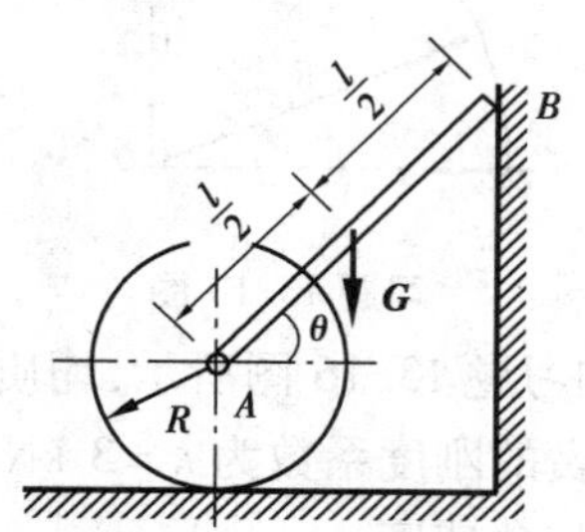

习题 13.21 图

13.22 均质细杆长 OA 可绕水平轴 O 转动，另一端有一均质圆盘，圆盘可绕 A 在铅直面内自由旋转，如习题 13.22 图所示。已知杆 OA 长 l，重 G_1，圆盘半径 R，重 G_2。摩擦不计。初始时杆 OA 水平，杆和圆盘静止。求杆与水平线成 θ 角的瞬时，杆的角速度和角加速度。

13.23 一滚子 A 重 G_1，沿倾角为 α 的斜面向下滚动而不滑动，如习题 13.23 图所示。滚子借一跨过滑轮 B 的绳提升一质量为 G_2 的物体，同时滑轮 B 绕 O 轴转动。滚子 A 与滑轮 B 的质量相等，半径相等，且都为均质圆盘。求滚子重心的加速度和系在滚子上绳的张力。

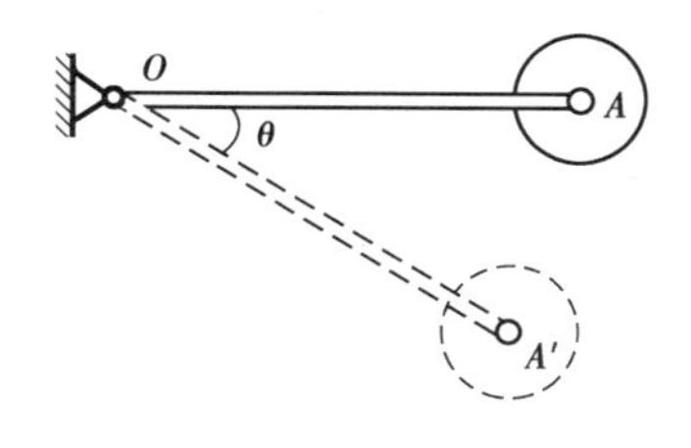

习题 13.22 图

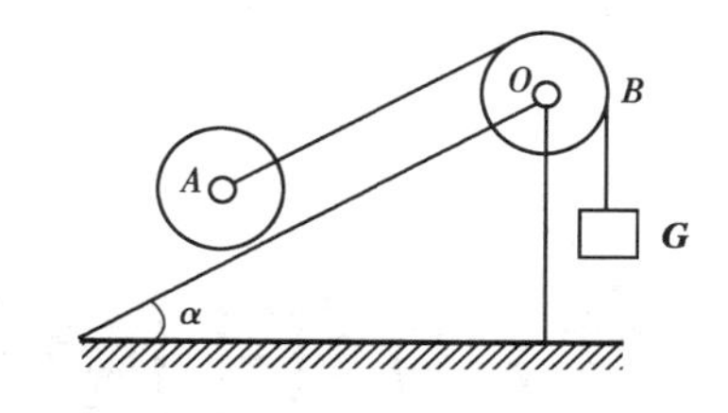

习题 13.23 图

13.24 习题 13.24 图所示的三棱柱体 ABC 重 G_1，放在光滑的水平面上，可以无摩擦地滑动。质量为 G_2 的均质圆柱体 O 由静止沿斜面 AB 向下滚动而不滑动。如斜面的倾角为 θ，求三棱柱体的加速度。

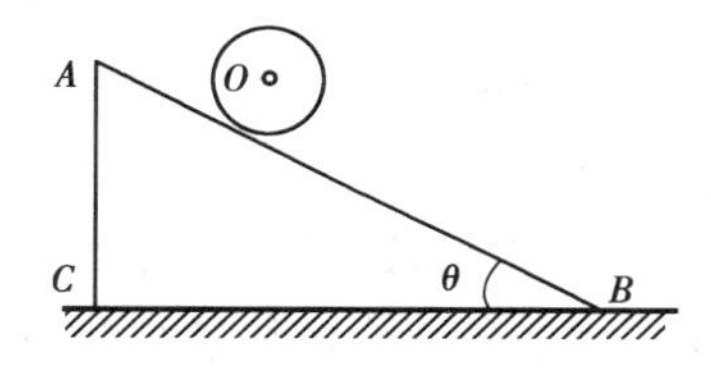

题 13.24 图

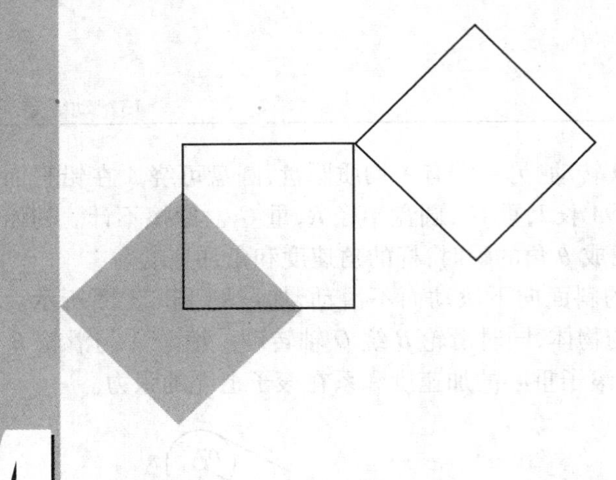

14 达朗伯原理

本章导读：

- **基本要求**　理解惯性力的概念；掌握惯性力系的简化方法及简化结果；掌握质点系达朗伯原理（动静法），并会综合应用。
- **重点**　惯性力系的简化方法及简化结果；质点系达朗伯原理（动静法）的综合应用。
- **难点**　惯性力的概念；利用惯性力系的简化结果虚加惯性力。

达朗伯原理（D/Alembert's principle）是非自由质点系动力学的基本原理，通过引入惯性力（Inertial force, Reversed effective force），建立虚平衡状态，可把动力学问题在形式上转化为静力学平衡问题而求解。这种求解动力学问题的普遍方法，称为动静法（Method of kineto-statics）。动静法在工程技术中有广泛的应用。

14.1　质点的达朗伯原理

1）质点的达朗伯原理

设质量为 m 的非自由质点 M 在主动力 $\boldsymbol{F}$ 和约束反力 $\boldsymbol{F}_N$ 的作用下作曲线运动，如图 14.1 所示。在图示瞬时，质点 M 的加速度为 $\boldsymbol{a}$，则质点 M 的动力学基本方程为：

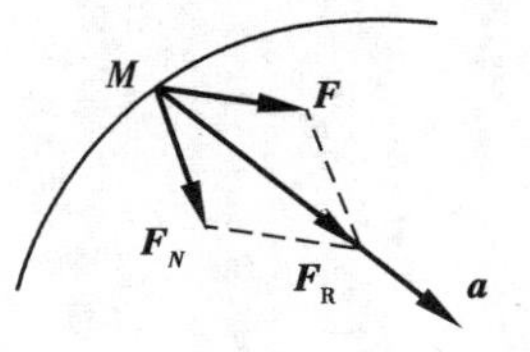

图 14.1

$$m\boldsymbol{a} = \boldsymbol{F} + \boldsymbol{F}_N$$

上式移项，得：

$$\boldsymbol{F} + \boldsymbol{F}_N + (-m\boldsymbol{a}) = \boldsymbol{0}$$

令：

$$\boldsymbol{F}_\mathrm{I} = -m\boldsymbol{a} \tag{14.1}$$

显然，$\boldsymbol{F}_\mathrm{I}$ 具有力的量纲，称为质点 M 的惯性力。于是有：

$$\boldsymbol{F} + \boldsymbol{F}_N + \boldsymbol{F}_{\mathrm{I}} = \boldsymbol{0} \tag{14.2}$$

现在,从静力学的角度来考察式(14.2)所表达的力学意义。若将 $\boldsymbol{F}$,$\boldsymbol{F}_N$ 和 $\boldsymbol{F}_{\mathrm{I}}$ 视为汇交于一点的力系,则式(14.2)恰恰就是这个汇交力系的平衡条件。事实上,质点 M 只作用有主动力 $\boldsymbol{F}$ 和约束反力 $\boldsymbol{F}_N$,并没有受到惯性力 $\boldsymbol{F}_{\mathrm{I}}$ 的作用。因而可以构造一个与式(14.2)相对应的质点 M 的平衡状态,很简单,只要将惯性力 $\boldsymbol{F}_{\mathrm{I}}$ 人为地施加于质点 M 上就可以了(见图 14.2),习惯上称为在质点 M 上虚加惯性力。这样一来,一个虚拟的质点平衡状态(见图 14.2)便与力的平衡条件式(14.2)一一对应起来。我们便可对虚拟的平衡状态,采用静力学列平衡方程的方法来建立动力学方程。式(14.2)只是质点动力学基本方程的移项而已,并未改变它的动力学本质。

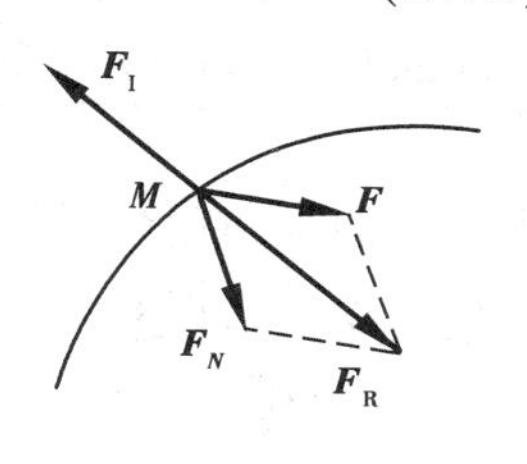

图 14.2

综上所述,可得质点的达朗伯原理:质点在运动的每一瞬时,作用于质点上的主动力、约束反力和该质点的惯性力组成一个平衡力系。

实质上,达朗伯原理对质点的动力学基本方程重新赋予了静力学虚拟平衡的结论。这就提供了在质点虚加惯性力,采用静力学平衡方程的形式来求解动力学问题的方法,称为质点的动静法(Method of kineto-statics of a particle)。

必须指出,惯性力是人为地虚加在运动的质点上,是为了应用静力学的方法而达到求解动力学的目的所采取的一种手段,质点的平衡状态是虚拟的。千万不可认为惯性力就作用在运动的物体上,甚至错误地把惯性力视为主动力去解释一些工程实际问题。

2)惯性力的概念

在达朗伯原理中,虚加惯性力无疑是一个关键。下面我们对惯性力的概念作进一步的阐述。

质量均为 m 的物块 A 和 B 置于光滑的水平面上,受水平力 $\boldsymbol{F}_1$ 作用获得加速度为 $\boldsymbol{a}$,如图 14.3(a)所示。根据质点的动力学基本方程,可得物块 B 所受到的作用力 $\boldsymbol{F} = m\boldsymbol{a}$,如图14.3(c)所示。根据作用与反作用定律,物块 A 必受到 B 块的反作用力 $\boldsymbol{F}'$,并且 $\boldsymbol{F}' = -\boldsymbol{F} = -m\boldsymbol{a}$。注意到式(14.1),则 $\boldsymbol{F}_{\mathrm{I}} = \boldsymbol{F}'$。

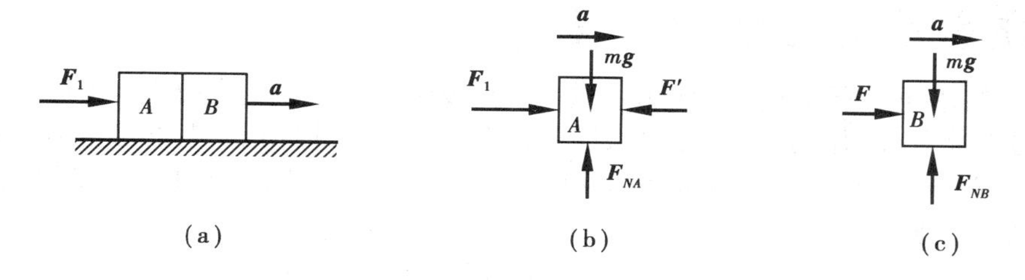

图 14.3

可见物块 B 的惯性力就是获得加速度的物块 B 而给予施力体(A 块)的反作用力。物块 B 的质量愈大,其惯性愈大,则给施力体的反作用也愈大,因此称此反作用力为物块 B 的惯性力。显然,物块 B 的惯性力并不作用在物块 B 上,但它却是一个真实的力。

总之,质点的惯性力是:当质点受力作用而产生加速度时,由于其惯性而对施力体的作用力。质点惯性力的大小等于质点的质量与加速度的乘积,方向与加速度方向相反。

当质点做曲线运动时,若将质点的加速度分解为切向加速度 $\boldsymbol{a}_\tau$ 和法向加速度 $\boldsymbol{a}_n$,则质点的

惯性力 $\boldsymbol{F}_{\mathrm{I}}$ 也可分解为切向惯性力 $\boldsymbol{F}_{\mathrm{I}\tau}$(Tangential component of inertia force)和法向惯性力 $\boldsymbol{F}_{\mathrm{In}}$(Normal component of inertia force),即:

$$\boldsymbol{F}_{\mathrm{I}\tau}=-m\boldsymbol{a}_{\tau},\boldsymbol{F}_{\mathrm{In}}=-m\boldsymbol{a}_{n} \tag{14.3}$$

由于法向加速度总是沿主法线指向曲率中心,所以法向惯性力 $\boldsymbol{F}_{\mathrm{In}}$ 的方向总是背离曲率中心,称为离心惯性力(Centrifugal inertia force),简称为离心力。

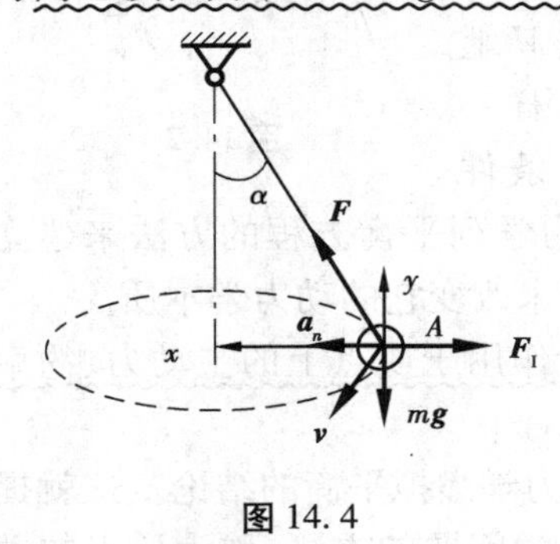

图 14.4

【例 14.1】 图 14.4 所示圆锥摆中,质量为 m 的小球 A 系于长为 l 的无重细绳上,在水平面内作匀速圆周运动(绳与铅垂线夹角 α 保持不变)。试求小球 A 的速度和绳的拉力。

【解】 以小球 A 为研究对象。在任一位置时,小球受重力 $m\boldsymbol{g}$ 和绳的拉力 $\boldsymbol{F}$ 作用。由题意知,小球作匀速圆周运动,切向加速度 $a_{\tau}=0$,法向加速度 $a_n=v^2/(l\sin\alpha)$。于是,小球 A 的惯性力的大小为:

$$F_{\mathrm{I}}=F_{\mathrm{In}}=ma_n=mv^2/(l\sin\alpha)$$

将 $\boldsymbol{F}_{\mathrm{I}}$ 虚加在小球 A 上,根据质点达朗伯原理,则小球处于虚平衡状态,由平衡方程

$$\sum F_y=0 \quad F\cos\alpha-mg=0$$

得:

$$F=mg/\cos\alpha$$

$$\sum F_x=0 \quad F\sin\alpha-F_{\mathrm{I}}=0$$

即:

$$\frac{mg}{\cos\alpha}\sin\alpha-\frac{mv^2}{l\sin\alpha}=0$$

故:

$$v=\sqrt{gl\sin\alpha\tan\alpha}$$

14.2 质点系的达朗伯原理

现将质点的达朗伯原理推广并应用于质点系。设由 n 个质点组成的非自由质点系,其中任一质点 M_i 的质量为 m_i,作用有主动力 $\boldsymbol{F}_i$,约束反力 $\boldsymbol{F}_{Ni}$。某瞬时质点 M_i 的加速度为 $\boldsymbol{a}_i$,则该质点的惯性力为 $\boldsymbol{F}_{\mathrm{I}i}=-m_i\boldsymbol{a}_i$。根据质点达朗伯原理,对于质点 M_i,虚加上惯性力 $\boldsymbol{F}_{\mathrm{I}i}$,该质点必处于虚平衡状态。则:

$$\boldsymbol{F}_i+\boldsymbol{F}_{Ni}+\boldsymbol{F}_{\mathrm{I}i}=\boldsymbol{0} \quad (i=1,2,\cdots,n) \tag{14.4}$$

此式表明,在质点系运动的任一瞬时,作用于每一质点上的主动力、约束反力和该质点的惯性力都组成一个平衡力系,这就是质点系的达朗伯原理。

由于每个质点在主动力、约束反力和惯性力作用下都处于虚平衡状态,因而整个质点系也必处于虚平衡状态。根据空间一般力系的平衡条件,作用于质点系力系的主矢和对任一点的主矩都等于零,即:

$$\left.\begin{aligned}\sum\boldsymbol{F}+\sum\boldsymbol{F}_N+\sum\boldsymbol{F}_{\mathrm{I}}=\boldsymbol{0}\\ \sum\boldsymbol{M}_O(\boldsymbol{F})+\sum\boldsymbol{M}_O(\boldsymbol{F}_N)+\sum\boldsymbol{M}_O(\boldsymbol{F}_{\mathrm{I}})=\boldsymbol{0}\end{aligned}\right\} \tag{14.5}$$

作用于质点系上的力可分为内力和外力,式(14.5)可写为:

$$\left.\begin{aligned}\sum \boldsymbol{F}^{e} + \sum \boldsymbol{F}^{i} + \sum \boldsymbol{F}_{I} = \boldsymbol{0}\\ \sum \boldsymbol{M}_{O}(\boldsymbol{F}^{e}) + \sum \boldsymbol{M}_{O}(\boldsymbol{F}^{i}) + \sum \boldsymbol{M}_{O}(\boldsymbol{F}_{I}) = \boldsymbol{0}\end{aligned}\right\} \qquad (14.6)$$

其中 $\sum \boldsymbol{F}^{e}$ 和 $\sum \boldsymbol{F}^{i}$ 分别表示作用于质点系的外力和内力的主矢;$\sum \boldsymbol{M}_{O}(\boldsymbol{F}^{e})$ 和 $\sum \boldsymbol{M}_{O}(\boldsymbol{F}^{i})$ 分别表示作用于质点系的外力和内力对任一点的主矩。由于质点系的内力是成对出现的,且等值、反向、共线,所以内力的主矢和对任一点的主矩恒等于零,即:

$$\sum \boldsymbol{F}^{i} = \boldsymbol{0}, \sum \boldsymbol{M}_{O}(\boldsymbol{F}^{i}) = \boldsymbol{0}$$

于是,式(14.6)可写成:

$$\left.\begin{aligned}\sum \boldsymbol{F}^{e} + \sum \boldsymbol{F}_{I} = \boldsymbol{0}\\ \sum \boldsymbol{M}_{O}(\boldsymbol{F}^{e}) + \sum \boldsymbol{M}_{O}(\boldsymbol{F}_{I}) = \boldsymbol{0}\end{aligned}\right\} \qquad (14.7)$$

因此,质点系的达朗伯原理又可陈述为:在质点系运动的任一瞬时,作用于质点系上的外力系和各质点的惯性力系组成一个平衡力系,即它们的主矢和对任一点的主矩的矢量和都等于零。

在质点系的每一个质点上虚加惯性力,该质点系则处于虚平衡状态,就可应用平衡方程的形式来求解质点系动力学问题,称为质点系的动静法。

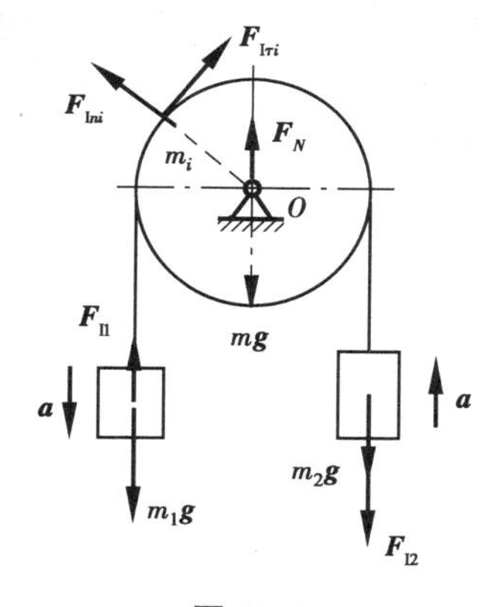

图 14.5

【例 14.2】 如图 14.5 所示,滑轮的半径为 r,质量 m 均匀分布在轮缘上,可绕水平轴转动。轮缘上跨过的软绳的两端各挂质量为 m_1 和 m_2 的重物,且 $m_1 > m_2$。绳的质量不计,绳与滑轮之间无相对滑动,轴承摩擦忽略不计,求重物的加速度。

【解】 (1)取滑轮、重物组成的系统为对象。

(2)受力分析:外力有 $m\boldsymbol{g}, m_1\boldsymbol{g}, m_2\boldsymbol{g}, \boldsymbol{F}_N$。

(3)运动分析:因 $m_1 > m_2$,m_1 块有加速度 $\boldsymbol{a}$,当绳与轮之间无相对滑动时,$a^{\tau} = a$。轮缘上 m_i 点惯性力的大小为:

$$F_{Ini} = m_i a_{in} = m_i \frac{v^2}{r}, F_{I\tau i} = m_i a_{i\tau}, F_{I1} = m_1 a, F_{I2} = m_2 a$$

(4)列虚平衡方程:

$$\sum M_O(\boldsymbol{F}) = 0: (m_1 g - F_{I1} - F_{I2} - m_2 g)r - \sum F_{I\tau i} r = 0$$

即:

$$(m_1 g - m_1 a - m_2 a - m_2 g)r - \sum m_i a r = 0$$

因为:

$$\sum m_i a r = ar \sum m_i = arm$$

解得:

$$a = \frac{m_1 - m_2}{m_1 + m_2 + m} g$$

【例 14.3】 均质细直杆 AB 重 G,长为 l,其 A 端铰接在铅垂轴上,并以匀角速度 ω 绕轴转动,如图 14.6 所示。当杆 AB 与轴的夹角 θ 为常量时,求 ω 和 θ 的关系。

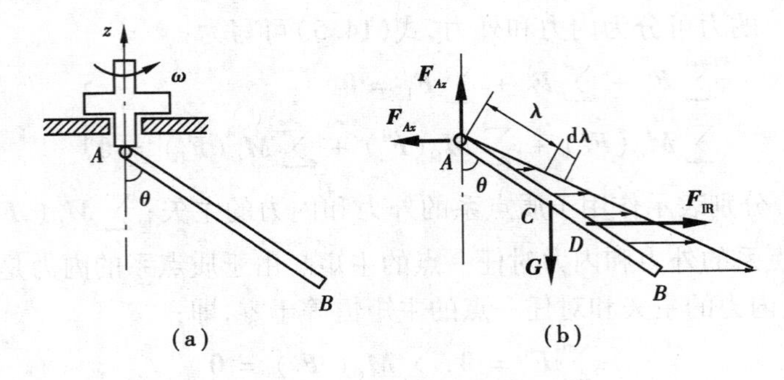

图 14.6

【解】 (1)取杆 AB 为对象。

(2)受力分析:外力有 $\boldsymbol{G},\boldsymbol{F}_{Ax},\boldsymbol{F}_{Az}$。

(3)运动分析:虚加惯性力。

在 λ 处取 $\mathrm{d}\lambda$,其质量 $\mathrm{d}m=\dfrac{G}{g}\dfrac{\mathrm{d}\lambda}{l},a_i^n=\omega^2\lambda\sin\theta,\mathrm{d}F_{\mathrm{I}}=\dfrac{G}{g}\dfrac{\mathrm{d}\lambda}{l}\omega^2\lambda\sin\theta$

$$F_{\mathrm{IR}}=\int_l \mathrm{d}F_{\mathrm{I}}=\int_0^l\frac{G\omega^2\sin\theta}{lg}\lambda\mathrm{d}\lambda=\frac{G}{2g}l\omega^2\sin\theta \tag{1}$$

设合力 $\boldsymbol{F}_{\mathrm{IR}}$ 作用线与 AB 杆的交点为 D,并且 $AD=b$,根据合力矩定理有:

$$F_{\mathrm{IR}}b\cos\theta=\int_l \mathrm{d}F_{\mathrm{I}}\lambda\cos\theta \tag{2}$$

而

$$\int_l \mathrm{d}F_{\mathrm{I}}\lambda\cos\theta=\int_0^l\frac{G\omega^2\sin\theta}{lg}\lambda^2\mathrm{d}\lambda\cos\theta=\frac{G}{3lg}\omega^2l^3\sin\theta\cos\theta \tag{3}$$

将式(1),式(3)代入式(2)得:$b=\dfrac{2}{3}l$

(4)由质点系达朗伯原理,杆 AB 的虚平衡方程为:

$$\sum M_A(\boldsymbol{F})=0:\ F_{\mathrm{IR}}\frac{2}{3}l\cos\theta-\frac{G}{2}l\sin\theta=0$$

即:

$$\frac{G}{2g}l\omega^2\sin\theta\cdot\frac{2}{3}l\cos\theta-\frac{G}{2}l\sin\theta=0$$

或

$$\sin\theta\left(\frac{2l}{3g}\omega^2\cos\theta-1\right)=0$$

于是可得:

$$\sin\theta=0\ 或\ \cos\theta=\frac{3g}{2l\omega^2}$$

显然,$\theta=0$ 与题设不符,可舍去不计。

所以:

$$\cos\theta=\frac{3g}{2l\omega^2}$$

14.3　刚体惯性力系的简化

应用质点系动静法时,需要在每个质点上虚加惯性力,组成惯性力系。如果质点的数目有限,逐点加惯性力是可行的。而对于刚体,它可看作无穷多个质点的集合,不可能逐个质点去加惯性力。于是,我们利用静力学中力系简化的方法先将刚体惯性力系加以简化,用简化的结果来等效地代替原来的惯性力系,这样解题时就方便多了。

下面分别对刚体作平动、绕定轴转动和平面运动时的惯性力系进行简化。

1)刚体作平动

刚体平动时,各质点具有相同的加速度,都等于质心的加速度,即 $\boldsymbol{a}_i=\boldsymbol{a}_C$。其惯性力系是一同向平行力系,与重力系类似。这个力系可简化为过质心的合力 $\boldsymbol{F}_{\mathrm{IR}}$:

$$\boldsymbol{F}_{\mathrm{IR}}=-\sum m_i\boldsymbol{a}_C=-\boldsymbol{a}_C\sum m_i$$

即:

$$\boldsymbol{F}_{\mathrm{IR}}=-M\boldsymbol{a}_C \tag{14.8}$$

$\sum m_i=M$ 为刚体的总质量。于是得结论:平动刚体的惯性力系可以简化为通过质心的合力,其大小等于刚体的质量与质心加速度的乘积,合力的方向与加速度方向相反。

2)刚体的定轴转动

在此仅研究刚体具有质量对称面且转轴垂直于此对称面的情况。当刚体转动时,平行于转轴的任一直线作平动,此直线上的惯性力系可合成为过对称点的一个合力。因而,刚体的惯性力系可先简化为该质量对称面内的一个平面惯性力系,然后再将此平面惯性力系向转轴(z 轴)与对称面的交点 O 简化。惯性力系的主矢 $\boldsymbol{F}_{\mathrm{IR}}$:

$$\boldsymbol{F}_{\mathrm{IR}}=-\sum m_i\boldsymbol{a}_i=-\sum m_i\frac{\mathrm{d}^2\boldsymbol{r}_i}{\mathrm{d}t^2}=-\frac{\mathrm{d}^2\left(\sum m_i\boldsymbol{r}_i\right)}{\mathrm{d}t^2}=-\frac{\mathrm{d}^2(M\boldsymbol{r}_C)}{\mathrm{d}t^2}=-M\frac{\mathrm{d}^2\boldsymbol{r}_C}{\mathrm{d}t^2}=-M\boldsymbol{a}_C$$

具体解题时,也可将 $\boldsymbol{F}_{\mathrm{IR}}$ 分解为 $\boldsymbol{F}_{\mathrm{IR}\tau}$ 和 $\boldsymbol{F}_{\mathrm{IR}n}$,则:

$$F_{\mathrm{IR}n}=-Ma_{Cn},F_{\mathrm{IR}\tau}=-Ma_{C\tau} \tag{14.9}$$

惯性力 $\boldsymbol{F}_{\mathrm{I}i}$ 也可以分解为相应的两个分量 $\boldsymbol{F}_{\mathrm{I}i\tau}$ 和 $\boldsymbol{F}_{\mathrm{I}in}$,如图14.7(a)所示。其大小分别为 $F_{\mathrm{I}i\tau}=m_ir_i\alpha$,$F_{\mathrm{I}in}=m_ir_i\omega^2$,方向如图示。

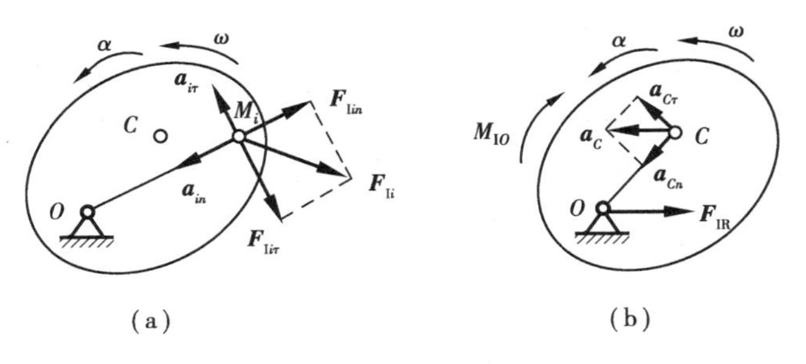

图 14.7

于是,惯性力系对转轴 O 的主矩:

$$M_{IO} = \sum M_O(\boldsymbol{F}_{Ii}) = \sum M_O(\boldsymbol{F}_{Ii\tau}) + \sum M_O(\boldsymbol{F}_{Iin})$$
$$= -\sum (m_i r_i \alpha) r_i = -(\sum m_i r_i^2)\alpha$$

即：

$$M_{IO} = -J_z\alpha \tag{14.10}$$

式中 J_z 是刚体对转轴的转动惯量，负号表示主矩 M_{IO} 与 α 的转向相反。可见，具有质量对称面且垂直转轴的定轴转动刚体，惯性力系向转轴简化为一个力和一个力偶，该力的大小等于刚体的质量与质心加速度的乘积，方向与质心加速度方向相反，作用线通过转轴；该力偶矩等于刚体对转轴的转动惯量与角加速度之积，转向与角加速度转向相反。如图 14.7(b)所示。

在工程实际中，经常遇到几种特殊情况：

①转轴通过刚体质心。此时 $a_C=0$，可知 $F_{IR}=0$。则刚体的惯性力系简化为一惯性力偶，其矩 $|M_{IC}|=J_z|\alpha|$，转向与 α 转向相反。

②刚体匀速转动。此时 $\alpha=0$，可知 $M_{IO}=0$，则刚体的惯性力系简化为作用在点 O 的一个惯性力 $\boldsymbol{F}_{In}$，且 $F_{In}=Mr_C\omega^2$，指向与 $\boldsymbol{a}_{Cn}$ 相反。

③转轴过质心且刚体作匀角速度转动。此时 $F_{IR}=0$，$M_{IO}=0$，刚体的惯性力系为平衡力系。

3)刚体作平面运动

工程中，作平面运动的刚体常有质量对称平面，且平行于此平面而运动。这种刚体的惯性力系可先简化为在对称面的平面力系。

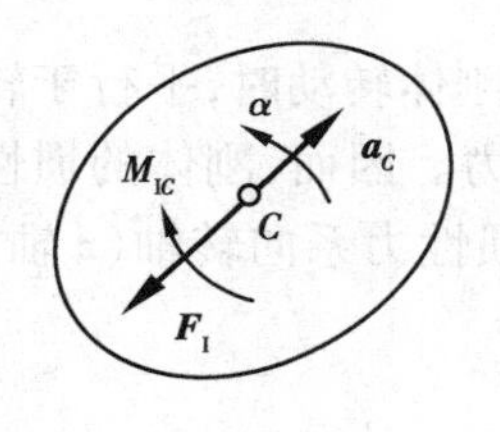

图 14.8

质量对称面内的平面图形，如图 14.8 所示。由运动学知，平面图形的运动可分解为随基点的平动与绕基点的转动。取质心 C 为基点，设其加速度 $\boldsymbol{a}_C$，刚体转动的角加速度为 α。简化到对称面的惯性力系分为两部分：刚体随质心平动的惯性力系简化为一个通过质心的力，刚体绕质心转动的惯性力系简化为一个力偶。该力为：

$$\boldsymbol{F}_I = -M\boldsymbol{a}_C \tag{14.11}$$

力偶矩为：

$$M_{IC} = -J_C\alpha \tag{14.12}$$

于是可得结论：有质量对称平面的刚体，平行于这平面运动时，刚体的惯性力系可简化为在对称平面内的一个力和一个力偶。该力通过质心，其大小等于刚体质量与质心加速度的乘积，其方向与质心加速度方向相反；该力偶矩等于对通过质心且垂直于对称面轴的转动惯量与角加速度的乘积，其转向与角加速度的转向相反。

【例 14.4】 均质细直杆 AB 长为 l、重为 G，用固定铰支座 A 及绳 BE 维持在水平位置，如图 14.9(a)所示。当绳 BE 被剪断瞬时，求杆 AB 的角加速度和 A 处的反力。

【解】 当绳 EB 被剪断后，AB 杆将绕 A 轴作定轴转动。将 AB 杆的惯性力系向转轴 A 简化后，可应用动静法求解。

(1)研究对象与受力分析。取 AB 杆为研究对象，其受力有重力 $\boldsymbol{G}$、铰支座 A 处的反力 $\boldsymbol{F}_{Ax}$ 和 $\boldsymbol{F}_{Ay}$。绳 BE 已被剪断，不再受力，不需在受力图上画出。

(2)运动分析，虚加惯性力。绳 BE 剪断瞬时，杆 AB 的角速度 $\omega=0$，角加速度设为 α。此时质心 C 的法向加速度 $a_{Cn}=0$，切向加速度 $a_{C\tau}=l\alpha/2$。AB 杆的惯性力系向转轴 A 简化，可得一力和一力偶，如图 14.9(b)所示。力的大小及力偶矩的大小分别为：

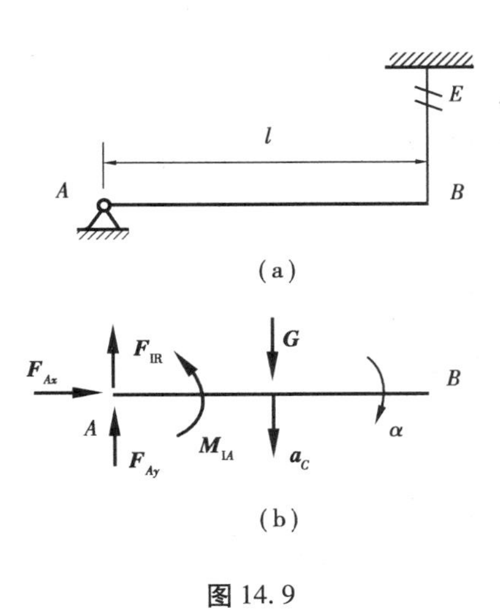

图 14.9

$$F_I = \frac{G}{g}a_{C\tau} = \frac{G}{2g}l\alpha,\quad M_{IA} = J_A\alpha = \frac{1}{3}\frac{G}{g}l^2\alpha$$

(3)列平衡方程求解。对图 14.9(b)所示 AB 杆的虚平衡状态,由平衡方程:

$$\sum M_A(\boldsymbol{F}) = 0:\ M_{IA} - G\frac{l}{2} = 0$$

即:

$$\frac{1}{3}\frac{G}{g}l^2\alpha - G\frac{l}{2} = 0$$

得:

$$\alpha = \frac{3g}{2l}$$

$$\sum F_y = 0:\ F_{Ay} + F_{IR} - G = 0$$

得:

$$F_{Ay} = G - \frac{Gl}{2g}\frac{3g}{2l} = \frac{1}{4}G$$

$$\sum F_x = 0 \qquad F_{Ax} = 0$$

讨论:本题若用动量矩定理和质心运动定理求解,则得:

$$\frac{G}{g}a_C = G - F_{Ay},0 = F_{Ax},J_A\alpha = G\frac{l}{2}$$

显然,这组动力学方程进行移项后就得到了动静法的平衡方程。可见,动静法的实质是通过虚加惯性力,采用列平衡方程的方法而达到了求解动力学问题的目的。

【例 14.5】 图 14.10(a)所示提升机构中,悬臂梁 AB 重为 $G_1=1$ kN,长 $l=3$ m;鼓轮 B 重为 $G_2=200$ N,半径 $r=20$ cm,视其为均质圆盘,其上作用有力偶矩 $M=3$ kN·m 的力偶,以提升重为 $G_3=10$ kN 的物体 C。不计绳的质量和摩擦,试求固定端 A 处的反力。

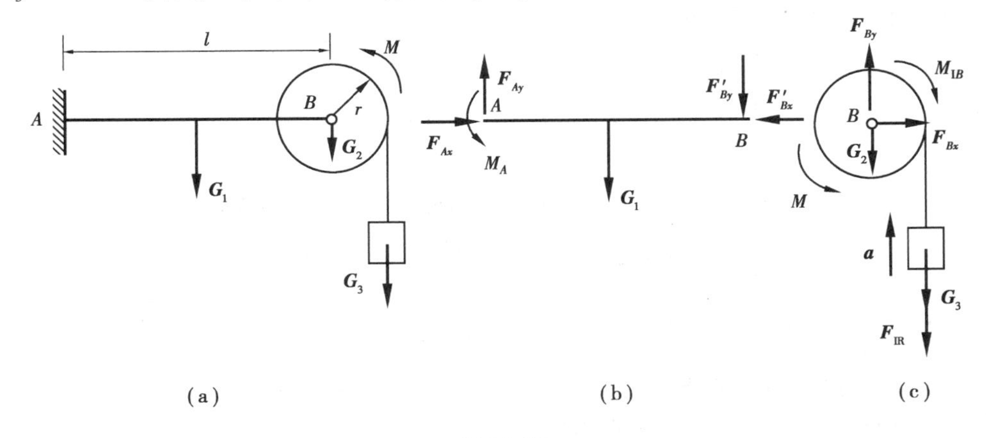

图 14.10

【分析】 本题虽然是求固定端 A 的反力 $\boldsymbol{F}_{Ax}$,$\boldsymbol{F}_{Ay}$和 M_A,但应先求出物体 C 的加速度和鼓轮的角加速度。因而先取鼓轮和重物部分为研究对象,应用动静法求物体 C 的加速度或 B 处的反力,然后再以整个系统或梁 AB 为研究对象,求出 A 处的反力。

【解】 (1)取鼓轮 B 及重物 C 部分为研究对象,其受主动力 $\boldsymbol{G}_3$,$\boldsymbol{G}_2$ 和力偶 M 作用,B 处的反力为 $\boldsymbol{F}_{Bx}$,$\boldsymbol{F}_{By}$,如图 14.10(c)所示。

(2)运动分析,虚加惯性力。物体 C 作直线平动,设其上升加速度为 $\boldsymbol{a}$,其惯性力为:

$$F_{IR} = \frac{G_3}{g}a$$

$\boldsymbol{F}_{IR}$ 方向与 $\boldsymbol{a}$ 相反。鼓轮质心在转轴 B 上,其角加速度 $\alpha = \frac{a}{r}$,其惯性力偶矩为:

$$M_{IB} = J_B\alpha = \frac{1}{2}\frac{G_2}{g}r^2 \cdot \frac{a}{r} = \frac{G_2 r}{2g}a$$

M_{IB} 与 α 的转向相反。

(3)列平衡方程求 $\boldsymbol{a}$ 和 $\boldsymbol{F}_{By}$。对图 14.10(c)的虚平衡受力图,由:

$$\sum M_B(\boldsymbol{F}) = 0: M - M_{IB} - (G_3 + F_{IR})r = 0$$

即:

$$M - \frac{G_2 r}{2g}a - G_3 r - \frac{G_3}{g}ar = 0$$

解出:

$$a = \frac{M/r - G_3}{G_3 + \dfrac{G_2}{2}}g = \frac{\dfrac{3}{0.2} - 10}{10 + \dfrac{0.2}{2}}g = 4.85\ \text{m/s}^2$$

$$\sum F_x = 0: F_{Bx} = 0$$

$$\sum F_y = 0: F_{By} - G_2 - G_3 - F_{IR} = 0$$

得:

$$F_{By} = G_2 + G_3 + \frac{G_3}{g}a = 0.2\ \text{kN} + 10\ \text{kN} + \frac{10\ \text{kN}}{9.8\ \text{m/s}^2} \times 4.85\ \text{m/s}^2 = 15.15\ \text{kN}$$

(4)取梁 AB 为研究对象,由:

$$\sum F_x = 0: F_{Ax} = 0$$

$$\sum F_y = 0: F_{Ay} - G_1 - F'_{By} = 0$$

得:

$$F_{Ay} = G_1 + F_{By} = 1\ \text{kN} + 15.15\ \text{kN} = 16.15\ \text{kN}$$

$$\sum M_A(\boldsymbol{F}) = 0: M_A - G_1\frac{l}{2} - F'_{By}l = 0$$

$$M_A = \frac{1}{2}G_1 l + F'_{By}l = \frac{1}{2} \times 1\ \text{kN} \times 3\ \text{m} + 15.15\ \text{kN} \times 3\ \text{m} = 46.95\ \text{kN} \cdot \text{m}$$

【例 14.6】 均质杆 AB 长为 l,重为 G,用两根绳子悬挂在点 O,如图 14.11(a)所示。杆静止时,突然将绳 OA 切断,试求切断瞬时 OB 的受力。

【分析】 绳 OA 切断后,AB 杆将作平面运动。在绳子切断的瞬时,AB 杆的角速度及各点速度均为零,但杆的角加速度不等于零,据此可确定质心 C 的加速度,然后根据虚加惯性力系的简化结果,应用动静法求解。

【解】 (1)研究对象的受力分析。取杆 AB 为研究对象。绳 OA 切断时杆受重力 $\boldsymbol{G}$ 和绳

OB 的拉力 $\boldsymbol{F}_T$ 作用。

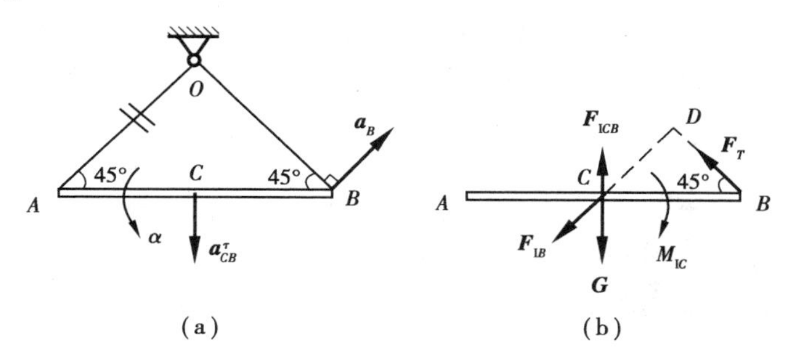

图 14.11

(2)分析运动,虚加惯性力。绳断瞬时,点 B 作圆周运动,由于 $v_B=0$,而 $\boldsymbol{a}_B=\boldsymbol{a}_{B\tau}$。取 B 为基点,则杆 AB 质心 C 的加速度可由基点法表示为:

$$\boldsymbol{a}_C = \boldsymbol{a}_B + \boldsymbol{a}_{CB}^n + \boldsymbol{a}_{CB}^{\tau}$$

由于 $\omega_{AB}=0$ 可知 $a_{CB}^n=0$。设 AB 杆此时的角加速度为 α,则有 $a_{CB}^{\tau}=BC\cdot\alpha=\dfrac{l}{2}\alpha$。$\boldsymbol{a}_C$ 的分矢量如图 14.11(a)所示。

杆 AB 作平面运动,向质心 C 简化的惯性力及惯性力偶矩分别为:

$$\boldsymbol{F}_{IC} = \boldsymbol{F}_{IB} + \boldsymbol{F}_{ICB}, \quad M_{IC} = J_C\alpha = \frac{G}{12g}l^2\alpha$$

其中:

$$F_{IB} = \frac{G}{g}a_B, \quad F_{IBC} = \frac{G}{g}\frac{l}{2}\alpha$$

$\boldsymbol{F}_{IB}$,$\boldsymbol{F}_{IBC}$和 M_{IC}如图 14.11(b)所示。

(3)列平衡方程求解。对杆 AB 的虚平衡状态如图 14.11(b)所示,列平衡方程:

$$\sum M_D(\boldsymbol{F}) = 0:\ F_{ICB}\frac{l}{4} - G\frac{l}{4} + M_{IC} = 0$$

即:

$$\frac{G}{g}\frac{l}{2}\alpha\frac{l}{4} - G\frac{l}{4} + \frac{G}{12g}l^2\alpha = 0$$

得:

$$\alpha = \frac{6g}{5l}(\text{逆时针转向})$$

$$\sum M_C(\boldsymbol{F}) = 0:\ F_T\frac{l}{2}\frac{\sqrt{2}}{2} - M_{IC} = 0$$

$$F_T\frac{l}{2}\frac{\sqrt{2}}{2} - \frac{G}{12g}l^2\frac{6g}{5l} = 0$$

解得:

$$F_T = \frac{\sqrt{2}}{5}G$$

讨论:本题可用刚体的平面运动微分方程求解,但要联解方程组比较麻烦,而动静法由于合理选择矩心,使求解简单清晰。

【例 14.7】 均质圆盘质量为 m_A,半径为 r。细杆长 $l=2r$,质量为 m。杆端点 A 与轮心为光滑铰接,如图 14.12(a)所示。如在 A 处加一水平拉力 $\boldsymbol{F}$,使轮沿水平面纯滚动。问:$\boldsymbol{F}$ 力多大能使杆的 B 端恰好离开地面?又为保证纯滚动,轮与地面间的静滑动摩擦因数应为多大?

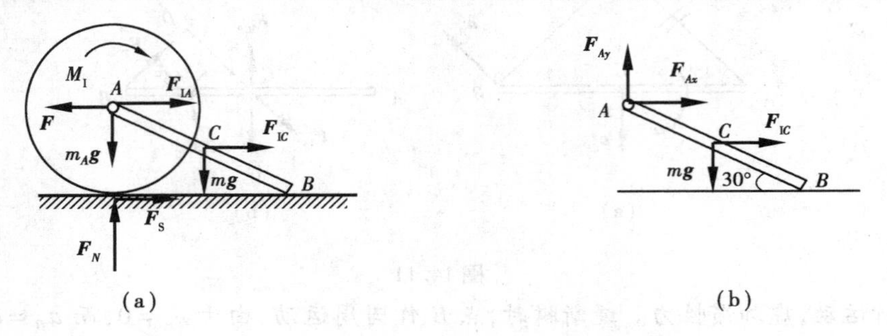

图 14.12

【分析】 圆盘和细杆组成一物体系统。圆盘作平面运动,细杆作平动。虚加上惯性力后,整个物体系统受平面平面任意力系作用,可列三个独立方程,但有四个未知量。因此,需要把细杆取出单独分析。细杆虚加上惯性力后受平面任意力系作用,可列三个独立方程,有三个未知量,可求出其质心的加速度,即圆盘中心的加速度。从而得到轮与地面间的静滑动摩擦因数和水平拉力。

【解】 细杆刚离地面时仍为平动,而地面约束力为零,设其加速度为 $\boldsymbol{a}$。以杆为研究对象,杆承受的力及虚加惯性力如图 14.12(b)所示,其中 $F_{IC}=ma$,按动静法列方程:

$$\sum M_A(\boldsymbol{F}) = 0: mar\sin 30° - mgr\cos 30° = 0$$

解得:

$$a = \sqrt{3}g$$

整个系统承受的力并加上惯性力如图 14.12(a) 所示。其中 $F_{IA} = m_A a, M_I = m_A r a/2$。由方程 $\sum F_y = 0$, 得:

$$F_N = (m_A + m)g$$

地面摩擦力:

$$F_S \leqslant f_S F_N = f_S g(m_A + m)$$

为求摩擦力,应以圆轮为研究对象,由方程 $\sum M_A(\boldsymbol{F}) = 0$ 得:

$$F_S r = M_I = \frac{1}{2} m_A r a$$

解出:

$$F_S = \frac{1}{2} m_A a = \frac{\sqrt{3}}{2} m_A g$$

地面摩擦因数:

$$f_S \geqslant \frac{F_S}{F_N} = \frac{\sqrt{3} m_A}{2(m_A + m)}$$

再以整个系统为研究对象,由方程 $\sum F_x = 0$ 得:

$$F = F_{IA} + F_{IC} + F_S = \left(\frac{3m_A}{2} + m\right)\sqrt{3}g$$

本章小结

(1)质点惯性力

质点惯性力的大小等于质点的质量与加速度的乘积,方向与加速度方向相反。即:

$$\boldsymbol{F}_{\mathrm{I}} = -m\boldsymbol{a}$$

(2)质点达朗伯原理

质点在运动的每一瞬时,作用于质点上的主动力、约束反力与惯性力在形式上构成一平衡力系。

(3)质点系达朗伯原理

质点系在运动的每一瞬时,作用于质点系上的外力系和惯性力系在形式构成一平衡力系。

(4)刚体惯性力系的简化结果

利用静力学中力系简化的方法,分别对刚体作平动、绕定轴转动和平面运动时的惯性力系进行简化,简化结果如下:

①平动刚体的惯性力系可以简化为通过质心的合力,其大小等于刚体的质量与质心加速度的乘积,合力的方向与加速度方向相反,即:

$$\boldsymbol{F}_{\mathrm{IR}} = -M\boldsymbol{a}_C$$

②具有质量对称面且垂直转轴的定轴转动刚体,惯性力系向转轴简化为一个力和一个力偶。该力的大小等于刚体的质量与质心加速度的乘积,方向与质心加速度方向相反,作用线通过转轴;该力偶矩等于刚体对转轴的转动惯量与角加速度之积,转向与角加速度转向相反。即:

$$\boldsymbol{F}_{\mathrm{IR}} = -M\boldsymbol{a}_C$$

$$M_{\mathrm{IO}} = -J_z\alpha$$

转轴通过刚体质心。此时 $a_C=0$,可知 $F_{\mathrm{IR}}=0$。则刚体的惯性力系简化为一惯性力偶,其矩 $|M_{\mathrm{IC}}| = J_z|\alpha|$,转向与 α 转向相反。

刚体匀速转动。此时 $\alpha=0$,可知 $M_{\mathrm{IO}}=0$,则刚体的惯性力系简化为作用在点 O 的一个惯性力 $\boldsymbol{F}_{\mathrm{I}n}$,且 $F_{\mathrm{I}n}=Mr_C\omega^2$,指向与 $\boldsymbol{a}_{Cn}$ 相反。

转轴过质心且刚体作匀角速度转动。此时 $F_{\mathrm{IR}}=0$,$M_{\mathrm{IO}}=0$,刚体的惯性力系为平衡力系。

③有质量对称平面的刚体,平行于这平面运动时,刚体的惯性力系可简化为在对称平面内的一个力和一个力偶。该力通过质心,其大小等于刚体质量与质心加速度的乘积,其方向与质心加速度方向相反;该力偶矩等于对通过质心且垂直于对称面的轴的转动惯量与角加速度的乘积,其转向与角加速度的转向相反。即:

$$\boldsymbol{F}_{\mathrm{IR}} = -M\boldsymbol{a}_C$$

$$M_{\mathrm{IC}} = -J_C\alpha$$

思考题

14.1 运动物体是否都有惯性力?质点作匀速圆周运动时有无惯性力?

14.2 一列火车在启动过程中,哪两节车厢之间的挂钩受的力最大?

14.3 质点作竖直上抛、平抛、自由落体运动时,质点惯性力的大小和方向是否相同?

14.4　应用动静法求质点系动力学问题与动力学普遍定理比较有何优点？

14.5　质点系惯性力系的主矢、主矩与质点系的动量定理、动量矩定理是什么关系？

14.6　置于光滑水平面上的双曲柄机构如图 14.13 所示。三角板 ABC 的质量为 m，不计曲柄质量。设曲柄以匀角速度 ω 转动，在图示位置时二曲柄的受力是否相同？

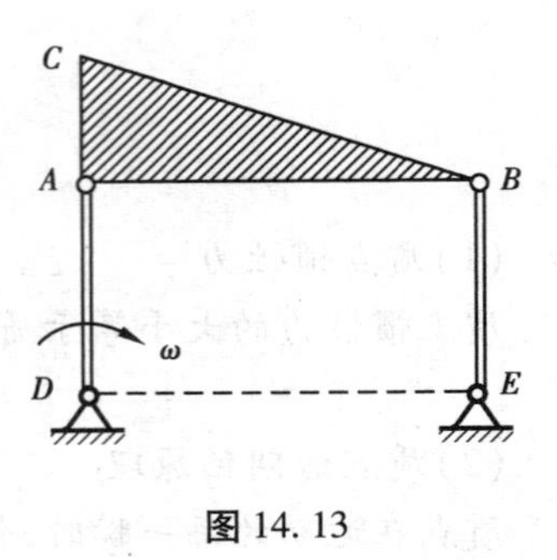

图 14.13

习　题

14.1　物块 A 和 B 沿倾角 $\alpha = 30°$的斜面下滑，如习题 14.1 图所示。设其质量分别为 $G_A = 100\ \text{N}$，$G_B = 200\ \text{N}$，与斜面的动摩擦因数 $f_A = 0.15$，$f_B = 0.30$。试求物块运动时相互间的压力。

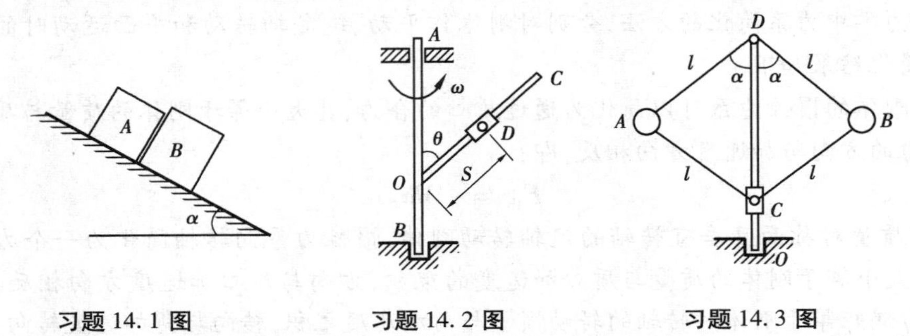

习题 14.1 图　　习题 14.2 图　　习题 14.3 图

14.2　铅垂轴 AB 以匀角速度 ω 转动，OC 杆与转轴相固结成 θ 角并在铅垂平面内，如习题 14.2 图所示。质量为 m 的套筒 D 可沿杆 OC 滑动，不计摩擦。试求套筒相对 OC 静止时的距离 S。

14.3　习题 14.3 图所示的离心调速器中，小球 A 和 B 均重 G_1，活套 C 重 G_2。A，B，C，D 在同一平面内。当转轴 OD 以匀角速度 ω 转动时，不计各杆重，试求张角 θ 与角速度 ω 的关系。

14.4　习题 14.4 图所示的均质杆 CD，长为 $2l$，重为 G，以匀角速度绕铅垂轴转动，杆 AB 与轴相交成 θ 角。求轴承 A，B 处的动反力。

14.5　习题 14.5 图所示的均质杆 AB 靠在小车上，与水平方向的夹角 $\theta = 60°$，其 A 和 B 端的摩擦因数均为 $f_S = 0.40$。若不使杆产生滑动时，求所允许小车的最大加速度。

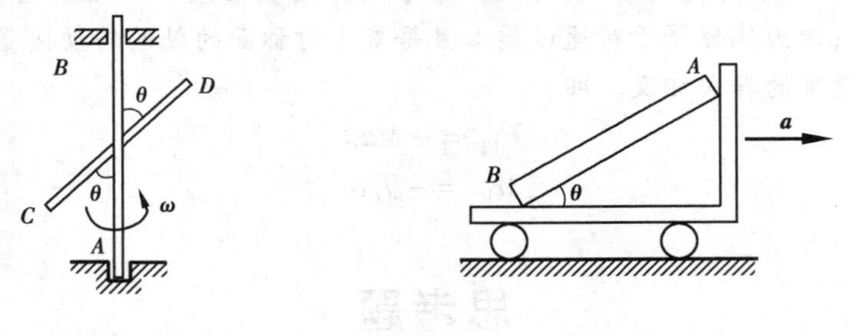

习题 14.4 图　　习题 14.5 图

14.6　如习题 14.6 图所示，汽车所受重力为 G，以加速度 $\boldsymbol{a}$ 作水平直线运动。汽车重心 C 离地面的高度为 h，汽车前后轴到重心垂线的距离分别为 l_1 和 l_2。求①汽车前后轮的正压力；

②欲使前后轮的压力相等，汽车如何行驶？

14.7 质量为 $m=100$ kg 的梁 AB 由两平行等长杆支承，如习题 14.7 图所示。在 $\theta=30°$ 瞬时，两杆的角速度 $\omega=6$ rad/s。不计两杆的质量。试求：①杆的角加速度；②二杆所受的力。

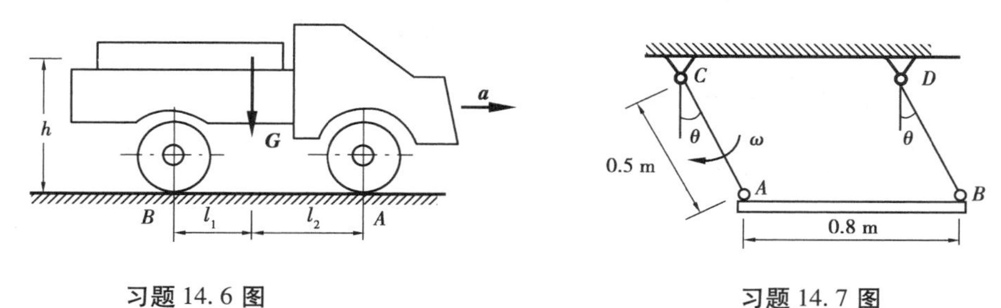

习题 14.6 图　　习题 14.7 图

14.8 习题 14.8 图所示的小车 B，质量为 $m_B=100$ kg，车上置木箱 A（视为匀质），其质量 $m_A=200$ kg，设 A，B 有足够的摩擦阻止相对滑动。不计绳及轮 O 质量，试求木箱不致倾倒时 C 块的最大质量及此时 C 块的加速度。

14.9 货箱可视为均质长方体，装在运货小车上，如习题 14.9 图所示。货箱与小车间的静摩擦因数 $f_S=0.40$。试求安全运送货箱（不滑、不倒）时所许可小车的最大加速度。

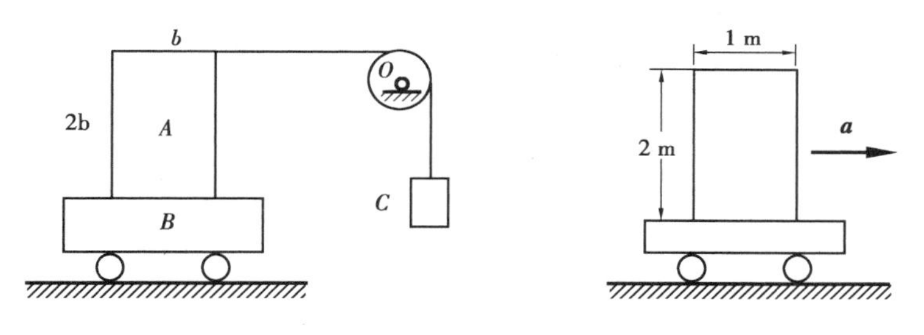

习题 14.8 图　　习题 14.9 图

14.10 长为 l 重为 G 的均质杆 AD 用铰 B 及绳 AE 维持在水平位置，如习题 14.10 图所示。若将绳突然切断，求此瞬时杆的角加速度和铰 B 处的反力。

14.11 均质杆 CD 的质量 $m=6$ kg，长 $l=4$ m，可绕 AB 梁的中点 C 轴转动，如习题 14.11 图所示。当 CD 处于 $\theta=30°$时，已知角速度 $\omega=1$ rad/s，不计梁重，试求梁支座的反力。

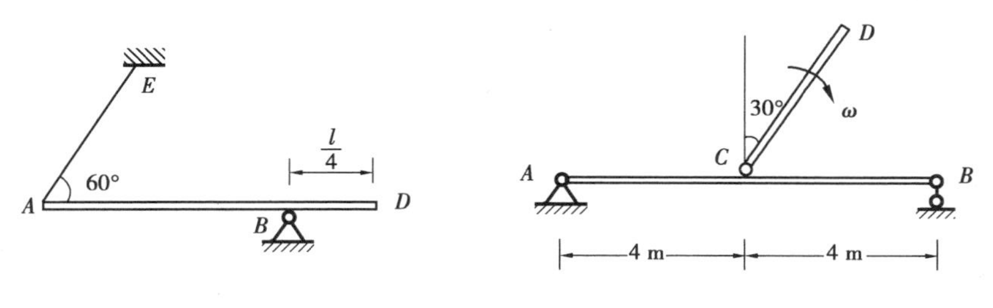

习题 14.10 图　　习题 14.11 图

14.12 均质杆 AB 长为 l，质量为 m，置于光滑水平面上，B 端用细绳吊起，如习题 14.12 图所示。当杆与水平面的倾角 $\theta=45°$时将绳切断，求此时杆 A 端的约束反力。

14.13 习题 14.13 图所示机构中，均质杆 AB 和 BC 单位长度的质量为 m，而圆盘在铅垂平面内绕 O 轴以匀角速度 ω 转动。求在图示瞬时作用在杆 AB 上点 A 和点 B 的反力。

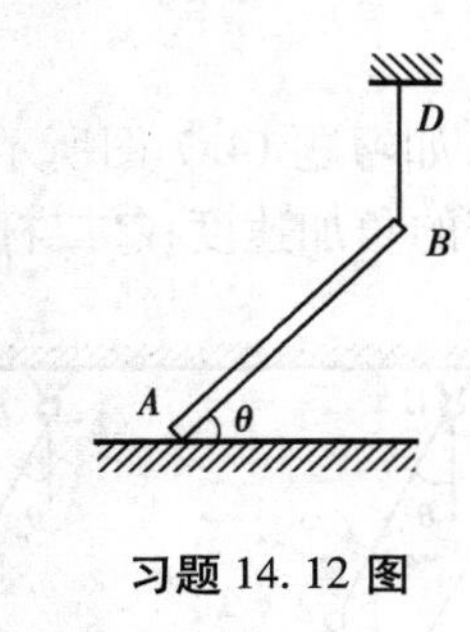

习题 14.12 图

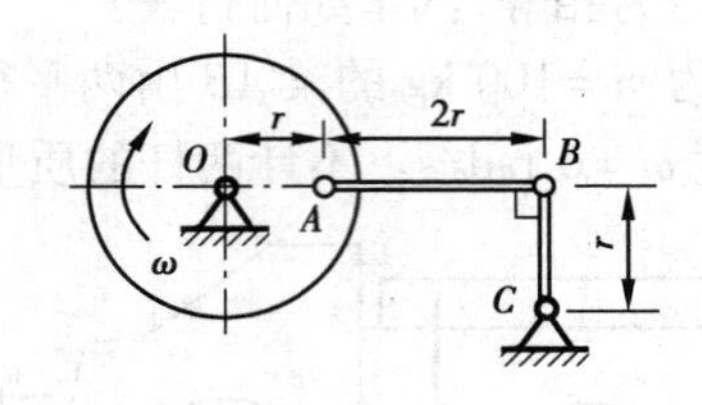

习题 14.13 图

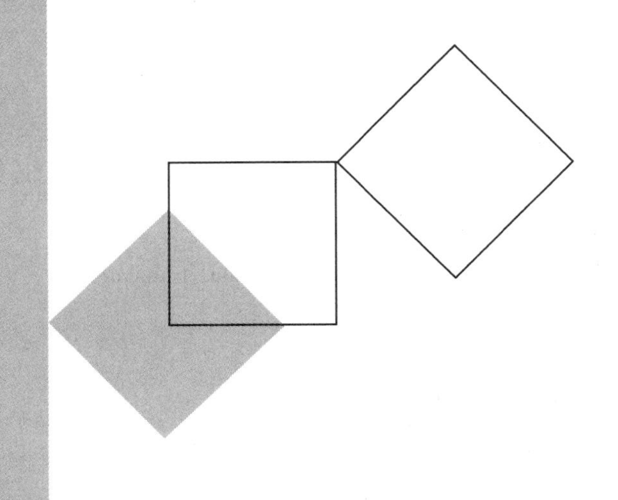

索　引

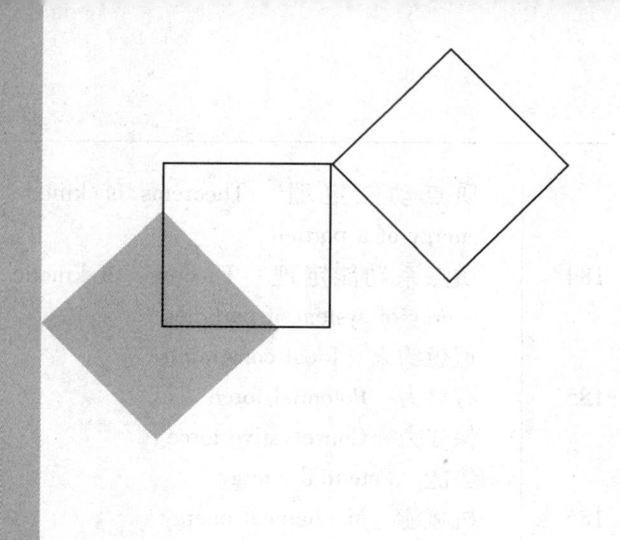

参考文献

［1］刘俊卿. 理论力学［M］. 北京：冶金工业出版社，2008.
［2］刘俊卿. 理论力学［M］. 西安：西北工业出版社，2001.
［3］哈尔滨工业大学理论力学教研室. 理论力学［M］. 7 版. 北京：高等教育出版社，2009.
［4］王铎. 理论力学解题指导及习题集［M］. 北京：高等教育出版社，1979.
［5］清华大学理论力学教研组. 理论力学：上册，中册，下册［M］. 4 版. 北京：高等教育出版社，1994.